中国古代建筑文献集要

【增补篇】（修订本）

程国政 编注　路秉杰 主审

同济大学出版社

内 容 提 要

　　本册为先秦至清代的建筑文献的增订部分,共选文149篇,涵盖重要的历史事件、城池营造、园林营构、著名建筑、学校书院、典章制度、水利工程和技术等方面。力求通过文献的遴选补充和完善,更好地体现古代建筑历史发展的风貌。

　　全书文章编排按作者生卒年代顺序,兼顾当事之历史人物的时代顺序;作者等年代不详的文献按照事件发生的年代等线索酌定编排顺序;单篇篇目按照提要、作者简介、正文、作者简介及注释进行编排。本书为建筑文献读本,适合广大建筑专业本、专科生及古建筑工作者和爱好者阅读、收藏。

图书在版编目(CIP)数据

中国古代建筑文献集要.增补篇/程国政编注.—修订本.
—上海:同济大学出版社,2016.10
ISBN 978-7-5608-6517-1

Ⅰ.①中… Ⅱ.①程… Ⅲ.①古建筑–古籍–中国
Ⅳ.①TU-092.2

中国版本图书馆CIP数据核字(2016)第242827号

中国古代建筑文献集要　增补篇(修订本)

程国政　编注　路秉杰　主审

责任编辑　　封 云　　责任校对　徐春莲　　封面设计　陈益平

出版发行	同济大学出版社　　www.tongjipress.com.cn	
	(地址:上海市四平路1239号　邮编:200092　电话:021-65985622)	
经　销	全国各地新华书店	
印　刷	浙江广育爱多印务有限公司	
开　本	787mm×1092mm　1/16	
印　张	154.75	
字　数	3 863 000	
版　次	2016年10月第1版　　2016年10月第1次印刷	
书　号	ISBN 978-7-5608-6517-1	

定　价　980.00元(全8册)

序　言

　　1986 年前后,同济大学建筑与城市规划学院建筑历史与理论专业硕士、博士研究生导师陈从周教授,鉴于研究生古代汉语能力明显不足,甚至连普通的繁体字都不识,严重制约了中国建筑历史与理论研究的开展与深入,因此,建议设置"古代汉语"课,特聘海宁蒋启霆(字雨田)老先生授课,我负责具体依据考查研究需要选择合适的文章和组织上课。每周 2 学时,共计 32 学时,计 2 学分。

　　在教学过程中,我们逐步体会到我们所需要的并不仅仅是古代汉语,而是"古代汉文"。古代汉文实在太多了,汗牛充栋,时间有限,我只能选一些与建筑有关而又简单的文章。因此,直到 1996 年我将 10 余年来的讲课成果集结成书时,正书名还是用的《古代汉语》,副书名才是《中国古代建筑文选》。2000 年以后,才正式改成《中国古代建筑文献》。

　　因为博士研究生入学考试的专业课与硕士生的专业课原来都是三门:建筑历史(含中外)、建筑设计、建筑文献,现在国家规定只准考两门,三门课中的中外建筑史是必考的,因此,只能在古代汉语与建筑设计中选一门作为第二门考试科目。经过再三考虑和比较,最后我们保留了古代汉语即中国建筑文献课。因为考建筑历史与理论专业的几乎全是建筑学专业的,对建筑的认识和理解以及实际设计能力已达到了一定水平,而所缺少的却是中国文化的兴趣与素养、语言文字的识别和理解能力。而要培养出优秀的中国古建筑研究家来,必须从根本上提高他们中国文化的素质和修养,只有这样,才有可能达到目的。最后,我们选择了古代汉语,也正式改称"中国古代建筑文献"课。

　　1986 年集结成书的教材,共计 87 篇。文章顺序按时代先后,由近及远,这是考虑到难易问题,最后才涉及青铜器、金石铭文,但也不是我们全部教学过的。此外,还考虑到有关中国建筑的文献散布零落且流布极广,极不易搜寻。易得易寻的,我们就少选或不选了。尽量选一些对我们很有意义又不太易搜寻到的,以减少同学们的搜寻之苦。有些选文直接和建筑相关,有些则间接相关,有些则纯粹是思想方法和理论指导性的。

到最后，我们仍是感到不能满足，后来又逐渐发现了许多很精彩的篇章，如南宋董楷《受福亭记》，可以说是上海有建制以来关于市镇记载的第一篇；杜佑《通典·食货志》"黄帝经土设井"段，完全是一篇小区规划理论……于是，我又补充了18篇。这些文章有的有注解，有的无注解，文字极不规范，也不统一。要想将其全部加以注解，非一两人短期内所能胜任，因此，长期以来仅是维持教学而已。我曾先后邀请几位专门研究古文、古文献的专家协助进行注释，结果也都没有完成。

幸而近年得识程国政同志，武汉大学古文献整理与研究专业1987届研究生毕业，从周大璞、李格非、宗福邦等师受业，受过较为严格的古文献整理、研究方法之训练。来同济大学，闻古建筑文献读本阙如之情形，立下宏愿，广搜典籍，汇文成册，矢志补建筑历史与理论专业长期无正式入门教材之憾。

这些年，程国政同志在繁重的工作之余，始终如一地坚持从浩瀚的文献海洋中搜寻、甄别散落的篇章段落。据我所知，他浏览过的古籍在万种以上，册数难以计数，寒暑假、节假日，他都跋涉在故纸堆里；近年，他的搜寻又扩展到古代各类营造文献，有些篇目已经选入这套书中了，他说"正在酝酿更大的计划"。

皇天不负躬耕人。令人欣喜的是，这套丛书得到了上海文化发展基金会图书出版专项基金的多次资助，并被列入"上海市重点图书"、"上海市'十二五'重点图书"；同时还获得多个奖励，这些奖掖都有效地促进了这项工作的持续推进。这正应了"慧眼识珠"的老话，可喜可贺。

光阴倏忽，寒暑迭易，转眼间到了2013年的春天，"末日"没有来临，集腋终而成裘，数百篇、几百万字的《中国古代建筑文献集要》就要出版了。此书有幸面世，对中国古代建筑文化研究之作用，甚有益补。吾虽老眼昏花，犹朦胧望见矣！

壬辰冬腊月初六日
东郡小邑 路秉杰
谨撰于上海同济新村旧寓

修订本前言

　　光阴荏苒，一眨眼《中国古代建筑文献集要》出版已经 4 年了；更没想到的是，这样一部专业性、学术性极强的图书居然受到读者的热情支持和点赞，初版的图书很快就销售一空。

　　对于我而言，《中国古代建筑文献集要》的出版只是我漫长的古代营造文献整理研究工作的第一步，本人的研究整理工作一直在继续。这次，出版社资深编辑封云先生说该书列入出版计划，这几年的修订成果、部分增补篇目也可一并纳入。

　　这次新增的篇目大多以专题的形式，或是某个古代作家的专题，或为某一著名营造案例、某一地域里的集中大规模营造等。

　　像李邕，稍稍了解书法史的人都知道，他的行书碑堪称遗世独立，其《麓山碑》《李思训碑》，世人谓之"书中仙手"。但你可曾知道，他还写有国清寺、曲阜孔子庙、东林寺及五台山等著名寺庙的碑文，这些寺庙在唐高宗、武则天到唐玄宗时代，大多是国字号寺庙。

　　还有孙樵，对长安到四川这一带似乎独有情钟，其《兴元路记》《梓潼移江记》生动地记录了中古时期我国开道路、修水利的生动历史。《兴元路记》中，孙樵亲身实地考察之后，经过深入地比较研究，认为新修的文川驿道比褒斜道散关褒城线好。虽然新道也有需要改进的地方，但荥阳公"其始立心，诚无异于古人，将济斯民于艰难也。然朝廷有窃窃之议，道路有唧唧之叹，岂荥阳公之始望也！"但是，这条新道修成一年不到，就被废弃了。虽然文川驿道很便捷，但从眉县林溪驿到城固县文川驿，尤其是中段平川驿到四十八窟窿，道路蜿蜒于红岩河中流的深山峡谷中，激流陡崖，险阁危栈，困难万重。青松驿以南，又要连续翻越好几座高山峻岭，山深林密，野兽出没，居民稀少，给养供应十分困难。更加上仓促修成的道路，基础不固，设备不全，一遇暴雨水涨，山塌水冲，桥阁摧毁，修复尤难，常致道路阻绝，使命中断，行旅商贩搁而不通。所以修成之后不到一年，又回到散关褒城线的旧驿道了。而《梓潼移江记》记录的则是唐朝一位官员为涪江将郡（今四川三台）民众谋福利的故事。涪江将郡（县）紧紧缠绕，所以每到三秋涨水季节，就如蟠龙迫城，洪水卷着狂澜冲突堤坝、啃咬崖岸，吞屋噬人，地方官员深以为忧但也无可奈何。荥阳公郑复来了，他知道前观察使想凿江东软地另开一条新江，让怒号的江水不再祸害百姓。可是，就像许多新工程一样，这样的民生工程

"役兴三月,功不可就"。什么原因?原来是因为"江势不可决,讹言不可绝"。于是荥阳公说厚其值、戮其将、动其卒,种种方法都被认为不可。最后,荥阳公"视政加猛,决狱加断""杖杀左右有所贰事,鞭官吏有所阻政者",扰政、懒政官吏都受到惩罚;对百姓,他下令称"开新江非我家事,将脱郫民于鱼腹耳。民敢横议者死。"新江修好了,事迹汇报上去之后,你猜猜什么结果?有关部门说:事先不报告就擅自开工,"诏夺俸钱一月之半"。

著名的工程像诸葛武侯祠的历代兴建,敦煌莫高窟、武当山、普陀山的营造,郧阳、安庆等新设省府营造,等等,还有石鼓书院、安庆府学,等等,都是以专题的形式呈现的。武当山的营造既罗列了历代帝王的诏书赐牒,也汇聚了赋文游记,等等。普陀山成为我国佛教四大名山,则与康熙、雍正和乾隆的襄助关系极大:南京明故宫的黄瓦龙宫都被移来,没有皇帝旨意谁能做到?法雨寺新造大铜镬,裘琏不但把锻造文字写得活灵活现,还把工匠锻造的"潜规则"描画得栩栩如生,这些都是方丈亲口告诉他的。看来,工匠的江湖一样水深啊!

还有郧阳府,其实就是明朝时的特区。当剿灭政策发生逆转,转为安抚和给予户籍之后,原本的流民就成为了郧阳(今天鄂陕豫交界一带)民众,于是郧阳府、郧阳府学、郧阳府学孔子庙、书院、藏经阁、提督军务行台(类似今天的军分区),还有供大家登高赏美的镇郧楼、春雪楼都得一一建起来,于是在很长时间内,营造便时时生发,郧阳也从特区渐渐变成了大明治域里的一个副省级行政区。

安庆府也一样,其成长的过程同样漫长而有序。造衙门,造城,先是安庆府,后来渐渐成长为清朝的一个省级行政区,处理公务、修桥筑路、登临游观、训教生民、教育后生,乃至求雨弥龙王、礼贤敬烈的祠庙建筑一一都得安阶就列,悉心建造。从康熙朝的《安庆府志》看,安庆的营造最为崇隆就是学校书院的建设了,可谓是历代沿袭,从未断绝,可见中华民族对教育、教化的重视。尤其需要指出的是,那时学校书院的建设是没有专门经费的,只有官员解囊、百姓捐助,加上羡银余帑这样东拼西凑得来资金,并且一任接着一任干才能最后完成。看来古人的"立德立功立言"不是一句随便说说的话。

现在,有学者提出"中国需要重构社会科学",在我看来,重构社会科学首先要回望、重估数千年支撑这个民族的传统文化价值。不能因为近代以来我们挨打了、落后了,我们就抛弃了民族的精神内核和日常人文。回望、评估,要从大处着眼、细处入手,而脚踏实地的开展古代文献的整理研究就是中华社会科学体系重塑的第一步。

拉拉杂杂,是为序。

编者于同济园
二〇一六年十月　丹桂飘香时节

前　言

  1930 年,朱启钤创办中国营造学社,是因其认识到华夏建筑与文化的深切关系。营造学社在动荡的岁月里开始了中国古建筑的实地踏访和典籍整理工作。以梁思成、刘敦桢两位先生为代表的我国第一代建筑史家在 1932 年开始的 10 余年时间内,倾尽营造学社有限的人力和财力,对中国 11 省 190 县市共 2 783 处古建筑遗存做了现代意义的实地考察,并对照实例勘校、整理《营造法式》《工部工程做法则例》《园冶》《哲匠录》等古代建筑典籍,是为中国古建筑典籍的第一次大规模系统整理。因此,营造学社也已成为中国建筑学术界的一座圣殿。

  中国地域广大,气候差异明显,农业文明长期作为社会的基础,宗法血缘制社会结构极为稳定,儒道并存、海纳百川的政治、文化背景……虽有改朝换代,但中国古代建筑始终有着稳定的精神内核以维系其发展、进化,尽管有转折、递变,而自原始社会末期一直到宗法血缘制封建王朝结束,其间的积淀与渐变一直没有停歇。研究中国建筑,便可以找到中国社会的宗法秩序的文化象征系统。从城市与建筑的布局,到梁柱间架的多寡,形体、构件的比例,再到斗拱的等级,甚至装修、彩画、着色的规格,门簪、门钉的数量,等等,都包含着宗法秩序等丰富的信息。传延不衰的"工官制度"和匠作传统,就是对空间习俗及其营造制度的真实注解。

  与此相应,中国代代传续的典籍浩如烟海,其间隐藏、包含着极为丰富的建筑历史、制度、技术甚至风土人情等信息。《史记》《汉书》这样的正史自不必言,先秦诸子、诗经、楚辞、国别史书中也藏有大量的建筑文化信息,甚至代代相传的大量伪书中的相关信息也十分丰富,可是,在"道"、"器"、"本"、"末"分野极为分明的社会气候之中,读书人要做的是"学而优则仕"的功课,问道求本不惜其力,服从于"礼"的建筑始终摆脱不了"末"的命运,文人雅士是吝其精力为之潜心研磨、撰文饰词的。这就决定了中国古建筑史的命运:大量古遗存遍布神州,可是文字记载的脉络却若现还隐、大音也稀,很难找到几部系统而又全面的建筑典籍。

不可否认,欲系统而又全面地整理散落在浩如烟海古文献中的建筑文献,非一人、非文献学家或建筑史家所能单独完成的,它是一项浩瀚复杂的大工程。但是,这项工作却又不能不做,而且早做要比晚做好,更何况随着考古的不断发现,许许多多的地下文献重见天日,很多原本难以解释,甚至误读的东西得以正名。所有这一切,都需要我们摈除浮躁和急功近利,静心息气地坐下来,做踏实而又细致的整理工作。

古建筑历史脉络的厘清向来都是需要现场和典籍两只"脚"的,而且还不能是功利主义的"脚"。遗憾的是,除了国难时期营造学社的工作较为系统外,时至今日,依然未见系统而成规模的建筑文献整理迹象,每每念此,食寝难安。

凭一两人之力无法完成系统的古代建筑文献的整理工作,但为青年学子、古建筑从业人员编一本入门性的建筑文献还是能够做到的。2003年,同济大学出版社有出版此类书籍的计划,于是,本人不揣愚陋,开始了缓慢而又艰难的资料爬梳和整理注释工作。断断续续持续了四年多,这本不成熟的读本终于完成了。

本书以路秉杰先生《中国古代建筑文选》油印讲义之目录为基点,同时扩大了文献征释范围;遵循历史脉络主线编排文字;具体篇目按照提要、正文、作者简介及注释进行编排。全书共选文158篇,其中正选篇目143篇,力求涵盖重要历史事件、著名建筑、建筑思想和技术等,期望为有志于此类工作的人们提供一个入门读本。但是,工作效果则受到学识和能力的限制。无论如何,有一个读本总是比没有的好。

希望我们的工作能为后来者提供一个靶子,后出转精也是学术前进的规律。念此,于是我们甘当这个靶子!

编者
二〇一二年冬月

凡　　例

一、取材原则及范围

1. 以古代建筑文化及技术发展史中有代表性的篇目为主,兼及地域及时代特色。

2. 以经、史、集部典籍为主,兼顾子集。

3. 考虑到阅读对象特点,所选篇目出处均以书名、出版社及年份构成。如:《十三经注疏》(中华书局 1980 年影印本)。

二、选文顺序

大体按照作者生卒时间顺序排列文字;作者生平不详者,依帝王年代、事件发生年月等酌定次序。

三、提要及作者简介

1. 提要:为本文阅读提示,力求用简洁的文字厘清所选篇目的内容、价值及背景线索等。

2. 作者简介:除简要介绍其生平事迹外,尽量介绍与选文有关的内容。

四、注释体例

1. 注释对象及单篇注释数量

注释对象以建筑、当事者、时代背景的词语为主,兼及有关文意理解的关键词语;篇幅较大者注释数量限定在 100 个左右。

2. 注释格式

词语注释:先释词义,后释字义;注释用语力求规范、简洁。

注音:生僻词语先注意后释义;词语中单字注意则先释词义,后注单字音、释义;单字先注音,后释义。

例:① 词语。

鞑靼:音 dádá,我国古代北方一少数民族。

诡谲:阴险狡诈。谲,音 jué,欺诈,玩弄手段。

② 单字

耷,音 dā,向下垂,[书]大耳朵。

③ 句子

疑难句子先释全句句意,后释疑难词汇、单字。如,"儒其居"句:谓平常读书人家。槁腴:谓干枯丰腴。

3. 古今字

有些古文字简化后字义扞格者,保持原貌。如:"束脩","甚夥"等。

目　录

宋辽金元

明　代

清　代

先秦至五代

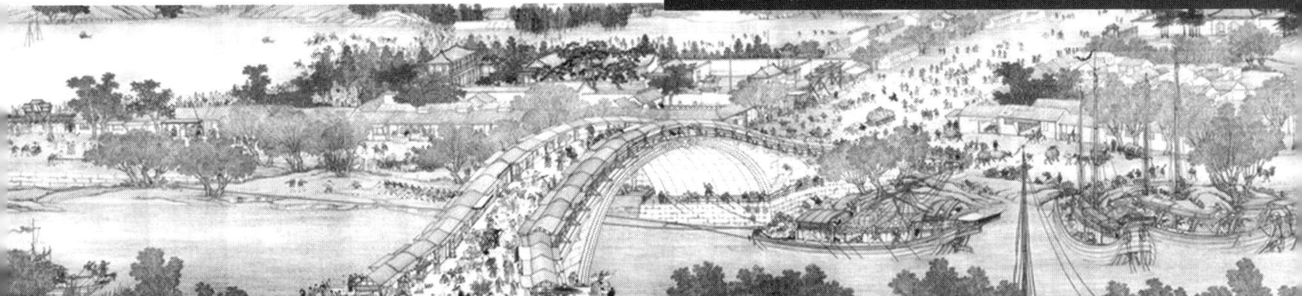

国清寺碑并序

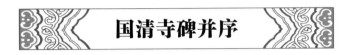

唐·李 邕

【提要】

本文选自《全唐文》卷二六二(续修四库全书本)。

浙江天台国清寺是我国佛教天台宗的根本道场,也是日本佛教天台宗的祖庭。天台宗的创立、发展与国清寺的盛衰是紧密相连的。

天台宗三祖之一智颉(另二人慧文、慧思为天台初祖、二祖)是一个政治活动能力很强的宗教领袖。智颉在南朝陈太建七年(575)入天台实修.他喜爱这里的风烟山水,于是植松栗,引泉流,创立伽蓝,昼夜禅观。陈太建九年(577),陈后主下诏:"割始丰县调,以充众费……"(隋灌顶《国清百录》),以支持其佛教活动。就这样,智颉在天台悟道十年,创立了"圆融实相"之说,完成了天台宗教义的创建,并建道场,集僧众,创立天台宗。

隋文帝灭陈后,下诏要求其为隋王朝服务。另外,为达到"以佛辅国"的目的,晋王杨广(隋炀帝)还就智颉受"菩萨戒",并尊称他为"智者"。隋文帝开皇十八年(598),杨广派人入山敦促他三天内出山。深知此去的后果,为了自己所创立的天台宗得以发扬光大,为了天台宗根本道场的早日建立,智颉安排好"后事"后方才出山,至石城大佛寺(今新昌大法佛寺),因"疾"而亡。智颉在临终之前,曾有遗书及"寺图"等留与杨广。他向杨广提出:"今天台顶寺,茅庵稍整,山下一处,非常之好。又更仰为立一伽蓝,始斫木位基,命弟子营立,不见寺成,瞑目为恨.天台未有公额,愿乞一名",并"乞废寺田,为天台基业"(隋灌顶《国清百录》)。果然,杨广在智颉死后的第二年,即遣司马王弘,创建伽蓝,一遵指画,寺颁公额,并立嘉名"(同上引)。初名"天台寺"。隋炀帝大业元年(605),杨广用"天台寺"僧使智璪所启之名,改为"国清"。

国清寺创建时的规模究竟有多大?李邕的《国清寺碑》云:国清寺"至义宁之初,寺宇方就;……广殿蹲于重岩,周廊庑于绝巘。峰台纳景,下视雁塔排云于中休……"有杨广的支持,国清寺的建设持续三年多,其规模不会小。建成之后,杨广又屡赐财物甚丰,且多次寺内为智颉设千僧斋,庙宇如没有相当的规模是办不了千僧斋的。

唐代,国清寺的影响播至日本。唐贞观二十年(646),国清寺法华智威大师(天台宗第六祖)还被唐太宗诏补为四大朝散大夫之一。到了中唐,国清寺也还是"松篁蓊郁,奇树璀灿,宝塔玉殿,玲珑赫亦,庄严华饰,不可言尽"(淡海三船《唐大和尚东征传》)。得益于荆溪大师湛然的努力,天台宗盛极一时。天台宗根本道场国清寺的影响波及至国外。唐贞元二十年(804),日僧最澄率领弟子译语僧义真,随遣唐使抵中国,到国清寺从天台宗十祖兴道道邃大师学《摩诃止观》等,并受菩萨大戒。学成回国后,在日本琵琶湖畔的比睿山依照国清寺的式样,建造了日本天台宗根本道场延历寺,天台宗从此传入日本。

此后,国清寺命运起伏,至清康熙初,国清寺殿宇圮损,墙多坍塌。雍正十一年(1733),国清寺奉敕重建,工程延续至十三年。现存规模大致就是那时所奠定,殿宇沿中轴线排列,包括山门、钟鼓楼、弥勒殿、雨花殿、大雄宝殿及其两侧厢房。修建的同时,雍正皇帝还特赐《龙藏》(因经页边栏饰以龙纹,故名)一部。此次国清寺的重建,《乾隆御题国清寺碑》载:"我皇考宏振宗风,昭宣觉海,不欲使古贤旧迹一旦即湮废,爰发帑金,易其旧而新之。仍命专官往董(殿)事,鸠工(底)材,经始于雍正十一年癸丑八月,越乙卯岁八月乃告成功"。这次重建,使国清寺重现重檐翚翼、金碧辉煌的光彩。

改革开放以来,国清寺一直不断地进行修建,迄今已完成观音殿、三贤殿、玉佛阁、五百罗汉堂等建筑。使国清寺的整体建筑由原来的中轴线、东一轴线、东二轴线、西轴线之布局,而变为中轴线、东一轴线、东二轴线、西一轴线、西二轴线之五轴线布局。

观夫密教将开[1],必有其地;灵岳将应,必降其人。是以兆发真僧[2],功成宏愿,以一如正受之力[3],致三朝大事之因:故得帝王宅心,王公摄念[4];国祥备至,家宝荟臻。玉宇悬空,金谷飞月,婆若之海,尘不能淄[5];安明之山[6],风不能振:莫与京者[7],其在兹乎!

国清寺者,隋开皇十八年智者大师之所建也。大师强植之根[8],已于千万佛所;本性之照,岂于一百年间?是以相眉雪光,慈目水净,入不住地,得无上缘。五部律仪,具分金界[9];三昧定力,更立宝山[10]。始入天台,居于佛陇[11],则知冥符事现,元感名征[12]。构室者不立于空,托迹者必兴于物。是寺本题"天台"。先是,大师尝梦定光禅师教曰:"寺若成,国必清。"大业元年,僧智璪启其禅以为号,炀帝从而改焉。至义宁之初[13],寺宇方就,事属皇运,言符圣僧。

粤若右赤城,左沧海,艮背曾阜,襟开平原,宝势雄侈于古今,奇表严净于江汉[14]。建置崇丽,虑矩恢殊[15]。广殿磴于重严,周廊庑于绝巘[16];峰台纳景于下视,雁塔排云于中休[17]。八部来思[18],不孤其德;三身在此,有晬其容[19]。亦犹妙胜之乡,乾竺之里[20]。若即见佛,岂与登仙?葛云菩提树间[21],必能七日成道;忉利天上[22],可以三月安居而已哉!

借天仙往还,神秀表里,静漠漠而山远,密微微而谷深,自然罗浮迁移[23],既因风雨;育王制造,载役鬼神。落落然列星陈于九天,昭昭然飞霞夹于二曜[24]。松间豁达,祥云飞和雅之音;桥路逶迤,德水照澄清之色。伫立者神夺,散心者目明。所以信士永言,至人驰想[25];不远万里,有以一临。离垢道场,遇之即是;去结法意,愿之便成。净水宝珠,见者无染;高山甘露,受者有知。起念事功,顿超十劫之地;坐入位证,遥比千眼之天。别有放生溪源,通流朝信。鳞介千族[26],压海而随波;纲罟万般,因利而兴箨[27]。昆仑之水,天地罕经通之极;恒沙之命,溪壑无醉饱之期。

大师悯其杀因,示其宿世;父母妻子,俱是轮回;山石地方,尽归报复。百味欢喜之药,愿乐法王;五指慈悲之根,降伏师子[28]。由是渔父易节,鲜食向风;释绋解徽,停筌去笱[29]。畅拨剌以掉尾,恣噞喁而鼓腮[30]。乘佛之威,入佛之境,不恐不惧,且安且怀。矧过去之罔穷[31],固未来之靡尽。福德轻重,等须弥之斤两[32];济度广大,同法界之范围[33]。所以钦若九重,煜耀万国[34]。光赞者五主[35],襟绝者数朝。

仪凤二年三月十日[36]制曰:"台州国清寺,迥超尘俗。年代或异,妙相真容,累呈感应之迹;或净居仙宇,函有征祥之效。大启良缘,实寄兹所。宜今寺内各造七级浮图一所,度僧七七人,自今有阙,随即简补[37]。"故其智印接武[38],草系传薪;千叶莲华[39],了无异色;五彩缯盖,休有圆光[40]。莫不清凉之泉,沃兹劫烧[41];定慧之力,刺彼魔幢[42]。罗汉之身,时可去矣;如来之室,岁岂留乎?昔有颙禅师者,即大师之复次也[43]。戒珠圆明,德芽俊茂,以精进大力,运自在他心。每指堂东因如厕,奄忽泉涌,须臾石开,虽炎赫旷时,而清冷弥载[44]。又堵波岁久,根据势危,首亚西南,趾留东北,一遇瀑雨,稍浸广庭[45]。护法阴骘而扶持[46],信力潜运而平正。宜其女子不宿,荤血不臻[47];镇之以法似,守之以山神;永怀水月[48],高谢风尘:此又奇也。

于时,明牧敬公名咸[49],忠贤相门,德礼邦镇;宣慈被物,遗直在人[50]。邑宰李公名安之,不忮不求[51],有为有守;惠爱恤下,贞固干时[52];大德行续,上座神轨[53];寺主道翘、都维那首那[54]、法师法忍等,三归法空[55],一处心净;景式诸子,大济群生。皆赏叹幽奇,明征相事。虽装回纵目[56],而仿佛画屏,岂曲尽于笔端?固悬天深造。以为孙公之赋,未究三仙[57];郭璞之经[58],罕知十地。是存刻石,以广披文。其词曰:

兆出名山,功加贤位。俟甫和令[59],兹焉感致。佛陇通明,国清发瑞。
征名立榜,应运题寺。法寺神丽,像殿崇严。九成台阁[60],百丈松杉。
瞰瀛列座,倚巘飞檐。风庭肃爽,雾谷沈潜。想像梵宫,超遥仙宇。
目有书传,耳无浪语。不知从来,相去几许。施物及僧,唯吾与汝。
外物莫际,密教自传。心净色净,有边无边。持剑岂失?喻筏能捐[61]。
若遇诸佛,已超四禅[62]。闻者斯来,见者斯悦。果果法似,因因地屺[63]。
心境始开,知印皆发。求仁得仁,即说非说。沙弥救蚁[64],菩萨放生。
溪流昼夜,潮水虚盈。鳞介万族[65],湿化千名。福河不绝,佛土常宁。
郡邑才良,纪纲禅律。恭惟令始,雅尚休毕。保绥地灵,光照佛日。
将播美于永代,愧当仁于雄笔。

【注释】

[1]密教:大乘佛教后起的一派,唐开元年间由善无畏、金刚智等传入中国。自称受于法身佛大日如来亲证的秘密法门和真实言教。主要经典为《大日经》《金刚顶经》和《苏悉地经》。两部秘法为"胎藏界"与"金刚界"。仪轨严格复杂,须由上师秘密传授,才能修行。主

要修法是通过"三密相应"(结印、持咒、观想)而达到身、口、意"三业清净",乃至"即身成佛"。流行于中国西藏等地区的,称为"藏密"(俗称"喇嘛教");传入日本的,一般称为"真言宗"。

〔2〕兆发:应吉祥而生发。

〔3〕一如:佛家语。不二曰一,不异曰如,不二不异,谓之"一如",即真如之理,犹言"永恒真理"或本体。

〔4〕宅心:用心,放在心上。摄念:收敛心神。

〔5〕婆若:常作"般若"。佛教用以指如实理解一切事物的智慧,为表示有别于一般所指的智慧,故用音译。

〔6〕安明山:又曰安明由山。"须弥山"之译语。天台之《维摩经》疏会本二曰:"须弥山者,此云安明,亦云妙高。"《垂裕记》三曰:"须弥者此云安明,入水最深,故名为安。出诸山上,故名为明。"

〔7〕京:高丘,高岗。此言高、大。

〔8〕强植:亦作"强直"。强大而正直。

〔9〕五部:佛教的五部大论分别为《释量论》《现观庄严论》《中观论》《俱舍论》《律宗论》。律仪:僧侣遵守的戒律和立身的仪则。金界:佛地,佛寺。定力:佛教语。五力之一。伏除烦恼妄想的禅定之力。

〔10〕三昧:佛教语,梵文 Samādhi 的音译,意思是止息杂念,使心神平静。是佛教的重要修行方法。借指事物的要领,真谛。

〔11〕佛陇:智顗栖居修行的五台山西南有一峰名佛陇,故称。智顗因以之为自己的别名。唐·无可《禅林寺》诗:"台山朝佛陇,胜地绝埃氛。"

〔12〕冥符:谓神授的符命。元感:冥冥中的感应、觉感。按:"元"应作"玄",避康熙讳。

〔13〕义宁:隋恭帝杨侑年号,公元617—618年。

〔14〕粤若:发语词。用于句首以引起下文。赤城:山名。多以称土石色赤而状如城堞的山。在浙江省天台县北,为天台山南门。艮背:东北隅。背:通"北"。北方。严净:异常洁净,非常清澄。

〔15〕恢殊:宏阔特别。

〔16〕巘:音 yǎn,大山上的小山。

〔17〕中休:中间休息,中途休息。

〔18〕八部:常作"天龙八部"。佛教术语,天龙八部都是"非人",包括八种神道怪物。八部包括:一天众、二龙众、三夜叉、四乾达婆、五阿修罗、六迦楼罗、七紧那罗、八摩睺罗伽。许多大乘佛经叙述佛向诸菩萨、比丘等说法时,常有天龙八部参与听法。

〔19〕三身:梵语。又作三身佛、三佛身、三佛。有多种说法。法身、报身、应身的说法较为普遍。晬:音 zuì,润泽的样子。

〔20〕乾竺:即天竺。对印度的古称。

〔21〕菩提树:传说释迦牟尼在菩提树下证道成佛。

〔22〕忉利天:又称三十三天。佛教宇宙观用语。根据佛教理论,忉利天在须弥山顶,中央为帝释天所居,四面各有八天,总共三十三天。忉:音 dāo。

〔23〕罗浮:山名。在广东东江北岸。晋·葛洪曾在此山修道,道教称为"第七洞天"。相传隋赵师雄在此梦遇梅花仙女。

〔24〕二曜:指太阳和月亮。

〔25〕信士:信奉佛教的在家男子。至人:古时具有很高的道德修养,超脱世俗,顺应自

然而长寿的人。

[26] 鳞介:泛指有鳞和介甲的水生动物。

[27] 纲罟:网,渔网。簺:音 sài,用竹木编成的截水捕鱼的栏栅。

[28] 五指:《大方便佛报恩经》载,佛陀带着五百罗汉前往王舍城应供,阿阇世王放出五百头醉象,象群们在路上疯狂地奔跑,所经之处树木摧折,墙壁崩倒,并发出震耳欲聋的咆哮,直朝佛陀的方向冲去。五百罗汉见到此景,纷纷以神通力腾空,唯侍者阿难尊者待在佛的身旁,但亦因无计可施而惊恐不已。就在这千钧一发之际,佛陀举起右手,以慈悲力从五指当中分别幻化出五头狮子,齐声哮吼,五百头醉象顿时停止疯狂的举动。

[29] 纶徽:指钓鱼的线。徽:指鱼漂;鱼线。筤:音 láng,幼竹。笱:音 gǒu,安放在堰口的竹制捕鱼器,大腹、大口小颈,颈部装有倒须,鱼入而不能出。《诗·小雅·小弁》:"无发我笱。"筤、笱对指诱鱼入笼的渔具。

[30] 拨剌:鱼尾拨水声。喻鱼疾游。唅喁:音 yǎn yóng,鱼口开合貌。

[31] 矤:音 shěn,况且。

[32] 须弥斤两:指测度须弥山之斤两。用以比喻佛之寿命难量。

[33] 法界:佛教术语。法泛指宇宙万有一切事物,包括世出世间法。

[34] 钦若:敬顺。《书·尧典》:"乃命羲和,钦若昊天。"九重:九重天。煜耀:光彩照射。

[35] 光赞:犹光辅。佛教中有《光赞经》。五主:指燃灯佛、释迦牟尼佛、弥勒佛、如来佛、老君爷。

[36] 仪凤二年:公元 677 年。仪凤:唐高宗李治年号,公元 676-679 年。

[37] 简补:谓铨叙递补缺额。

[38] 接武:谓前后相接,继承。

[39] 千叶莲华:谓千瓣莲花。为供养佛之用,又指为佛所坐的莲台。

[40] 休:美。圆光:佛光如虹而圆。

[41] 劫烧:佛教指坏劫时的大火灾。

[42] 定慧:佛教语。定学与慧学的并称。定:禅定;慧:智慧。刜:音 fú,铲除。幢:又作宝幢、天幢、法幢。是一种圆桶状、表达胜利和吉祥之意的旗帜,藏语称为"坚赞",佛教用作庄严具。

[43] 复次:犹言其次。谓继其位。

[44] 炎赫:炽热。谓炎炎夏日。旷时:绵延时日(不断流)。弥载:谓(流泉)更加势大。

[45] 堵波:常作"窣堵波"。梵语 stūpa 的音译。即佛塔。根据:指地基,根脚。瀑雨:谓如瀑布一样的大雨。

[46] 阴骘:犹阴德。

[47] 不臻:不至,不到。

[48] 水月:水中月影。常形容明净。

[49] 明牧:贤明的地方长官。

[50] 宣慈:本谓博闻慈爱。后泛指爱众人。遗直:指直道而行,有古人遗风的人。

[51] 不忮不求:不嫉妒,不贪求。忮:音 zhì,嫉妒。

[52] 贞固:守持正道,坚定不移。干时:犹言治世,用世。

[53] 大德:佛家对年长德高僧人或佛、菩萨的敬称。上座:又称长老、上腊、尚座、首座、上首。此词指僧众中之出家年数(法腊)较多者,或指年岁高者,有时亦为对僧人之尊称。

[54] 都维那:寺院中的纲领职事,掌理众僧的进退威仪。均由熟悉佛门规矩,且资格老、喉咙好的和尚充任。

[55] 三归:佛教指皈依佛、法、僧。

[56] 裴回:犹徘徊。

[57] 孙公:指孙权祖上孙钟。相传以种瓜为业的孙钟,十分孝奉老母。有一年,孙钟的十亩瓜地只结了一个西瓜,三仙人路过口渴讨吃瓜,孙钟将一半瓜送给仙人,另一半留给老母。仙人吃毕后说:"你向前行走一百步筑坟,子孙必为帝王。"孙钟半信半疑,走了三十多步就回头了。后来孙坚、孙策、孙权父子果然崛起江东,建立吴国。好事者说,可惜当年孙钟并没有走完百步,所以三分天下只占一分,才形成魏蜀吴三国鼎足的局面。

[58] 郭璞(276-324):字景纯,河东郡闻喜县(今山西闻喜)人。两晋时期著名文学家、训诂学家、风水学者。好古文、奇字,精天文、历算、卜筮,擅诗赋。郭璞除家传易学外,还精通术数学,是两晋时代最著名的方术士。

[59] 倏甫:犹言刚刚。倏:音 shū,极快地。和令:和谐畅适。

[60] 九成:犹九重,言极高。

[61] 喻筏:常作"筏喻"。谓结筏渡河,既至彼岸,则当舍筏;以此比喻佛之教法如筏,既至涅盘彼岸,正法亦当舍弃。故佛所说一切法,称为筏喻之法,即表示不可执著于法。

[62] 四禅:佛教有三界诸天之说。三界,指欲界、色界、无色界。色界诸天又分为四禅:初禅为大梵天之类;二禅为光音天之类;三禅为遍净天之类;四禅为色究竟天。

[63] 屺:音 qǐ,没有草木的山。

[64] 沙弥:小和尚。

[65] 鳞介:泛指有鳞和介甲的水生动物。

 兖州曲阜县孔子庙碑并序

唐·李 邕

【提要】

本文选自《全唐文》卷二六二(续修四库全书本)。

曲阜孔庙,又称"阙里至圣庙",是祭祀春秋时期著名思想家、教育家孔子的本庙,也是一组具有东方特色、规模宏大、气势雄伟的古代建筑群,位于孔子故里、山东曲阜城内。曲阜孔庙始建于鲁哀公十七年(前478),历代增修扩建,是中国渊源最古、历史最长的一组建筑物,也是海内外数千座孔庙的先河与范本,与相邻的孔府、城北孔林合称"三孔"。曲阜孔庙以其规模之宏大、气魄之雄伟、年代之久远、保存之完整,被建筑学家梁思成称为世界建筑史上的"孤例",为世界文化遗产、中华人民共和国全国重点文物保护单位。

孔子逝世的第二年,即周敬王四十二年(鲁哀公十七年,前478)。《史记》载,当时孔子的弟子将其"故所居堂"立庙祭祀,庙屋三间,内藏衣、冠、琴、车、书等孔子遗物。至汉初,已历二百余年。汉高祖十二年(前195)十一月,高祖刘邦自淮南还京,经过阙里,以太牢祭祀孔子。开皇帝亲祭孔子之先。东汉建武五年(29),光武帝过阙里,命祭孔子;东汉明帝、章帝、安帝均曾到曲阜祭祀。永兴元年(153),桓帝下诏重修孔庙,任命孔和为守庙官,并立碑以记。

隋唐以降,朝廷提倡儒学,孔庙面貌随之改观。隋大业七年(611),曲阜县令陈叔毅重修孔庙。唐初,朝廷在国都长安的国子监修建周公庙和孔子庙各一座,且令各州县皆立孔庙。贞观十一年(637),太宗诏修曲阜孔庙。乾封元年(666),因旧庙简陋,高宗令兖州都督霍王李元轨"改制神宇",对孔庙进行史上第一次大规模改建。开元七年(719年),兖州刺史韦元圭和孔子三十五代孙、褒圣侯孔璲之等又"树缭垣以设防"(李邕《庙碑》)。大历八年(773)兖州刺史孟休鉴、曲阜县令裴有象新建庙门。咸通十年(869),孔子三十九代孙、鲁国公、天平军节度使孔温裕奏请朝廷,献私俸修葺庙宇。唐代,孔庙已初具规模。

以后各代,代有增修。曲阜孔庙扩大至现有规模,始于宋代,今日之布局则是清雍正、乾隆年间重修后形成的。庙宇总面积约327.5亩(合13万平方米),呈狭长方形,南北长约1 100米,贯彻旧曲阜县城南北,并将城池分为东西两部分。建筑模仿皇宫规制,沿中轴线左右对称,布局严谨。庙内共有九进院落,包括五殿、一阁、一坛、两庑、两堂、十七座碑亭、五十三门坊,总共466间,其中最古老的建筑是建于金代的一座碑亭,其后元、明、清、民国各代代有建筑。孔庙四周,有高墙环绕,配以门坊角楼,院内红墙黄瓦,雕梁画栋,古木参天。

孔庙内最为著名的建筑有:棂星门、二门、奎文阁、杏坛、大成殿、寝殿、圣迹堂、诗礼堂等。

尝观元化阴藏,上帝元造,虽道远不际,而运行有符[1]。扬推大抵,宣考神用[2];建人统之可复,补天秩之将颓:其揆一也[3]。

昔者蚩尤恬贼,厥弟骄兵;巨力朋徒,合绪连祸[4]。则黄帝兴圣,首出群龙;推下济以君人,微勤略以戡乱。逮至横流方割,包山其咨[5];转死为鱼,鲜食不粒[6]。则尧禹并迹,扶振隐忧,导百川,康四国。粤若殷礼缺[7],周德微,宋公用鄘,楚子问鼎[8]。则夫子卓立,灿然成章,辟邦家之正门,播今昔之彝宪[9]。此天所以不言而成化,圣所以有开而必先:其若是也。

故夫子之道,消息乎两仪[10];夫子之德,经营乎三代,岂徒小说,盖有异闻。夫亭之者莫如天,藉之者莫如地,教之者莫如夫子。且沐其亭而不识基道,则不如勿生;荷其藉而不由其德,则不如勿运,故曰"消息乎两仪"者也。夫博之者莫如文,约之者莫如礼,行之者莫如夫子。且会其文而不扬其业,则不如勿传;经其礼而不启其致,则不如勿学。上代有以焯序[11],中代有以宗师,后代有以丕训[12]:故曰经营乎三代者也。

噫!唐虞之美[13],不必至是,赞而大者,进圣君也;夏桀之恶,不必至是,挤而毁者,激庸主也;伊尹之忠[14],不必至是,演而数者,勉诚节也;赵盾之逆[15],不必至是,抑而书者,诛贼臣也。至若论慈广孝,辅仁宠义,职此之由。于是君臣之位序,父子之道明,朋友之事兴,夫妇之伦得:虽朗日开觉,膏雨润默[16],和风清扇,安足喻哉?借如九皇继统而政醇,七圣同年而道合[17]:虽事业广运,而理济一时。未有薄游大夫[18],僻居下国;德敷既往,言满方来。庙食列邦,不假手于后续;君长万叶,必归心于素王[19]:若此之盛。是以腾跨百辟[20],孤绝一人,曷成名可称?取兴为大者已。

我国家儒教浃宇,文思戾天[21];伸吏曹以追尊[22],建礼官而崇祀;侯褒圣于人爵,尸奠享于国庠[23]。是用大起学流,锡类孝行[24];敦悦施于万国,光覆弥于允宗[25]。三十五代孙嗣褒圣侯璲之字藏晖,洎族贤元亨等,或专门硕儒,罔坠于绪;或余波明哲,克扬厥声。乃相与合而谋曰:"夫墟墓之地,《礼》曰自哀[26];听颂之树,《诗》云勿翦[27]。一则遇事遗爱,一则感物允怀[28]。矧乎大圣烈风,吾祖鸿美,故国封井,旧居川岳欤[29]?宜其悚神驰魄,膝行膜拜。陈斋祭,奠严祠,树缭垣以设防[30],刊丰石以为表。"

衮州牧京兆韦君元珪,字(阙二字),王国周亲,人才懿德,明启风绩,休有名教[31];长史河南源晋宾,字光国,贤操孤兴[32],清节相远,纳人以礼,成俗于师;司马天水狄光昭,字子亮,相门克开,雅道踵武,闻义必立,从事可行;录事参军东海徐仲连,功曹成阳盖寡疑,仓曹太原王道淳、宏农杨万石、户曹博陵崔少连、宏农杨履元、兵曹太原王光超、范阳张博望、法曹安定皇甫恮、东海于光彦,士曹荥阳郑璋,参军事博陵崔调、扶风窦光训、河东裴睿、陇西李绍烈(阙四字),仪传(阙一字)南阳樊利贞,曲阜县令雁门田思昭,丞河间刘思廉,主簿吴兴施文尉、清河晏宏楷等,宦序通德,儒林秀士,升堂睹奥,游圣钦风,佥同演成,乃共经始。其辞曰:

元天阴骘,大明虚镜。神不利淫,物将与正。凡曰投艰[33],在此逢圣。吞沙荐虐,轩黄底定[34]。襄陵兆灾,夏禹文命[35]。周道失序,夫子应聘。删诗述史,盛礼张乐。雅颂穆清,训词昭灼。片言一字,劝善惩恶。诱进后人,启明先觉。六顺勃兴,四维偕作[36]。元功济右,至道纳来。首出列圣,席卷群才。大名震耀,广学天开。蒸尝匪寓[37],习穷垓[38]。帝念居室,以光寿宫。建侯于嗣,环封厥中。孙谋不泯[39],祖德斯崇。乃刊圣烈,克广休风[40]。

【注释】

[1]元化:圣德教化。元:通"玄"。避康熙讳改。元造:造化。

[2]扬搉:略举大要,扼要论述。宣考:普遍推求。

[3]揆:音 kuí,道理,准则。

[4]蚩(chī)尤:中国神话传说中的部落首领,也是苗族相传的远祖之一。其活动年代大致与华夏族首领炎帝和黄帝同时。黄帝战胜炎帝后,在今河北涿鹿县境内,与蚩尤部落展开涿鹿之战。蚩尤战死,东夷、九黎等部族融入了炎黄部族,形成了今天中华民族的最早主体。史载,蚩尤八只脚,三头六臂,铜头铁额,刀枪不入。善使刀、斧、戈等兵器,勇猛无比。黄帝不能力敌,请天神助其破之。蚩尤被杀后,帝斩其首葬之,首级化为血枫林。后黄帝尊蚩尤为"兵主",即战争之神。黄帝把他的形象画在军旗上,诸侯见蚩尤像不战而降。蚩尤兄弟八十一人,并兽身人语,铜头铁额,食沙石子。恬贼:安于做贼。这是历史正统观的说法。

朋徒:朋党,党徒。合绪:聚在一起。

　　[5]包山其咨:犹言"怀山襄陵"。谓洪水汹涌奔腾溢上山陵。

　　[6]不粒:颗粒无存。犹言绝粮。

　　[7]粤若:发语词。用于句首以起下文。

　　[8]宋公用鄫:《左传》:"宋人执滕宣公。夏,宋公使邾文公用鄫子于次睢之社,欲以属东夷。"意思是,热衷会盟的宋襄公遭到冷遇,让邾文公把小诸侯鄫子杀了,祭祀睢水之神。非礼也。楚子问鼎:《史记·楚世家》载,晋楚城濮之战后,楚转而向东发展。前 606 年,楚庄王北伐,一直打到洛水边,"观兵于周疆",在东周都城洛阳陈兵示威。周王派王孙满去慰劳,庄王问"鼎之大小轻重",意欲移鼎于楚。王孙满说:"统治天下重在德,而不在鼎。"

　　[9]邦家:国家。彝宪:常法。

　　[10]两仪:天地。

　　[11]焯序:犹言亮显其次序。

　　[12]丕训:重要的训导。

　　[13]唐虞:唐尧与虞舜的并称。亦指尧与舜的时代,古人以为太平盛世。《论语·泰伯》:"唐虞之际,于斯为盛。"

　　[14]伊尹:商初贤相。名伊,尹是官名。原为家奴,随有莘氏女陪嫁至商。后被汤委以国政,助汤攻灭夏桀。汤死后辅佐卜丙、仲壬二君。太甲即位后,因破坏汤法、不理国政,被他放逐。三年后太甲悔过,又被他接回复位。

　　[15]赵盾(? —前 601):嬴姓,赵氏,名盾,谥号宣,时人尊称其赵孟,史料中多称之赵宣子。春秋时期晋国大夫。他是晋文公之后晋国出现的第一位权臣,集军政大权于一身,使赵氏一族独大于晋。一生侍奉三朝,使晋国与楚国争锋而势均力敌,可谓"治世之能臣,乱世之雄才"。

　　[16]润黩:林木茂盛貌。

　　[17]九皇:传说中上古的九个帝王。七圣:说法不一。如尧、舜、禹、汤、文王、武王、周公。

　　[18]薄游:为薄禄而宦游于外。

　　[19]万叶:万代,万世。素王:指孔子。

　　[20]百辟:诸侯。

　　[21]浃宇:谓遍及宇内。浃:音 jiā。宇:音 lì,至。

　　[22]伸吏曹:谓设立机构。

　　[23]人爵:谓授予爵位。尸:犹言奉献。奠享:置酒食以祭祀。

　　[24]学流:犹言推重文人士夫。锡类:语出《诗·大雅·既醉》:"孝子不匮,永锡尔类。"毛传:"类,善也。"郑玄笺:"孝子之行非有竭极之时,长以与女之族类,谓广之以教导天下也。"谓以善施及众人。

　　[25]敦悦:亦作敦说、敦阅。尊崇爱好。光覆:犹光被。允宗:犹言大宗族。

　　[26]自哀:《礼记·奔丧》:"奔丧者不及殡,先之墓,北面坐,哭尽哀。主人之待之也,即位于墓左,妇人墓右,成踊尽哀。"

　　[27]勿翦:《诗·召南·甘棠》:"蔽芾甘棠,勿翦勿伐,召伯所茇。"后以比喻德政。

　　[28]允怀:思念。

　　[29]故国封井:犹言(孔子)所在的曲阜成为了圣地。封:疆域;井:犹言井田。古代的一种土地制度。方九百亩为一里,划为九区,形如"井"字,故名。其中为公田,外八区为私

田,八家均私百亩,同养公田。旧居川岳:谓曾经的旧居成为后人膜拜之所。

[30] 缭垣:围墙。

[31] 周亲:至亲。风绩:政绩。休:美。

[32] 孤兴:孤独无伴时的心绪。犹言高洁。

[33] 投艰:赋予重任。

[34] 轩黄:指轩辕黄帝,华夏民族人文始祖。底定:平定。

[35] 襄陵:谓大水漫上丘陵。《书·尧典》:"汤汤洪水方割,荡荡怀山襄陵。"孔传:"襄,上也。"文命:《史记·夏本纪》:"夏禹名曰文命。"

[36] 六顺:《左传》中石碏谏卫庄公中所提出的六种顺应,即"君义、臣行、父慈、子孝、兄爱、弟敬"。四维:古代指礼、义、廉、耻四种道德准则,认为是维系国家所必需的。

[37] 蒸尝:本指秋冬二祭。后泛指祭祀。《国语·楚语下》:"国于是乎蒸尝。"

[38] 穷垓:犹言(读书之人)无数。垓:古代数名,指一万万。

[39] 孙谋:顺应天下人心的谋略。孙:通"逊"。

[40] 刊:刊刻。犹言表彰。休风:美好的风格、风气。

大相国寺碑

唐·李 邕

【提要】

本文选自《全唐文》卷二六三(续修四库全书本)。

大相国寺位于著名文化历史名城、七朝古都开封的市中心。它既是一座在中国佛教史上有着崇高地位和广泛影响的著名寺院,也是一座璀璨的文化艺术宝库。

大相国寺始建于北齐天保六年(555),当时叫"建国寺",后毁于兵火。唐景云二年(711)寺院重建,第二年,唐睿宗为纪念其以相王身份继承皇位,赐名"大相国寺",并御书匾额。皇帝赐名,画家吴道子、石抱玉、韩干、智俨和尚及书法家李邕等纷纷泼墨挥毫;雕塑家杨惠之也为该寺创作了许多雕塑作品。唐代相国寺,也是中外文化交流的场所,日本僧人空海在中国留学时,就曾在相国寺居住过。

宋代定都汴梁(今开封),相国寺成为皇帝平日观赏、祈祷、寿庆和进行外事活动的重要场所,被誉为"皇家寺"。宋太祖赵匡胤把从庐山东林寺运回的五百个铜罗汉放到相国寺里。宋太宗赵匡义晚年对相国寺进行了一次大规模的扩建,相国寺变得正殿高大,庭院宽敞,花木深深,僧房栉比。当时最有名的画家高益、燕文贵、孙梦卿、石恪、高文进、雀白、李济元等的佳作,皆荟萃于此。由于相国寺濒临汴河,寺门前是开封市内的重要码头,位置适中,因而成了一个繁华的民间交易和游乐场所。相国寺每月有五次庙会,商贾多达万人,此外还有杂技、戏剧、说书、卖艺等民间艺术活动,十分繁华。当时人们形容相国寺是"金碧辉映,云霞失容"。尤其是元宵节,相国寺更是热闹非凡,大殿前设乐棚,供皇家乐队演奏。月上东山,多彩绚烂的灯展使相国寺内彻夜灯火辉煌,远远望去,宛如仙境,观灯者通宵达旦。古典小说《水浒传》中所描绘的鲁智深倒拔垂杨柳、林教头结识鲁智深等精彩故事,都发生在相国寺的菜园里。

北宋时,相国寺不仅是全国佛教中心,而且也是国际佛教活动中心,许多国家的外交使节和僧侣都到相国寺参拜和学习佛法。宋太祖时,出家为僧的天竺(今印度)王子曼殊室利到中国后,曾在相国寺进行佛教活动,并将相国寺的盛况写入自己的著作。宋熙宁七年(1074),朝鲜崔思训曾带几名画家到中国,将相国寺的全部壁画临摹回国。宋徽宗时,曾将宋太宗写的"大相国寺"匾额赠送朝鲜使者带回国。由此可见相国寺在当时对促进佛教传播,增进中外交往中的重要作用。

相国寺在金代和元代由于战乱严重损毁,逐渐萧条。明代,宋太祖朱元璋对相国寺多次重修,相国寺再度兴盛起来。明成化十二年(1474)曾一度将相国寺改名为崇法禅寺,明崇祯十五年(1642),黄河泛滥,开封被淹,相国寺变成一片废墟。清乾隆三十一年(1766)在原址上重建,规模远逊于唐宋。其格局基本保存至今,即在一条中轴线上,由南至北,依次建有碑楼、二殿(天王殿)、正殿(大雄宝殿)、八宝琉璃殿、藏经殿。寺前院东侧还建有钟楼。清时相国寺兴旺时,仅常住和尚就有300多人。清道光二十一年(1841),黄河再次决堤,开封城内水深丈余,寺中建筑又遭到严重损毁。

建国后,相国寺经过多次修葺,面貌焕然一新。今日寺内古建筑群由南向北,沿一条中轴线整齐排列,主体建筑正门、二殿(天王殿)、大雄宝殿、八角琉璃殿和藏经楼共五重建筑。中轴线两侧,是对称式的两列阁楼式建筑,东侧是东厢房(即东阁,或称观音阁),西侧是西厢房(即西阁,或称地藏阁)。整个建筑保持清代风格,古色古香,金碧辉煌。每逢金秋时节,寺满黄花,城溢芬香,霜钟扣击,声震八方。

如今,相国寺作为一座弘扬佛教文化、对外开放的旅游场所,香火又兴旺起来。

夫圣不徒作,作必有因;化不徒开,开必有摄[1]。故大事所会,一法所传,若天若人,或贤或达,虽万牙出地,而三兽渡河[2],使不闻者闻,未悟者悟,岂虚也哉! 此寺伽蓝,古废[3]。建国,有濮州之像,自安业而来[4]。及逝,将复归,坚守常住[5],人至万且千,飞声若雷,用壮敌国。坐如清泰,安如须弥[6]。有若部人郭宾者[7],生心起谤,双目失明;有若部人陈振者,兴言诳徒,喉肿及舌:皆追悔自昔,瘂全在今。或没身为奴,或铸钟依佛。

延和初载[8],奉诏改为大相国寺,复置额焉。先天中[9],内府降财,御书题额。睿宗通梦,灵应肇发,临遣硕得僧真谛[10],载驰载驱,乃慰乃止;昭宣渥命,宠锡神幡[11]。吏人候迎,法侣围绕,豁蠡里罗郊原者[12],不可胜计。夫以金仙圣容之表,先主感之;伐邸嘉名之旧[13],先主标之;笔精池水之妙,先主躬之:故能钟乾坤,激日月,景光退烛[14],德宇宏覆,曷云比也!

　　我开元神武皇帝受天元禧,祚国传宝,睦九族,叶万邦[15],功济而业成,道光而孝理,惠康父子,义结华戎。寰瀛之滨,大舆之上,禺禺而戴,欣欣而怀[16]。逮识路于兹,寓目于兹者,莫不瞻大明,钦圣札;仰天性而泣遗泽,荷慈民而叹坚林[17];形力者罔告劳,檀施者罔辞费[18];庄严不独于示相,功德何止于无为?棋布黄金,图拟碧络[19];云廓八景,雨散四花;国土威神,塔庙崇丽:此其极也。虽五香紫府,大息芳馨;千灯赤城,永怀照灼。人间天上,物外异乡,固可得而言也。上座知隐、寺主元深、都维那上智俨[20],皆妙觉圆常,对境亡境。弥入后地,因如得如;合之不离,混以相济。咸以为他方所至,广法界惟三;虚空所至,宏度门惟一。况乎实相感通之应,圣迹飞动之神,安可默颂声阙题纪者已[21]?乃作颂曰:

> 佛法住持,正教宏益。真容见寺,先帝书额。藩邸鸿名,建国前迹。
> 我皇孝理,我人光泽。日月明明,家邦赫赫。观妙追远,怀恩惟昔。
> 八部庄严,四天感激[22]。以式永代,是纪丰石。

【注释】

[1] 化摄:常作"摄化"。佛教语。谓以佛慈悲之光明感化众生,救苦救难。玄奘《大唐西域记·钵逻耶伽国》:"夫曲俗鄙志,难以导诱,吾方同事,然后摄化。"

[2] 三兽渡河:佛教以兔、马、象三兽渡河入水之深浅,喻小、中、大三乘证道之高下。《优婆塞戒经·三种菩提品》:"善男子,如恒河三兽俱渡:兔、马、香象。兔不至底,浮水而过;马或至底,或不至底;象则尽底。恒河水者,即是十二因缘河也。声闻渡时,犹如彼兔;缘觉渡时,犹如彼马;如来渡时,犹如香象,是故如来得名为佛。"后泛指修行。

[3] 古废:大相国寺始建于北齐天保六年(555),叫"建国寺",后毁于兵火。唐景云二年(711)重建,第二年,唐睿宗为纪念其以相王身份继承皇位,赐"大相国寺"名,并御书匾额。

[4] 安业:县名。武则天置。在今西安南面。

[5] 常住:指寺院。

[6] 须弥:指须弥山。佛教称,我们所住的世界中心是一座大山,叫须弥山。

[7] 部人:辖境内的居民。

[8] 延和:唐睿宗李旦年号,公元712年。

[9] 先天:唐玄宗李隆基年号,公元712—713年。

[10] 硕得:犹硕德。指大德之人。

[11] 渥命:犹恩旨。宠锡:皇帝的恩赐。

[12] 豁廛里:犹言万人空巷。廛里:古代城市居民住宅的通称。亦泛指市肆区域。

[13] 伐邸:犹言认可寺院。

[14] 景光:犹祥光。逷烛:犹普照。

[15] 叶:和洽。

[16] 大舆:犹大地。《易·说卦》:"坤为地……为大舆。"禺禺:向慕拥戴貌。

[17] 坚林:常作"坚固林"。即娑罗树。相传释迦牟尼于力士生地(拘尸那揭罗国)西北隅两娑罗树间安置绳床,枕右手侧身卧而逝世。娑罗为檞树类,冬夏不凋,故亦意译为坚固林。

[18] 檀施:布施。

[19] 碧络：犹碧玉般网络。

[20] 上座：佛教语。一寺之长，"三纲"之首。多由朝廷任命年高德劭者担任。都维那：寺院中的纲领职事，掌理众僧的进退威仪。

[21] 默颂声阙题纪：犹言没有颂赞之声、缺少题记之文。

[22] 八部：常作"天龙八部"，佛经中常见的"护法神"。四天：常作"四禅天"。佛教语。指修习禅定所能达到的色界四重天(初重天至第四重天)。

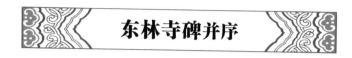

东林寺碑并序

唐·李 邕

【提要】

本文选自《全唐文》卷二六四(续修四库全书本)。

东林寺,位于九江市庐山西麓,是我国佛教净土宗发源地。东晋太元十一年(386),名僧慧远在此建寺讲学,倡导"弥陀净土法门",并创设莲社。

慧远(334—416),俗姓贾,山西雁门楼烦(今山西宁武附近)人。他先在西林寺以东结"龙泉精舍",后得江州刺史桓伊之助,筹建东林寺。《高僧传》:"远创造精舍,洞尽山美,却负香炉之峰,傍带瀑布之壑。仍石垒基,即松栽构,清泉环阶,白云满室。复于寺内别置禅林,森树烟凝,石径苔合,凡在瞻履,皆神清而气肃焉。"慧远在东林寺主持30余年,集聚沙门上千人,罗致中外学问僧123人结白莲社,译佛经、著教义,同修净土之业,成为佛门净土宗的始祖。

隋朝以后,东林寺为全国佛教八大道场之一。唐朝,改称"太平兴隆寺"。文宗太和二年,立石刻"尊胜陀罗尼经幢"于东林(旧传为玄奘法师所造)。玄宗开元十年(722),北海太守李邕撰《东林寺碑》并书。天宝十二年(753),东林寺僧智恩协助鉴真大师东渡。翌年,在奈良兴建大寺,修筑戒坛,日皇、皇后、公卿四百余人皆从受菩萨戒。鉴真既开创日本律宗,又弘扬净土法门,因此,日本佛教莲宗尊称东林寺为"祖庭"。史载,东林寺在唐大中二年(848)时已共拥有殿、堂、塔、室三百一十三栋,藏经万卷以上,其"规模宏伟"足称"万僧之居"。江州刺史崔黯,在镌刻《复东林寺碑》时,盛赞远公之德,此碑为柳公权所书,世传为珍宝。碑中对东林寺的描述也极其壮观,碑云:"大起重阶,广延阿阁,严幢涌出,宝塔飞来,尊容月满,法宇天开,化成改筑,道树遗栽。松清梵乐,石散花台。"其建筑宏伟,规模巨大,令人叹为观止。

五代时,东林寺并未受到战乱的影响,加上南方政权君主多崇信佛教,昔日兴盛景象依旧。南唐李主还造铸铁罗汉五百尊入东林,由寺僧建阁供奉。北宋太祖开宝八年(975),宋将曹翰攻陷南唐江州时,劫走五百罗汉,阁随之亦圯。神宗元丰二年(1079),诏升东林寺为禅寺,常总法师为东林主持,他德高望重,因此哲宗元祐三年(1088)敕内侍斋黄金往东林,用以装饰佛像并赐常总为"照觉大师"称号。道俗倾动,能者致力,巧者献工,富者输财,勤施数年,东林又是夏屋千楹。叶梦得《白莲社图记》云:"寺旧不甚广,元丰间,老南之徒常总主之,寺始扩大,雄丽庄严,遂为江湖间第一。"

南宋至明清,东林寺毁建频繁。元代延祐七年(1320)东林又毁于大火,住持庆哲倡议重建,叹曰:"物有定业,不可移也,坏者既空,成者斯佳。是二中间适当吾时,吾不能辞其责矣。"于是楠柏巨材取之蜀江,杉竹取之豫章,金铁瓦石取之旁近,凡十余年,佛殿门廊,经楼藏室,说法之堂,鸣钟之阁,寮房庖室,大小毕备,结构庄严,有加于昔。

明万历四十年(1612),僧海贤法师游庐山,爱东林寺幽胜,固留居数日,见远公遗留的千僧锅没入荒榛蔓草之中,心甚惋惜,乃迎三昧寂光律师入主东林。宣讲大戒,远近从之,遂开锅饭僧,丛林大振。海贤发誓建造无梁神运殿。采取砖拱结构,奈殿甫成,旋即倒塌。崇祯初,寂融法师继海贤师遗志,入东林寺计谋兴建神运殿,九江关榷使祁逢吉捐俸倡建,大殿告成,祁逢吉撰《重建东林寺神运殿碑铭》。

东林寺的现时规模为改革开放后重建。

古者将有圣贤,必应山岳:尼邱启于夫子,鹫岭保于释迦[1]。衡阜之托恩,天台之栖顗[2],岂徒然也?故知土不厚则臣材不生,地不灵则异人不降。阴骘潜运,元符肇开,宿根果于福庭,大事萌于净土,其来尚矣[3]。

东林寺者,晋太元九年慧远法师之所建也[4]。世居雁门楼烦[5],俗姓贾氏,童妙神悟,壮立精博。初涉华学,为读非圣之书;中留范经,尤邃是田之说[6]。尝就恒岳,觏止道安[7];火遇于薪,玉成于器。虽根种诸佛,而果得一时。师子吼言,载闻顺喻[8];维摩诘答,更了空门[9];安住四依,修舍二法[10]。和尚叹曰:"吾道行者,惟此人焉。"属朱序寻戈,缁徒逃海[11];道由兹岭,冥契宿诚[12]。谓其徒曰:"是处崇胜,有足底居[13]。"居地若无流池,曷云法宇[14]?大谁神庙,特异莲峰;结跏一心,开示五力[15];以杖刺地,应时涌泉;既荷殊祥,因立精舍。坚卧禁戒,宏演妙乘[16];浮囊毒流,木铎正教[17];首唱南部[18],转觉后人;以智慧刀,断烦恼锁。由是真僧益广,妙供日崇;临其本图,宏其别业。乃进自香谷,集板安栖[19];即昙现之门生,邻慧永之阿若[20]。相与撰平圃,逾层岩,在山之阳,居水之右。经其始而未究其末,有其所而未虞其劳[21]。

当是时也,桓元司人柄,斡国钧,以福庄严,因侨檀施,书日力之费,尽土木之功[22]。缭垣云连,厦屋天耸。如来之室,宛化出于林间;帝释之幢[23],忽飞来于空外。至若奥宇冬燠[24],高台夏清;玉水文阶而碧池,瑶林藻庭而朱实[25]。琉璃之地,月照灼而徘徊;旃檀之龛,吹芬芳而秘馞[26]。相事毕集,微妙绝时。罗什致其澡瓶[27],巧穷双口;姚泓奉其雕像[28],工极五年。殷堪抠衣而每谈,卢循避席而累赞[29]。道宏三界,何止八部宅心[30];声闻十方,足使诸天回首。观其育王[31]赎罪,文殊降形;蹈海不沈,验于陶侃[32];迫火不蓺,梦于僧珍[33]。愿苟存诚,祈必通感。既多雨以出日,乍积阳以作霖。则有形图西来[34],舍利东化;或塔涌于地,或光属于天。谢客欣味而成文[35],刘斐底河而覃思。所以山亚五岳,江比四渎[36];地凭法而自高,物因词而益重。

洎梁有崇禅师者,传灯习明,安心乐行,指拳犹昔[37],薪尽如生。次有果、睚二法师,僧宝所钦,克和止观[38];法物为大,用继住持。上座昙杰、寺主道廉、都维那道贞等[39],皆沐浴福河,栖止净业。诸结已尽,白黑双遣;众生可度,名色两忘。纂盛名于旧人,启新意于今作;重建雅颂,远托鄙夫。代斫有惭,岂云伤手[40]？握笔余勇，曷议齐贤？但相如好仁，慕蔺名而激节[41]；伯喈闻义，读曹碑而叙能[42]。觊青包于蓝[43]，冰寒于水，非曰能也，固请学焉。其词曰：

灵山兆发，真僧感通。刺泉有力，呵神致功。法仪外演[44]，禅心内融。性除遍执，门开大空。（其一）

瞻礼云集，底居峰薄。越岭图胜，降平规博。信臣檀施，护供兴作。大起重阶，广言阿阁[45]。（其二）

严幢涌出，宝塔飞来。尊容月满，法宇天开。化城改筑[46]，道树移栽。松清梵乐，石敞花台。（其三）

金容海游，法影山荐。毒龙业消，鱼子心变。万里西传，一时东现。华戎异闻，穷厚惊眄。（其四）

远实法主，谢惟文伯。光颂累彰，德名增勒。助起江山，声流金石。一言可追，千载相激。（其五）

了性了义，或古或今。止持绍律，定慧通心[47]。睹物情致，怀缘道深。敢凭净业[48]，永纪禅林。（其六）

【注释】

[1]尼邱：指尼丘山。即今山东曲阜东南的尼山。《史记·孔子世家》：叔梁纥与颜氏女"祷于尼丘得孔子。""生而首上圩顶，故因名曰丘云。"鹫岭：释迦牟尼居住和传教之地。

[2]颛：指智颛。隋代高僧。参见《国清寺碑并序》。

[3]阴骘：犹阴德。元符：天符，符命。谓上天显示的瑞征。元：同"玄"。福庭：幸福的地方。常指神佛所居之处。

[4]太元九年：公元384年。按：综合稽考《高僧传》《东林寺网站》等，东林寺建于太元十一年(386)。

[5]雁门楼烦：今山西代县。

[6]是田之说：佛教中有"三田"说。以喻菩萨、声闻、阐提之三种。《涅槃经》："善男子！农夫春月先种何田？世尊：先种初田，次第二田，后及第三。初喻菩萨，次喻声闻，后喻一阐提。"

[7]觏止：相遇。觏：音gòu。道安(312—385)：东晋僧人。常山扶柳(今河北冀州)人。18岁出家，因其形貌黑丑，未被重视，令作农务。但因他的博闻强记，数年后，其师改变态度，令其受具足戒，并准许出外参学。道安是东晋时代杰出的佛教学者，在戒、定、慧三方面造诣颇深，组织翻译了大量佛经。慧远二十一岁时，前往太行山聆听道安法师讲《般若经》，于是悟彻真谛，感叹地说："儒道九流学说，皆如糠秕。"于是发心舍俗出家，随从道安修行。

[8]狮子吼：佛被称为"人中师子"(佛经上的"狮"字多写作"师"字)。"狮子吼"见于释迦牟尼佛初诞生时："太子(指佛出家前为悉达多太子)生时，一手指天，一手指地，作狮子吼，云："天上地下，唯我独尊。"(《过去现在因果经》卷一)

[9]维摩诘(Vimalakirti)：是释迦牟尼佛时代的佛教修行者。并未出家，而是以在家居士的形象积极行善、修道，也成为佛教在家众的典范，他也是《维摩诘经》的主角人物。梵文里"维"是"没有"之意，"摩"是"脏"，而"诘"是"匀称"。"维摩诘"象征洁净、没有染污的人。

[10]四依：指依于义不依语，依于智不依识，依于法不依人，依了义经不依不了义经。

二法：指身心；禅定、解脱。禅宗六祖惠能言，禅定、解脱是二法，不是佛法。佛法是不二法。

[11] 朱序(？—393)：字次伦，义阳(今河南信阳南)人，东晋大将。东晋梁州刺史司马勋为政酷暴，后举兵反晋。自号梁、益二州牧、成都王。东晋大司马桓温荐朱序为征讨都护，率兵增援成都。太和元年(366)五月，朱序与周楚内外夹击，大败司马勋，擒之，送建康(今南京)斩首示众。朱序因功拜征虏将军，封襄平子。缁徒：僧侣。

[12] 兹岭：指庐山。晋孝武帝太元三年(378)，前秦符丕围困襄阳，梁州刺史朱序留住道安不让外出(后来被符丕送往长安)。道安便遣散徒众赴各地传教，慧远等一行十余人南下。之前，慧远曾和同学慧永相约，将来同去广东罗浮山结宇传道。途经浔阳郡，慧永为郡人陶范所留，住在庐山北面陶范为他建造的西林寺中。慧远到了浔阳，应慧永之邀，也在庐山住下来。冥契：默契，暗相投合。宿诚：谓心中所愿。

[13] 底居：定居，定址。

[14] 法宇：寺院。

[15] 结跏：佛教徒坐禅的姿势。即交叠左右足背于左右股上而坐。五力：佛教语。五种力。有多种说法。如，言由于信等五根的增长所产生的五种能破除障碍、得到解脱的力量，即信力、精进力、念力、定力和慧力。

[16] 宏演妙乘：犹言弘阐演绎美妙的佛法。

[17] 浮囊：渡水用的气囊。唐·慧琳《一切经音义》卷三："浮囊者，气囊也，欲渡大海，凭此气囊轻浮之力也。"木铎：以木为舌的大铃，铜质。古代宣布政教法令时，巡行振鸣以引起众人注意。

[18] 南部：指庐山在内的中国南部地区。

[19] 集板：指结庐。

[20] 昙现、慧永：均为僧人。阿若：寺院。巴利文中，寺庙通常称为"阿若摩"(Arama)或"伟哈若"(Vihara)。

[21] 虞：谓考虑。

[22] 桓元：指桓玄(369—404)，字敬道，一名灵宝，谯国龙亢(今安徽怀远)人，桓温之子。东晋杰出将领、权臣，桓楚武悼帝，谯国桓氏代表人物。历任侍中、都督中外诸军事、丞相、录尚书事、扬州牧、徐州刺史、相国、大将军、楚王等职。人柄：治理民众的权柄。幹：古同"管"，主管，掌管。国钧：犹国柄。憍：音jiāo，持矜。古同骄傲的"骄"。檀施：布施。

[23] 帝释：亦称"帝释天"。佛教护法神之一。佛家称其为三十三天(忉利天)之主，居须弥山顶善见城。梵文音译名为"释迦提桓因陀罗"。南朝宋·谢灵运《庐山慧远法师诔》："人天感恸，帝释动怀。"

[24] 奥宇：犹宇内，天下。燠：音yù，暖。

[25] 瑶林：指美好的树木。藻庭：装饰庭宇。朱实：(树上结出)红色的果实。

[26] 栴檀：音zhāntán，即檀香。秘馞：音bìbó，香气浓郁。

[27] 罗什：指鸠摩罗什(Kumārajīva，344—413)，意译"童寿"。中国佛教四大译经家之一。父籍天竺，出生于西域龟兹国(今新疆库车)。博通大乘小乘。后秦弘始三年(401)入长安，至十一年(409)与弟子译成《大品般若经》《法华经》《维摩诘经》《阿弥陀经》《金刚经》等经和《中论》《百论》《十二门论》《大智度论》《成实论》等论，共数百部佛经。著名弟子有道生、僧肇、道融、僧叡，人称"什门四圣"。澡瓶：僧人用以贮水的容器。

[28] 姚泓(388—417)：字符子，十六国时期后秦政权君主。博学善谈论，尤好诗咏。后秦亡，姚泓被押送建康，斩于市。

[29]殷堪:指殷仲堪。荆州刺史。晋哀帝兴宁三年(365),慕容氏侵扰河南,慧远随道安避难到了湖北襄阳,与殷仲堪交往密切。上庐山后,殷仲堪曾到山上看望过他。抠衣:提起衣服前襟。古人迎趋时的动作,表示恭敬。卢循(?—411):东晋末农民起义领袖。出自范阳大族卢氏,原(今河北涿州)人,士族出身。但因渡江较晚,未受朝廷重用。后率众起事,被刘裕、杜慧度打败。晋安帝义熙六年(410),卢循率众从广州北上,占据江州(今江西九江)时,入山拜访慧远。慧远与卢循之父卢嘏是同学,见到卢循后热情相待,并高兴地述说幼年往事。并谓之曰:"君虽体涉风素,而志存不轨。"

[30]三界:指众生所居之欲界、色界、无色界。八部:佛教中八大护法神。宅心:居心,存心。

[31]育王:即阿育王(约前304—前232)。Ashoka,音译阿输迦,意译无忧,故又称无忧王,是印度孔雀王朝的第三代君主。前期杀人无数,血雨腥风中登上王位后,依然如此。公元前261年,远征孟加拉沿海的羯陵伽国,造成了10万人被杀、15万人被掳的人间惨剧。阿育王被伏尸成山、血流成河的场面所震撼,深感痛悔,决心皈依佛门。他宣布佛教为国教,将诏令和"正法"刻在崖壁和石柱上,成为著名的"阿育王摩崖法敕"和"阿育王石柱法敕"。内容包括:对人要仁爱慈悲,包括孝敬父母,善待亲戚朋友和其他人,对动物也要尊重它们的生命,因为它们也是"众生平等"的一部分;要多做有益于公众的好事,如修桥造路、种树建亭等;要对其它宗教宽容,给予耆那教、婆罗门教、阿耆昆伽教应有的地位,禁止不同教派之间的互相攻击。

[32]陶侃(259—334):字士行(或作士衡),本鄱阳(今江西鄱阳)人,后迁庐江寻阳(今江西九江西)。中国东晋时期名将,大司马。初为县吏,渐至郡守。永嘉五年(311),任武昌太守。建兴元年(313),任荆州刺史。后任荆江二州刺史,都督八州诸军事。他精勤吏职,不喜饮酒、赌博,为人称道。是我国晋代著名诗人陶渊明的曾祖父。

[33]爇:音ruò,烧,燃烧。僧珍:即吕僧珍。南朝梁重臣。字元瑜,东平范(今山东范县)人。世居广陵(江苏扬州)。高祖受禅,以为冠军将军、前军司马,封平固县侯,邑一千二百户。寻迁给事中、右卫将军。顷之,转左卫将军,加散骑常侍,入直秘书省,总知宿卫。恩宠无匹者。

[34]形图:图像,图画。

[35]谢客:指谢灵运(385—433)。慧远早在奉侍道安时就听西域沙门说西域有佛影,到庐山后,向来庐山的罽宾禅师佛陀跋多罗和一位律学道士详细询问他们所亲见的佛影情状,并依此立台画像,铭刻于石。同时,命弟子道秉远至江东,嘱享有盛名的大诗人谢灵运制铭,以充刻石。传说陶侃曾在广州得阿育王像,送给了武昌寒溪寺。慧远创建东林寺后,将此像也迁入庐山。覃思:深思。覃:音tán。

[36]四溟:四海。

[37]指拳:犹举手投足(形态)。

[38]眐:音wǎng,光,德。僧宝:佛教三宝之一。原指僧团,后泛指继承、宣扬佛教教义的僧众。克和:制服调和。止观:佛教修行法门之一。"止"为梵文(samatha奢摩他)的意译,意为扫除妄念,专心一境;"观"为梵文(Vipassanā毗钵舍那)的意译,意为在"止"的基础上发生智慧,辨清事理。佛教主张通过"止观"即可"悟"到"性空"而成佛。

[39]上座:佛教语。一寺之长,"三纲"之首。多由朝廷任命年高德劭者担任。都维那:梵语Karma-dāna,音译"羯磨陀那",意译"授事"。佛寺中一种僧职。管理僧众事务,位次于上座、寺主。

[40] 代斫有惭,岂云伤手:谓为人代笔,哪顾手拙。

[41] 蔺相如(前329—前259):战国时期赵国上卿,战国时期著名的政治家、外交家。《史记·廉颇蔺相如列传》载其生平最重要的事迹有完璧归赵、渑池之会与负荆请罪三件事。蔺相如多谋善辩,胆略过人;他以国家利益为重,善与人和,不畏强暴,为历代人们所传颂。

[42] 伯喈:指蔡邕(132—192)。东汉文学家、书法家。字伯喈,陈留圉(今河南杞县南)人。汉灵帝熹平四年(175),蔡邕等正定儒家六经文字。诏允后,邕亲自书丹于碑,命工镌刻,立于太学门外,碑凡46块,这些碑称《鸿都石经》,亦称《熹平石经》。史载,碑立后,太学热闹非凡,每天来此观览摩写的人很多,车辆上千,道路为之阻塞。

[43] 青包于蓝:常言"青出于蓝而胜于蓝",此反而言之。

[44] 法仪:法度礼仪。

[45] 阿阁:四面都有檐溜的楼阁。

[46] 化城:指佛寺。

[47] 绍律:继承佛法。定慧:禅定与智慧,亦即三学中之二学。收摄散乱的心意为定;观察照了一切的事理为慧。

[48] 净业:指清净之行业。又作清净业。即世福、戒福、行福之三种福业。据《观无量寿经》载,此三福业为:一是孝养父母,奉侍师长,慈心不杀,修十善业;二是受持三归,具足众戒,不犯威仪;三是发菩提心,深信因果,读诵大乘,劝进行者。此三福为众生往生之正因,亦为菩萨之净佛国土之无漏修因,故称净业。

五台山清凉寺碑

唐·李　邕

【提要】

本文选自《全唐文》卷二六四(续修四库全书本)。

五台山清凉寺,位于中台南瓦厂村东北的清凉谷,距台怀镇约15千米,寺内因有著名的文殊圣迹"清凉石"而得名。

《清凉山志》载,该寺创建于北魏孝文帝延兴二年至太和十七(472—493)年间。北魏熙平元年(516),就有高僧灵辩在此修道,撰《华严经论》100卷,是我国最早论述《华严经》的巨著。寺自从创建以来,就受到历代帝王的崇拜,唐代甚至成为"国庙"。武则天、唐玄宗、唐代宗都对清凉寺眷顾有加。《清凉山志》载,长安二年(702),武则天"神游五顶",且令"并州刺史重建清凉寺"。长安三年,又敕德感法师"率百余僧,诣山斋会,缁素千人,咸见五云佛手,天仙白鹿现于空冥杳霭之间。州牧奏闻,天后大悦,封感公昌平县开国公,食邑一千户,住清凉寺"。同时,又"敕琢玉文殊像,遣大夫魏元忠送诣清凉寺。上自疏云:'朕曩承佛记,今握化宝,敢不恢弘至道,光阐大猷。但以万机所系,未能亲诣圣境,恭叩慈容,仰白文殊大师召格'。"遂使清凉寺"星楼月殿,凭林跨谷。香窟花堂,枕峰卧岭";"梵响乘虚,远山相答";维新超构,寺宇辉煌;金容满月,宝座莲开。清凉寺成为五台山最好的一座梵宇琳宫。其时,武则天还令德感国师住持清凉寺,主管京国僧尼事。清凉寺成为五台山著名的唯识道场,乃至全国佛教的"首府",所以到开元二十八年(740)时,"玄宗之元女永穆公主爰发金钱,为皇帝恭造净土诸像,钦造铜钟一口,安置于清凉寺"。天宝七载,"贵妃兄上柱国、鸿胪卿杨铦为圣主写一切经5 048卷,般若四教、天台疏论2 000卷,供于清凉寺",且"即旧而增修,维新而超构,重修了清凉寺"。永泰元年(765),唐代宗又着不空三藏重修清凉寺,度僧21名,常转《护国仁王经》《法华经》《密严经》,为国行道,使清凉寺成了大唐帝国的镇国道场,或曰皇家道场。

以后各朝,宋仁宗、金帝完颜亮、元世祖忽必烈和明神宗、清圣祖、清世宗、清高宗等诸多皇帝都曾到此参观,并组织修建。其中,明万历三十四年铸九级铜塔,精妙绝伦,光彩耀人,古刹辉煌焕发。清代,顺治帝命老藏丹贝卓锡清凉寺,管理五台山汉藏佛教事宜,并修葺了五顶及澡浴池、华严岭、清凉寺、菩萨顶等寺庙、灵迹,遂使五台山寺庙气象一新。康熙、雍正、乾隆三帝多次至清凉寺巡幸礼谒,留下了许多诗词文物,还培养出了五台山第一位去印度取经弘法的僧人阿王源修。

由于代受恩顾,清凉寺高僧辈出。从华严高僧灵辩法师、德感僧统、和希僧统、宣秘大师、信明僧统、澄芳律师,还有总理五台山番汉大喇嘛老藏丹贝、五台山第一个去印度取经弘法的阿王源修等大德高僧,也使清凉寺依次成为皇家、华严、唯识、净土、密宗、镇国、律宗、黄教、禅宗等道场。

清凉寺为世人熟知的就是拥有清凉石。石在寺内的第二院中,厚6尺5寸,围长4丈7尺,面方平正,自然文藻。《清凉山志》说它:"能容多人不隘。古者,尝有头陀跌坐其上,为众说法,梵音琅琅,异状围绕,望之悚怖,近之则失,后人目其所坐之石,曰曼殊床。"世人所闻此石灵异包括:一是有自然文藻;二是石面有限,但能容多人不隘;三是文殊讲经说法的法座;四是石重数吨,只要虔诚,即可扛动;五是跌坐其上,即可消除热恼,清凉身心,乃避暑圣石;还有一则歇龙石的优美传说。所以,清朝的雍正、乾隆二帝及众多文人学士都曾瞻仰吟诗,赞叹这一青石。

现今的清凉寺,是20世纪90年代后期,由香港黄惠卿女士等筹资、山西省文物局重建的一座新寺。重建的清凉寺按传统中轴对称格局布置,中轴线上有五层大殿,禅堂、配殿左右对称,布局严谨,主次分明。二进院落依次为天王殿、大雄宝殿、三大士殿、钟鼓楼、东西厢房,并筑起围墙,庙前树起幡杆、古碑,青石铺院,彩塑圣像,计有殿堂、楼房、僧舍、禅房40余间,生机焕发。

上尊王之分护大千也[1],甘露以洒之,慈云以覆之;香风以熏之,惠日以暖之。忽恍乎无相之体,通洞乎有形之类[2]。演正法,降毒龙,在清凉之山苑,经行之地。其山也,左溟渤[3],右孟津;恒岳揭其前,阴山屋其后。五峰对耸,四望崇崇;蓄阴阳之神秀,含造化之奇特。每至丹霄出日[4],俯拍云霞;清汉无波,下看星月。可以侔鹫岭,可以辟莲宫[5]。

在炎汉时,卜中箭领,用肇造我清凉寺[6]。在北齐时,以八州租税,食我缁徒焉。历代帝王,莫不崇饰。泊我唐开元天宝圣文神武应道皇帝,丕宏妙教,大阐元宗[7]。渥泽浸而恒河流,景福炱而铁山固,仍复旧号祇以修[8]。先是,长安年中敕国师德感供以幡花[9],文殊应见于代,具大神变,发大光明,俨兮以或存,倏兮无处所[10]。凡厥稽首,咸怀欣怿[11];傍顾此身,尽在光影。其毕弃咎[12],乃罔不休。示立诸相而无所立,广度群生而无所度,非大圣至神覆护,其孰能如此者欤?

夫其清凉之为状也,壮矣丽矣,高矣博矣,靡可得而详矣。赫奕奕而烛地[13],崒巍巍而翊天;寒暑隔阂于檐楣,雷风击薄于轩牖[14]。星楼月殿,凭林跨谷;香窟花堂,枕峰卧岭。尊颜有睟,像设无声[15]。观之者发惠而兴敬,居之者应如而合道。天花覆地,积雪交辉;梵响乘虚,远山相答。珍木灵草,仰施而纷荣;神钟异香,降祥而闻听。凄风烈烈,谁辨冬春?奔溜潺潺,不知晨暮:经所谓吉祥之宅,岂虚也哉?

开元二十有八载[16],帝之元女曰永穆公主,银汉炳灵,琼娥耀质,发我上愿,归乎大雄[17]。爰舍金钱,聿崇妙力,奉为皇帝恭造净土诸像,钦铸铜钟一,骈之以七宝,合之以三金,影摇安乐之界,声震阎浮之国[18]:是以涤除烦恼,足以开鉴聋盲。二沙门清白怀忠,置陈于禅林之院,树法幢以供之,声梵乐以安之。惟时孟秋月望[19],庆云出山[20],西北圆光,五百余丈,有万菩萨,同见其间,前后感应,不可遍数:意者其福我圣君乎?

天宝七载[21],贵妃兄银青光禄大夫宏农县开国男上柱国鸿胪卿杨铦,奉为圣主写一切经五千四十八卷、般若四教天台疏论二千卷,俾镇寺焉。海墨树笔[22],竹纸花书,密藏妙论,千章万品。置之以宝案,盛之以玉箱。上禋祐于君亲,下泽润于黔庶[23]。

善夫上座昙财、寺主神庆、都维那智选,入妙觉海[24],登大空山;大德忠翰[25]、智空、昙开、如岸,玉宝先觉,莲花不染;高僧清超、净法、云光、庭观,谷荫禅枝,严栖戒叶,并鸾凤比德,龙象叶心[26]。岂即旧而增修?亦惟新而超构。备致灵应,昭彰邑郡,以为智德斯遗,靡筹称谓[27];句偈不忘,式图刊勒。敢承前矩,强述斯文。铭曰:

天作五山兮实曰五台,山上出泉兮有龙为灾,大圣煦姁兮歼毒徘徊[28]。西南其刹,赫赫枚枚[29]。翠微之上兮崒崛崔嵬,金容月满兮宝座莲开,祈我圣皇兮其至矣哉[30]。以感以通兮为祉为福[31],前际后际兮无去无来。

【注释】

[1]上尊王:指佛。大千:佛教中指三千大千世界,略称"大千世界"。

[2]忽恍:亦作忽荒、忽怳、忽慌。谓似有似无,模糊不分明。无相之体:语出《坛经》。原文为:无相为体。与"无念为宗""无住为本"共同构成禅宗六祖慧能倡导的南禅宗要旨。《坛经》:"但离一切相,是无相;但能离相,性体清净,此是以无相为体。"无相是用来说明心本体的寂然清净的状态,也就是说,真心之体,远离一切世俗之"相",自性清净。通洞:通晓明察。

[3]溟渤:溟海和渤海。多泛指大海。

[4]丹霄:谓绚丽的天空。

[5]侔:音 móu,相等,齐。鹫岭:鹫山。在王舍城。王舍城闻名于世的竹林精舍是佛祖释迦牟尼修行的地方。竹林精舍又称"迦兰陀竹园"(Venuvana),释迦牟尼在世时,曾长期居于此。王舍城东74米处是灵鹫山(Griddhkuta),释迦牟尼曾在此宣讲佛法。释迦牟尼逝世后,弟子们曾在此地的七叶窟举行第一次佛经集结。玄奘来此时,城"外郭已坏,无复遗堵。内城虽毁,基址犹峻,周二十余里,面有一门"(《大唐西域记》)。莲宫:指寺庙。

[6]炎汉:汉自称以火德王,故称炎汉。箭领:即箭岭。

[7]丕宏:大力弘扬。元宗:本作"玄宗",避康熙讳改。玄宗:指佛教的深奥旨意。

[8]渥泽:指恩惠。景福:洪福,大福。烝:众多。祗:恭敬。

[9]长安:武则天年号,公元701—705年。幡花:亦作"幡华"。供佛的幢幡彩花。

[10]倏:音 shū,极快地,忽然。

[11]欣怿:欣喜。

[12]弃咎:谓弃恶为善。

[13]赫:谓红如火烧。奕奕:高大貌。烛:照亮。

[14]轩牖:窗户。

[15]晬:音 zuì,润泽。像设:《楚辞·招魂》:"天地四方,多贼奸些;像设君室,静闲安些。"朱熹集注:"像,盖楚俗,人死则设其形貌于室而祠之也。"蒋骥注:"若今人写真之类,固有生而为之者,不必专指死后也。"后称所祠祀的人像或神佛供像为"像设"。

[16]开元:唐玄宗李隆基年号,公元713—741年。

[17]永穆公主:唐玄宗长女,母柳婕妤。开元十年(723),永穆公主下嫁王繇。开元二十八年(740),公主出家。一说天宝七年(749)出家。银汉:银河。炳灵:焕发灵气。琼娥:美女。大雄:梵文 Mahavīra(摩诃毗罗)的意译。原为古印度耆那教对其教主的尊称。佛教亦用为释迦牟尼的尊号。

[18]阎浮:即阎浮提。多泛指人世间。

[19]孟秋月望:即七月十五。

[20]庆云:五色云。古人以为祥瑞之气。

[21]天宝:唐玄宗李隆基年号,公元742—756年。

[22]海墨树笔:谓以海水为墨,以大树为笔。

[23]裨祐:谓护佑。裨:音 chǐ,古同"褫"。黔庶:指百姓。

[24]妙觉:佛家语。谓佛果的无上正觉。

[25]大德:佛家对年长德高僧人或佛、菩萨的敬称。

[26]禅枝:寺庙禅堂周围的树木。龙象:龙与象。水行中龙力大,陆行中象力大,故佛氏用以喻诸阿罗汉中修行勇猛有最大能力者。叶心:同心。

[27]筹:矢,符合。

[28]煦妪:抚育,爱抚,长养。《礼记·乐记》:"天地欣合,阴阳相得,煦妪覆育万物。"郑玄注:"气曰煦,体曰妪。"孔颖达疏:"天以气煦之,地以形妪之,是天煦覆而地妪育,故言煦妪覆育万物也。"戕毒:恶神名。

[29]赫赫:显著盛大的样子。枚枚:细密貌。

[30]崒崛:谓山峰高而险峻。崔嵬:高大,高耸。金容:指金光明亮的佛像面容。

[31]祉:音 zhǐ,福。

附：郑州大云寺碑

唐·李 邕

恭惟黄屋者,异唐尧之大雅;精舍者,曷释迦之广乘。将以示崇高,宏诱进,俾夫壮丽加于四海,瞻仰摄于群情。酌言永图,即理一贯矣。

大云寺者,郑国慈缘之所建也。观其肇允枚卜,爰适底居;所感弥多,光灵滋茂。固以星晷上宪,人统下稽。执天物之大中,合元宫之妙相。岂止宅丰壤,盘石州,厦屋云阴,沙门玉立而已?于是象设巨丽,法供魁殊,尊容乃神。灵眷所仗,则有宝座莲动,现身金光,不同于凡,复归于静。至使弥留咸华,远人孔殷,香馔比肩,花盖击毂。一心不起,则从愿应如;二见无物,则随施逾疾:故能飞名胜,出福履,嘉祥昭升,累朝发宏历圣。

粤我高祖神尧皇帝俟时登庸,从观兴感;再驾尚轫,五转欲承。凤难(疑)乔云,龙睟霄极。驰睿想于幽赞,祷法力于大雄,创建漆象一躯,植净根也。洎我高宗天皇大帝缵祖匡业,继明德辉;万流澄瀛,八风叶律。齐致功于化造,将有事于岱宗。道由是邦,言念兹者。寺中留绣像一帧,实也。丁厥则天皇太后奉遗托孤,与权改物;母仪霸迹,阃政神器;追惟乾荫,永动皇情;明启度门,宣游觉路。乃降绣像一帧,广也。借如崇建塔宇,附丽朝阙。凭县官之力,散王府之财。中使相望,匠人经始,则有之矣。未或介在草泽,僻居里闾。发皇明于日中,落宠锡于天上,有如此之盛者也。日者通庄载堙,缭垣式遏;门途弗敞,面势匪宏;浮云在天,虾蟆蚀月。具瞻者渴高明之叹,归止者愤翳郁之心。

寺主俗姓李氏名婆谛,陇西姑臧人也。发趣如因,弥入禅寂。虽独得断相,而同人有为。乃陈诣府庭,移牒省闱。引仍旧之直,矫易恒之枉;申报旷祀,奔走宣劳;终于讼贞,成我道胜。是以颓墙埋堑,焚莱平场;广途褰开,曾构踊出;嵬若当阳,豁若捷径。洛师之道,荡胸泠然,决渠荥波之水,所谓形便;得装严具行李,荣观郡邑景矣。长史河东柳冲府君,道融至和,性与元德;从心丝谱,游刃翰林;推毂演成,誓言同事。是刊厥懿,岂伐于功?其词曰:

郑之法宇兮在城一隅,大雄应感兮休征有殊。累圣克念兮象设三铺,佛身圆对兮神光发图。乃奉灵胜兮至自彼都,面势推隔兮颓垣朽株。南望不及兮郁然坐拘,观者伫眙兮愿履夷途。硕德感发兮执心匪渝,岂用历纪兮兹事乃敷?刻石传懿兮表此亨衢。

按:本文选自《全唐文》卷二六三(续修四库全书本)。

高陵令刘君遗爱碑

唐·刘禹锡

【提要】

　　本文选自《刘禹锡集笺证》(上海古籍出版社1989年版),参校《古今图书集成》山川典卷二八五(巴蜀书社中华书局影印本)。

　　"县内之大夫鲜有遗爱在其去者。盖邑居多豪,政出权道,非有卓然异绩结于人心,浃于骨髓,安能久而愈思?"但彭城人刘仁师(刘行舆)做到了。

　　"泾水东行注白渠,酾而为三,以沃关中,故秦人常得善岁。"刘禹锡说,前提是决泄有时,灌溉有度。如果私开四窦,偷放截流,那就"泽不及下。泾田独肥,他邑为枯"。干这事的都是上游的权贵之家,百姓上诉非但不成,还惹出官司获了罪。

　　长庆三年(823),刘仁师来当县令后,情况改变了。他先打报告,请求"请杜私窦,使无弃流;请遵田令,使无越制。"可是无人理睬。到了宝历元年(825),郑覃当了京兆尹,情况发生变化,层层上报后,皇帝下旨,御史"持诏书诣白渠上,尽得利病,还奏青规中"。经过反复较量,最后终于修成新渠,"涉季冬二日,新堰成。驶流浑浑,如脉宣气。蒿荒沤冒,迎耜释释。开塞分寸,皆如诏条。有秋之期,投锸前定。"以至于百姓感慨:"吞恨六十年,明府雪之。摘奸犯豪,卒就施为。"于是,一致要求把渠叫做刘公渠,堰叫做彭城堰。

　　还有,"按股引而东千七百步,其广四寻而深半之,两涯夹植杞柳万本,下垂根以作固,上生材以备用。仍岁旱沴,而渠下田独有秋。渠成之明年,泾阳、三原二邑中,又拥其冲为七堰以折水势,使下流不厚。君诣京兆索言之,府命从事苏特至水滨,尽撤不当拥者。"当地百姓感激刘公到什么地步?"生子以刘名之"。

　　文中,刘禹锡认为,当时社会的黑暗和腐败,政治的不清明,是由宦官、士族地主和藩镇势力造成的。写刘君遗爱,实际是揭露宦官、权臣和豪强相互勾结,鱼肉百姓的现实。刘禹锡把他们比喻为利嘴啮人,吮吸血浆的"夜蚊","鹰隼仪形蝼蚁心"的飞鸢,主张给以严厉打击。所以,当高陵县令敢于"摘奸犯豪",刘禹锡便毫不吝啬地称赞他心地公正,"视人之瘼如瘭疽在身",不畏权幸,为民谋利,使"积愤剧兮沉疴瘳","无荒区兮有良岁"。做了好事的刘君走了,"嗟刘君兮去翱翔,遗我福兮牵我肠。纪成功兮镌美石,求信词兮昭懿绩。"

　　古代,围绕一项工程或设施的利益博弈同样步步惊心。

　　且内之大夫鲜有遗爱在其去者。盖邑居多豪,政出权道,非有卓然异绩结于人心，浃于骨髓[1]，安能久而愈思？大和四年[2]，高陵人李仕清等六十三人思前令刘君之德，诣县请金石刻之。县令以状申于府，府以状考于明法吏[3]，吏上言：谨按宝应诏书，凡以政绩将立碑者，其具所纪之文上尚书考功，有司考其词宜有纪者，乃奏。明年八月庚午，诏曰：可。令书其章明有以结人心者，揭于道周云[4]。

泾水东行注白渠，酾而为三[5]，以沃关中，故秦人常得善岁。案《水部式》[6]：决泄有时，畎浍有度[7]，居上游者不得拥泉而专其腴。每岁少尹一人行视之，以诛不式。兵兴以迁，寝失根本。泾阳人果拥而专之，公取全流，浸原为畦，私开四窦，泽不及下。泾田独肥，他邑为枯。地力既移，地征如初。人或赴诉，泣迎尹马[8]。而占泾之腴皆权幸家，荣势[9]足以破理，诉者覆得罪。由是咋舌不敢言，吞冤衔忍，家视孙子[10]。

长庆三年，高陵令刘君励精吏治，视人之瘼如瘭疽在身，不忘决去[11]。乃修故事，考式文暨前后诏条。又以新意请更水道入于我里。请杜私窦，使无弃流；请遵田令，使无越制。别白纤悉，列上便宜[12]。掾吏依违不决[13]。居二岁，距宝历元年，端士郑覃为京兆，秋九月，始具以闻[14]。事下丞相、御史。御史属元谷实司察视，持诏书诣白渠上，尽得利病，还奏青规中[15]。上以谷奉使有状，乃俾太常撰日[16]，京兆下其符。司录姚康，士曹掾李绍实成之[17]，县主簿谈孺直实董之。冬十月，百众云奔，愤与喜并，口谣手运，不屑鼙鼓[18]，揆功什七八[19]。而泾阳人以奇计赂术士上言：白渠下，高祖故墅在焉，子孙当恭敬，不宜以畚锸近阡陌[20]。上闻，命京兆立止绝。

君驰诣府控告，具发其以赂致前事。又谒丞相，请以颡血污车茵[21]。丞相彭原公敛容谢曰："明府真爱人，陛下视元元无所吝，第未周知情伪耳[22]。"即入言上前。翌日，果有诏许讫役。

仲冬，新渠成。涉季冬二日，新堰成。驶流浑浑，如脉宣气。蒿荒沤冒，迎耜释释[23]。开塞分寸，皆如诏条。有秋之期，投锸前定。孺直告已事，君率其寮躬劳徕之，佥徒欢呼[24]，奋袯襫[25]而舞，咸曰："吾恨六十年，明府雪之[26]。摘奸犯豪，卒就施为。呜呼！成功之难也如是。请名渠曰刘公，而名堰曰彭城。"

按，股引而东千七百步，其广四寻而深半之，两涯夹植杞柳万本，下垂根以作固，上生材以备用。仍岁旱涔，而渠下田独有秋。

渠成之明年，泾阳、三原二邑中，又拥其冲为七堰以折水势，使下流不厚。君诣京兆索言之，府命从事苏特至水滨，尽撤不当拥者。由是邑人享其长利，生子以刘名之。

君讳仁师，字行舆，彭城人。武德名臣刑部尚书德威之五代孙，大历中诗人商之犹子[27]。少好文学，亦以筹划干东诸侯[28]，遂参幕府。历尹剧县[29]，皆以能事见陟[30]，率不时而迁。既有绩于高陵，转昭应令，俄兼检校水曹外郎，充渠堰副使，且锡朱衣银章。计相爱其能，表为检校屯田郎中兼侍御史，干池盐于蒲，锡紫衣金章。岁余，以课就加司勋正郎中，执法理人为循吏[31]，理财为能

27

臣,一出于清白故也。

先是,高陵人蒙被惠风而惜其舍去,发于胸怀,播为声诗。今采其旨而变其词,志于石。文曰:

噫!泾水之逶迤,溉我公兮及我私。水无心兮人多僻,锢上游兮干我泽。时逢理兮官得材,墨绶蕤兮刘君来[32]。能爱人兮恤其隐,心既公兮言既尽。县申府兮府闻天,积愤刷兮沈屙痊。划新渠兮百亩流,行龙蛇兮止膏油。遵水式兮复田制,无荒区兮有良岁。嗟刘君兮去翱翔,遗我福兮牵我肠。纪成功兮镌美石,求信词兮昭懿绩。[33]

【注释】

[1]浃:湿透,深入。

[2]太和:唐文宗李昂年号,公元827—835年。

[3]明法吏:指依法察人的官吏。

[4]揭于道周:谓在大路旁张榜布告。

[5]酾:音shī,疏导,分流。

[6]《水部式》:中国唐代中央政府颁行的水利管理法规。现存《水部式》系敦煌发现之残卷,共29自然段,按内容可分为35条,约2 600余字。内容包括农田水利管理,碾的设置及其用水量的规定,航运船闸和桥梁渡口的管理和维修,渔业管理以及城市水道管理等内容。现存的法规中有关关中灌区的内容较多。

[7]畎浍:音quǎn huì。亦作"酬浍"。疏浚。

[8]尹马:指与水利有关的官员。

[9]荣势:显贵有势力。

[10]家视孙子:谓回到家里。

[11]长庆:唐穆宗李恒年号,公元821—824年。瘼:疾苦,苦难。瘭疽:音biāo jū,局部皮肤炎肿化脓的疮毒。常生于手指头或脚趾头。中医学上称蛇头疔,俗称虾眼。

[12]便宜:指有利国家、合乎时宜之事。

[13]掾吏:官府中佐助官吏的通称。

[14]宝历元年:公元825年。端士:端庄正直的人。郑覃(?—842):郑州荥泽(今河…南郑州西北)人。以父荫补弘文校书郎,累擢谏议大夫。深于经术,议论持正。文宗时进工部侍郎,迁尚书右仆射。甘露之变后,拜同中书门下平章事。武宗初,李德裕欲引与同柄国政,因辞,乃授司空,致仕。

[15]青规:指宫廷禁地或御前所铺蒲草之席,是进谏奏事的场所。

[16]撰日:择日。

[17]司录:官名。晋时置录事参军,为公府官,非州郡职,掌总录众曹文簿,举弹善恶。北周称司录参军,属相府;同时州之刺史有军而开府者亦置之。唐开元初改为京尹属官,掌府事。曹掾:分曹治事的属吏,胥吏。

[18]鼛鼓:大鼓。古代用于奏乐。鼛:音gāo,古代有事时用来召集人的一种大鼓。

[19]揆功:计功。句谓工程大约完成十分之七八。

[20]畚锸:亦作"畚盂""畚插"。畚,盛土器;锸,起土器。泛指挖运泥土的用具。

[21]颡:音sǎng,额,脑门儿。车茵:亦作"车裍"。车上垫的席子,车座垫。

[22] 元元:百姓,庶民。第:但。

[23] 耜:原始翻土农具"耒耜"的下端,形状像今日的铁锹和铧,最早为木制,后用金属制。释释:松散貌。

[24] 蒸徒:众人,百姓。

[25] 被禩:衣着和装饰。被:音 fú,古代用斋戒沐浴等方法除灾求福。禩:音 shì,古代蓑衣一类的用具。

[26] 明府:指高陵县令刘仁师。

[27] 犹子:侄子。

[28] 干:求,谋求。

[29] 尹:指任县之长官。剧县:政务繁重的县分。汉时有剧县、平县之称。

[30] 陟:音 zhì,晋升,进用。

[31] 循吏:守法循理的官吏。

[32] 墨绶:结在印钮上的黑色丝带。《汉书·百官公卿表上》:"县令、长,皆秦官,掌治其县。万记户以上为令,秩千石至六百石;减万户为长,秩五百石至三百石……秩比六百石以上,皆铜印黑绶。"《后汉书·蔡邕传》:"墨绶长吏,职典理人。"后因以"墨绶"作为县官及其职权的象征。

[33] 懿绩:美好的业绩,优异的成绩。

 成都诸葛武侯祠碑记(七篇)

【提要】

本文选自《诸葛孔明全集》(北京市中国书店 1986 年版)。

《蜀丞相诸葛武侯祠堂碑铭》,在成都武侯祠大门至二门之间的东侧碑亭中。碑高 367 厘米、宽 95 厘米、厚 25 厘米,唐宪宗元和四年(809)刻建。由唐代宰相裴度撰文,书法家柳公绰(柳公权之兄)书写,石工鲁建镌刻。裴文、柳书、鲁刻,三者俱佳,所以后世誉为三绝碑。一说三绝指诸葛亮的功绩、裴度的文章、柳公绰的书法。碑阳、碑阴、碑侧遍刻唐、宋、明、清时代的题诗、题名、跋语。

成都武侯祠位于四川省成都市南门武侯祠大街,是中国唯一的君臣合祀祠庙,由刘备、诸葛亮蜀汉君臣合祀祠宇及惠陵组成。蜀汉章武三年(223)修建刘备陵寝,一千多年来几经毁损,屡有变迁。武侯祠(指诸葛亮的专祠)建于唐以前,初与祭祀刘备(汉昭烈帝)的昭烈庙相邻,明朝初年重建时将武侯祠并入了汉昭烈庙,形成现存武侯祠君臣合庙。现存祠庙的主体建筑为清康熙十一年(1672)重建,1961 年公布为全国重点文物保护单位。

武侯祠毗连汉昭烈庙、刘备墓(惠陵)。整个武侯祠坐北朝南,主体建筑大门、二门、汉昭烈庙、过厅,武侯祠五重建筑,严格排列在从南到北的一条中轴线上。以刘备殿最高,建筑最为雄伟壮丽。武侯祠后还有三义庙、结义楼等建筑。祠内供奉刘备、诸葛亮等蜀汉英雄塑像 50 余尊,唐及后代碑刻 50 余通,匾额、楹联 70 多块,尤以唐"三绝碑"、清"攻心"联最为著名。

"汉昭烈庙"匾额、"蜀汉丞相诸葛武侯祠堂碑"均为唐宪宗元和四年(809)立,为国家一级文物。碑文对诸葛亮的一生,作了系统而中肯的褒评,高度赞颂诸葛亮的高风亮节、文治武功,并以此激励唐代的执政者。碑文特别褒奖诸葛亮的法治思想,马谡因失街亭被诸葛亮依法处斩,临刑,马谡哭着表示自己死而无怨;李严与廖立,两人都是被诸葛亮削职流放的罪人,但他们也自甘服罪。当他们得知诸葛亮病逝,"闻之痛之,或泣或绝"。裴度据史褒评,令人信服。正因为如此,裴度称武侯祠庙"古柏森森,遗庙沉沉。不殄禋祀,以迄于今"。

南宋绍兴二十八年(1158),王刚中出镇成都,第二年四月,王到成都,看到诸葛武侯"风雨摧剥,殿庑门墙,率皆颓圮",叹息,随即命有司缮治,"虽号为因旧起废,实为再造而一新之",以期经久。王刚中下属任渊撰写了《重修先主武侯庙记》。

武侯祠是一座过厅,悬"武侯祠"匾额。殿中额"名垂宇宙",两侧为清人赵藩撰书"攻心"联:"能攻心则反侧自消,自古知兵非好战;不审势即宽严皆误,后来治蜀要深思。"这是颇负盛名的楹联,借对诸葛亮、蜀汉政权及刘璋政权的成败得失的分析总结,提醒后人在治蜀、治国时借鉴前人的经验教训,要特别注意"攻心"和"审势"。正殿中供奉诸葛亮祖孙三代的塑像。殿内正中有诸葛亮头戴纶巾、手执羽扇的贴金塑像,像前的三面铜鼓相传是诸葛亮带兵南征时制作,人称"诸葛鼓"。鼓上有精致的图案花纹,为珍贵的历史文物。

蜀丞相诸葛武侯祠堂碑铭

唐·裴 度

度尝读旧史,详求往哲,或秉事君之节,无开国之才,得立身之道,无治人之术,四者备矣,兼而行之,则蜀丞相诸葛公其人也。

公本系在简策[1],大名盖天地,不复以云。当汉祚衰陵,人心竞逐,取威定霸者,求贤如不及[2];藏器在身者[3],择主而后动。公是时也,躬耕南阳,自比管乐[4],我未从虎,时称卧龙。《诗》曰:"潜虽伏矣,亦孔之昭[5]。"故州平心与元直神交[6],泊乎三顾而许以驱驰,一言而定其机势[7]。

于是翼扶刘氏,缵承旧服[8];结吴抗魏,拥蜀称汉。刑政达于荒外,道化行乎域中。谁谓阻深[9]?殷为强国;谁谓蓬脆[10]?励为劲兵。则知地无常形,人无常性,自我而作,若金在镕[11]。故九州之地,魏有其七,我无其一。由僻陋而启雄图,出封疆以延大敌。财用足而不曰浚我以生,干戈动而不曰残人以逞。其底定南方也[12],不以力制,而取其心服;震叠诸夏也[13],不敢角其胜负,而止候其存亡。法加于人也,虽死迁而无怨;德及于人也,虽奕叶而见思[14]。此所谓精义入神,自诚而明者矣。若其人存,其政举,则四海可平,五服可倾[15]。

而陈寿之评[16],未极其能事;崔浩之说[17],又诘其成功。此皆以变诈之略,论节制之师,以进取之方,语化成之道,不其谬欤? 夫委弃荆州,不能遂有三郡,此乃务增德以吞宇宙,不黩武以争寻常。及出斜谷,据武功,分兵屯田,为久驻之计,与敌对垒,待可胜之期。杂乎居人,如适虚邑;彼则丧气,我方养威。若天假之年,则继大汉之祀,成先主之志,不难矣。且权倾一国,声震八纮[18],而上下无异词,始终无愧色。苟非运膺五百,道冠生知,曷以臻于此乎[19]? 故玄德知人之明者,倚杖曰"鱼之有水";仲达奸人之雄者[20],嗟称曰"天下奇才"。

度每迹其行事,度其远心,愿奋短札,以排群议,而文字蜑鄙[21],志愿未果。元和二年冬十月[22],圣上以西南奥区,寇乱余烈,罢甿未息,污俗未清,辍我股肱,为之父母[23]。乃诏相国临淮公[24],由秉钧之重,乘推毂之寄。戎轩乃降,藩服乃理。将明帝道,陬落绥怀[25];溥畅仁风,闾阎滋殖[26],府中无留事,宇下无弃才,人知向方,我有余地。则诸葛公在昔之治,与相国当今之政,异代而同法矣。度谬以庸薄,获参管记[27]。随旌旟而爰止,望祠宇而修谒,有仪可象,以赫厥灵,虽徽烈不忘[28],而碑表未立。古者或拳拳一善,或师长一城,尚流斯文,以示来裔,况如仁之叹,终古不绝,其可阙乎? 乃刻贞石,庶此都之人[29],存必拜之感云尔。铭曰:

> 昔在先主,思启疆宇。扰攘靡依[30],英雄无辅。爰得武侯,先定蜀土。
> 道德城池,礼义干橹[31]。煦物如春,化人如神。劳而不怨,用之有伦。
> 柔服蛮落,铺敦渭滨[32]。摄迹畏威[33],杂居怀仁。中原旰食[34],不测不克。
> 以待可胜,允臻其极。天未悔祸,公命不果。汉祚其亡,将星中堕。
> 反旗鸣鼓,犹走司马[35]。死而可作,当小天下。尚父作周,阿衡佐商[36]。
> 兼齐管晏[37],总汉萧张。易代而生,易地而理。遭遇丰约,亦皆然矣。
> 呜呼! 奇谋奋发,美志天遏。吁嗟严立,咸受谪罚。闻之痛之,或泣或绝。
> 甘棠勿翦,骈邑斯夺[38]。由是而言,殊途共辙。本于忠恕,孰不感悦。
> 苟非诚悫,徒云固结[39]。古柏森森,遗庙沈沈。不殄禋祀[40],以迄于今。
> 靡不骏奔,若有照临[41]。蜀国之风,蜀人之心。锦江清波,玉垒峻峰。
> 入海际天,如公德者。

【作者简介】

裴度(765—839),字中立,河东闻喜(今属山西)人。唐代后期杰出的政治家。德宗贞元五年(789)进士。宪宗元和时累迁司封员外郎、中书舍人、御史中丞。数次平乱,立下赫赫军功。拜中书侍郎,同中书门下平章事,封晋国公。他在文学上主张"气格""思致",认为气格高、思致深,则"不诡其词而词自丽,不异其理而理自新"。《全唐文》存其文 2 卷,《全唐诗》存其诗 1 卷。

【注释】

[1] 简策：古代连接成册的竹简。泛指书籍。

[2] 衰陵：衰弱败落。竞逐：竞争追逐。

[3] 藏器：常作"藏器待时"。指怀才。

[4] 管乐：指管仲、乐毅。管仲(约前 723—前 645)：春秋时齐国政治家、军事家。助齐桓公九合诸侯,被誉为"春秋第一相"。乐毅：战国时燕国著名军事家,辅助燕昭王攻下齐国 70 余城。公元前 284 年,又统燕等五国攻齐,连下 70 余城,创造了中国战争史上以弱胜强的著名战例。

[5] "潜虽伏矣"句：谓(君子)藏得虽很深呀,也显得很光明。

[6] 州平：指崔州平。博陵安平(今属河北)人。与荆襄一带名士徐庶(字元直)、石韬、孟建皆与亮友善。心与：以心相许。元直：徐庶字。庶颍川阳翟(今河南禹州)人。本名福,后因友杀人而逃难,改名徐庶。先曾仕于新野的刘备。

[7] 机势：局势,形势。

[8] 缵承：继承。

[9] 阻深：险阻幽深。

[10] 蓬脆：脆弱貌。蓬：音 cuō,脆也。

[11] 镕：铸器的模型。

[12] 底定：平定。

[13] 震叠：使震惊,恐惧。

[14] 奕叶：累世,代代。奕：积累。汉蔡邕《琅琊王傅蔡郎碑》："奕叶载德,常历宫尹。"

[15] 五服：古代王畿外围,以五百里为一区划,由近及远分为侯服、甸服、绥服、要服、荒服,合称五服。

[16] 陈寿(233—297)：字承祚,西晋巴西安汉(今四川南充)人。蜀汉时曾任东观秘书郎、观阁令史等职。入晋后,历著作郎、治书侍御史等。著有《三国志》。

[17] 崔浩(? —450),字伯渊,清河郡东武城(今山东武城县)人。《魏书·崔浩列传》："(浩)少好文学,博览经史。玄象阴阳,百家之言,无不关综,研精义理,时人莫及"。曾仕北魏道武、明元、太武三帝,官至司徒,是太武帝拓跋焘最重要的谋臣之一。拓跋焘镇压盖吴起义时,曾亲见寺僧藏匿武器,崔浩笃信道教,主张崇道废佛。北魏太武帝下令关闭长安沙门,焚烧寺院,捣毁佛像,即史称"三武之祸"之一。寇谦之以杀僧过多,曾苦求崔浩,阻止灭佛行动,"一境之内,无复沙门"(《高僧传》)。但由于崔浩试图"齐整人伦,分明士族",卢玄劝他："夫创制立事,各有其时,乐为此者,讵几人也? 宜其三思。"(《魏书》卷 47《卢玄传》)又敢于和太子争任官员,引起鲜卑贵族的不满。神䴥二年(429),崔浩与弟崔览、邓颖、晁继、黄辅等共著《国书》。太延五年(439)崔浩因修"国史"不避忌讳,著作令史闵湛、郗标竞劝其刻史于石上,树在道路的两旁,费银三百万,高允曾预言："闵湛所营,分寸之间,恐为崔门万事之祸。吾徒无类矣。"于是"北人咸悉愤毒,相与构浩于帝"(《北史·崔浩传》《资治通鉴》),此事最终得罪了太武帝,被囚于木笼之内,"送于城南,使卫士数十人溲于其上,呼声嗷嗷,闻于行路。"太平真君十一年(450)被夷九族,牵连范阳卢氏、河东柳氏以及太原郭氏,"自宰司之被戮辱,未有如浩者"(同上引)。

[18] 八纮：八方极远之地。纮：音 hóng,维也。

[19] 膺：接受,承当。五百：犹前世。《史记·天官书》："夫天运……五百载大变。"生知：谓不待学而知之。

[20] 仲达：司马懿(179—251)字。河内郡温县(今河南焦作温县)人。三国时魏杰出的政治家、军事家,曾任大都督、大将军、太尉、太傅,辅佐魏四代之重臣,诸葛亮的老对手,西晋王朝奠基人。

[21] 蚩鄙：粗俗拙陋。

[22] 元和二年：公元807年。元和：唐宪宗李纯年号。

[23] 罢甿：疲敝之民。

[24] 临淮公：指武元衡(758—815)。字伯苍。缑氏(今河南偃师东南)人。建中四年(783),登进士第,为华原县令。德宗知其才,召授比部员外郎,三迁至右司郎中,寻擢御史中丞。宪宗即位,进户部侍郎。元和二年(807),拜门下侍郎平章事,寻出为剑南节度使。之前,行营都统高崇文平蜀乱后把蜀地军用物资、库内金帛、帷幕承尘、歌伎舞女、能工巧匠等搜罗一空。武元衡到任,百姓怨声载道,武元衡制定规约,三年民殷府富,蜀地少数民族纷纷归服。在蜀期间,武元衡发现裴度才能,调为掌节度府。元和十年(815),淮西节度使吴元济谋反,宪宗委任武元衡赴蔡州清剿,引起成德节度使王承宗、淄青节度使李师道割据势力的恐惧,决定刺杀武元衡等主战派大臣,以救蔡州。元和十年(815)六月三日凌晨,武元衡上朝途中,被客射灭灯笼遇刺身亡,同时上朝的副手裴度同样遇刺受伤。赠司徒,谥忠愍。有《临淮集》。

[25] 陬落：村落,穷乡僻壤。陬：音zōu,隅,角落。绥怀：安抚关切。

[26] 闾阎：泛指平民百姓。

[27] 庸薄：平庸浅薄。管记：古代对书记、记室参军等职官的通称。

[28] 徽烈：宏业、伟业。

[29] 庶：但愿,希冀。

[30] 扰攘：混乱、骚乱。

[31] 干橹：泛指武器。《礼记·儒行》："儒有忠信以为甲胄,礼义以为干橹。"

[32] 铺敦：谓陈兵屯驻。

[33] 摄迹：犹收敛行为。

[34] 旰食：泛指勤于政事。

[35] 反旗鸣鼓：指五丈原之战中发生的事。蜀汉后主刘禅建兴十二年(234)春天,诸葛亮率军第五次北伐,由汉中出发,取道斜谷,穿越秦岭,进驻五丈原。诸葛亮数次派人挑战,司马懿军始终坚守不出。其后诸葛亮故意让人带一套女人的衣服、头巾送给司马懿,讥其就像女人一样。后诸葛亮派下战使到司马懿处,司马懿问诸葛亮寝、食和其公务操劳情况,不问军事。使对司马懿说："诸葛公夙兴夜寐,罚二十以上,皆亲揽焉;所啖食不至数升。"司马懿说："亮将死矣。"魏、蜀两军相峙百余日。是年八月,诸葛亮积劳成疾而病倒,病情日益恶化。不久,诸葛亮去世,杨仪、姜维等秘不发丧,整顿军马而退。百姓奔走相告司马懿,司马懿追之。姜维令杨仪反旗鸣鼓,若将回军向司马懿进击,司马懿乃撤退,不敢追逼。于是杨仪结阵而去,入斜谷后才发丧。司马懿之退,百姓为之笑话,称："死诸葛走生仲达"。或以告司马懿,司马懿说："吾能料生,不便料死也。"

[36] 尚父：亦作"尚甫"。指周朝吕望,即姜子牙。周文王辅臣,卒定周鼎。阿衡：商代官名。师保之官,位居宰辅。

[37] 管晏：指管仲(前719—前645)、晏婴(前578—前500)。均为齐国相国。萧张：指萧何(前257—前193)、张良(约前250—前186),均为西汉高祖刘邦重臣。

[38] 甘棠：木名。即棠梨。《诗·召南·甘棠》："蔽芾甘棠,勿翦勿伐,召伯所茇。"陆

玑疏:"甘棠,今棠梨,一名杜梨。"骈邑:古地名。在今山东临朐县。《论语·宪问》:"问管仲。曰:'人也。夺伯氏骈邑三百,饭疏食,没齿无怨言。'"杨伯峻注:"骈邑,地名。《东周列国志》第二十回:"桓公以管仲功高,乃夺大夫伯氏之骈邑三百户,以益其封焉。"清赵翼《石刻诸葛忠武侯像歌》:"夺来骈邑人忘怨,茇后甘棠地系思。"

[39] 诚愨:又作"诚悫"。淳朴,真诚。固结:团结坚实,不易分开。

[40] 不殄:不断。禋祀:泛指祭祀。禋:音 yīn,祭名。升烟祭天以求福。

[41] 骏奔:急速奔走。照临:照射到。

诸葛武侯庙记

唐·吕 温

天厌汉德,俾绝其纽[1],群生坠涂,四海飞灰。武侯命世,实念皇极,魏奸吴轻[2],未获我心,胥宇南阳[3],坚卧不起。三顾缜说[4],群雄初定,必也彗扫[5],是资鼎立。变化消息,谋成掌中,战龙玄黄[6],再得云雨。于是右揭如天之府,左提用武之国,因山分力,与水合势,蟠亘万里,张为龙形。亦欲首吞咸镐[7],尾束河洛,翼出中夏,飞跃天衢,然后鱼驱句吴,东入晏海。大勋未集,天夺其魄。至诚无忘,炳在日月。烈气不散,长为风雷。英雄痛心,六百年矣。

于戏!以武侯之才,知已托国。土虽狭,国以勤俭富;民虽寡,兵以节制强。魏武既没,晋宣非敌[8]。而戎马荐驾[9],不复中原。或曰奇谋非长,则斩将覆军无虚举矣;或曰馈粮不继,则筑室反耕,有成算矣。尝试念之,颇赜其原[10]。

夫民无恒归,德以为归,抚则思,虐则忘,其思也不可使忘,其忘也不可使思。当汉道方休,哀、平无政,王莽乃欲凭戚宠[11],造符命,胁之以威,动之以神,使人忘汉,终不可得也。及高、光旧德[12],与世衰远,桓、灵流毒[13],在人骨髓,武侯乃欲开兴图,振绝绪[14]。论之以本,临之以忠,使人思汉,卒亦不可得也。

向使武侯奉先主之命,告天下曰:"我之举也,匪私刘宗,唯活元元。曹氏利汝乎,吾事之;曹氏害汝乎,吾除之。"俾虐魏偪从之民,耸诚感动,然后经武观衅,长驱义声,咸、洛不足定矣。奈何当至公之运而强人以私,此犹力争,彼未心服,勤而靡获,不亦宜乎。乃知务开济之业者,未能审时定势,大顺人心,而克观厥成,吾不信也。惜其才有余而见未至,述于遗庙,以俟通识。

唐贞元十四年七月十五日,东平吕温记[15]。

按:本文选自《全唐文》卷六二八。

【作者简介】

吕温(772—811),字和叔,一字化光、河中(今山西永济)人。唐贞元(785－805)间进士,历任左拾遗、侍御史、户部员外郎等职。因曾被贬衡州刺史,世称吕衡州,有《吕衡州集》。他与柳宗元、刘禹锡交好,并一起参加了王叔文集团的革新运动,三年后被贬道州。

【注释】

[1]纽：瓜果等刚结的果实。

[2]魏奸吴轻：指当时曹魏奸贼当道，孙吴位偏势轻。

[3]胥宇：察看可筑房屋的地基和方向。犹相宅。

[4]缜说：谓仔细分析。按：原文作"虽晚"，据《诸葛孔明全集》改。

[5]彗扫：谓如彗星扫过。形容兵锋迅猛，歼除无余。

[6]玄黄：指天地的颜色。玄为天色，黄为地色。

[7]咸镐：指当时的魏长安一带。按："亦欲"二字，据《诸葛孔明全集》加。

[8]魏武：指曹操。晋宣：指司马懿。二人均被其后人封称为帝。

[9]荐驾：犹言驮拉灵柩。

[10]颐：犹礼敬，理解。

[11]王莽(前45—23)：字巨君。为西汉末年王氏外戚，公元9年，代汉而立，国号"新"，建元"始建国"。王莽实行了广泛的社会改制，其核心内容有以解决土地和奴婢问题的"王田令"与"私属令"等。新莽地皇四年(23)，起义军推翻新朝，王莽被杀，新朝灭亡。"正统"史学观念中，王莽被视为篡位的"巨奸"，帝制结束之后，王莽被很多史学家誉为"中国历史上第一位社会改革家"。

[12]高、光：指西汉高祖刘邦、东汉光武帝刘秀。二位均为刘汉政权的建立者。

[13]桓、灵：指东汉末年的汉桓帝刘志、汉灵帝刘宏。二人在位时，政治黑暗，人民生活贫苦，天下动荡不安。

[14]兴图：犹盛世。绝绪：绝嗣，没有后代。此指汉祚。

[15]贞元十四年：公元798年。贞元：唐德宗李适年号。

重修先主武侯庙记

南宋·任 渊

智力之不胜义也久矣！自昔英雄豪杰乘时崛起，有能仗义而行，伟然正大，指麾号令[1]，天下从之；虽其不幸不克大有所成就于当时，而风烈之余，犹足以耸动于后世，历千百载，尊仰而怀思之，有不能自已者，非以义胜故欤！

东汉之季，王室陵夷。曹氏怙奸贼之资，以擅中原；孙氏席强大之势，以并江左：皆矜尚智力，求所非望，非有志于王室也。海内之士，劫于威制，虽俯首听从，而心不与之。至后世利害不相及，则排贬讥笑，未始少容。

惟蜀先主昭烈帝，以宗胄之英[2]，负非常之略，崎岖奔走，经理四方，最后代刘璋，遂有蜀汉。盖将凭借高祖兴王之地，建立本基，然后列兵东向，诛有罪而吊遗民，以绍复汉家大业[3]，其理顺，其辞直，非若孙、曹氏之自为谋也。当是时，丞相忠武诸葛侯实左右之。人品意象[4]，高远英特[5]，骎骎乎伊、吕之间[6]，应变机权，本于道德。内修综核之政，外举节制之师，欲以攘除奸凶，混一区宇，不负其君付托之意，可谓社稷臣矣！

彼其君臣仗义而行，正大如此，是以海内之士，心与而诚服之，举无异论。虽厄于运数[7]，屈其远图；而后世有读其遗书，过其陵庙者，未尝不咨嗟流涕，尊仰而怀思之也。夫义之所在,俯仰无愧,天地且将直之,见信于人,亦其理之然哉。成都之南三里所,丘阜岿然曰惠陵者,实昭烈弓剑所藏之地。有庙在其东,所从来远矣。大殿南向,昭烈弁冕临之[8],东夹室以附后主。西偏稍南,又有别庙,忠武侯在焉。老柏参天,气象甚古。诗人尝为赋之。庙久不治,风雨摧剥,殿庑门墙,率皆颓圮破缺,像设仅存,至或露处。

绍兴二十有八年秋九月[9],蜀当谋帅。上亲择廷臣文武兼资可属方面者,得中书舍人王公[10],命以龙图阁待制置四川使,使出镇成都,临遣甚宠。

粤明年夏四月,公始至,用故事谒诸祠,奠献至此,顾瞻太息,曰:"有大功德于蜀人,宜莫若昭烈、忠武[11],庙貌乃尔,亦独何心!"亟命有司缮治之。鸠工庀材,咸有程度[12]。以是岁十月己巳经始,落成于明年三月己丑。

虽号为因旧起废,实再造而一新之。栋宇宏敞,丹艧鲜明[13],坚壮精密,足以经久。祠与惠陵,皆护以垣墉,限禁樵牧。筑室忠武祠北,明洁幽邃,有事于神者,得以休焉,盖旧所无也。用工万一千六百七十有八,为钱无虑二百万[14]。木章竹个,取于津步[15]商旅之征,劳与费,民不知焉。既成,命渊记之。渊惧陋不克称[16],固辞,公不许,乃冒昧书其事。

盖尝妄论王霸之说,以谓义近王,智力近霸。窃观昭烈忠武之所为,非深于王道未易明其心于千载上也。今公之所学,宏远高明,正论懔然[17],一以宗王为本。尝过公孙述庙,笑唾不顾。至刘蜀君臣,严事之如此,意固有在,非特以钦崇秩祀[18]为牧守之所当先也。镇蜀未几,威德流闻[19]。民夏宁谧,视忠武不愧。异时志得道行,其助恢汉业,兴三代之礼乐不难矣。

公名刚中,鄱阳人。开豁迈往而克勤庶事,综练周密[20]。治蜀之政,百废具举,不独新此庙之可书也。

绍兴三十年记。

按: 本文参校《四川通志》卷四一、《成都文类》卷三三、民国《华阳县志》卷三〇。

【作者简介】

任渊(约1090—1164),名子渊,四川新津县三江人,少时曾从黄庭坚学诗。四川类省试第一,赐进士及第。先后任双流令、潼川宪。有《山谷诗集注》等。

【注释】

[1]指麾:同"指挥"。

[2]宗胄:指刘汉朝帝王宗亲。

[3]绍复:继承复兴;继承恢复。

[4]意象:神态,风度。

[5]英特:才智超群。

[6]骎骎:疾速貌。伊吕:指伊尹、吕尚。伊尹:夏末商初人。因擅烹饪被商汤看中,辅佐其建立商朝。他创立了"五味调和说"与"火候论",至今仍为的论。吕尚:即姜子牙。字子牙,号飞熊。其先祖为四岳,佐禹平水土甚有功,虞夏之际封于吕,故姓吕。周文王拜吕

尚为师,说:"自吾先君太公曰'当有圣人适周,周以兴'。子真是邪?吾太公望子久矣。"周文王死后,周武王仍以吕尚为师,在公元前1046年率兵于牧野打败商军。因辅佐武王灭商有功,同时为了讨伐东夷,姜尚被分封于齐(现今山东),是齐国的始祖。谥号为齐太公。后人尊称为齐太公、太公望。

[7]运数:命运。

[8]弁冕:弁和冕。均为古代帝王、诸侯、卿、大夫所戴的礼帽。

[9]绍兴二十八年:公元1158年。绍兴:南宋高宗赵构年号,公元1130—1162年。

[10]王公:指王刚中(1103—1165)。字时亨,宋乐平(今江西乐平)人。绍兴十五(1144)进士第二名(榜眼)。入仕途,因主战受到秦桧排挤,一直在洪州(今南昌市)任儒学教授。秦桧死后,他先后任秘书省校书郎、著作佐郎、中书舍人,得高宗重用。时四川缺方面大吏,高宗以为"无以逾王刚中矣",遂命他以龙图阁待制知成都府、制置四川。刚中以身作则,执法严厉,军政严明。绍兴末年,金兵进犯大散关,刚中单骑夜驰200里,协助西部统帅吴璘调兵,大败金兵。众人论功之时,刚中已驰回成都。人们赞叹刚中"身督战而功成不居,过人远矣"。在四川时,他率军民兴修水利,修葺府学,蜀中百业兴旺、士民和熙。孝宗即位后,召为左朝奉大夫。刚中离开成都时,蜀中百姓夹道相送,恋恋不舍,有送至数百里者。后历任礼部尚书、直学士院兼给事中、端明殿学士、同知枢密院事。

[11]昭烈:指昭烈帝刘备。忠武:指忠武侯诸葛亮。

[12]程度:法度,标准。

[13]丹膊:可供涂饰的红色颜料。此谓藻饰。

[14]无虑:大约。

[15]津步:码头。

[16]克称:能够称职。

[17]懔然:严正貌。

[18]钦崇:崇敬。秩祀:依礼分等级举行之祭。

[19]流闻:辗转传闻,传播。

[20]开豁:形容思想或胸怀开阔。综练:广泛究习,博习。

新建诸葛忠武侯祠碑记

明·张时彻

天下莫大于义,而强力不与焉,智计不与焉。昔汉鼎之播也,曹操怙枭雄之资以擅中原[1];孙权席父兄之业以据江左[2],矜尚智力,竞求非望:天下知有魏与吴耳。

而昭烈方以一旅兴,间关困踣[3]。非有如林之众,与可凭之土也[4]。当是时,敢有言相辅以图大事者哉?而侯以草庐之夫,承三顾之勤,乃遽许以驰驱。非徒以堂堂帝室之胄,足以声大义于天下耶?已而云雨既得,谋成掌中。光启雄国,上延绝绪。发献帝之丧,讨曹瞒之逆[5]。义檄四驰,荆楚响应,直欲首吞郿、镐[6],尾控伊、洛[7]。然后兼吴会而荡楚越。侯之言,盖略酬矣。

即其所自,设施拳拳[8],以开诚心布公道,集众思广忠益为务。故其言曰:

"若远小嫌,难相违覆[9],旷阙损矣。违覆而得中,犹弃敝蹻而获珠玉也[10]。然人心苦不能尽,苟能慕元直之十一[11],幼宰之殷勤[12],有忠于国,则亮可少过矣。"于乎!三代而下,有如侯之心事者乎?故虽中道云亡,汉纽不续,跨有荆、益,仅成鼎峙之势;荐驾戎车,未收混一[13]之功。而仲达生走,严、立死悲[14]。后之君子,咸以伊、吕许焉[15]。谓智计强有力者,而有是乎?

以今观之,张弛协于人情,综核周于庶政。斩将覆军,发无虚举。筑室反耕,动有成算。八阵之图不刊,流马之运非古[16],则侯盖非无智计者。故道化行于域中,风声振于徼外[17],而颂功德称神明,巷祭而野祝者,环梁、益皆是也[18]。语所谓生而正直,则死而为神,其然乎?其然乎!

成都故有专祠,既以合祠于昭烈而废檗谷[19]。王公曰:"侯之功德大矣,不专何崇?不崇何称庸已诸[20]?昔孔发如仁之叹[21],《诗》咏勿剪之思[22],古今人情,要岂相远哉!今夫释老之宫,鬼伯之构,环城以内外,蠹如也。而独于侯靳之,岂所以彰哲轨而翼休风乎[23]?是实在予,其何敢后。乃请于蜀王,辟浣溪之隙地而祠焉。而余实来代公,遂述而碑之。乃其行业之懿,则裴晋公之记详矣[24]。碑盖以昭蜀王尚德之美,与王公兴废之绩云。辞曰:

嗟忠武侯,曷躬畊南阳乎。曷龙潜于野,弗腾弗骧乎[25]。曷四海鼎沸,如蜩如螗乎[26]。曷不吴不魏,枕高冈乎。曷草庐三顾,鱼水洋洋乎。曷举世皆霸,独以王乎。曷亲吴仇魏,曷短曷长乎。曷戎车荐驾[27],宣匡襄乎[28]。曷三分鼎立,战玄黄乎。曷信义既布,汉炎弗终乎。曷将星告殒,中道崩殂乎[29]。曷大志弗终,以莫不伤乎。曷庙貌尸祝[30],墟落相望乎。曷筑尔新宫,美栋美梁乎。曷鸣钟吹竽,鼓堂堂乎。曷践尔笾豆,奠椒浆乎[31]。曷衣裳楚楚,以翱以翔乎。曷降鉴我民,四国于匡乎[32]。

【作者简介】

张时彻(1500—1577),字维静,号东沙,又号九一,宁波鄞县(今鄞州区)人。嘉靖二年(1523)进士。历官南曹郎,以按察副使督江西学政,遭弹劾罢职。复出,历临清兵备副使、福建右参政、云南按察使、山东右布政使、四川巡抚,升任兵部右侍郎,官至南京兵部尚书。辞归,居家肆力著述,兼治农事,有《宁波府志》《定海县志》,编《救急良方》;另有《张司马集》《芝园定集》《东沙史论》《四明风雅》《明文范》等。

【注释】

[1]播:撒。犹旁落。怙:依靠,凭借。

[2]江左:古时在地理上以东为左,江左也叫"江东",指长江下游南岸地区。

[3]昭烈:指刘备。谥号昭烈帝。旅兴:指刘备据有蜀地之前东奔西走,居无定所。间关:指艰辛辗转,奔波劳碌。困踣:困顿潦倒。踣:音 bó。

[4]如林之众:指人数众多。句谓当时刘备一无人,二无地盘。

[5]曹瞒:曹操小名阿瞒。

[6]鄜:音 fū,今陕西延安地区。现作"富县"。镐:今陕西西安市一带。

[7]伊、洛:今河南洛阳一带。

[8] 设施：犹谋划布局。拳拳：勤勉貌。

[9] 违覆：谓反复研究。违：通"回"。《三国志·蜀志·董和传》："夫参署者,集众思,广忠益也。若远小嫌,难相违覆,旷阙损矣。违覆而得中,犹弃弊跻而获珠玉。"

[10] 跻：音 jué,屦,鞋。古代多指草鞋。

[11] 元直：徐庶,字元直。颍川(今河南禹州)人。本名福,后因为友杀人而改名为徐庶,自此遍访名师,与司马徽、诸葛亮为友。先曾仕于刘备,后因曹操囚禁其母而不得不投奔曹操,走时向刘备推荐诸葛亮。曾发誓终生不为曹操设一计献一策。仕魏,官至右中郎将,御史中丞。

[12] 幼宰：董和字。董和,南郡枝江(今湖北枝江)人。三国时蜀汉大臣。刘备入主益州,征董和为掌军中郎将,与诸葛亮一起署理政务,两人相交甚欢。董和为官二十多年,在外治理边远地区,在内执掌机要权衡,死时家无余财。诸葛亮十分怀念他,认为他办事周到、及时匡救己误,将他与好友徐庶和崔州平相提并论。董和有一子,名允,官至侍中兼尚书令,与诸葛亮、蒋琬、费祎并列为"四英"。

[13] 混一：统一,指统一天下。

[14] 仲达生走：指公元234年二月,诸葛亮率10万大军出斜谷攻魏,受阻。至八月,诸葛亮病故于五丈原中。蜀将秘不发丧,整军后退。当地百姓见蜀军撤走,向司马懿报告,司马懿出兵追击。蜀将杨仪返旗鸣鼓,做出回击的样子,司马懿以为中计,急忙收军退回。第二天,司马懿到诸葛亮营垒巡视,赞诸葛亮"天下奇才也!"(《晋书·宣帝纪》)仲达：司马懿(179—251)表字。李严(? —234)：后改名李平,字正方,南阳人。三国时期蜀汉重臣,与诸葛亮同为刘备临终前的托孤之臣。蜀汉后主刘禅建兴九年(231),蜀军北伐,李严押运粮草因下雨道路泥泞延误时日,为推卸责任他怪罪诸葛亮的北伐,使其不得不退兵。严获罪,最终被废为平民,迁徙到梓潼郡(治今四川梓潼)。建兴十二年(234),诸葛亮病逝,李严得知这个消息后,认为以后再也不会有人能够起用自己了,因此心怀激愤而病死。廖立：生卒年不详,字公渊,武陵郡临沅(今在湖南常德境内)人。刘备的荆州南部三郡(长沙、桂阳、零陵)被吕蒙偷袭后,廖立脱身奔归刘备,刘备不责备廖立,任他为巴郡太守。但是廖立自恃奇才,公然批评先帝(刘备)一再失策,导致荆州覆灭、关羽身死、夷陵之败损兵折将等等,他还诽谤众臣,最终被废为民。得知诸葛亮死讯后,郁郁而终。

[15] 伊、吕：指伊尹和吕尚。伊尹辅商汤,吕尚佐周武王,皆有大功,后因并称伊吕泛指辅弼重臣。

[16] 流马：指木牛流马。为诸葛亮与妻子黄月英共同发明的运输工具,分为木牛与流马。史载,建兴九年至十二年(231—234),诸葛亮在北伐时使用木牛流马,载"一岁粮",重约4百斤以上,每日行程为"特行者数十里,群行二十里",为蜀国十万大军提供粮食。另外还有机关防止敌人夺取后使用。

[17] 微外：塞外,边外。

[18] 梁：古九州之一。三国魏景元四年(263)置,治沔阳县(今陕西勉县东旧州铺)。益：益州。泛指今四川省,其范围包括四川盆地和汉中盆地一带。

[19] 檗谷：祭祀名。檗：bò。

[20] 庸：功劳。

[21] 如仁：《论语·宪问》载,子曰："桓公九合诸侯,不以兵车,管仲之力也。如其仁,如其仁。"

[22] 勿剪：《诗经·甘棠》："蔽芾甘棠,勿剪勿伐,召伯所茇。蔽芾甘棠,勿剪勿败,召

伯所憩。蔽芾甘棠,勿剪勿拜,召伯所说。"这是首怀念召伯德政的诗。

[23]哲轨:指德行超凡,才智卓越之人的行为规范。休风:美好的风格、风气。

[24]裴晋公:裴度封晋国公,故称。

[25]骧:马奔跑。

[26]蜩螗:谓蝉的鸣叫。蜩:音 tiáo,蝉。螗:蝉的一种,体小,背青绿色,鸣声清圆。《诗经·大雅·荡》:"如蜩如螗,如沸如羹。"蜩螗沸羹:象蝉的叫,象沸汤般翻滚。形容社会动乱。

[27]荐驾:犹言用世。荐:推举,介绍。

[28]亶:音 dàn,古同"但"。仅,只。匡襄:辅佐帮助。

[29]崩殂:死。古时指皇帝的死亡。殂:音 cú。

[30]庙貌:《诗·周颂·清庙序》郑玄笺:"庙之言貌也,死者精神不可得而见,但以生时之居,立宫室象貌为之耳。"因称庙宇及神像为庙貌。尸祝:祭祀。

[31]椒浆:以椒浸制的酒浆。古代多用以祭神。《楚辞·九歌·东皇太一》:"蕙肴蒸兮兰藉,奠桂酒兮椒浆。"

[32]四国:四方邻国。亦泛指四方、天下。《诗·大雅·崧高》:"揉此万邦,闻于四国。"

附:重修昭烈帝诸葛丞相庙碑文

明·梁士济

维皇明奄有四海,通关梁不异远方。西蜀僻在坤维,如宇下瞿塘走楚,剑阁通秦,周道踧踧也。

崇祯十有一年,余奉天子命来巡,扪参历井,造于蜀都。于是察吏既竣,乃求古先百辟卿士之有益于民者而礼谒之。乃暨藩臬诸司牧伯令尹,谒汉昭烈皇帝君臣之祠而瞻拜焉。礼既成,橪桷几筵,殊有生气。徘徊顾瞻,作而叹曰:夫草庐三顾,谊隆于聘莘;永安受遗,忠符于桐墓。考载籍尚嘉之矣。不践斯土也,安知古先哲人经纶之有本,用意之洪闳乎?

皇汉在建安之末,四分五裂矣。世皆以三分鼎足,为诸葛公之本谋也。察其地形,险阻不足以自完。先哲之谋,应不如是。故自金牛启道,据之者颠,凭之者蹷,是不一姓矣。

昭烈以兴复汉业,首事西南。其三顾咨询,必有秘画。善乎草庐之初计议也,曰益州天府之地,高祖因之,以成帝业。故史称收功实者,常于西北。禹兴于羌,汤起于亳,周之王也以丰、镐代殷,秦之帝自雍州兴,汉之兴自蜀汉,盖昭烈君臣,亦犹是志也。观其绍统之后,今年出斜谷,明年出祁山,迄中营星陨无休歇,而先主以日不暇给之年,尚窥吴幸三峡,其不为险阻以自雄亦明矣。故曰:"汉贼不两立,王业不偏安。兴复汉室,还于旧都。"斯则着着筹算,皆出蜀汉还定三秦之祖武乎!

夫得天下有道,得其民得其心而天下可得。蜀山川险峻,民生其间,多雄杰武健之气,可以大义服而不可以私惠怀。武侯专国十二年,赏罚平明。斗石以上必亲,而赦令不妄下。其言曰:"治世以大德,不以小惠。"至其没也,虽投荒罪废之豪,犹掩泣追慕。而受遗辅导之际,袁宏所谓"刘后授之无疑心,武侯当之无愧色。"视狼跋寘胡,复子明辟之扰扰。殆超而上之,推其本,则澹泊宁静一脉,信于君而孚于民乎!

初,余读汉事,至孟获之七擒七纵,私心窃怪多材多艺,武侯之好奇也。今历其地形,方知蜀西南边徼多反侧,不震以天威,则反侧不消。诸蛮之反侧不消,而有事中原,则边民必睥睨其后,师出在外而蛮叛于中,首尾不相救,险道也。故渡泸深入,南方已定,总为奖帅三军,戡定中原,计治远先自近,治外先自内。王道施为之次第,洞焉观火。荡荡平平,有何奇术哉?朱考亭曰:"三国之兴,蜀为正,其志在兴复也。"王仲淹曰:"孔明而无死,礼乐其有兴乎?"夫孔明不死,则汉祚必复。汉祚可复,则中原无典午之篡弑,世界犹天冠地履之世界也。乱臣贼子不得污天位,则戎狄何由蹂瑕乘衅,五胡何得迭扰,而致河洛为墟,神州陆沉,且三百余年哉!此殆天地值板荡之运,而不系于炎祚之既熸。王气之远蜀也,圣贤不能违天。夫既不能争礼乐干戈于世运,又何能争绝续于赤精之既竭哉!去蜀汉之兴,已千余年,而西土思慕如初。君臣将相,合祠以报功德,维风教所从来久远矣。

余与督抚傅公,共事是邦,交相警也。日几几乎淡宁遗韵,而平明广大之体。步步趋趋,薪毋或逾之。法古无过,先民是程,斯庙之所以重修乎。既落成,新庙奕奕,万民和悦,乃论次其造邦始事之讦谟而勒石焉。俾前哲心法与庙貌,俱炳凛凛生气,正人心而齐光日月,比寿乾坤。是亦我后之人,少抒对扬乎?徯斯之役,以属华阳毛令,而毋曰有事为荣也。请进而赋小雅之高山景行。

【作者简介】

梁士济,字遂良,南海人,世居广州,明万历丙午(1606)举人。授清江县令,晋升江西道御史、浙江道巡按等职。崇祯十一年(1638),梁士济任四川巡按。到任后肃整贪官,革除杂役,还重修汉烈君臣陵墓祠及杜甫草堂等。崇祯十三年,任直隶巡按,锄阉宦、劾宗室、纠外戚,朝野为之一震。后辞官归里,隐居西樵山。有《桥台集》《按蜀畿疏草》等。

万里桥记

南宋·刘光祖

诸葛孔明用蜀,以仁义公信怀而服之,法度修明,礼乐几于可复。夫历周秦两汉千有余年,孔明乃以蜀通吴抗魏,三分天下,存汉社稷。学探伊、傅而迹并管、乐,蜀人到今矜而诵之不忘。

今罗城南门外笮桥之东,七星桥之一曰"长星桥"者,古今相传孔明于此送吴使张温曰:"此水下至扬州万里。"后因以名。或则曰:"费祎聘吴,孔明送之至此曰:"万里之道,从此始也。"孔明没又千载,桥之遗迹亦粗耳,非有所甚壮丽伟观也。以千载之间,人事更几兴废,而桥独以孔明故,传之亡穷。其说虽殊,名桥之义则一。

厥今天下,兼有吴蜀。朝廷命帅,其远万里。盖受孔明之任以来,由蜀走阙,道亦如之。其于此桥,孰不怀古以图今,追孔明之道德勋庸,而思仿佛其行事。

侍御赵公之镇蜀也,始至,谒古柏祠,即命葺之。明年,作祠庙于其故营。又明年,新其故宅庙貌。每曰:"诸葛公,三代遗才也。用法而人不怨,任政而主不疑,非天下之至公,其孰能与于此!"今其遗迹,所存尚多,而万里桥者,乃通吴之故事。前帅沈公尝修广之,犹陋弗称。则命增为石鱼,酾水为五道,梁板悉易以木而屋之。桥成眈眈,屋成绳绳,严严翼翼。民不知役,而公亦乐之。风烟渺然,岸木秀而川景丽。公与客登此,盖未尝不徘徊而四顾也。神交千古,又安知诸葛公通吴之志,亦未尝一日不在于中原也乎?

光祖忝公元僚,公命光祖为之记。记其大者而遗其细,盖将以大者望公,俾公之功名垂千万世。若曰桥美名,公又与为美观。非知公者,知公莫如光祖。

【作者简介】

刘光祖(1142—1222):字德修,简州阳安人。登进士第,除剑南东川节度推官。淳熙五年(1178),除太学正。光宗时,为侍御史,迁太府少卿。吴曦叛,光祖白郡守,且驰告帅守,监司之所素知者,仗大义,连衡以抗贼。除潼川路提刑、权知泸州。侂胄诛,召除右文殿修撰、知襄阳府,进宝谟阁待制、知遂宁府,改京、湖制置使,以宝谟阁直学士知潼川府。后官至显谟阁直学士。卒,谥文节,有《后溪事》十卷。

按:万里桥:秦汉时代,成都古城南面出江桥门有两条江,一条是郫江(内江),一条是检江(又称"流江"和"外江")。郫江上有座桥叫江桥;检江是一条大江,江上有座木石混合结构的大桥,称长星桥。

三国时,长星桥已成为成都南门繁华的水陆码头和交通要口。东吴袭取荆州后,刘备为替关羽报仇,亲率大军进攻东吴,结果在夷陵被陆逊打得大败,刘备病死在白帝城。公元226年,为维持吴蜀联盟的格局,诸葛亮派费祎出使东吴,临行前在长星桥为其设宴饯行,费祎感叹:"万里之行,始于此桥。"后费祎不负重托,完成了与东吴联盟的使命,使蜀汉政权得到巩固。于是后人就将诸葛亮送别费祎的长星桥叫做"万里桥"。

本文中,宋刘光祖记述了桥名另一版本:三国时,东吴使者张温访蜀后,取水路回国,诸葛亮送他到此桥上,说:"此水下至扬州万里"。

万里桥所在山色殊丽,交通往来繁华。元朝《马可波罗游记》描述万里桥:"整个桥面上排列着整齐的房间和铺子,经营各种生意。其中有一幢较大的建筑物,是收税官吏的住房。凡经过这座桥的人都要交纳一种通行税。据说皇帝陛下每日从这座桥上收益100金币。"

文人墨客自然多有吟咏。唐朝大诗人杜甫,曾骄傲地介绍自己家的位置:"万里桥西一草堂"。他无数次站在桥头,俯看大江碧浪滚滚东去,遥望天际苍茫岷山积雪,吟出"西山白雪三城戍,南浦清江万里桥""万里桥西宅,百花潭北庄"的诗句。不仅杜甫,在唐代,从苏州来到成都的张籍吟唱:"锦江近西烟水绿,新雨山头荔枝熟。万里桥边多酒家,游人爱向谁家宿?"刘禹锡:"日出三竿春雾消,江头蜀客驻兰桡。凭寄狂夫书一纸,家住成都万里桥!"还有唐女诗人薛涛,她曾在桥畔住过,门前种着枇杷树,自述:"万里桥头独越吟,知凭文字写愁心。"还有王建、陆游……

万里桥水面宽阔,于是宋淳熙四年(1177)正月孝宗下旨:"沿江诸军,岁再习水战。"训练的场景正好被陆游看到了,他写下"坡陇如涛东北倾,胡床看射及春晴"(《万里桥江上习射》)的诗句。

修诸葛井记

明·杨 名

成都锦江街中旧有井,其制与他井不同,大约中虚方丈,深二丈,口径尺许。精巧坚固,非俗工所能为。以创自诸葛忠武侯,故托之名。然侯之为此也,自有深意。或曰:"蜀都上应井络,且当岷峨之胜,故设此井以通王气。"审如是,则侯为汉之心,可谓无所不用其极矣。

侯本草茅一介之士,穷卧隆中,寄志甚高,而托言甚近。时未有能知者,唯昭烈因徐庶之荐,往造其庐,问以事势,数语契合,鱼水斯投。乃贼之不亡,而汉之不帝,惴惴旦夕。是故智之所及,力之所能,真鞠躬尽瘁,死而后已。且欲以人胜天,以神设教,如临邛火井,其势渐微,阚而嘘之,使之复盛。由兹而观,则修井通气,亦事之所必有者。侯之报汉,何其忠且切哉!

顾岁久井且湮没,非但疏远,即乡里之人,询阙所在,皆茫然莫能对,殊可慨矣。今年春,蘖谷王公以大中丞拊循我蜀,其治虽因时损益,而其意则多述侯之旧。大抵开诚心,布公道,以身许国,以德饬政,所以为之主本者,远相符合故也。考古修废,偶及此井,遂命有司,大加葺治。井上覆以方亭,口口设旱碾以利民用。井南设屏门一,内建正厅三楹,以祀侯像,左右为厢各二。门户区别,皆前此所未有者。工已,名适以访医入省成都,知郡大夫马君,过予而告以其事,且属为之记。

余自有知以来,向慕往哲,每读史传至伊、吕,大致必掩卷叹仰。若难乎其继,至汉而得侯,又复畅然以喜也。由是而益究心焉,乃知古今人所以为学,与夫学之所以为用,判乎其不相若,而不觉泫然以悲。夫身有出处,道分体用,固理势所不能免。然自宋儒,始谆谆言之,汉以上,则不必然也。伊、吕余无庸论,即论忠武侯,方其躬耕南阳,与广元公威辈何所优劣。及蒙三顾而后出,出而经略中原。谋猷举动,必中机宜。虽其时尚分争,未暇于制礼作乐,兴复古道,其以安危为已任,亲贤远奸,信赏必罚,事先大义,言合众心,规模之弘,非两者将相可望。至于用兵如神,十发九中。张、韩、邓、马,未许比伦。其学之为用,果何如哉!陈寿、薛俞辈,固不足道;宋儒评品,亦未超然。乃曰:"若侯者,体正大而学未至。其甚者,谓真以管、乐自许。尝为后主写申韩六韬书,及劝昭烈取荆益,以成伯业,遂断然以其学为驳杂。

呜呼!出处有光,体用无缺,侯真秦汉以上之醇儒也。而宋儒之论乃如是,不知彼所谓学,又果何物也哉?识者谓举宋儒以秉钧当轴,未必于事有济。要未可不谓之知言也。乃如木牛流马、八阵七纵之事,特侯绪余,往往奇之,大加称赏。见豹一斑,恐非定论矣。

唯传侯者云:"其余力所及,官府次舍,桥梁道路,无不缮理。"兹言其有确乎?余尝谓伯仲伊吕,礼乐有兴,与三代遗才之叹,庶于评侯为正,而拘士之说政,自无所损益也。

蘖谷公葺理斯井,亦勿翦召棠,不伐孔林之意。且使后之人知贤者所遗,万世不泯,而因小求大,必有以侯为之师者,风教所系,岂小小耶!若以为奇其事而章之,不可以语二公异世之同德矣。

余明非知人,直阵所见,附于记井之末。虽不及见侯,尚幸见蘖谷公而请正之也。公何以教余哉。

【作者简介】

杨名(1505—?),字实卿,号芳洲。四川遂宁人。嘉靖七年(1528),参加四川省乡试,夺得第一名(解元)。第二年,顺利通过会试,殿试探花,授翰林编修。不久,辞官归里守母丧。家居二十余年,还朝为展书官。杨名家居,敦行著书,时论推重。但因直言深忤世宗,一朝被斥,永不复用。隆庆改元,赠杨名光禄少卿。编《三贤集》,著《芳洲集》五卷。

按:在成都大慈寺和春熙路之间原来有一口古井,叫诸葛井。井为青石井,上小下大,有五六米深。从井面往下看,能看到井水泛起丝丝的微光。耳朵贴在井口,沿着井壁仔细听,能听见井水发出咕咕的声音,就如清晨的鸡叫一般。

相传在蜀汉时期,诸葛亮为了解决成都人民的喝水问题带兵挖掘了这口井,井面由青石砌成,井的四周被后人建立了五六块青石碑和一处诸葛祠。诸葛井比成都一般的水井深,从来就没有枯竭过。但上世纪八九十年代,井已经不在了,取而代之的是排排高楼。

民俗学者说,每一口井都是老成都人摆龙门阵的小中心。大娘嫂子们聚在井台边淘菜洗衣,淘菜的离井近些,洗衣的远些,一边做活一边话家常,不知不觉,洗件衣服都能洗好几个钟头。到了莲花白(卷心菜)上市的时候,井台边就更热闹了。老成都人有晒盐菜的习惯,上好的莲花白,每家都起码要买10斤、20斤,在井台边摆得像小山一样高,大娘嫂子们一起动手,忙着洗、剥,就近撑起竹竿席子晒起,晒出满满一条街。天边飘来一阵偏头雨,大家一起动手把竹竿席子收了,等日头出来,又晒出去。

民俗学者还说,老成都的井水有"圆河水"的美称。从前的府河、南河水甘甜清澈,用来泡茶最为适宜。好的老成都井水甘甜、无毒。夏天被蚊虫咬了,情况不严重的话,在井水里泡一阵就好。井水更妙的是冬暖夏凉。夏天,阴凉的井水提上来,在大太阳坝里晒得温温的,下午最热的时候,家家户户正好给玩得灰头土脸的小孙孙洗澡。天上碧空万里,街边的小巷在夏日的暑气里安静地沉睡,院坝里,婆婆嫂子们七手八脚,一边打趣,一边给脱得光丝丝的小孩洗澡,这是老成都夏季午后最美的风俗画。

——摘自《水井,老成都的七窍玲珑心》,载《华西都市报》2014年6月21日A3版。

露台遗基赋并序

唐·孙 樵

【提要】

本文选自《全唐文》卷 794(嘉庆刻本)。

唐朝历代皇帝都崇奉道教,因为被道教奉为教祖的李聃(老子)也姓李。

唐太宗即位后,为王远知在茅山建太平观,在据说是老子家乡的亳州建太上老君庙。

唐高宗(649—683)宠信道士潘师正、刘道合和叶法善,支持道士烧炼金丹。乾封元年(666),高宗到亳州老君庙祭祀老子,给老子敬献"太上玄元皇帝"的封号,还建了祠堂,设置官吏管理,表示确认老子为李唐宗室的祖先。上元元年(674),规定王公百官都要学习《道德经》,并把它作为考选官员的课目之一,继而规定将它作为全国科举考试内容。弘道元年(683)诏令全国各州修建道观,上州三所,中州二所,下州一所,全部由国家供给。高宗还送女儿当女道士,为她修建太平观。

受到两任皇帝的影响(武则天是唐太宗的才人、唐高宗皇后),武则天崇奉道教,构望仙台也就毫不稀奇了。关键是,她在农事繁忙的季节里,大兴土工,且施压于县官,所以孙樵要作文讽刺她。

武皇郊天明年,作望仙台于城之南。农事方殷[1],而兴土工,且有糜于县官也[2]。樵东过骊山,得露台遗基,遂作赋以讽之。

骊横秦原,东走盘连[3]。其土如积,其高逾尺。隐于修冈[4],屹若环堂。徘徊山下,问于牧者。对曰:"惟昔汉文为天下君,守以恭默,民无怨愿[5]。天下大同,帝驾而东。经营相视,兹山之址。乃因其崇,以兴土功。兹台之基,轸于帝思[6]。既命其吏,校之经费,乃下诏曰:'朕以凉德[7],君于万国。唯日兢兢[8],如蹈春冰。高祖惠宗,肇启我邦墉。作此宫室,庶几无逸。逮夫朕躬,孰敢加隆。矧糜府财[9],以经此台。周为灵台[10],成乎子来。文王以升,以考休征[11]。此台以平,周德惟馨。章华虽高[12],楚民亦劳。灵王宣骄[13],诸侯不朝。民既携贰[14],王遂以死。岂朕不惩,斯役实兴。鸠材集工,以害三农。斯岂文王灵台之不日哉?'宣诏有司,亟令罢之。此遗基之所以存者乎?"卒歌而去之。且曰:"彼通天兮,鞅埃墥之巍巍[15]。此灵台兮,蔽秋草之离离[16]。已而已而,世无比兮,吾孰知其是非。"

【注释】

[1]方殷:谓正当剧盛之时。

[2]糜:浪费。此谓依赖、牵扯精力。因为县官须敦促农事。

[3]盘连:谓盘桓连绵。

[4]修冈:谓美好的山脊。

[5]汉文:指汉文帝刘恒(前202—前157)。汉文帝即位后,励精图治,兴修水利,衣着朴素,废除肉刑,当时百姓富裕天下小康。汉文帝与其子汉景帝统治时期被合称为"文景之治"。恭默:庄敬而沉静寡言。怨慝:犹怨恶。慝:音 tè,奸邪,邪恶。

[6]轸:音 zhěn,伤痛。

[7]凉德:薄德,缺少仁义。后世多用为王侯的自谦之词。

[8]兢兢:小心谨慎貌。

[9]矧:音 shěn,况且。

[10]灵台:《诗·大雅·灵台》:"经始灵台,经之营之。庶民攻之,不日成之。"诗歌说的是西周文王以民力修建灵台时,平民百姓欢乐而顺从的场景。

[11]休征:吉祥的征兆。

[12]章华:指章华台。又称章华宫。楚灵王六年(前535)修建的离宫,后毁于兵乱。这座"举国营之,数年乃成"的宏大建筑,被誉为当时的"天下第一台"。史载章华台"台高10丈,基广15丈",曲栏拾级而上,中途得休息三次才能到达顶点,故又称"三休台";又因楚灵王特别喜欢细腰女子在宫内轻歌曼舞,不少宫女为求媚于王,少食忍饿,以求细腰,故亦称"细腰宫"。

[13]灵王:指周灵王姬泄心。他在位时正是诸侯争霸的时代,周王室渐渐成为诸侯手里的玩偶。公元前546年,晋、楚、宋、鲁等十个诸侯国在宋国都城商丘"弭兵会盟"。从此后,会盟以前以诸侯国之间的兼并为主,会盟以后却以各国内部大夫间的兼并为主,各国社会正酝酿着巨大的变化,阶级矛盾趋于尖锐。而此时,周灵王姬泄心正为他长子、17岁的太子姬晋的离世悲痛欲绝。姬晋喜欢吹笙,能吹奏出如同凤凰欢鸣一般的乐曲。随后不久,灵王也去世了。

[14]携贰:离心,有二心。

[15]埃壒:灰尘。句谓车子扬起的灰尘高高腾起,四散弥漫。壒:音 ài,尘埃。

[16]离离:盛多貌。

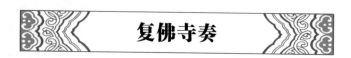

复佛寺奏

唐·孙 樵

【提要】

本文选自《全唐文》卷794(嘉庆刻本)。

三武灭佛,其中唐武宗是中国历史上最后一位公开灭佛的皇帝。

唐代后期,由于佛教寺院土地不输课税,僧侣免除赋役,佛教寺院经济过分扩张,损害了国库收入,与普通地主也存在着矛盾。唐武宗崇信道教,深恶佛教,会昌年间又因讨伐泽潞,财政急需,在道士赵归真的鼓动和李德裕的支持下,于会昌五年(845)四月,下令清查天下寺院及僧侣人数。

唐武宗开始禁佛时的政策非常温和:如果想继续做僧尼,就要坚守不拥有财产(田宅)的戒律;如果不想放弃财产,那就必须还俗;对于犯淫戒的、娶妻的、不受戒的,勒令还俗;甚至还允许比丘、比丘尼保留一两名奴仆。但是,骄奢淫逸惯了的僧尼们,根本不理。

会昌五年(845)五月,又命令长安、洛阳左右街各留二寺,每寺僧各三十人。天下诸郡各留一寺,寺分三等,上寺二十人,中寺十人,下寺五人。八月,令天下诸寺限期拆毁;括天下寺四千六百余所,兰若(私立的僧居)四万所。拆下来的寺院材料用来修缮政府廨驿,金银佛像上交国库,铁像用来铸造农器,铜像及钟、磬用来铸钱。没收寺产良田数千万顷,奴婢十五万人。僧尼迫令还俗者共二十六万零五百人,释放供寺院役使的良人五十万以上。政府从废佛运动中得到大量财物、土地和纳税户。在灭佛同时,大秦景教穆护、袄教僧皆令还俗,寺亦撤毁。但当时地方藩镇割据,唐中央命令因而不能完全贯彻,如河北三镇就没有执行;有的地方执行命令不力。

武宗灭佛是一次寺院地主和世俗地主矛盾的总爆发,佛教遭到的打击是严重的,佛教徒称之为"会昌法难"。第二年武宗死,唐宣宗即位,又下令复兴佛教。

孙樵的这番上奏,正是针对这一情况而发出的,他甚至认为:"残蠹于民者,群髡最大。"并结合武宗时情况极言如果状况延续下去,不仅疲惫之民难以复苏,而且反弹之后,局面将更难控制。

贱臣樵上言,臣以为残蠹于民者,群髡最大[1]。且十口之家,男力而耕,女力而织,虽乘乐岁[2],其衣食仅自给也,栋宇仅自完也。若群髡者,所饱必稻梁,所衣必锦縠[3]。居则邃宇,出则肥马。是则中户不十,不足以活一髡。

武皇帝元年[4],籍天下群髡者凡十七万,夫以十家给一髡,是编户一百七十万困于群髡矣。武皇帝一旦发天下群髡,悉归平民,是时一百七十万家之心,咸知生地。陛下自即位以来,诏营废寺,以复群髡。自元年正月[5],泊今年五月,斤斧之声不绝天下,而工未以讫闻。陛下即复之不休,臣恐数年之间,天下十七万髡如故矣。臣以为武皇帝即不能除群髡,陛下尚宜勉思而去之,以苏疲氓,况将兴于已废乎?

请以开元之事言之。开元之间,大驾还自东封,从以千官之众,六军之事[6]。三日留于陈留[7],民犹有余力。今陛下即能东封,道次给一食,则民力殚矣。何开元之民力有余,而陛下之民力不足耶?开元之间,率户出兵籍而为伍,春夏纵之家以力耕稼,秋冬聚之将以戒武事。如此则兵未始废于农,农未尝夺于兵,故开元之民力有余也。今天下常兵不下百万,皆衣食于平民。岁度其费,率中户五仅能活一兵。如此则编户不五百万不足以给之,故陛下之民力不足也。今陛下以力不足之民,而欲重困于群髡[8],将何以踵开元太平事耶?贞观以还,开元户口最为殷繁,不能逾九百万。即今有问于户部,其能如开元乎?借如陛下以五百万给天下之兵,今又欲以一百七十万给于群髡,是六百七十万无羡赋矣[9]。即今户口不下于开元,其余止二百万,而国家万故,毕出其间,陛下孰与其足也?则是盐铁不可除,而榷筦加算矣[10]。天下之民,得不重困乎?

日者陛下尝欲营国东门[11],谏议大夫入争于前。一言未及终,陛下非徒辍其工[12],而又赐帛以优之。今所复寺宇,岂特国门之急乎?丛徒啸工,岂特民之役乎?宁谏议大夫不以言,而陛下不以听耶?陛下即不能复废之,臣愿陛下已复之髡,止而勿复加;已营之寺,止而勿复修,庶几天下之民尚可活也。

今天下最不可去者兵也,臣尚为陛下日夜思去兵之术。究开元太平事,冀异日为陛下言之,况去无用之髡耶?臣樵昧死以言[13]。

【注释】

[1]残蠹:残害蠹蚀。髡:音 kūn,古代指和尚。

[2]乐岁:丰年。

[3]锦縠:绫罗绸缎。縠:音 hú,有绉纹的纱。

[4]武皇帝:指唐武宗李炎(814—846)。武宗在位时,任用李德裕为相,对唐朝后期的弊政做了一些改革。他崇信道教,且鉴于佛教势力泛滥,损害国库收入,在道士赵归真的鼓动和李德裕的支持下,于会昌五年(845)下令拆毁佛寺,并派御史分道督察。第二年,武宗去世。

[5]元年:指唐宣宗大中元年,公元 847 年。大中:唐宣宗李忱年号,公元 847—860 年。

[6]开元:唐玄宗年号,公元 713—741 年。东封:指唐玄宗开元十三年(725)冬十月的封禅泰山。这次东封历时 45 天,以封禅活动规模巨大、公告祭天玉牒、封山为王等,为后人所乐道。唐玄宗带领王公贵族出洛阳,经郑州荥阳郡、滑州、濮州、魏州、济州,由齐州灵岩寺南行登封泰山。

[7]陈留:唐宣宗东封毕,自兖州、曹州,至宋州西北行,经考城、外黄,至汴州陈留。《资治通鉴》卷二百一十二载:"甲午,车驾发泰山;庚申,幸孔子宅致祭。上还,至宋州,宴从官于楼上,刺史寇泚预焉。酒酣,上谓张说曰:'向者屡遣使臣分巡诸道,察吏善恶,今因封禅历诸州,乃知使臣负我多矣。怀州刺史王丘,饩牵之外,一无他献。魏州刺史崔沔,供张无锦绣,示我以俭。济州刺史裴耀卿,表数百言,莫非规谏,且曰:人或重扰,则不足以告成。朕常置之坐隅,且以戒左右。如三人者,不劳人以市恩,真良吏矣!'顾谓寇泚曰:'比亦屡有以酒馔不丰诉于朕者,知卿不借誉于左右也。'自举酒赐之。宰臣帅群臣起贺,楼上皆称万岁。由是以丘为尚书左丞,沔为散骑侍郎,耀卿为定州刺史。耀卿,叔业之七世孙也。"

[8]重困:谓加重痛苦。

[9]羡赋:指赋税收入在收支相抵后所剩余的部分。

[10]榷筦:亦作"榷管"。谓对盐铁等物实行专管专卖。

[11]日者:往日,从前。

[12]丛徒啸工:谓群徒聚集,工地喧嚣。

[13] 昧死以言：犹昧死以闻。谓冒着死罪来禀告您。表示谨慎惶恐。

兴元新路记

唐·孙 樵

【提要】

本文选自《全唐文》卷794（嘉庆刻本）。

自古蜀道难，但由蜀至长安又是必须的。于是，自称广东人但实际寓于蜀地的孙樵感触尤深，尤其是当一条路面临废弃之时。

这篇作于大中四年（850）的文章针对的是兴元新路的废弃有感而发。

这条"文川谷路，自灵泉至白云置十一驿"（《旧唐书·玄宗本纪》），"每驿侧近置私客馆一所。其应缘什物、粮料、递程，并作大专知官及桥道等，开修制置毕。其斜谷路创置驿五所：平川驿一所，连云驿一所，松岭驿一所，灵溪驿一所，凤泉驿一所，并已毕功讫。敕旨：蜀汉道古今敬危。自羊肠九屈之盘，入鸟道三巴之外。虽限隔戎夷，诚为要害；而劳人疲马，常困险难。郑渥（涯）首创厥功，李玭继成巨绩。校两路指远近，减十驿之途程。……此则通千里之险峻，便三川之往来。"（《唐会要》卷八六《道路》）

由蜀入长安原来有褒斜路，为何还要开文川路（即孙樵所称的"兴元新路"）？孙樵文中说得清楚："荥阳公（郑涯）为汉中，以褒斜旧路修阻，上疏开文川路"。

孙樵亲身实地考察之后，经过深入的比较研究，认为新修的文川驿道比褒斜道散关褒城线好。虽然新道也有需要改进的地方，但荥阳公"其始立心，诚无异于古人，将济斯民于艰难也。然朝廷有窃窃之议，道路有唧唧之叹，岂荥阳公之始望也！"

但是，这条新道修成一年不到，就被废弃了。文川驿道虽然便捷，但从眉县林溪驿到城固县文川驿，尤其是中段平川驿到四十八窟窿，蜿蜒于红岩河中流的深山峡谷中，激流陡崖，险阁危栈，困难万重。青松驿以南，又要连续翻越好几座高山峻岭，山深林密，野兽出没，居民稀少，给养供应十分困难。更加上仓促修成的道路，基础不固，设备不全，一遇暴雨水涨，水冲山塌，桥阁摧毁，修复尤难，常至道路阻绝，使命中断，行旅商贩耽于不通。所以修成之后不到一年，又回到散关褒城线的旧驿道了。《旧唐书》卷一八《宣宗纪》："（宣宗大中三年）修文川谷路，自灵泉至白云置十一驿，下诏褒美。经年，为雨所坏，又令封敖修斜谷旧路。"

可能受此影响，郑涯被罢职，由封敖接任。

可是，孙樵实地考察并对比分析之后，认为荥阳公的工作意义没有被充分理解，所以他说："议者多谓此路不及褒斜，此言不公耳。樵尝数中褒斜，一经文川。至于山川险易、道路迂迤，悉得条记。尝用披校，盖亦折衷耳。苟使贾昭尽心于荥阳公，如樵所条注，诚逾于褒斜路矣。"

围绕一条驿道（今天的国道）的修废，发生的争讼纠辩一点也不亚于今天的大工程。

入扶风东皋门[1]，十举步，折而南，平行二十里，下念济坂，下折而西，十里渡渭，又十里至郿[2]。郿多美田，不为中贵人所并[3]，则籍东西军，居民百一系县。

自郿南平行二十五里，至临溪驿。驿抱谷口，夹道居民皆籍东西军。出临溪驿百步，南登黄蜂岭。平行不能百步，又登潨潨岭[4]，盘折而上，甚峻。而下潨潨岭，岭稍平。二岭之间，凡行十里。自临溪有支路，直绝涧，并山复绝涧，蛇行碛上十里[5]，合于大路。下黄蜂岭，复有支路并涧，出潨潨岭，下行乱石中，五六里与涧西支路合。

由大路十里，桥无定河。河东南来，触西山下瀺[6]，号怒北去。河中多白石，磊磊如斛。又十里至松岭驿，逆旅三户[7]，马始食茅。自松岭平行又三里，逾二桥，登八里阪，甚峻。下阪行十里，平如九衢。又高低行五里，至连云驿。自连云驿西平行二十里，上五里岭，路极盘折。凡行六七里，及岭上，泥深灭踝[8]。路旁树往往如挂尘缨，缅缅而长，从风纷然。讯于薪者，曰："此泥榆也。"岂此岭常泥，而树有此名乎？

凡泥行十里，稍稍下去，又平行十里，则山谷四拓，原隰平旷，水浅草细。可耕稼，有居民，似樊川间景气。又五里，至平川驿。自平川西并涧高下行十里，复度岭。上下岭凡五里复平，不能一里，复高低有阁路。行七八里，扼路为关，北为临洮，关为河池。自黄蜂岭泊河池关，中间百余里，皆故汾阳王私田，尝用息马，多至万蹄，今为飞龙租入地耳。

入关行十里，皆阁路并涧，阁绝有大桥，蜿蜒如虹。绝涧西南去，桥尽路如九衢，夹道植树，步步一株。凡行六七里，至白云驿。

自白云驿西并涧皆阁道。行十里，岩上有石刻，横为一行，曰"郑淮造"，凡三字，不知何等人也。又一十三里，至芝田驿，皆阁道，卒高下多碎石。自芝田至仙岑，虽阁路皆平行，往往涧旁谷中有桑柘[9]，民多丛居，鸡犬相闻。水益清，山益奇，气候甚和。自仙岑南行十三里，路左有崖，壁然而高。出其下，殷其有声，如风怒薄冰，里人谓之"鸣崖"。岂石常鸣耶，抑俟人而鸣耶？

又行十五里，至二十四孔阁。阁上岩甚奇，有石刻。其刻云："褒中兴阁主簿王禹、汉中郡道阁县掾马甫、汉中郡北部都邮向通、都匠中郎将王胡、典知二县匠卫绩教、蒲池石佐张梓等百二十人，匠张羌教、褒中石佐泉疆等百四十人，阁道教习常民学川石等三人[10]"，凡七十字，其侧则曰"太康元年正月二十九日。"按其刻，乃晋武平吴时，盖晋由此路耳。

又行十五里，至青松驿。自仙岑而南，路旁人烟相望，涧旁地益平旷，往往垦田至一二百亩,桑柘愈多。至青松,即平田五六百亩。谷中号为夷地,居民尤多。自青松西行一二里,夹路多松竹。稍稍深入,不复有平田。行五六里,上小雪岭,极峻折。岭东多泥,土疏而黑。岭西九峻,十里百折。上下岭凡十八里,四望多丛竹。又高低行十里,至山辉驿。居民甚少,行旅无庇。

自山辉西高低行二十里,上长松岭,极峻。羊肠而上,十里及岭上。复羊肠而下,十五里及岭下。又高下行十里,至回雪驿。自回雪驿南行三里,上平乐坂,极峻。盘折上下,凡十五里,至福溪。

又高下行十里,至黄崖。崖南极峻折。上下黄崖六七里,至盘云驿。西行,复并涧行二十里,即背绝小岭,上下凡五六里稍平。又行十里,至双溪驿。自双溪南平行四里,至天苞岭。羊肠而上,凡十五里,极峻折,往往阁路。

至岭上,南望兴元[11],烟霭中也。下岭尤峻绝。凡三十里,至文川驿。自文川南行三十五里,至灵泉驿。自灵泉平行十五里,至长柳店,夹道居民。又行十五里,至兴元西。平行三十里,至褒城县,与斜谷旧路合矣。

孙樵曰:古人尚谋新,仍曰何必改作。利不十,法不变,岂谋新亦未易耶?荥阳公为汉中,以褒斜旧路修阻,上疏开文川道以易之。观其上劳及将,下劳及卒,其勤至矣。其始立心,诚无异于古人,将济民于艰难也。然朝廷有窃窃之议,道路有唧唧之叹,岂荥阳公始望耶?况谋肇乎贾昭,事倡乎李俅,役卒督工者,不增品秩于天子[12],则加班列于荥阳公[13]。荥阳公无毫利以自与,而怨咎独归,岂古所谓为民上者难耶?!

【注释】

[1]扶风:县名。今陕西扶风县。唐属凤翔府。东皋门:在扶风城东面。面向长安西门。

[2]郿:今属陕西宝鸡。地形地貌由南而北依次为山区、浅山丘陵区、黄土台塬区、渭北平原区,总体呈现"七河九塬一面坡,六山一水三分田"面貌。

[3]中贵人:帝王所宠幸的近臣;亦称显贵的侍从宦官。东西军:指关内道凤翔节度使所辖军队、邠宁节度使所辖部队。其治所分别在今陕西凤翔、彬县。

[4]濈濈:音 jí jí,小虫杂鸣声。称岭为"濈濈",其上植被当茂密。

[5]碛:音 qì,不生草木的沙石地。

[6]隳:音 huī,毁坏,崩毁。此谓崩落。

[7]逆旅:客舍,旅店。

[8]踝:音 huái,小腿与脚之间左右两侧的突起部分。

[9]桑柘:桑木与柘木。《礼记·月令》:"(季春之月)命野虞无伐桑柘,鸣鸠拂其羽,戴胜(鸟名。状似雀,头有冠,五色如方胜)降于桑。"

[10]主簿:官名。汉代中央及郡县官署多置之。其职责为主管文书,办理事务。至魏晋时渐为将帅重臣的主要僚属,参与机要,总领府事。此后各中央官署及州县虽仍置主簿,但任职渐轻。唐宋时皆以主簿为初事之官。县掾:县衙治事的属吏,胥吏。掾:音 yuàn,古代官署员的统称。都邮:古指邮驿总站。

[11]兴元:在今陕西汉中。唐德宗建中四年(783),朱泚叛乱,占据长安。唐德宗李适逃至奉天(今陕西乾县),叛军追逼不舍,德宗只好在兴元元年二月(784)南逃至汉中。三个

多月后离开汉中返回长安时,下诏"升梁州为兴元府"。兴元府管州十七、县八十八。

[12] 品秩:官品与俸秩。

[13] 班列:班次,行列。

梓潼移江记

唐·孙 樵

【提要】

本文选自《全唐文》卷794(嘉庆刻本)。

这是唐朝一个官员为民谋福利的故事。涪江将郪(县)紧紧缠绕,所以每到三秋涨水季节,就如蟠龙迫城,洪水卷着狂澜冲突堤坝、啃咬崖岸,吞屋噬人,地方官员深以为忧但也无可奈何。

荥阳公郑复来了,他知道前观察使想凿江东软地另开一条新江,让怒号的江水不再祸害百姓。可是,就像许多新工程一样,这样的民生工程"役兴三月,功不可就"。什么原因?原来是因为"江势不可决,讹言不可绝"。于是荥阳公说厚其值、戮其将、动其卒,种种方法都被认为不可。最后,荥阳公"视政加猛,决狱加断""杖杀左右有所贰事,鞭官吏有所阻政者",扰政、懒政官吏都受到惩罚;对百姓,他下令称"开新江非我家事,将脱郪民于鱼腹耳。民敢横议者死"。百姓知道他曾为京城长官,为政作风强悍迅猛,于是"民心大栗,群舌如斩"。

新江挖好了,这年七月,洪水果然大至,虽然汪洋一片,但堤内庄稼秾繁,百姓安然。所以孙樵情不自禁地问道:"其绩宜何如哉!"

事迹汇报上去之后,有关部门说:事先不报告就擅自开工,"诏夺俸钱一月之半"。孙樵说这是开成五年(850)的事情。晚唐之朝政,多有乖舛。所以,《资治通鉴》感慨:"史言唐末赏罚失当,且言主昏政乱,能吏不惟不得展其才,亦不免于罪。"

涪缭于郪,迫城如蟠[1]。淫潦涨秋,狂澜陆高[2]。突堤啮涯,包城荡墟[3]。岁杀州民,以为官忧。

荥阳公始至,则思所以洗民患。颇闻前观察使欲凿江东壖地[4],别为新江,使东北注流五里,复汇而东,即堤墟旧江,使水道与地相远,以薄江怒。遂命武吏发卒三千,迹其前谋。役兴三月,功不可就。

有谒于荥阳公曰:"公开新江,将扶民忧。然江势不可决,讹言不可绝。公将何以终之?"

荥阳公曰:"吾欲厚其直以劝其卒[5],可乎?"

对曰:"饥卒赖厚直,民惜其田以觊得[6],不可。"

荥阳公曰:"吾欲戮其将以动其卒,可乎?"

对曰:"代之将者,必苦吾卒,卒苦叛,不可。"

荥阳公曰:"奈何?"

对曰:"夫民可与乐终,难与图始。故自兴役以来,彼其民曰:'夏王鞭促万灵,以导百川。今果能改夏王迹耶? 非徒无功,抑有后灾。'群疑牵绵[7],民心荡摇。前时观察使欲凿新江,中辍议而罢,岂病此耶? 公即能先堤民言,新江可度日而决也。"

荥阳公曰:"诺。"

明日,荥阳公视政加猛,决狱加断。又明日,杖杀左右有所贰事[8],鞭官吏有所阻政者。遂下令曰:"开新江非我家事,将脱郓民于鱼腹耳。民敢横议者死。"民以荥阳公尝为京兆,既惮其猛,及是民心大栗,群舌如斩。

未几而新江告成,荥阳公欢出临视,班赏罢卒[9]。已而叹曰:"民言不堤,新江其不决耶!"新江长步一千五百,阔十分其长之二,深十分其阔之一。盘堤既隆,旧江遂墟,凡得田五百亩。其年七月,水果大至,虽逾防稽陆[10],不能病民,其绩宜何如哉!

荥阳公既以上闻,有司劾其不先白,诏夺俸钱一月之半。樵尝为襄城驿记,恨所在长吏不肯出毫力以利民,及观荥阳公以开新江受谴,岂立事者亦未易耶? 是岁开成五年也[11]。

【注释】

[1]蟠:屈曲,环绕,盘伏。

[2]淫潦:久雨积水为灾。

[3]墟:有圩围住的地区。

[4]壖:音 ruán,城下宫庙外及水边等处的空地或田地。

[5]直:通"值"。谓报酬,酬劳。

[6]觊:音 jì,希望得到。

[7]牵绵:牵延连绵。

[8]贰事:指从事本职以外的事。

[9]班赏:常作"班功行赏"。谓按照功劳大小,依次给予赏赐。

[10]稽:停留。

[11]开成五年:公元 840 年。开成:唐文宗李昂年号,公元 836—840 年。

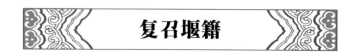

复召堰籍

唐·孙 樵

【提要】

本文选自《全唐文》卷794（嘉庆刻本）。

这也是一个唯有主昏政乱之时才会出现的事情。

汉江到了襄阳，由于水势渐大，常常水漫过大堤，漂走百姓，所以唐武宗想起了现任户部侍郎、曾在广州任职的卢某，因为他不但惠政一方，而且"家无余储，府有羡财"。

卢公来襄阳后，任用李从事。李从事引汉人召信臣治水旧例——召堰。但因为召堰"代邈时移，功不加修。堤豁于流，浸泄为波。自泌阳以南，平陵以西，居民甚逋，垦田甚凋"。他建议卢公"复信臣旧规"。

卢公按照李从事的建议，一一条画安排，"即其故堤，以鲠二渠。凿其枯沟，析为南流。水门既陈，百渎脉分"。这样一来，数百里间，"野无隙田，旱无枯苗"。粮食大丰收，百姓当然很快就忘了昔日的饥饿了。李从事首戴其功。

但是，李从事"为潞州，声光削然。发戍卒，甲兴而哗"。原来的好名声、眩光环归于阒寂；居然还兴了甲兵，祸大了。但知情人却说，他是"陷于谗言获谴，当夺权"。观李从事行迹，属典型的因干才能绩而被谗言陷害。孙樵怕这些事久了，就湮灭无闻了，因此为之著录。

　　　　会昌元年[1]，汉波逾堤，陆走漂民，襄阳以渚[2]。于是天子曰："户部侍郎卢某，前为广州，治称廉平[3]。家无余储，府有羡财。耕夫无所徭，舶贾无所征。蠢兹海隅，赖之而安。其以襄阳之残民属治之。"

卢公既来襄阳，始用李从事允之画，能成新堤，即问可以为治状。对曰："天子以襄阳饥甿[4]，寄活于公，宜有以休养之者。襄阳之属城为唐州，唐州之支邑为泌阳。泌之东有二流走出，断堤啮道。而西派于二流[5]，南别为沟。壤高岸颓，水不得行。昔召信臣尝为南阳[6]，能为民障水泉，广溉灌。世赖其利，俗用蕃富。尝披地图，北尽南阳故地，岂古所谓召堰者耶？代邈时移[7]，功不加修。堤豁于流，浸泄为波。自泌阳以南，平陵以西，居民甚逋[8]，垦田甚凋。公则能复信臣旧规，真民十世利者。"

卢公立召管田部将，出卒与谷，率以听命。李从事即为条分程度[9]，指画经略，且使即其故堤，以鲠二渠。凿其枯沟，析为南流。水门既陈，百渎脉分。蔓蔓于原,支支于屯。数百里间,野无隙田,旱无枯苗。召堰既成,秋田大登。八州之民,咸忘其饥。

范阳卢庠,能道李从事佐卢公事。且曰:"卢公自南海至襄阳,再以李从事参画军事。凡其所居,铿耀有闻[10]。及为潞州,声光削然[11]。发戍卒,甲兴而哗。"卢公骇咤[12],谓他从事曰:"使李从事从我,宁及此耶?"是时,李从事陷于谗言获谴,当夺权。自卢公黜留洛阳如此,则李从事前佐卢公宜何如哉?李从事去襄阳五年,召堰之利,益大于民。岁增良田,顿至四万。

樵惜李从事之迹不为人知,作《复召堰籍》。

【注释】

[1]会昌元年:公元841年。会昌:唐武宗李炎年号,公元841—846年。

[2]渚:水中小块陆地。

[3]廉平:清廉公平。

[4]饥甿:饥民。

[5]派:同"脉"。

[6]召信臣:生卒年月不详。字翁卿。九江郡寿春(今安徽寿县)人。西汉元帝(前48—前33)时为南阳太守,大力发展唐白河流域的农业和兴修水利。他亲自勘查水源,开沟渠,修筑堤坝、水门,建成水利工程数十处,灌溉面积年年增加,最多时达三万顷,使当时南阳地区成为全国富庶地区之一。为加强灌溉管理,他还制定了"均水约束"条规,刻在石碑上,立在田地边,以防水事纠纷。他所修筑的工程中,最著名的是六门堨、钳卢陂、马仁陂等,有的至今还在发挥作用。

[7]代邈:谓年代久远。

[8]逋:音bū,逃亡。

[9]程度:法度,标准。

[10]铿耀:谓(行迹)响亮闪光。

[11]削然:犹阒(qù)然。寂静貌。

[12]骇咤:惊骇而怒叱。

大唐陇西李氏莫高窟修功德记

唐·杨绘

【提要】

本文选自《全唐文补遗》第九辑(三秦出版社2007年版)。

文中所说的李氏指李大宾。李大宾,郑王府咨议参军。六代祖李宝,隋使持节侍中、西垂诸军事、镇西大将军、领护西戎校尉、开府仪同三司、沙州敦煌公、玉门西封邑三千户。曾祖达、祖操、父奉国,先后仕隋、唐,为将军,历官河西、敦煌。李大宾字颢,史称其"英髦骧驷,河岳粹灵"。李氏一家"皆以稽古微言,留心儒素。或登华第,更高拔。文战都堂,每中甲科之的。"唐代大历年间,敦煌李大宾家族因深笃的佛教信仰,发愿修建大涅槃窟,寄托对寂静长乐永恒境界的追求。

唐代初期,国富民强,文化昌盛。作为丝绸古道重镇、中西文化交流枢纽的敦煌,实为当时的国际都会。凡往来于丝路上的商贾、使节及僧侣,莫不以敦煌为集散地;凡中西文化交流,尤其佛教东传,莫不以敦煌为中转站。这一时期,莫高窟的凿窟、修寺及其他佛事活动也空前高涨,其中陇西李氏穿凿的、今编号为 332 窟,就是这一时期的代表作。尤其是陇西李氏先后镌刻的三通石碑,即《李克让修莫高窟佛龛碑》(俗称《圣历碑》)、《大唐陇西李府君修功德碑记》(俗称《大历碑》)、《唐宗子陇西李氏再修功德碑记》(简称《乾宁碑》),对敦煌历史变迁、民族纷争、莫高兴衰及李氏世系等的研究考证,提供了极为珍贵的史料,是陇西李氏文化不可或缺的一个重要组成部分。

《圣历碑》是陇西李氏在莫高窟镌刻的第一块碑。据碑文记载,李氏族人在莫高窟第一个凿窟建寺者为李大宾曾祖李达。唐初,李达任左玉铃卫、效谷府旅帅、上护军等职。大概受隋炀帝制造的李门冤案影响,淡泊仕途而重来世修行,乃于斯胜岫造窟一龛。他所造之窟今编号为 331 窟,窟内面积约 40 平方米,可以"就地设斋,燔香作礼",是唐初圣历元年(698)陇西李氏在莫高窟所凿的第一个石窟。

李达的长子李感(昭武校尉、甘州禾平镇将、上柱国)与兄弟们继承先人遗规,在第一个石窟之侧更造佛刹,不久而亡。其弟李克让(左玉铃卫,效谷府校尉、上柱国)遵照其兄遗愿,"乃召巧匠,选工师,穷天下之谲诡,尽人间之丽饰……既有龙宫之表,还同鹿苑之游。"这是唐初陇西李氏在莫高窟第二次凿窟建寺。此窟今编号为 332 窟。窟圣历元年完工后也勒铭作记,碑记一直为敦煌学研究者所珍视。

到唐代宗时,李达之曾孙——郑王府咨议、陇西李大宾巡游莫高窟,见原来"圣灯时照,一川星悬;神钟午鸣,四山雷发"的壮观场景不复存在,只见莫高各寺"塔中委尘""禅处生草""栏槛屹断",一派残败景象,不顾当时沙州将要陷落(被吐蕃占领)之危卯现实,在兵荒马乱年月里,毅然凿佛窟,建佛寺,塑佛身,绘佛像,为李氏凿窟规模极为宏大的一次。在完成石窟穿凿修饰之后,还在洞外修建了富丽堂皇的窟檐。这就是陇西李氏在莫高窟第三次凿建石窟。今编号为 148 窟。《大历碑》(本文)有"时大历十一年(776)龙集景辰八月十五日辛未建"的纪年,距第二次凿窟已 70 多年。2004 年,民族出版社出版了《涅槃、净土的殿堂:敦煌莫高窟第 148 窟研究》一书,详细探讨了 148 窟涅槃经变、观无量寿经变、药师净土变、弥勒上生下生经变流行的信仰背景、图像解读及对莫高窟此后同类经变的影响,148 窟千手千眼观音、不空绢索观音、如意轮观音经变的图像解读及此后莫高窟同类图像的表现形式,148 窟天请问经变、报恩经变的图像解读,文殊、普贤像的定名及其图像功能。最后探讨了 148 窟开凿的历史背景及其对 148 窟的影响,148 窟窟内各图像所体现的涅槃、净土主义及这种主体对莫高窟中唐洞窟的影响。

《乾宁碑》立于唐昭宗乾宁元年(894)。此碑对李氏世系、吐蕃占领下的敦煌政治形式、李明振(故河西节度、凉州左司马、检校国子祭酒、兼御史中丞、上

柱国)与唐王室联宗经过等都有翔实记载。当时,因吐蕃几十年的统治和连年
战争的破坏,李氏洞窟呈现一派坍塌残破景象。由于张议潮领导沙州各族人民
起义,驱逐吐蕃守将,收复河陇后,河西地区的生产得以恢复,人民得以安宁。
李明振及兄弟们才得以巡视莫高,并商定招募良工巧匠,对李氏洞窟进行全面
的修缮。这就是历史上李氏族人修复先人洞窟的记载,也是对保存莫高窟所做
的贡献。"其功大矣,笔何宣哉!"

　　据史苇湘《丝绸之路上的敦煌与莫高窟》载,唐代仅陇西李氏在莫高窟开凿
的洞窟就有七个。今可考见者仅有上述李达、李克让、李大宾的三次大型开凿
和李明振的一次大规模修葺。另外四个洞窟,尚待史学家考证填补空白。

　　关于莫高窟李氏三碑中所述陇西李氏世系,孙修身先生的《敦煌李姓世系
考》、张书诚先生的《敦煌莫高窟的李白近宗》、牟实库先生的《陇西李氏与敦煌
莫高窟》等专著都有详细考稽。

　　由是观之,陇西李氏在唐初、中叶和唐末都为敦煌文化的发展作出了重要
贡献,是敦煌文化的一个重要组成部分;而陇西李氏文化的内容又包含着莫高
窟的建造,与敦煌文化有着密不可分的联系。陇西李氏文化同敦煌文化一样,
有着极大的开发潜力和重要的研究价值。

　　敦煌之东南,有山曰三危[1]。结积阴之气[2],坤为德;成凝质之形,艮为
象[3]。峻嶒千峰[4],磅礴万里。呀豁中绝,块圠相钦[5]。凿为灵龛,上下云矗;
构以飞阁,南北霞连。依然地居,杳出人境。圣灯时照,一川星悬。神钟午鸣,
四山雷发。灵仙贵物,往往而在。

　　属以贼臣干纪,掠寇幸灾[6]。磔裂地维,暴殄天物[7]。东自陇坻[8],旧陌走
狐兔之群;西尽阳关,遗邑聚豺狼之窟。栎木夜惊,和门昼扃[9];塔中委尘,禅处
生草。

　　时有住信士朝散大夫郑王府谘议参军陇西李大宾,其先指树命氏,紫气度
流沙之西;刺川腾芳,鸿名感悬泉之下[10]。时高射虎,人望登龙[11]。开土西凉,
称藩东晋。谘议即兴圣皇帝十三代孙[12]。远脉天分,世济其美;灵根地植,代
不乏贤。六代祖宝[13],随使持节侍中、西垂诸军事、镇西大将军、领护西戎校
尉、开府仪同三司、沙州敦煌公、玉门西封邑三千户。曾王父达,皇敦煌司马,其
后因家焉。王父操,皇大黄府车骑将军。烈考奉国,皇昭武校尉、甘州和平镇
将。早逢昌运,得展雄材。一命是凌云之姿,百龄捧日下之庆[14]。垂条布
颖[15],业继弓裘。筑室连闳,里成冠盖[16]。难兄令弟[17],卓然履道之贤;翼子谋
身,宛尔保家之主。谘议,天授淳粹,神假正直。交游迎其信,乡党称其仁[18]。
义泉深沉,酌而不渴;道气灵远,感而遂通。尝以楫江海者,莫测其深浅;望乾坤
者,不究其方圆。况色空皆空,性相无相,岂可以名言悟,岂可以文字知。

　　夫然,故方丈小室,默然入不二之妙[19];智度大道,法尔表无念之真[20]。以其
虚谷腾声,洪钟应物。所以魔宫山坼,佛日天开。爱水朝清,昏衢夜晓。一音演
法,四众随缘[21]。直解髻珠,密传心印[22]。凡依有相,即是所依。若住无为,还成

有住。

由是巡山作礼，历险经行。盘回未周，轩槛屹断[23]；刓削有地，梯构无人[24]。遂千金贸工，百堵兴役。奋锤聋壑，揭石聒山[25]。素涅槃像一铺、如意轮菩萨、不空胃索菩萨各一铺，画西方净土、东方药师、弥勒上生下生、天请问、涅槃、报恩、如意轮、不空胃索、千手千眼观世音菩萨等变各一铺，贤劫千佛一千躯，文殊师利菩萨、普贤菩萨各一躯。初坏土涂，旋布错彩[26]。豁开石壁，俨现金容。本自不生，示生于千界[27]；今则无灭，示灭于双林[28]。考经寻源，备物象设[29]。梵王奔世，佛母下天。如意圣轮，圆转三有[30]。不空妙索，维持四生[31]。人其报恩，天则请问。六牙象宝，摇紫珮以栖真[32]；五色兽王，戴青莲而捧圣。十二上愿，列于净刹[33]；十六观门[34]，开于乐土。大悲来仪于鹫岭，慈氏降迹于龙花，丕哉休哉[35]！

千佛分身，聚成沙界；八部敷众，重围铁山。希夷无声，悉窣欲动[36]。尔其檐飞雁翅，砌盘龙鳞，云雾生于户牖，雷霆走于阶陛。左豁平陆，目极远山。前流长河，波映重阁。风鸣道树，每韵苦空之声；露滴禅池，更澄清净之趣。

时节度观察处置使、开府仪同三司、御史大夫、蔡国公周公，道洽生知[37]，才膺命世，清明内照，英华外敷，气迈风云，心悬日月。文物居执宪之重，武威当杖钺之雄[38]。括囊九流，住持十信。爰因会练之暇，以申礼敬之诚。揭竿操矛，阗戟以从[39]；蓬头胼胁，傍车而趋；熊罴启行，鹓鸾陪乘[40]；隐隐轸轸[41]，荡谷摇川，而至于斯窟也。

层轩九空，复道一带。前引箫唱，上干云霓。虽以身容身，投迹无地；而举足下足，登天有阶。目穷二仪[42]，心出三界[43]，有若僧政沙门释灵悟法师，即咨议之爱弟也。戒珠圆明，心境朗彻，学探万偈[44]，辩折千人。出火宅于一乘，破空遣相；指化成于四坐，虚往实归。

于是引兄大宾、弟朝英、侄子良、子液、子望、子羽等，拜手于阶下。法师及侄僧志融，敛袂于堂上曰：主君恤人求瘼[45]，截难济时，井税且均[46]，家财自给。是得傍开虚洞，横敞危楼。将以翼大化，将以福先烈。休庇一郡，光照六亲。况祖孙五支，图素四刹，堂构免坠，诒厥无惭。非石无以表其贞，非文何以记其远。且登高能赋，古或无遗；遇物斯铭，今其遐弃。纷然递进，来以求蒙。

蔡公乃指精庐而谓愚曰："操斧伐柯，取则不远；属词比事，固可当仁。仰恭指归，俯就诚恳。敢朴略其狂简，庶仿佛于真宗[47]。"时大唐大历[48]十一年龙集景辰八月旬有十五日辛未建。

【作者简介】

杨绶，生平不详。撰此文时为节度留后使朝议大夫尚书刑部郎中兼侍御史。

【注释】

[1]三危：即三危山。又名卑羽山，在今甘肃敦煌市东南25公里处，绵延60公里，主峰在莫高窟对面，三峰危峙，故名三危。"三危"是史书记载中最早的敦煌地名。《尚书·舜典》载："窜三苗于三危"。公元二世纪后半叶，东汉著名学者侯谨在此著书。东晋永和八年

(352),佛教徒开始在此创建洞窟。前秦建元二年(366),高僧乐尊经此,见三危山状如千佛,始凿莫高窟。三危山自古以来都是敦煌一处重要的宗教胜地。"三危圣境"规模甚大,一派佛国圣地、道家天宫的景象。

[2]积阴:谓阴气聚集。

[3]凝质:犹凝结,凝聚。艮:指东北方。

[4]崚嶒:常作"嶒崚"。音 líng céng,高而险峻貌,不平貌。

[5]呀豁:辽阔貌,空貌。块圠:指山石暴突凹陷,犬牙交错。圠:音 yà。

[6]干纪:违犯法纪。掠寇:劫掠侵犯。

[7]磔裂:分裂,割裂。磔:音 zhé,古代一种酷刑,把肢体分裂。

[8]陇坻:即陇山。陇山:山名。六盘山南段的别称。古时又称陇坂、陇坻。

[9]柝:音 tuò,古代打更用的梆子。和门:军营之门。

[10]悬泉:此指月牙泉。

[11]射虎:汉李广射虎故事。《史记·李将军列传》:"广所居郡,闻有虎,尝自射之。及居右北平,射虎,虎腾伤广,广亦竟射杀之。"李广被认作李大宾先世。登龙:谓威望极高。

[12]兴圣皇帝:指李暠(351—417)。字玄盛,小字长生,汉族,陇西成纪人,是其父李昶的遗腹子,十六国时期西凉国的建立者。自称是西汉将领李广之后,李氏先祖自汉代移居狄道,世为西州大姓,唐王李世民的世祖,唐王朝在修撰史书时,追谥他为"兴圣皇帝"。

[13]李宝(？—459):字怀素,小字衍孙,陇西狄道(今甘肃秦安)人,西凉武昭王李暠之孙,酒泉太守李翻之子,西凉后主李歆之侄,唐朝李白七世祖。十六国时期后西凉君主,后归顺北魏,任北魏镇北将军。

[14]百龄:犹百年。指长久的岁月。日下:指京都。古代以帝王比日,因以皇帝所在地为"日下"。

[15]垂条:低垂的枝条。汉司马相如《上林赋》:"垂条扶疏,落英幡丽。"

[16]闳:巷门。句谓里巷人丁兴旺,冠盖如云。

[17]难兄:犹贤兄。令弟:古代以称自己的弟辈,犹言贤弟。

[18]交游:朋友。乡党:古代五百家为党,一万二千五百家为乡,合而称乡党。犹乡人。

[19]不二:佛教语。一实之理,如如平等,而无彼此之别,谓之不二。菩萨悟入一实平等之理,谓之入不二法门。

[20]智度:佛教语。梵语的意译。谓大智慧到彼岸。无念:佛教语。谓无妄念。

[21]一音:佛教称佛说法之音为"一音"。后亦以指高僧大德宣讲佛法之音。四众:常作"四部众"。佛教语。指比丘、比丘尼、优婆塞、优婆夷。

[22]髻珠:佛教语。国王发髻中的明珠。语本《法华经·安乐行品》:"此《法华经》,是诸如来第一之说,于诸说中,最为甚深,末后赐与,如彼强力之王,久护明珠,今乃与之。"佛教因以"髻珠"比喻第一义谛、甚深法义。心印:佛教禅宗语。谓不用语言文字,而直接以心相印证,以期顿悟。

[23]轩槛:指轩窗栏槛。屹断:谓屹立而断残。

[24]铲削:指在岩壁上铲、凿出洞穴。梯构:梯级而上,构筑佛龛。

[25]聒山:谓揭石凿山的声音很喧闹。

[26]错彩:色彩错杂。

[27]千界:佛教语。大千世界的省称。

[28]双林:指释迦牟尼涅槃处。北魏·杨衒之《洛阳伽蓝记·法云寺》:"神光壮丽,若金刚之在双林。"周祖谟校释:"佛在拘尸那城阿夷罗跋提河边娑罗(sala)双树前入般涅槃(见《大般涅槃经》)。在今印度北方 Kasia(距 Gorakhpur 约三十二英里)。"

[29]像设:指称所祠祀的人像或神佛供像。

[30]三有:佛教语。谓三界之生死。一、欲有,欲界之生死;二、色有,色界之生死;三、无色有,无色界之生死。佛教认为三界之生死境界有因有果,故谓之有。

[31]四生:佛教分世界众生为四大类:一、胎生,如人畜;二、卵生,如禽鸟鱼鳖;三、湿生,如某些昆虫;四、化生,无所依托,唯借业力而忽然出现者,如诸天与地狱及劫初众生。

[32]六牙:谓六牙白象。佛教谓象柔顺而有力。"六牙"表示六种神通。菩萨自兜率天降生,即化乘六牙白象入胎。栖真:谓存养真性,返其本元。

[33]上愿:最大的愿望。

[34]观门:谓观法也。观法者法门之一。

[35]鹫岭:指灵鹫山。在印度王舍城约十四里处。佛说法处。佛徒心中的圣地。龙花:亦作"龙华"。指龙华树。传说弥勒得道为佛时,坐于龙华树下,树高广四十里。因花枝如龙头,故名。丕:大。

[36]希夷:虚寂静谧。悉窣:常作"窸窣"。形容摩擦等轻微细小的声音。

[37]道洽:谓见识广博。知:通"智"。

[38]文物:文彩物色。犹作为文臣。执宪:指为行政长官,如宰相。杖钺:手执斧钺。表示威权。喻掌握兵权。

[39]闃戟:古兵器名。长戟。闃:音 xì。

[40]鹓鸾:音 yuān luán,喻朝官。

[41]隐隐轸轸:车马相连貌。轸:音 zhěn。

[42]二仪:指天地。

[43]三界:佛教语。即欲界、色界、无色界。

[44]偈:梵语"颂",即佛经中的唱词。简作"偈"。

[45]求瘼:谓访求民间疾苦。瘼:音 mò,病,疾苦。

[46]井税:田税。

[47]朴略:质朴鄙野。真宗:释道两教谓所持的真正宗旨,正宗。

[48]大历:唐代宗李豫年号,公元 766—779 年。

李明振再修功德记

佚 名

【提要】

本文选自《全唐文补遗》第九辑(三秦出版社 2007 年版)。

　　李明振是李大宾的曾孙，他大修祖先开凿的石窟在乾宁元年（894）前后完工。

　　李明振能够大修石窟，与张议潮有关。安史之乱使唐朝国势渐趋衰落，边防力量虚弱，于是吐蕃乘隙攻略河西诸州。从乾元元年（758）至大历十一年（776），廓州、凉州、兰州、瓜州等地相继陷落。

　　会昌年间（841—846），吐蕃灾荒连年，"人饥疫，死者相枕藉"。吐蕃内部官族尚婢婢与和尚恐热为了争权夺利，相互厮杀，一时敦煌大乱，吐蕃势力衰落。唐大中二年（848），高举义旗，反抗吐蕃的张议潮大起义轰轰烈烈地开始了。起义受到了敦煌名门望族和释门僧人的大力支持，如张氏、索氏、李氏等。义军先后收复了沙州、瓜州、伊州、西州、甘州、肃州、兰州、鄯州、河州、岷州、廓州等州。大中五年（849）八月，张派其兄张议潭和州人李明达、李明振，押衙吴安正等二十九人入朝告捷，并献瓜、沙等十一州图籍。至此，除凉州而外，陷于吐蕃近百年之久的河西地区复归唐朝。唐朝令于沙州置归义军，统领沙、甘、肃、鄯、伊、西、河、兰、岷、廓等十一州，以张议潮为节度、管内观察处置、检校礼部尚书，兼金吾大将军、特进，食邑二千户，实封三百户。

　　张议潮在治域内大力传播汉族的先进文化。"河西创复，犹杂蕃、浑，言音不同，羌龙嗢末，雷威慑伏，训以华风，咸会训良，轨俗一变"。经过张议潮的悉心经营，河西地区的局势逐渐稳定，生产得到了发展。

　　张议潮收复河西是敦煌历史上的大事件，为了歌颂他收复河西的功绩，莫高窟第156窟绘制了巨幅历史画卷张议潮出行图。第156窟是沙州刺史张淮深为了纪念他的叔父张议潮而开凿的，所以又被称为"张议潮窟"。此窟南北东壁下部绘制了著名的历史题材长卷出行图"河西节度使张议潮统军出行图""宋国河内郡夫人宋氏出行图"。这两幅出行图内容十分丰富，有军仗、军乐、仪仗、兵制、运输、狩猎、杂技、邮驿、服饰、交通等大量社会历史民俗资料。张议潮出行图全长8.20米，宽1.03米，仪仗出行的主体部分长约6米。全图绘各种人物114身、马80匹、骡子两匹、骆驼两峰，还有猎犬、黄羊等，阵容庞大，人物众多，队列整齐，布局严谨，气氛热烈，是晚唐壁画中的杰作。

　　李明振（839—890），唐敦煌人。字九桌。父亲李恩为吐蕃统治敦煌时期敦煌录事参军。李明振为张议潮第十四婿，随议潮起义，在神乌、河兰之战中均屡立奇功。奉命出使朝廷，于大中五年（851）到达长安。因功获授凉州司马检校国子祭酒兼御史中丞赐紫金鱼袋。据莫高窟第148窟《李氏再修功德记》云，先祖西凉武昭王李暠，伯祖李义（克让）即建第332窟、立《莫高窟李君修佛龛碑》者，曾祖灏（李大宾）即建涅槃窟（莫高窟第148窟）者。李明振有子四人：长男弘愿，沙州刺史兼节度副使；次男弘定，瓜州刺史，墨离军押蕃落等使；次男弘谏，甘州刺史；次男弘益，守右神武将军长史兼侍御史。女一，适敦煌南阳张氏。

　　开凿石窟，敦煌文书中有一篇《营窟稿》，记述了一个洞窟从始建到完成，需要经过整修崖面、开凿洞窟、绘制壁画、塑造佛像、装饰窟檐等程序。另从其它一些间接和零星的文献记载中得知，石窟的营造者主要由窟主（石窟的主人）、施主（出资人）、工匠三方面组成。而作为石窟建造的具体操作者——工匠，按照工种不同又分为石匠（打窟人）、泥匠、画匠、塑匠、木匠等。一座洞窟的营造时间，因洞窟规模大小、窟主经济实力等因素，小则一年半载，大则两三年不等，而数十米高的大像窟，则需用四五年时间才可建成。壁画塑像制作时间，据文献记载为三个月到半年。

　　石窟建造的基本方法和工艺流程。开凿洞窟包括打窟和制作壁画地仗(在砾岩上附着一层适合绘画的泥层)两个工序。打窟是由打窟人完成,他们负责选址、测量、设计和凿窟施工。打窟需根据洞窟所表现的题材、形制及规模事先进行缜密的设计,并规划好作业步骤,要求很高。由于莫高窟崖面局限,且属历代累建,很多情况下都是"见缝插针"修建洞窟,如果设计不周就难以实现预想的形制和规模,同时也会出现破坏岩石结构造成塌方,甚至祸及上下左右洞窟。现在,莫高窟还有不同时代的两个洞窟上下穿通的现象,或许就是当初设计不周造成的。

　　打窟的基本方法是,当洞窟的位置、凿窟的类型以及大小确定之后,首先开始挖地基。洞窟所指的地基是窟前栈道的路面,一般与窟内的地面基本处在同一个平面上,即便有落差也只是两三个踏阶。地基挖好后,开始修整崖面,所谓修整是找平垂直面,以便最后安装门窗、窟檐及抹泥画壁等外装饰工程。崖面整平后,搭设脚手架或堆砌土石然后登高开凿,有明窗(门洞上方的采光口)类型的洞窟则从明窗挖起,挖了一定深度后便向上挖去,由洞窟顶部凿出窟顶的形状后,再自上而下开凿,而后挖通门洞甬道,直到完成洞窟。没有明窗的洞窟则从门洞挖起,挖够甬道距离后也是向上挖去,而后自上而下进行。自上而下的施工方法,一是为了避免塌方和保证施工安全;二是省工省力,便于砂石由高往下送出容易。如果窟内计划有塔柱、佛坛或大型雕塑,则在打窟的同时凿出相应形状的石胎,以作为将来附着泥层地仗的基础和大型塑像的骨架。

　　泥地仗是泥匠的活计。泥匠在石窟建造中主要是室内外壁画地仗制作。洞窟打好后,将壁面修理平整并留下密集的凿迹,这样有利于泥层与岩体结合得牢固。接下来制作壁画地仗,壁画地仗分泥皮和白灰皮两层。泥皮又有粗泥层(加麦草、谷糠)、细泥层(加细砂及麻)至少两道工序;所用泥土就地取材于窟前河床里板结的细土——澄板土。泥土越干合成的泥越有粘性,加上砂和纤维,泥成的地仗光滑平润,收缩变形小且不易开裂,适宜壁画绘制。很多时候,古代画工都喜欢直接在泥皮上作画而省去上面的白灰层,因为泥皮的本色古朴雅致,直接作为壁画底色也会有很好的艺术效果;比如西夏、元时期的一些壁画就是直接在泥皮上制作的。白灰皮一般由生石灰加麻合成,附着于泥皮表边,坚固耐久,而且可作为绘画的底色。

　　修葺石窟也要按照这些程序依次进行。

源

夫天垂万像,以遵中极之官[1];四辅匡持,翼一人于元首。固有承乾御宇,继玉叶之贞芳[2];赞佐金门,必维城之可尚。所以帝室千房,宗城万里[3],因本根而枝叶遂繁,承皇族而图藉縻广。

　　乃有故府君讳明振,字九皋,即西凉武昭王之系也。曾祖颢颢甘,英髦骧驷[4],河岳粹灵。皆以稽古微言,留心儒素[5]。或登华第,更高拔翘之名[6];文战都堂[7],每中甲科之的。虽云流陷,居戎而不坠弓裘;暂冠蕃朝,犹自将军之列。子既承恩凤阙,父乃擢处貂蝉[8]。朱门不愧于五侯,竖戟崇隆于贵族[9]。至而源分特秀,门继簪裾,家承九锡之枝,流派祥云之胤[10]。

　　时遭西陲沦没,泊于至德年中[11],十郡土崩,珍绝玉关之路[12],凡二甲子。

运偶大中之初[13]，中兴启途，是金星曜芒之岁[14]。皇化迫洽，通于八宏[15]。遐占雪山，绵邈万里。府君春秋才方弱冠，文艺卓荦，进止规常，迥然独秀[16]。时则妻父河西十一州节度使张公，慕公之高望，籍公之文武。于是乃慕秦晋，遂申伉俪之仪[17]；将奉承祧，世祚潘阳之美[18]。公其时也，始蒙表荐，因依献捷，亲拜彤廷[19]。宣宗临轩，问其所以。公具家谍，面奏玉阶。上亦冲融破颜[20]，群公愕视。乃从别敕授凉州司马，锡金银宝贝，诏命陪臣，乃归戎幕。

二十余载，河右麾戈[21]。拔帜抉囊，龙韬尽展。克复神乌[22]，而一戎衣。殄掠寇于河兰，馘猎戎于瀚海[23]。加以陇头雾卷[24]，金河泯渀漱之波[25]；蒲海枭鲸[26]，流沙驰列烽之患。复天宝之子孙，致唐尧之寿域[27]。晏如也，百城无拜井之虞[28]；十郡丰登，吏士贺来苏之政[29]。此乃三槐神异，百辟稀功[30]；英雄半千，名流万古。公又累蒙朝奖，恩渥日深，方佩隼旟，用坚磐石[31]。勋猷未萃，俄已云亡[32]。享龄五十有二，终于敦煌之私第。

亡叔僧妙弁，在蕃以行高才俊，远迩瞻依[33]，名达戎王。赞普追召[34]，特留在内，兼假"临坛供奉"之号。师以擅持谈柄，海辩吞流；恩洽敦煌，庇庥家井[35]。高僧宝月，取以为俦[36]。僧叡余踪，扇于河陇。

亡姊氾氏夫人，龙沙鼎鼐，盛族孤标[37]。庭训而保子谋孙，轨范而清资不乏。承家建业，荐累代而扬名[38]；阀阅绵长[39]，绪帝王之室。今乃逝矣，佳誉存焉。故府君赠右散骑常侍。

生前遇三边无警，四人有暇于东僔[40]；命驾顷城，谒先人之宝刹。回顾粉壁，念畴昔之建踪[41]；瞻礼玉豪，叹鸿楼之半侧。岂使临风透闼，衰残宝坐之前；危岭阳□，曝露荼毗之所[42]。嵯道之南，伏有当家三窟，今亦重修。泥金华石，篆籀存焉。

于是乃慕良工，放其杞梓[43]；贸材运斫，百堵俄成。鲁国班输，亲临升境；云霞大豁，宝砌崇墉。未及星环，斯构矗立。雕檐化出，巍峨不让于龙宫；悬阁重轩，晓万层于日济[44]。其公乃以笔何宣哉。

亡兄天誉孤贞，松筠比节[45]。怀文挟武，有张宾之策谋[46]；破虏擒奸，每得玉堂之术。曾朝绛阙，敷奏金鸾[47]。指画山川，就纵横于天险。兄明得，操持吏理，六曹无阿党之言[48]；深避回知，切慕承鸥之咏[49]。

史明诠，敦煌处士。今古满怀，洒落轻云之彩；仁先效义，光腾乔露之文[50]。五柳闲居，慕逍遥于庄老。夫人南阳郡君张氏，温和雅畅，淑德令闻，深遵陶母之人[51]，至切齐眉之操。先君归觐，不得同赴于京华；外族留连，各分飞于南北。

于是先兄亡弟丧社稷之倾沦，假手托孤，庶几辛勤于苟免。所赖太保神灵[52]，辜恩剿毙，重光嗣子[53]，再整遗孙。手创大功，而心全弃致[54]。见机取胜，不以为怀。乃义立侄男，秉持旄钺[55]。总兵戎于旧府，树新勋于新墀[56]。内外肃清，秋毫屏迹。庆丰山踊，呈瑞色于朱轩；陈霸动容，欢高梁于壮室[57]。四方响义，信结邻羌。运筹不愧于梓橦[58]，贞烈岂惭于世妇。间生神异，诚太保之徽猷[59]；虽处闺门，是谓丈夫之女。

然栖心悟道,并弃樊笼[60],巡礼仙岩,愿图缭于瑞象。于时,顿舍青凫[61],市紫金于上国。解璎珞[62],弃珠珍,销金钿于廊庑,运嘘橐于庭际[63]。乃得玉毫浪曜,光彻有顶之峰;宝相发辉,直抵大罗[64]之所。

长男长史洪愿,辅唐忧国,正立祥风。忠孝颇恳于君亲,礼让靡望于伯玉[65]。六条布化,千里随车。人歌来慕之谣,永续龚黄之绩[66]。次男瓜州刺史,文武全材,英雄贾勇。晋昌要崄,能补颇牧之威[67];巨野大荒[68],屏荡凶奴之迹。挟纩有忧于士卒,泯燧不愧襄阳[69]。都河自注,神知有道之君;积贮万箱,东郡着雕金之好。次男间子,飞驰拔拒,唯庆忌而难俦[70];七札穿杨,非由基而莫比[71]。洎分符于张掖,政恤恂孤;布皇化于专城,悬鱼发咏[72]。次男三端俱略,六艺精通。工书有类于钟繇,碎札连芳于射戟[73]。子云特达,文雅而德重玉音。

维时,丰年大稔,星使西临[74],亲抵敦煌,颁宣圣旨。内常侍康玉裕称克徇,副倅疏大夫称齐珙[75],判官陈大夫曰思回,偕殿庭英俊,枢密杞材[76],遐耀天威,呈祥塞表,因凿乐石[77],共记太平。余所不然,斐然强简[78]。

【注释】

[1]中极:指北极星。喻指帝位。

[2]玉叶:喻皇家子孙。李明振与李唐同姓,故称。

[3]宗城:语本《诗·大雅·板》:"怀德维宁,宗子维城。"后因以宗子封国,藩屏王室若城,称为"宗城"。

[4]英髦:亦作"英旄"。俊秀杰出的人。骧驹:犹言腾跃轩昂。

[5]儒素:儒者的素质。谓符合儒家思想的品格德行。

[6]拔翘:犹言超拔。

[7]都堂:唐尚书省署居中,东有吏、户、礼三部,西有兵、刑、工三部,尚书省的左右仆射总辖各部,称为都省,其总办公处称为都堂。此谓科举考场。

[8]凤阙:汉代宫阙名。《史记·孝武本纪》:"其东则凤阙,高二十余丈。"司马贞《索隐》引《三辅故事》:"北有圜阙,高二十丈,上有铜凤皇,故曰凤阙也。"此谓皇宫、朝廷。貂蝉:貂尾和附蝉,古代为侍中、常侍等贵近之臣的冠饰。

[9]竖戟:常作"立戟"。古代礼制,凡官、阶、勋三品以上者得于邸院门前立戟。

[10]源分:犹言出身。特秀:特别优秀。簪裾:音 zān jū,古代显贵者的服饰。借指显贵。九锡:古代天子赐给诸侯、大臣的九种器物,是一种最高礼遇。《公羊传·庄公元年》:"锡者何?赐也;命者何?加我服也"汉·何休注:"礼有九锡:一曰车马,二曰衣服,三曰乐则,四曰朱户,五曰纳陛,六曰虎贲,七曰宫矢,八曰铁钺,九曰秬鬯。"胤:后代。

[11]至德:唐肃宗李亨年号,公元 756—758 年。

[12]殄绝:灭绝。

[13]大中:唐宣宗李忱年号,公元 847—860 年。

[14]耀芒:光芒照射。

[15]迨洽:犹普照。迨:音 dài,达到。八宏:犹八极,八方。

[16]弱冠:古代男子二十岁行冠礼,表示已经成人,但体还未壮,所以称弱冠。后泛指男子二十左右的年纪。卓荦:卓越,突出。

[17] 秦晋：春秋时秦晋两国世为婚姻，后因以指两姓联姻。

[18] 承桃：承继奉祀祖先的宗庙。桃：音 tiāo，古代称远祖的庙。世祚：国运。潘阳：指潘滔。滔，字阳仲。《世说新语·识鉴》：潘阳仲见王敦小时，谓曰："君蜂目已露，但豺声未振耳。必能食人，亦当为人所食。"

[19] 彤廷：亦作"彤庭"。汉代宫廷。因以朱漆涂饰，故称。后泛指皇宫。

[20] 冲融：冲和恬适。此谓和颜悦色。破颜：变为笑脸。

[21] 麾戈：挥戈。拔帜抉囊：拔帜：指"拔赵帜易汉帜"。《史记·淮阴侯列传》载，韩信率汉军击赵，将至井陉口，先挑选轻骑二千，人持一赤帜，抄小路埋伏于赵营附近。接着背水列阵以诱赵。赵军出击，汉军佯败而走，赵军果空营追击。"信所出奇兵二千骑，共候赵空壁逐利，则驰入赵壁，皆拔赵旗，立汉赤帜二千。"赵军进击不能胜，欲回营，见营中尽是汉军赤帜，大惊，"以为汉皆已得赵王将矣"，于是溃不成军，终为信所灭。后遂用以为偷换取胜或战胜、胜利之典。抉囊：当为"决囊"。楚汉相争时，汉大将韩信与楚大将龙且夹水而阵。信以沙囊壅水上游，诱龙且军渡水。待其半渡，使人掘开沙囊，水大至，因大败龙且军。事见《史记·淮阴侯列传》。

[22] 神乌：地名。在敦煌附近。西夏时属西凉州。

[23] 馘：音 guó，泛指战场杀敌。獯戎：指外族。獯：音 xūn，中国夏代称北方民族。周代称"猃狁"，汉代后称"匈奴"。戎：中国古代称西部民族。

[24] 陇头：陇山。借指边塞。

[25] 湍濑：石滩上湍急的流水。

[26] 蒲海：古湖泊名。即今新疆维吾尔自治区东部巴里坤湖。枭鲸：枭鸟与鲸鱼。比喻强大凶恶的势力。

[27] 天宝：唐玄宗李隆基年号。此犹言李唐。唐尧：古唐帝，帝喾次子，其号曰尧。史称唐尧，又称放勋，继其兄挚为天子，有德政，后即传位于舜，在位九十八年卒。唐尧治时号称盛世。寿域：谓人人得尽天年的太平盛世。

[28] 晏如：安定，安宁，恬适。拜井：《后汉书·耿恭传》："匈奴复来攻恭。恭募先登数千人直驰之，胡骑散走，匈奴遂于城下拥绝涧水。恭于城中穿井十五丈不得水，吏士渴乏，笮马粪汁而饮之。恭仰叹曰：'闻昔贰师将军拔佩刀刺山，飞泉涌出；今汉德神明，岂有穷哉。'乃整衣服向井再拜，为吏士祷。有顷，水泉奔出。"后遂用以为典实。

[29] 来苏：谓因其来而于困苦中获得苏息。语本《书·仲虺之诰》："攸徂之民，室家相庆曰：'徯予后，后来其苏！'"孔传："汤所往之民皆喜曰：'待我君来，其可苏息。'"

[30] 三槐：相传周代宫廷外种有三棵槐树，三公朝天子时，面向三槐而立。后因以三槐喻三公。百辟：百官。

[31] 恩渥：谓帝王给予的恩泽。隼旟：音 sǔn yú，画有隼鸟的旗帜。古代为州郡长官所建。

[32] 勋猷：特殊的功劳。萃：聚集。

[33] 瞻依：敬仰依恋。

[34] 赞普：吐蕃君长的称号。《新唐书·吐蕃传上》："其俗谓彊雄曰赞，丈夫曰普，故号君长曰赞普。"

[35] 庇休：犹庇护。家井：犹家族。

[36] 俦：音 chóu，伴侣，同类。

[37] 龙、沙：均为陇西州名。鼎鼐：谓巨族。孤标：指山、树等特出的顶端。此谓家族

声名显赫。

[38] 荐：进献。

[39] 阀阅：功绩和经历。

[40] 僔：音 zǔn，聚。句谓四兄弟倾家出城，去敦煌拜谒家族先人开凿的洞窟宝刹。

[41] 畴昔：往昔，以前。

[42] 荼毗：佛教语。指僧人死后火化。

[43] 杞梓：杞和梓。两木皆良材。

[44] 日济：犹言接日。

[45] 松筠：松与竹材质坚韧，岁寒不凋，因以之喻坚贞的节操。筠：竹。

[46] 张宾(？—322)：字孟孙，东晋时后赵赵郡南和(今邢台南和)人，一说邢台内丘人。十六国时期后赵大臣、著名谋士和政治家。他胸怀大志，谋略过人，辅助石勒建立后赵，并订立国家制度，被石勒任命为大执法，专总朝政，位冠僚首。为官清廉，谦虚谨慎，任人唯贤，礼贤下士。深受皇帝和群臣的尊重。史载其"算无遗策，机无虚发"，为东晋第一流的谋士。

[47] 绛阙：宫殿寺观前的朱色门阙。亦借指朝廷、寺庙、仙宫等。金銮：即金銮殿。

[48] 六曹：东汉开始尚书分六曹治事，有三公曹、吏曹、二千石曹、民曹、主客曹，其中三公曹尚书为二人，故称"六曹"。唐时州府佐治之官亦分"六曹"，即功曹、仓曹、户曹、兵曹、法曹、士曹。阿党：常作"阿党比周"。谓相互勾结，相互偏袒，结党营私。三国魏·曹操《整齐风俗令》："阿党比周，先圣所疾也。"

[49] "切慕"句：按，疑缺字。句意不通。

[50] 喬：音 yù，彩云。古人认为祥瑞："云则五色而为庆，三色而成喬。"

[51] 陶母湛氏(243—318)：是东晋名将陶侃(陶渊明之曾祖)的母亲，也是中国古代一位有名的良母，以教子有方和宽厚待人称道于世。她与孟母、欧母、岳母齐名，一同被尊称为"四大贤母"。陶母"教子惜阴""截发易肴""送子'三土'""退鲊责儿"的故事广为流传。人：按，原注："当为'仁'"。

[52] 太保：李明振祖先李穆建德初(约572)拜太保(北齐朝)。

[53] 重光：再放光明，光复。

[54] 弃致：谓抛弃。

[55] 旌钺：旌旗与斧钺。喻权柄。

[56] 新墀：犹言新廷。墀：音 chí，台阶。

[57] 陈霸：当指南朝陈武帝陈霸先。其为谯国夫人，即冼夫人(512—602)而动容。她是南朝梁代到隋初年间，岭南地区百越领袖。她一生经历梁、陈、隋三代，始终致力于维护国家统一，严厉打击地方分裂割据势力。约20岁时，她与高凉太守冯宝结婚，婚后常和冯宝一起处理政事。公元550年，高州刺史李迁仕阴谋反叛，冼夫人用计从高凉郡治古城(今阳东县大八镇)率众，佯作献礼，往州府(今阳江城)，出其不意击败了李迁仕，率兵到达赣石(今属江西)，与陈霸先会师。陈永定二年(558)，冯宝死，岭南越族各首领心怀异志，冼夫人忍着丧夫之痛，劝服各越族首领。地方安定后，即派儿子冯仆率各首领往京城朝见，陈武帝感激冼夫人的支持，封冯仆为阳春太守。冼夫人写偕冯仆往阳春任职，一住十余年。作者引此典故，借指前文所提夫人张氏。

[58] 梓潼：道教神名。相传名张亚子，居蜀中七曲山，仕晋战死，后人立庙祀之。唐宋时封王，元时封为帝君。掌人间功名禄位事。

[59] 太保：古三公之一，位次太傅。周置，为辅弼国君之官。徽猷：美善之道。

[60] 樊笼：关鸟兽的笼子。比喻受束缚不自由的境地。

[61] 青凫：《洞冥记》卷四："帝升望月台，时暝望南端，有三青鸭群飞，俄而止于台……青鸭化为三小童，皆着青绮文襦，各握鲸文大钱五枚，置帝几前。身止影动，因名轻影钱。"后因以"青凫"指钱。

[62] 璎珞：古代用珠玉串成的装饰品。多用为颈饰。

[63] 嘘橐：常作"虚橐"。古代吹火的风箱，其中虽空，而风却不会穷竭。

[64] 大罗：指宝殿。常指道教的大殿。

[65] 伯玉：指蘧伯玉。春秋时卫国人。《论语·宪问篇》："蘧伯玉使人于孔子，孔子与之坐而问焉，曰：'夫子何为？'对曰：'夫子欲寡其过而未能也。'使者出，子曰：'使乎！使乎！'"《二十四礼》载，周卫蘧瑗，字伯玉。年五十，知四十九年之非。灵公与夫人南子夜坐，闻车声辚辚，至阙而止。南子曰：此蘧伯玉也。公曰：何以知之？南子曰：礼，下公门。式路马，所以广敬也。君子不以冥冥堕行。伯玉，贤大夫也，敬以事上，此其人必不以暗昧废礼。公使问之，果伯玉也。

[66] 龚黄：汉循吏龚遂与黄霸的并称。亦泛指循吏。《宋书·良吏传论》："汉世户口殷盛，刑务简阔，郡县治民，无所横扰……龚黄之化，易以有成。"

[67] 晋昌：瓜州州治。在今安西东南。颇牧：战国时赵国廉颇与李牧的并称，后为名将的代称。汉扬雄《法言·重黎》："或问冯唐面文帝，得廉颇、李牧不能用也，谅乎？曰：彼将有激也，亲屈帝尊，信亚夫之军，至颇牧，曷不用哉？"

[68] 巨野：今山东菏泽辖县。地处鲁西南平原腹地，位于菏泽东部，因古有大野泽而得名。

[69] 挟弝：谓手拉满弓。弝：音 kuò，拉满弓。襄阳：当指刘备三顾茅庐请诸葛亮出山定天下之事。

[70] 拔拒：亦作"拔距"。比腕力。一说，跳跃。古代的一种练武活动。《汉书·甘延寿传》："少以良家子善骑射为羽林，投石拔距绝于等伦，尝超踰羽林亭楼，由是迁为郎。"庆忌：春秋时吴国人，吴王僚的儿子。出身将门，自幼习武，力量过人，勇猛无畏。俦：音 chóu，匹敌。

[71] 七札：七层铠甲。札：甲的叶片。由基（？—前559）：嬴姓，养氏，字叔，名由基。春秋时期楚国将领，中国古代著名的神射手。相传养由基能在百步之外射穿柳叶，并曾一箭射穿七层铠甲。《战国策·西周策》："楚有养由基者，善射，去柳叶百步而射之，百发百中。"《左传·成公十六年》："潘尪之党，与养由基蹲甲而射之，彻七札焉。"

[72] 悬鱼：《后汉书·羊续传》："府丞尝献其生鱼，续受而悬于庭；丞后又进之，续乃出前所悬者以杜其意。"羊续为河南南阳太守，有府丞送鱼给他，他把鱼挂起来，府丞再送鱼时，他就把所挂的鱼拿出来教育他，从而杜绝了馈赠。后用以形容为官清廉，拒受贿赂。有成语"羊续悬鱼"。

[73] 射戟：指后汉吕布射戟解救刘备的故事。《后汉书·吕布传》："术遣将纪灵等步骑三万以攻备，备求救于布……布屯沛城外，遣人招备，并请灵等与共飨饮。布谓灵曰：'玄德，布弟也，为诸君所困，故来救之。布性不喜合斗，但喜解斗耳。'乃令军候植戟于营门，布弯弓顾曰：'诸君观布射小支，中者当各解兵，不中可留决斗。'布即一发，正中戟支。灵等皆惊，言将军天威也。明日复欢会，然后各罢。"

[74] 星使：古时认为天节八星主使臣事，因称帝王的使者为星使。

[75] 副倅：指副使。倅：音 cuì，副。

[76]杞材：谓良才。

[77]乐石：指碑。秦始皇封山乐石碑铭曰："刻此乐石,以著经纪。"乐石集声、色、形、质四美为一体,堪称奇绝,民间稀见。

[78]斐然：穿凿妄作貌。犹不好意思。强简：谓勉强为之。作者自谦之言。

张淮深造窟记

佚 名

【提要】

本文选自《全唐文补遗》(三秦出版社 2007 年版),参校《敦煌地理文书汇集校注》(甘肃教育出版社 1989 版)。

张淮深(831—890),唐敦煌人。字禄伯。父张议谭,叔议潮。大中年间,其父入质长安,继任沙州刺史。咸通二年(861)率兵克凉州,打通河西旧路。张议潮入朝为质后,张淮深执掌河西归义军事务,但唐朝并不给淮深节度使旌节,不认可他的节度使权力。此间,张淮深屡次遣使唐朝,求授旌节均未能如愿,直到公元 888 年十月,唐朝方才授张淮深归义军节度使旌节。

公元 867 年后的二十多年时间内,张淮深作为归义军的最高军政领导人,为了巩固自己的统治和权威,采取了一系列合理的政治、经济、宗教、民族等政策,使得治境内的少数民族接受归义军政权的教化。记载张氏归义军节度使张淮深的主要功绩的碑文《敕河西节度兵部尚书张公德政之碑》(以下简称《张淮深碑》)记载,张淮深"河西创复,犹杂蕃、浑,言音不同,羌、龙、嗢末、雷威慴伏,训以华风,咸会驯良,轨俗一变。"《张淮深变文》也对张淮深称赞有加："自从司徒归阙后,有我尚书独进奏。持节河西理五州,德化恩沾及飞走。天生神将□英谋,南扫西戎北扫胡。万里能令烽烟灭,百城黔首贺来苏。"通过几场针对西州回鹘的战役,维系了归义军的政权。而且,这也是张淮深引以为豪的功绩,史称"乾符之政"。

由于朝廷迟迟不允以"节度使"之名,张淮深只有从佛窟营造中寻找自我旌节的东西,表达其权威和正统地位。营造佛窟在中古敦煌地区始终都是一项社会活动,是该地区社会生活的一个组成部分。张、曹归义军时期,几乎每一任节度使都要营造属于自己的大窟,以显示自己的武功军威。在张淮深的统治下,敦煌地区社会安定,经济繁荣,兵马强盛,归义军政权与周围民族政权之间友好相处。有如《张淮深碑》所述："四方犷狧,却通好而求和,八表来宾,列阶前而拜舞。北方狭犹,款少骏之驰蹄;南土蕃浑,献昆岗之白璧。九功惟叙,黎人不失于寒耕;七政调和,秋收有丰于岁稔。"这种兴盛局面,为张淮深的大规模佛窟营造提供了物质基础,这一时期先后修成了 85、12、94 等大型洞窟,其中 94 窟应该是张淮深为自己营造的"功德窟"。

《张淮深碑》记载张淮深："才拜貂蝉之秩,续加曳履之荣,五稔三迁,增封万户,宠遇祖先之上,威加大漠之中。"修建第94窟,为张淮深赢得了亨通的官运,梦寐以求的节度使也降临到他的头上,"乾符之政,以功再建节旄。特降黄华,亲临紫塞。"(《墓志铭》)所谓"再建节旄",敦煌《张淮深变文》记载,尚书(张淮深)擒获侵袭瓜州的回鹘部众后,上报朝廷。皇帝"乃命左散骑常侍李众甫、供奉官李全伟、品官杨继瑀等上下九使,重赏国信,远赴流沙,诏赐尚书,兼加重锡","诏命貂蝉加九锡,虎旗龙节曜双旌。""貂蝉"和"双旌"分别指加散骑常侍和授节度使衔。因此,张淮深为了庆祝他的乾符政绩和所获得的封赏,再加上这一段时间敦煌地区"时因景泰,五稼丰登",亲自主持对北大像的改建和莫高窟第94窟的营建。

《张淮深碑》详细记载了第94窟的开凿过程:"更欲携龛一所,踌躇瞻眺,余所竟无,唯此一岭,嵯峨可劈,匪限耗广,务取功成,情专穿石之殷,志切移山之重。于是,稽天神于上,激地祇于下……是用宏开虚洞,三载功充,廊落精华,正当显敞。"窟内除了塑有释迦主尊、侍从一铺外,还绘有规模宏大的壁画。在第94窟完工之时,张淮深还举行了大规模的庆祝活动,"庆窟设斋,数千人供。"虽然文献记载张淮深曾经嗟叹无人相助,但建成这样的大窟,决非他一人能力就能达到,还得依靠下属幕僚、僧侣以及普通百姓做施主,给造窟以人力、物力和财力等支援。

尤值一提的是,张淮深选择造窟的位置。《张淮深碑》中记载其修建第94窟在选择修建洞窟的位置时提到:"更欲镌龛一所,踌躇瞻眺,余所竟无;唯此一岑,嵯峨可剪(劈),匪限耗广,务取工成。"北大像重修结束后,张淮深又准备在莫高窟修建一个洞窟,举目望去,已经没有地方,只有此处,于是,就动工修建了该窟。张淮深选址北大像(又因外观楼宇有九层而得名。原为四层,晚唐年间建成五层,宋初重修,九层楼是1935年建造。所庇护的洞窟编号第96号,开凿于初唐,窟内的大佛高35.5米,两膝间宽度为12米,为莫高窟的第一大佛)旁边修建第94窟,肯定破坏了前人修建的洞窟而让自己跻身于北大像之旁。因为在吐蕃占领时期敦煌莫高窟中段崖面的洞窟已经处于饱和状态,特别是北大像一直是被认为是"皇家寺院",在南、北大像附近修建洞窟一直是权力地位的象征。因此到张淮深修建洞窟时,北大像旁边不可能"余所竟无,唯此一岑",专门为张淮深留一块开窟之地。张淮深为了显示自己的权力与地位,在莫高窟开窟,必定会在北大像旁边选址。且第94窟是莫高窟最大的洞窟之一,三年就能完工,不仅仅因张淮深的权高势重,趋工者众,还因为北大像北边在第94窟开凿之前已经有前代的洞窟了。毁去了前代成果,更立新篇,省时省力做到三年完工是可能的。开窟与北大像相邻,既显示了自己在敦煌独一无二的地位,又费时不多,可谓一举两得。这与后来曹议金开凿莫高窟第98窟选址与动机是相同的(第98窟位于北大像的南侧与之相邻)。

也许是张淮深戮力改建北大像和开凿莫高窟第94窟的功德,公元880年唐政府终于授予张淮深归义军节度使的旌节。可是,此时他对外连年征伐却徒劳无功,使得归义军政权内部产生了严重分裂,矛盾四起,人心散乱。

公元890年,张淮深及夫人、六子同时被杀,张淮深的叔伯兄弟张淮鼎继任节度使。公元892年,怀鼎辞世,托孤子张承奉于索勋。索勋自立为归义军节度使,并得到唐朝的认可。公元894年,张议潮女即李明振妻张氏率诸子灭索勋,立侄张承奉为节度使,李氏三子分别任瓜、沙、甘三州刺史,执掌归义军实权。到公元 895 年底,李氏家族势力达到鼎盛,排挤张承奉而独揽了归义军大权。李氏家族的行为引起了瓜沙大族的反对,于是沙州出现了一场倒李扶张的政变。公元 896 年,张承奉夺回归义军实权,但此时由于内乱,归义军的辖区已经缩小至瓜、沙二州。公元 900 年 8 月,唐朝授予张承奉归义军旌节。

第 94 窟是一座规模宏大的佛教洞窟,开凿时间为公元 874—888 年间,代表了晚唐(848—906)时期敦煌石窟艺术的水平。窟型为中心佛坛式,南邻北大像。主室中心佛坛,现存宋塑清改修的跌坐佛一身,清塑弟子、菩萨各二身;道教内容的老君一身。壁画为重层,表层为宋画供养菩萨(甬道)和千佛(主室四壁),窟顶藻井井心画团龙,四披画棋格团花;底层有晚唐壁画。主室四壁仅下部残存少量晚唐宋氏等供养人像以及出行图的少部和贤愚经变。

(上阙)**再**出龙城之外[1],腾云嘉气,遍满山川,鼓乐弦歌,共奏萧歆之曲[2]。才拜貂狳之秩,续加曳履之荣[3]。五稔三迁[4],增封万户。宠遇祖先之上,威加大漠之中。亚夫未比于当年,忠勇有同于纪信[5]。六州万里,风化大开。悬鱼兼兼去兽之歌,合蒲致见珠之咏[6]。西戎北狄,不呼而自归;南域吐浑,擢雄风而请誓:此乃公之长策之所致乎。

时属有故,华土不宁,公乃以河西襟带,戎汉交驰,谋静六蕃,以为军势。若乃湟中辑晏[7],劫虏失狼顾之心;渭水便桥,庶无登楼之患。军食丰泰,不忧寇攘[8]。此乃公之德政,其在斯焉。加以河西异族校杂,羌龙、嗢末,退运数十万众[9],驰城奉质,愿效军锋。四时通款塞之文[10],八节继野人之献。不劳振旅,军无爨灶之徭;偃甲休戈,但有接飞之象[11]。此乃公之威感,人皆具瞻。

时因景泰,五稔丰登。深募良缘,克诚建福。宕泉金地,方拟镌龛。公乃海量宏博,胸纳百川;洞择幽微,不为儿戏。遂于北大像之北,欲建龙龛。以山峻崔嵬,有妨镌凿,遍问诸下,无敢枝梧[12]。公乃喟然叹曰:移山覆海,其非圣人乎!哥舒决海,贰师劈山,吾当效焉[13]。

即日兴工,横开山面。公以虔诚注意,上感天神。前躯沧海之龙,后拥雨师之卒。黄云四合,盘旋宕谷之中;制电明光,直上碧岩之上。才当夜半,地吼鳌声[14];未及晨鸡,山摧一面。谷风凛烈,荡石吹沙。猛兽奔窜于岑岑,飞鸟搏空而戢翼[15]。须臾,陨石大若盘陀[16],积垒堆阜于东终,截断涧流于西渚。既平嶙峋[17],然后施工。攒铁锤以扣石,架钢錾以傍通。日往月来,俄成广室。

连云耸出,不异鹫岭之峰[18];峭拔烟霞,有似育王之室。门当峣嶭,凿成香积之宫[19];再换星霜,化出蓬莱之顶。金楼玉序,徘徊多奉壁之仙;暧靆祥云,每嗢琼瑶之什[20]。班输妙尽[21],构天匠以济功;紫殿龙轩,对凤楼而青翠。释迦金象,跌宝坐以垂衣[22];少分玉豪,想延王之初教[23]。疑从刀利[24],下降人间。八部奉宝盖之珍,四王献纯陀之供[25]。晖光赫弈,玉步金连。侍从龙天,悉周旋而邈塑,装间众人,尽担依体挂[26]。□□六殊,疑闻四谛[27]。龛内诸壁,图缋真容[28]。或则净居方丈,芥纳须弥[29];或则九会华严,化出百千之界;或则击珠贫子,乘谕三车[30];或乃流水济鱼,共赞医王之妙[31];楞伽山上[32],萃百亿之神仙。如意宝珠,溥施群生于有截。十二上愿,定国安人。能随喜于所求,必鉴心于至信。大悲慈氏,诞圣迹于儴佉[33];鸡足山间,捧舍兰而作礼。宝台指叹,致群迷于一如[34];无去无来,导有缘于五盖。西宫极乐,池多菡萏之莲[35];宝马丛台,共赞本生之曲。文殊助化[36],钵下降龙。大圣普贤[37],来自上王之国。劝持劝发,能坚护念之心;誓伏魔恐,直止无依之地。四王帝主,奉以琼花;梵释之天,来供妙果。虚空侧塞,梵响玲玲。螺见凝空,珊瑚玉叶。阶铺异锦,满砌红莲。百和旃檀,氛氲宝室[38]。龛内丹腹,尽用真沙。骆驿长安,贺兹宝货。家财撒施,工假兼多。庆窟设斋,数千人供。庆僧荐福[39],已报国恩,散丝缦与工人,用酬劳苦。

巍巍乎大矣哉!胜司斯毕,功将就焉。夫人颍川郡陈氏,柔容美德,淑行兼仁。闺门处治理之心,抚下施贞明之爱。居尊不弃于蚕桑,在贵不忘于(下阙)

【注释】

[1]龙城:帝都。

[2]萧歆:指(音乐)风呜呜、音绕梁之曲。

[3]貂蝉:两晋时,散骑常侍经常作为加官称号,标志貂节蝉冕示其优宠。曳履:拖着鞋子。形容闲暇、从容。唐·刘禹锡《和令狐相公初归京国赋诗言怀》:"殿庭捧日飘缨入,阁道看山曳履迴。"此指朝廷授张淮深为归义军节度使。

[4]稔:音 rěn。年,古代谷一熟为年。

[5]亚夫:周亚夫(前199—前143),沛县(今江苏沛县)人。他是名将绛侯周勃的次子,西汉时期的著名将军。在七国之乱中,他统帅汉军,三个月平定了叛军。后饿死于狱中。纪信(?—前204):《汉书·高帝本纪》作"纪成"。汉将军,赵人,曾参与鸿门宴,随刘邦起兵抗秦。由于身形及样貌似刘邦,在荥阳城危时假装成刘邦,向西楚诈降,被俘。项羽见其忠心,有意招降,但纪信拒绝,最终被项羽用火刑处决。

[6]悬鱼:即鱼板。悬于寺院中的鱼形之板,击之以报事。兼兼:指敲击发出的悦耳回响声。句谓民众一心向佛,开化而淳朴。合蒲:即合浦。古郡名。汉置,郡治在今广西壮族自治区合浦县东北,县东南有珍珠城,又名白龙城,以产珍珠著名。晋·葛洪《抱朴子·祛惑》:"凡探明珠,不于合浦之渊,不得骊龙之夜光也;采美玉,不于荆山之岫,不得连城之尺璧也。"按:"珠"前当脱一字,疑为"珍"。

[7]辑晏:和睦安宁。

[8]寇攘:劫掠,侵扰。

[9]退运:谓自认运气不好。

[10]款塞:叩塞门。谓外族前来通好。《史记·太史公自序》:"海外殊俗,重译款塞。"裴骃集解引应劭曰:"款,叩也。皆叩塞门来服从也。"

[11]接飞:犹言欢欣雀跃、步履轻快。

[12]崔嵬:高大,高耸。枝梧:同"支吾"。讲话含混躲闪,用含混闪烁的话搪塞。

[13]哥舒:指哥舒翰(?—757)。唐朝名将。天宝年间与吐蕃战于苦拔海,屡破吐蕃建奇功。后被安史之乱之将领安庆绪杀害。唐代宗赠太尉,谥曰武愍。贰师:指李广利(?—前89),中山人,西汉中期将领,汉武帝宠姬李夫人和宠臣李延年的长兄。李夫人得宠时,李延年为协律都尉,而李广利则为贰师将军征大宛,后封海西侯。李广利数次出征大宛及匈奴

等地,大军经三危山,贰师将军开山辟泉。从此,三危踞沙洲之东,与鸣沙遥相对望,悬崖危危,流水潺潺,莫高千佛洞造于斯。

[14]鳌:音 áo,传说中海里的大龟或大鳖。女娲炼五色石以补苍天,断鳌足以立四极,又传说东海中有巨鳌驮三座仙山:蓬莱、方丈、瀛洲。(《淮南子·览冥训》)

[15]嶚岑:参差不齐、小而高的山。

[16]盘陁:常作"盘陀"。形容石头突兀不平。

[17]嵽嵲:音 dié niè。高峻貌。此谓铲平高低凸凹不平的山。

[18]鹫岭:指灵鹫山。在印度王舍城约十四里处。佛说法处。佛徒心中的圣地。育王:指阿育王(Asoka,前273—前232年在位),佛教护法名王。早年好战杀戮,统一了整个南次亚大陆和今阿富汗部分地区,晚年笃信佛教。又被称为"无忧王"。阿育王在全国各地兴建佛教建筑,据说总共兴建了84 000座奉祀佛骨的佛舍利塔。为消除佛教不同教派的争议,为佛教在印度的发展作出了巨大的贡献。

[19]危嶝:高耸而巨豁的山。香积:指佛寺(窟)。

[20]叆叇:音 ài dài。飘拂貌,缭绕貌。嚠:通"溜"。流落。琼瑶:比喻似玉的雪。

[21]班输:指公输班。工匠之祖。

[22]趺:音 fū,佛教徒盘腿端坐的姿势。

[23]延王:指优填王(Udayana),又称优陀延王、嗢陀演那王、邬陀衍那王。为佛世时憍赏弥国之王。因王后笃信佛法,遂成为佛陀之大外护。

[24]刀利:常作"忉利天"(Trayastrimsa),意译"三十三天",以有三十三个天国而得名。即一般所说的天堂。

[25]纯陀:梵语 Cunda 的译音。据说是铁匠(或木匠)之子。波婆城(一说是俱尸那城)的居民。释尊入涅槃的前一日,来到波婆城时,随喜的纯陀将释尊迎入自宅,供养栴檀树茸。释尊用完此最后一餐,就在一棵树下入灭。纯陀依此供养而得大利益。

[26]担依体挂:谓(窟壁周围所塑像都按照俗众)衣着穿戴都依身合体。

[27]四谛:又作四圣谛。谛:意为真理或实在。四谛即苦谛、集谛、灭谛和道谛。

[28]缋:音 huì。(织布时的)机头。转义为画有珍贵事物形象的布帛。引申为"绘画"。

[29]芥纳须弥:常作"纳须弥于芥子"。谓佛门和世俗社会是相通的,就像芥子和须弥山可以互相包容一样。芥子:为蔬菜籽粒,佛家以"芥子"比喻极为微小。须弥山:印度神话中的山名,后为佛教所用,指帝释天、四大天王等居所,其高八万四千由旬,佛家以"须弥山"比喻极为巨大。唐代白居易的《白氏长庆集·三教论衡·问僧》:"问:《维摩经·不可思议品》云芥子纳须弥,须弥至大至高,芥子至微至小,岂可芥子之内入得须弥山乎?"

[30]三车:佛教语。喻三乘。谓以羊车喻声闻乘(小乘),以鹿车喻缘觉乘(中乘),以牛车喻菩萨乘(大乘)。见《法华经·譬喻品》。

[31]流水济鱼:故事见《金光明经·流水长者子品第十六》。说的是流水长者子,在天自在光王国内,以高尚的医德和医术妙方,使一切患病者都得平等救治、痊愈、恢复、快乐。此节说他求见天自在光王国王,借用二十头大象驮负水囊,救济干枯沼泽里一万尾鱼生命的故事。

[32]楞伽山:意译难往山、可畏山、险绝山。相传此山乃佛陀宣讲楞伽经之处。

[33]儴佉:音 ráng qū。常作"儴祛"。梵语。印度古代神话中国王名,即转轮王。《佛说弥勒大成佛经》:"其国尔时有转轮圣王名儴佉,有四种兵,不以威武,治四天下。"

[34]一如:佛家语。不二曰一,不异曰如,不二不异,谓之"一如",即真如之理,犹言"永

恒真理"或本体。《摩诃般若波罗蜜经·昙无竭品》:"是诸法如,诸如来如,皆是一如,无二无别,菩萨以是如入诸法实相。"

[35] 菡萏:音 hàn dàn。古人称未开的荷花为菡萏,即花苞。

[36] 文殊:佛教菩萨名。文殊师利或曼殊室利的省称。意译为"妙吉祥""妙德"等。其形顶结五髻,象征大日如来的五智;持剑、骑青狮,象征智慧锐利威猛。为释迦牟尼佛的左胁侍,与司"理"的普贤菩萨相对。中国传其说法道场为山西省五台山。

[37] 普贤:普贤菩萨(梵文 Samantabhadra),音译为三曼多跋陀罗,曾译为遍吉菩萨。大乘佛教的四大菩萨之一,象征理德、行德,与象征着智德、正德的文殊菩萨相对应,为释迦牟尼佛右胁侍。毗卢遮那佛、文殊菩萨、普贤菩萨被尊称为"华严三圣"。

[38] 旃檀:即檀香。氛氲:指浓郁的烟气或香气。

[39] 庆:当为"度"。谓千瓣莲花。为供养佛之用,又指为佛所坐的莲台。

附:敕河西节度兵部尚书张公德政之碑

佚　名

(上残)□□□□,□□□□□衅;河洛沸腾,十□□□□□。□□□脉,并南蕃之化;城□□□,□□□□□。抚纳降和,远通盟誓,吾离财产,自空桑田。赐部落之名,占行军之额。由是形尊辫发,体美织皮,左衽束身,垂肬跪膝。祖宗衔怨含恨,百年未遇高风,申屈无路。其叔故前河西节度,讳某乙。侠少奇毛,龙骧虎步,论兵讲剑,蕴习武经。得孙武、白起之精,见韬钤之骨髓。上明乾象,下达坤形。观荧惑而芒衰,知吐蕃之运尽。誓心归国,决意无疑。盘桓卧龙,候时而起。率貔貅之众,募敢死之师。俱怀合辙之欢,引阵云而野战;六甲运孤虚之术,三宫显天一之神;吞陈平之六奇,启武侯之八阵;纵烧牛之策。白刃交锋,横尸遍野。残烬星散,雾卷南奔。

敦煌、晋昌收复以讫,时当大中二载。题签修表,纡道驰函,上达天闻。皇明披览,龙颜叹曰:"关西出将,岂虚也哉!"百辟欢呼,抃舞称贺。便降驲骑,使送河西旌节,赏赉功勋,慰谕边庭收复之事,授兵部尚书万户侯。图谋得势,转益雄豪,次屠张掖、酒泉,攻城野战,不逾星岁,克获两州。再奏天阶,依前封赐,加授左仆射。官高二品,日下传芳,史册收功,名编上将。

姑臧虽众,掠寇坚营,忽见神兵,动地而至,无心掉战,有意逃形,奔头星宿岭南,苟偷生于海畔。我军乘胜逼逐,虏群畜以川量;掠其郊野,兵粮足而有剩;生擒数百,使乞命于戈前;魁首斩腰,僵尸染于蓁莽。良图既遂,摅祖父之沉冤。西尽伊吾,东接灵武,得地四千余里,户口百万之家,六郡山河,宛然而旧。修文献捷,万乘忻欢,赞美功臣,良增惊叹。便驰星使,重赐功勋;甲士冬春,例占衣赐。转授检校司空,食实封二百户。

事有进退,未可安然,须拜龙颜,束身归阙。朝庭偏宠,官授司徒,职列金吾,位兼神武。宣阳赐宅,廪实九年之储;锡壤千畦,地守义川之分。忽遘悬蛇之疾,行乐往而悲来;俄惊梦奠之灾,谅有时而无命。春秋七十有四,寿终于长安万年县宣阳坊之私第。诏赠太保,敕葬于秦浐南原之礼。

皇考讳议潭，前沙州刺史、金紫光禄大夫、检校鸿胪大卿、守左散骑常侍、赐紫金鱼袋。入陪龙鼎，出将虎牙。武定文经，语昭清史。推夷齐之让，恋荆树之荣。手足相扶，同营开辟。先身入质，表为国之输忠；葵心向阳，俾上帝之诚信。一人称庆，五老呈祥。宠寄殊功，荣班上列。加授左金吾卫大将军。每参凤驾，接对龙舆，球乐御场，马上奏策，兼陪内宴，召入蓬莱。如斯覆焘，今昔罕有。仍赐庄宅，宝器金银，锦彩琼珍，颇筹其数。功成身退，否泰有时。鸟集昏巢，哀鸣夜切。春秋七十有四，寿终于京永嘉坊之私第，诏赠工部尚书。夫人巨鹿郡君索氏，晋司徒靖十七代孙。连镳归觐，承雨露于九天；鸿泽滂流，占京华之一媛。于戏！哺西萱草，巨壑沦悲，异亩嘉禾，伤岐碎穗。敕祔葬于月登阁北茔之礼也。

呜呼！日月有潜移之运，黄泉无重返之期。徒哀泣血之悲，遐思蒸尝之恋。公则故太保之贵侄也。芝兰异馥，美彻窗闻。诏令承父之任，充沙州刺史、左骁卫大将军。初日桃蹊三端，继政琴台。旧曲一调，新声嫡嗣。延英承光，累及荃修贵秩，忠恳益彰。加授御史中丞。河西创复，犹杂蕃浑，言音不同，羌龙咽末，雷威慴伏，训以华风，咸会驯良，轨俗一变。加授左散骑常侍、兼御史大夫。

太保咸通八年归阙之日，河西军务封章陈款，总委侄男淮深，令守藩垣。靡获同迈，则秣马三危，横行六郡。屯戍塞天恬飞走，计定郊陲；斥候绝突骑窥窬，边城缓带。兵雄陇上，守地平原。奸宄屏除，尘清一道。加授户部尚书，充河西节度。心机与宫商递运，量达共智水壶圆。坐筹帷幄之中，决胜千里之外。四方犷捍，却通好而求和；八表来宾，列阶前而拜舞。北方猃狁，款少骏之骁蹄；南土蕃浑，献昆岗之白璧。九功惟恤，黎人不失于寒耕；七政调和，秋收有丰于岁稔。加授兵部尚书。恩被三朝，官迁五级。

爰因搜练之暇，善业遍修，处处施功，笔述难尽。乃见宕泉北大像建立多年，栋梁摧毁。若非大力所制，诸下孰敢能为。退故朽之摧残，葺昤昽之新样。于是杼匠治材而朴劚，郢人兴役以施功。先竖四墙，后随缔构。曳其梂檩，凭八股之辘轳；上垦运泥，斡双轮于霞际。旧阁乃重飞四级，靡称金身；新增而横敞五层，高低得所。玉豪扬采，与旭日而连晖；结脊双鸱，对峣峰而争耸。更欲镌龛一所，踌躇瞻眺。余所竟无，唯此一岑，嵯峨可劈，匪限耗广，务取工成。情专穿石之殷，志切移山之重。

于是稽天神于上，激地祇于下。龟筮告吉，揆日兴功。錾凿才施，其山自坼，未经数日，裂圮转开。再祷焚香，飞沙时起，于初夜分，欻尔崩腾，惊骇一川，发声雷震，豁开青壁，崖如削成。此则十力化造，八造冥资，感而遂通，助成积善。是用宏开虚洞，三载功充。廓落精华，正当显敞。龛内素释迦牟尼像并侍从一铺，四壁图诸经变相一十六铺。参罗万象，表化迹之多门；摄相归真，总三身而无异。方丈室内，化尽十方；一窟之中，宛然三界。檐飞五采，动户迎风。碧涧清流，森林道树榆杨。庆设斋会无遮，剃度僧尼，传灯鹿苑。七珍布施，果获三坚；十善聿修，圆成五幅。

又见龙兴大寺（下残）

按：本文选自《全唐文补遗》第九辑（三秦出版社 2007 年版）。

大唐故敦煌郡莫高窟阴处士公修功德记

佚 名

【提要】

本文选自《全唐文补遗》(三秦出版社 2007 年版),参校《敦煌地理文书汇集校注》(甘肃教育出版社 1989 版)、《出土文献研究(九)》(中华书局 2010 年版)。

阴氏家族在唐代的敦煌地区是大族。阴氏兴盛于十六国前凉时代,因阴澹辅佐前凉张轨成就大业而成为敦煌地区鼎盛之家。《十六国春秋·前凉录》载:"阴澹,敦煌人。弱冠才行中烈,州请为治中从事……参与机密。及张骏嗣位,澹弟鉴为镇军将军。"《魏书·张寔传》:"骏私署大都督、大将军、假凉王、督摄三州。轨保凉州,阴澹之力,骏以阴氏门宗强盛,忌之,乃逼澹弟鉴令自杀,由是大失人情。"此时,阴氏已成为敦煌地区强盛门宗了,阴澹、阴鉴兄弟及其家族在凉州、武威已声名显赫。唐代,活跃在敦煌历史舞台上数百年的敦煌阴氏,主要还是阴稠的子孙们。

莫高窟崖面上为我们保存了敦煌阴氏家族从公元六世纪到十世纪营造的许多佛窟,其中比较有名的有第 285、96、321、217、231 及 138 窟。编号为 285 的洞窟开凿于西魏,营造纪年题记依次排列着阴安归、阴苟生、阴无忌、阴胡仁、阴普仁等人的供养像和题名。据《莫高窟记》等历史文献记载,北大像是莫高窟最大的佛像,高度超过 34 米,是唐武周延载二年(695)由禅师灵隐与居士阴祖等建造。321 窟亦建于武周时期,其始建者为阴氏家族。该窟南壁为莫高窟首次出现的一幅、也是唯一一幅《宝雨经变》,《宝雨经》是武则天的御用僧人们为其篡夺李唐江山,建立武周政权大造舆论所杜撰的一部"伪经",其变相出现在莫高窟的"阴家窟"中并占据整整一方大壁面,可见此一时期敦煌阴氏家族的位显势赫。217 窟大约建于公元 8 世纪初,窟内残存原建时代的供养人阴嗣玉即阴稠之孙、阴仁果之子;另一位阴嗣琼疑为阴嗣缓,亦即阴稠之孙、阴仁希之子。(本文所称"阴处士"、231 窟窟主阴嘉政一家即是阴嗣缓之后)该窟内南壁整壁画《法华经变》,颇多现实社会气息,尤其是出现了许多军人读经、拜佛的场面,可能与阴嗣监担任北庭副大都护有关。更值得一提的是,该窟南壁《幻城喻品》是一幅活生生的中国古代高僧西行故事图,这幅画将僧人在山道中行进、收徒、雇佣人、客栈小憩、人王城换牒、国王接见、出城行进、山寺僧跪拜、继续西进等情节描绘得十分具体、生动,是中国山水画史上的珍品。

231 窟即本文碑记"额号报恩君亲"之窟,窟主阴嘉政及其兄、弟、姐、妹、子、侄们,营造年代为公元 839 年前后。此窟为中唐的代表窟之一。据东壁门上阴嘉政之父阴伯伦及其母索氏供养像和题记得知,此窟开凿于公元 839 年,主室窟顶为覆斗形,顶部为华盖式藻井,周围飞天旋绕。窟顶四披居中画说法图,周围布满千佛。西壁开盝顶帐形龛,设马蹄形佛床,残存塑像三身,龛内壁画联屏十扇,画《善事太子入海》等本生、因缘故事。盝顶四披画瑞像图四十幅。其中西披中央有一造型奇特的双头佛像,此像一身二头,高肉髻,身着袈裟,两手下垂,两手下各站一人,身穿长袍。据史料记载,这是源于古代犍陀罗国(今巴基斯坦)的双头瑞像。西壁龛外两侧分别画《文殊变》和《普贤变》。南壁画《天请问经变》《法华经变》《观无量寿经变》;北壁画《弥勒经变》《华严经变》《东方药师经变》。东壁门南画《报恩经变》,门北画《维摩诘经变》。吐蕃占领时期,新的经变题材不断出现,一改盛唐时期一壁一幅经变的格局,取而代之的是多种多样经变题材,这是各种宗派林立的反映,它们适应了善男信女不同的思想和要求,丰富了石窟艺术内容。《阴处士碑》载:"自赞普启关之后,左衽迁阶;及宰辅给印之初,垂祛补职,蕃朝改授得前沙州道门亲表部落大使。承基振豫,代及全安。六亲当五秉之饶,一家蠲十一之税。复旧来之井赋,乐已忘亡;利新益之园池,光流境(竞)岁。"仔细观摩阴氏窟中的观音画,表明阴氏也是希望摆脱吐蕃统治的。

138 窟,即《腊八燃灯分配窟完名数》所记莫高窟崖面南头之阴家窟。据窟内现存有关供养人题记考证,该窟建于公元 900 至 910 年间,窟主可能是阴季丰。就今天莫高窟崖面上现存的洞窟来看,阴氏家族在所有敦煌历史上的大族中留下的大窟最多,洞窟的规模也最大。阴家诸窟跨越了敦煌公元六至九世纪的历史,是研究当时社会和人文面貌的宝贵资料。

需要指出的是,敦煌的阴氏,唐时与武周政权联系紧密,阴氏洞窟中歌颂武周的五色鸟、日扬光庆云、蒲昌海五色、白狼等"四祥瑞"中,五色鸟和白狼就是由阴稠之孙阴嗣鉴和阴祖之子阴守忠"发现"的,是为武则天当皇帝造舆论的。阴嗣鉴也因献"五色鸟"而官至"正议大夫、北庭副大都护、瀚海军使、兼营田支度等使、上柱国",成为敦煌阴氏后人引以为骄傲和自豪的"都护"。阴守忠因"白狼"而"任壮武将军、行西州岸头府折冲兼豆庐军副使,又改授忠武将军、行左领军卫、凉州丽水府折冲都尉、摄本卫郎将、借鱼袋、仍充墨离军副使、上柱国。"

吐蕃占领敦煌时期,阴稠的子孙们如阴嘉政的弟弟嘉珍、嘉义等都是吐蕃的官吏,在整个吐蕃统治时期,阴氏可能是敦煌唐朝旧族中最活跃的家族。阴氏在这里找了许多理由,使用了最好的词汇,为自己背叛祖宗的行径作辩解。归义军时代,阴氏家族又作为唐朝后人活跃于敦煌地区。

阴氏家族之所以能在敦煌保持世家大族的地位而经久不衰,一个重要的原因,就是他们千方百计地利用佛窟来维系本家族的地位与声望,莫高窟各个时期的阴家窟也确实起到了这方面的作用。敦煌阴氏营造的许多阴家窟,不仅为敦煌阴氏家族自己树碑立传,也为我们展现了中古敦煌的历史与社会面貌,留下许多需要深入探讨的课题。

记曰:天成厥壤,允姓曾居[1];地载流沙,陶唐所治[2]。河分千溜,法序九畴[3]。据五服而为郊,开一门而展掖[4]。是以艮体三峰,化似顶生之处[5];金容丈六,梦瑞诞于莫高。壁峻毗耶,岩深檀特[6]。散花台上,会待踊身。合盖场中,方等贤劫[7]。或以比识无恒,望本妄于迷径;善元有统,佛性省于觉花[8]。勤绩三皈,将希一念[9]。然乃坚镌袭古,遽预营新[10]。约日照而悬栅,摸天门而据样者,其则有故敦煌郡处士公[11]。

公姓阴,字嘉政,其先源南阳新野人也。齐经九合,珶弁洁于星橐[12];汉约三章,饔鬋明于篋管[13]。荣升紫府,贵践黄门[14]。宿承玉斗之更,早达金门之诏[15]。既乃跃鳞水上[16],一挺龙门;下说窖中,三冬豹变。犹郑人佐矩,募隼旗以先驰[17];若秦并列城,选牛刀而宠俊。就阴山之封袟[18],大漠斯平;据火候于敦煌[19],阳关得势。亦犹王箭远屠楚国,预固庄田[20];甘茂将伐宜阳,先盟息壤[21]。塞门八阵,掠地中身[22];野战十年,留连已此,至今为敦煌县人矣。

曾皇祖讳嗣瑗[23],唐朝正议大夫、检校豆卢军事兼长行坊转运支度等使、赐紫金鱼袋、上柱国、开国侯,议正朝门,偶傥慕三间之直[24];当官不避,歌谣履五殺之踪[25]。抚励行间[26],善齐兵众。特奇要藉[27],兼摄殊能。临机运转之功,处下许方圆之术。皇祖讳庭诫[28],唐朝左骁骑、守高平府左果毅都尉、赐紫金鱼袋,前沙州乡贡明经。师经避席,传授次于曾参;师尔凭河,好勇承于子路。拟鹗冠之爪利[29],致果毅雄,选黄莺之未调,缓飞乡贡。洋洋百卷,易简薄于《赢金》[30];袅袅五株,性静闲于肱枕[31]。

皇考君讳伯伦,唐朝游系将军、丹州长松府左果毅都尉、赐绯袋、上柱国、开国男。三品荣门,九皋闻远[32];青襟小学,紫绶当年[33]。先成镇守之功,竟保敦煌之业。属以五色庆云,分崩帝里;一条毒气,扇满幽燕。江边乱踏于楚歌,陇上痛闻豺叫[34]。枭声未殄,路绝河西。燕向幕巢,人倾海外。羁维枝籍[35],已负蕃朝。歃血盟书[36],义存甥舅。熊罴爱子,拆褓襁以文身,鸳鸯夫妻,解鬐钿而辫发[37]。岂图恩移旧日,长辞万代之君;事遇此年,屈膝两朝之主。

自赞普启关之后,左衽迁阶[38];及宰辅给印之初,垂袪补职[39]。蕃朝改授得前沙州道门亲表部落大使。承基振豫[40],代及全安。六亲当五秉之饶[41],一家蠲十一之税。复旧来之井赋,乐已忘亡;利新益之园池,光流竟岁。爰及慈母索氏,通海镇大将军之孙。德被周亲,贤资近戚。深基礼迹,为后代之孙;切示筌绳[42],富将来之嫡。鞠恭志士[43],远仰垂风;让路行人,高瞻训制。为细务则灼然绤纮[44],羞袡衭绝世女工[45]。柔矜拟床下之砖[46],举事满堂上之宝。其处士公,明心雪刃比其严,照胆冰台像其智[47]。承前永业,望岁多坿[48]。约后新储,丰年镇积[49]。入为孝悌,出整纲宗[50]。旧制封官,近将军之列棘;先贤世禄,与都护之同堂[51]。饮渥水之分流,声添骦响;畎平河之溉济[52],蚕赋马鸣。今则月德扶身,岁星应会[53];桑条小屈[54],敏事严君,棣萼相垂[55],高门庆及。

时则处士公一朝返侧,三寸舌干;惝运心机,情怀未吐。其则有舍弟嘉义,逡巡摄袿[56],俯伏前谘,敢问处士兄曰:“如何不快,独立吁嗟[57]?义闻急难者弟兄,希得者手足。出兄之口,入义之耳。但豁情怀,莫忍情事。”公曰:“天命之年,愧之在德;谋孙之道,已教义方。短日金秋,寒风恸骨[58];长更冬夜,白发悲心。每以钱坿久盈[59],未施扑满;周亲喜戏[60],桃李往来。涉苦海之程粮,匪特少分[61];遇金山之厚利,未获纤毫。方欲去缧绁[62],将寻善友;念解脱,访迹

77

投崖[63]。念兹在兹,是吾术内,倪诸俯矣[64],尔则为之。

将就莫高山为当今圣主及七代,凿窟龛一所,远垂不朽,用记将来。又有弟嘉珍及弟僧沙州释门三学都法律大德离缠等,进思悌恭[65],将顺其美。是日也,严驾晨朝,执勤旰食[66];白龙徽道[67],觐慕神踪。赤景当时[68],新求圣壁。因得三身相像[69],飞扬宝镜之辉;二鹤翩翩,下向金钱之树。自东未遍,自西忽临。指掌推前,目睹不远。遂则贸良工[70],招锻匠。第二层中,方营窟洞。其所凿窟,额号"报恩君亲"也。龛内素释伽像,并声闻菩萨神等共七躯。帐门两面画文殊、普贤菩萨,并侍从。南墙画西方净土、法花、天请问、报恩变各一铺。北墙药师、净土、花严、弥勒、维摩变各一铺。门外护法善神。然则金乌东谷[71],随佛日以施人;玉兔西山,引慈云而布润。龙飞天界,绘合四王;象海寰真,工移十地[72]。化身菩萨,馨馨石钵之飧[73];满愿药师,湛湛瑠璃之水[74]。八十种好,感空落之花园;万变遍应身,散珠星而焕彩。轻纱浅绿,对细雾而未开;重锦深红,本无风而似动。因亲帝释[75],尚贵在于报恩;厚德文殊,补处询于诣疾。深山蕴玉,空中闻梵响之螺;崒嵂阶前[76],户外踊降魔之杵。基盘白石,刹负青云者哉,美矣!

公复以敬命天资,好还人与。和光熠熠,富日无娇;君子谦谦,琢磨礼节。故能鹡鸰羽翼,御侮同来[77];四鸟安巢,齐声来去。瓜田广亩,虚心整履之人[78];李树长条,但望移冠之客。更有山庄四所,桑杏万株。瓠颗篱头,馈饮逍遥之客;葛萝樛木[79],因缘得道之人。穴地多骈角之群,叱石畜仙羊跪乳[80]。亦乃克会有期,怯寸阴而尚短;时之易失,恐日月而逝诸。匪恋火堂,早辞风馆。入中道而可宜,向菩提之正路。

其仲弟嘉义,所管大蕃瓜州节度行军先锋部落上二将,告身减斿矣[81]。三年学剑,累及搜军;二岁论兵,曾经选将。入擒生之地,远踏前茅;出死休之门,能齐后殿。乘孤击寡,起阵云于马蹄;裹甲从军,候回风于鹊尾[82]。肘唯殷血,人畏多功。指抉悬门[83],先申巨臂。征修部落,亚押偏裨。职久公徒,使宜军政。为忠则决战,预善则叵修。清信也如斯,敬事也如此。

又弟嘉珍,大蕃瓜州节度行军并沙州三部落仓曹及支计等使,九九初生,心中密算,二王旧体,笔下能书,收租寄义于冯煖,请粟恩用于冉子[84]。端然章甫[85],称为南面之臣;束带立朝[86],可使诸侯之迎。承家高户,重客盈门;夕惕日新,茵筵靡倦[87]。谘询礼顺,泛爱乡间;克谨贤敦,具瞻人仰。

又有弟僧都法律离缠,行门侃侃[88],四谛真明;德范竞竞,三乘镜净[89]。轨仪风骨,率性前生,好了真乘,多称后哲。大云垂庆,常资善住之宫;小劫未平,永固伽蓝之地。知中庸之未悟,欢引将先;念眷属之可怜,声陪导首。其则从弟僧灵宝、觉岸等,小心小节,步骤聿修[90];强力强为,恻勤向愿。解五铢于绅带[91],添寄大功;减一分之衣粮,随心建造。

即有安国寺妹尼、法律、智惠等,月中桂影,已厌鲜华;云外天堂,修持有路。俄思步步,行行含珠[92];鹿菀清清[93],应应如是。贞神坚固[94],为小学之师资;德重升坛,等硕人之比律[95]。愁肠苦积,对法忍以歼除;喜地正看,割攀缘而不种。男僧智欣、怀萼等,并少小早亡,诸男某乙等,男僧常君及侄等,方田白壁[96],孝感一心;膝下黄中,报成三岁[97]。

其远怀志友,上达中君。见义则为,方知有勇。铁里应铮铮之响,砺刃含霜;庸中闻佼佼之声,调弦望月。随七擒之飞将,摩垒致师[98];愿尺二之檄书,开封献捷。然后圣善宜遵,遵成报主,福生有道,道济先亡。依希闻普级之因,世世信合门之觊[99]。骥辄以口宣心素,尚浅文华,举事言功,难能尽意。

岁次己未四月任子朔十五日丙寅建

【注释】

[1]允姓:古代部族名,阴戎之祖。古代少数民族名。西戎之一,即陆浑之戎,允姓之戎。因其居住于河南山北,故称。一说陆浑近阴地,故名。

[2]陶唐:古帝名。即唐尧。帝喾之子,姓伊祁,名放勋。初封于陶,后迁于唐。

[3]溜:迅急的水流。畴:田地;类。

[4]五服:古代王畿外围,以五百里为一区划,由近及远分为侯服、甸服、绥服、要服、荒服,合称五服。服:服事天子之意。展掖:谓舒展肢腋。掖:古同"腋",旁边。

[5]艮体:指山体。

[6]毗耶:佛教语。梵语的译音。又译作毗耶离、毗舍离、吠舍离。古印度城名。檀特:按,当为"檀床"。"床"的繁体为"牀",形似而误。指岩壁上的佛洞、佛龛。

[7]方等:方正平等,谓所说之理方正而平等。为一切大乘经教的通名。贤劫:劫,是佛教的时间观念,分为小劫、中劫、大劫。佛经载,我们这个世界在庄严劫、贤劫和星宿劫三大劫中,各有一千尊佛成,每当一尊佛入灭后,就要经历相当漫长的岁月,另一尊佛才会出现。因此,值遇佛陀在世是很难的,佛陀出世就像昙花一现,电光一闪,就又进入漫漫长夜。《贤劫千佛名经》记载,我们这一劫叫做贤劫,释迦牟尼佛是贤劫出世的第四尊佛。

[8]觉花:通"觉化"。佛的化身。

[9]勤绩:勤劳。三皈:佛教语,也称三皈依。指皈依佛,皈依法,皈依僧。

[10]遽:音 jù。立刻,马上。

[11]县楔:疑有误。当为"悬绠"。谓悬缀绳索,准备开凿。县:古同"悬"。揆:揣度。

[12]珨弁:古代官员的一种帽子,冠缝饰玉。代称百官。《南齐书·王融传》:"百神肃惊,万国俱僚,珨弁星离,玉帛云聚。"星蕞:指像星星一样攒在一起。蕞:音 cóng。蕞蕞:聚集貌。

[13]鬟髻:古代妇女的环形发髻。箴管:箴,缝衣针;管,置针线之具。

[14]紫府:道教称仙人所居。黄门:此谓宫禁。

[15]玉斗:宝器。喻社稷。金门:宫禁之门。汉代金马门、唐代金明门俱为待诏者必经之门。金马门:汉代宫门名。学士待诏之处。《史记·滑稽列传》:"金马门者,宦(者)署门也。门傍有铜马,故谓之曰'金马门'。"金明门:唐时宫门名。金明门内为翰林院所在。《旧唐书·职官志二》:"翰林院。天子在大明宫,其院在右银台门内。在兴庆宫,院在金明门内。若在西内,院在显福门。若在东都、华清宫,皆有待诏之所。"

[16]跃鳞:指鱼游动。比喻人奋发有为。

[17]佐矩:指佐阵。隼旗:指绘有猛禽的旗帜。隼:音 sǔn,鸟类的一科,翅膀窄而尖,上嘴呈钩曲状,背青黑色,尾尖白色,腹部黄色。饲养驯熟后,可以帮助打猎。亦称"鹘"。

[18]封袟:指封祭(阴山)。袟:音 zhì,祭有次序。

[19]火候：指烽火。此指据守。

[20]庄田：中国封建社会中皇室、贵族、地主、官僚、寺观等占有并经营的大片土地。《旧唐书·宣帝纪》："官健有庄田户籍者，仰州县放免差役。"

[21]息壤：战国时，秦国的秦武王和甘茂在息壤缔结了一个盟约，出兵合力攻打韩国。可是，他们把韩国的宜阳城围困了五个月的时间，仍无法占领。秦王见久攻不下，于是建议收兵回国，待时机成熟时再兴兵来战，但甘茂却不同意休战，他认为已经花了五个月时间，取得了一定的进展，如果不继续攻城，岂非前功尽弃。他知道秦王灰心了，将会背约罢兵，便指着息壤的方向对秦王说："息壤在彼。"秦王知道甘茂这话的意思，是提醒他不要忘了在息壤所签订的盟约。

[22]八阵：亦作"八陈"。古代作战的阵法。银雀山汉墓竹简《孙膑兵法·八阵》："用八陈战者，因地之利，用八陈之宜。"中身：中年。

[23]嗣瑗：指阴嘉政曾皇祖。唐景龙二年(708)为兰州金城镇副，后官至唐朝正议大夫检校豆卢军事兼长行坊转运支度等使，赐紫金鱼袋，上柱国开国侯。

[24]三间："三间大夫"是战国时楚国特设的官职，是主持宗庙祭祀，兼管王族屈、景、昭三大姓子弟教育的闲差事。屈原贬后任此职。此指屈原。

[25]五羖：五羖大夫，指百里奚(约前700—前621)。春秋楚国宛邑(今河南南阳)人，另说虞国(今山西平陆县)人。是秦穆公用五张黑羊皮从市井之中换来的一代名相。在主持秦国国政期间，百里奚"谋无不当，举必有功"，辅佐秦穆公倡导文明教化，实行"重施于民"的政策。内修国政，外图霸业，开地千里，称霸西戎，统一了今甘肃、宁夏等地区，开始了秦国的崛起。这一时期，秦孝公称之为"甚光美"的时代。史载百里奚"三置晋国之君""救荆州之祸""发教封内，而巴人致贡；施德诸侯，而八戎来服"，使秦国成为春秋五霸之一，为秦最终统一中国奠定了牢固基础。羖：音 gǔ。

[26]抚励：谓抚慰鼓励。

[27]特奇：奇特。要藉：指重要的位置。藉：通"阼"。势位。

[28]皇祖：指阴嘉政的祖辈。

[29]鹖冠：以鹖羽为饰之冠。武官之冠。

[30]籝金：《汉书·韦贤传》："遗子黄金满籝，不如一经。"后以"籝金"指儒经。唐人李若立曾编《籝金》。因为这部书的内容比较全面，能够满足生徒学习需要，在敦煌地区被广泛作为学校教育的启蒙教材。州学博士阴庭诫曾经改编此书，使其变得简单实用。但有论者称其"改编过甚，很多部分解释出现偏差"(参见郑炳林李强《阴庭诫改编〈籝经〉及有关问题》)。

[31]五株：秦始皇二十八年封禅泰山，风雨暴至，避于树下，因此树护驾有功，按秦官爵封为五大夫。事见《史记·秦始皇本纪》。后世有人不明"五大夫"为秦官，而附会为五株松。汉应劭《汉官仪》谓始皇所封的是松树。后因以为松的别名。肱枕：常作"枕肱"。《论语·述而》："饭疏食，饮水，曲肱而枕之，乐亦在其中矣。不义而富且贵，于我如浮云。"后因以"枕肱""枕曲肱"形容随遇而适，安贫乐道。

[32]九皋：常作"九皋"。曲折深远的沼泽。《诗·小雅·鹤鸣》："鹤鸣于九皋，声闻于野。"毛传："皋，泽也。言身隐而名著也。"

[33]青衿：穿青色衣服的人。多指青少年。紫绶：紫色丝带。古代高级官员用作印组，或作服饰。

[34]豺叫：指吐蕃入侵统治敦煌地区。

［35］枝籍：犹言唐朝给予的官阶名籍。

［36］歃血：古人盟会时，微饮牲血，或含于口中，或涂于口旁，以示信守誓言的诚意。阴伯伦所处的时代正是沙州陷蕃前后，他本人积极参与了抵御吐蕃、镇守敦煌的军事活动，并立下战功。艰难抵抗后的沙州最后不得不与吐蕃人歃血为盟，全城投降。阴氏在无奈之下，决定向吐蕃人称臣。

［37］鬏钿：指环形发髻、金翠首饰。

［38］赞普：吐蕃君长的称号。左衽：《论语·宪问》："微管仲，吾其披发左衽矣。"左前襟掩向右腋系带，将右襟掩覆于内，称右衽。反之称左衽。古代中原汉族服装衣襟向右，以"右衽"谓华夏风习。"左衽"一般指中原地区以外少数民族的装束。

［39］垂祛：垂下袖口。表示态度端肃。

［40］振豫：犹臻于舒适安稳。

［41］五秉：《论语·雍也》："子华使于齐，冉子为其母请粟。子曰：'与之釜。'请益。曰：'与之庾。'冉子与之粟五秉。"杨伯峻注："五秉则是八十斛……周秦的八十斛合今天的十六石。"后借指赈穷济急之粮。

［42］筌绳：犹言叮嘱告诫。

［43］鞠恭：曲体弯腰貌。

［44］绤纮：音 chī hóng，犹言精致漂亮。绤：刺绣。纮：系于颔下的帽带。

［45］礿祀：即礿祭。古代宗庙时祭名。在夏商时为春祭，在周代则为夏祭。汉·王充《论衡·祀义》："礿杀牛祭，不致其礼；文王礿祭，竭尽其敬。"礿：音 yuè。

［46］柔砥：谓低调庄重。砥：垫床脚所用。喻阴伯伦做人低调。

［47］明心雪刃：谓明亮的心犹如雪一样照亮兵刃。冰台：冰井台的省称。晋陆翙(huì)《邺中记》："金虎、冰井皆建安十八年建也。"南朝宋·鲍照《凌烟楼铭》序："臣闻凭飚荐响，唱微效长；垂波鉴景，功少致深。是以冰台筑乎魏邑，凤阁起于汉京。皆所以赞生通志，感悦幽情者也。"

［48］埒：音 liè，等。谓累积增加。

［49］镇积：谓常积。

［50］纲宗：指大事要事。

［51］都护：古代官名。设在边疆地区的最高行政长官。

［52］畎：音 quǎn，田地中间的沟。此指拥有的田地。

［53］月德：这是一种以出生月份地支，结合出生日期天干反映出来的吉星。岁星：即木星。古人认识到木星约十二年运行一周天，其轨道与黄道相近，因将周天分为十二分，称十二次。木星每年行经一次，即以其所在星次来纪年，故称岁星。应会：应接聚会。

［54］"桑条"句：谓柔软垂服。

［55］棣萼：音 dì è，比喻兄弟。《晋书·孝友传序》："夫天伦之重，共气分形，心睽则叶颃荆枝，性谐则华承棣萼。"

［56］逡巡：因为有所顾虑而徘徊不前。摄衽：亦作"摄袵"。整饬衣襟。表示庄敬。

［57］吁嗟：叹词。表示忧伤或有所感。

［58］恸骨：犹言透骨。

［59］钱埒：音 liè。犹言钱囤。

［60］喜戏：嘻笑，嬉戏。

［61］程粮：指旅途中的干粮。匪特：不仅，不但。

[62] 缧绁：音 léi xiè，捆绑犯人的绳索。

[63] 投崖：此谓莫高山一带。

[64] 僶俯：勉力(而恭敬)。僶：音 mǐn，努力，勉力。

[65] 悌恭：和顺恭敬。

[66] 旰食：晚食。指事务繁忙不能按时吃饭。

[67] 徼道：巡逻警戒的道路。徼：音 jiǎo。

[68] 赤景：指阳光灿烂之时，(便于选择最好的开凿角度方位)。

[69] 三身：佛教语。说法不一。通常指法身、报身和化身(或应身)。乃成佛所证之果。相像：犹像貌。

[70] 贸：指花钱请(良工)。

[71] 金乌：古代神话传说太阳中有三足乌，因用为太阳的代称。

[72] 海寰：犹海宇。十地：梵语意译。或译为"十住"。佛家谓菩萨修行所经历的十个境界。大乘菩萨十地为：欢喜地、离垢地、发光地、焰慧地、极难胜地、现前地、远行地、不动地、善慧地、法云地。另有三乘共十地、四乘十地、真言十地等叫法，名目各有不同。

[73] 飨：音 xiǎng，祭祀。

[74] 湛湛：清明澄澈貌。

[75] 帝释：亦称"帝释天"。佛教护法神之一。佛家称其为三十三天(忉利天)之主，居须弥山顶善见城。梵文音译名为"释迦提桓因陀罗"。

[76] 崿巇：音 zè yǎn，高俊特出貌。巇：大山上的小山。

[77] 鹡鸰：音 jí líng。《诗·小雅·常棣》："脊令在原，兄弟急难。"后以"鹡鸰"比喻兄弟。

[78] 整履：犹行走。

[79] 樛木：枝向下弯曲的树。《诗·周南·樛木》："南有樛木，葛藟累之。"郑玄笺："木下曲曰樛。"樛：音 jiū。

[80] 骍角：纯赤色、角周正的小牛。语出《论语·雍也》："子谓仲弓曰：'犁牛之子骍且角，虽欲勿用，山川其舍诸？'"骍：音 xīng。叱石：常作"叱石成羊"。古代传说故事。《艺文类聚》卷九四引晋·葛洪《神仙传》："皇初平牧羊，为一道士引至金华山石室中，四十余年未归。其兄初起寻访至山，问羊何在，答云：'在山东。'兄往视，但见白石，不见羊。平曰：'羊在耳，兄自不见。'平乃往，言：'叱！叱！羊起！'于是，白石皆起成羊数万头。"跪乳：《公羊传·庄公二十四年》"股修云乎"汉·何休注："凡贽，天子用鬯，诸侯用玉，卿用羔……羔取其执之不鸣，杀之不号，乳必跪而受之，类死义知礼者也。"后以"跪乳"喻指孝义。

[81] 旃：音 zhān，毛织品。通"毡"。句谓告身而退。

[82] 回风：旧时高级官员坐堂之前，手下吏役要向他报告：一切准备妥当，并无意外事故。然后吩咐升堂。这种报告，叫做"回风"。鹊尾："鹊尾炉"的略称。亦泛指香炉。

[83] 抉：挑，挑开。悬门：古时城门所设的门闸。

[84] 支计：收支会计之事；财用。冯煖：战国时孟尝君门客。《战国策·齐策》载，齐人冯煖寄食孟尝君门下，自谓无能，寄食中因不满孟尝君的供食曾三弹铗，孟尝君改变对他的供食，供鱼食肉。冉子：指冉求(前 522—?)。字子有，通称"冉有"，尊称"冉子"，鲁国陶(今山东定陶)人。春秋末年著名学者、孔子门徒。孔门七十二贤之一。以政事见称。多才多艺，尤擅长理财，曾担任季氏宰臣。前 484 年率左师抵抗入侵齐军，并身先士卒，以步兵执长矛的突击战术取得胜利，又趁机说服季康子迎回了在外流亡 14 年的孔子。他帮助季氏进行

田赋改革,聚敛财富,这一行为受到孔子严厉批评。

[85] 章甫:古代一种礼帽。此指仕宦。

[86] 束带:谓做官。

[87] 茵筵:按,疑为"四筵"。四筵:四座。借指四周座位上的人。

[88] 偘偘:同"侃侃"。刚直貌,和乐貌。

[89] 竞竞:小心谨慎貌。三乘:佛教语。一般指小乘(声闻乘)、中乘(缘觉乘)和大乘(菩萨乘)。三者均为浅深不同的解脱之道。亦泛指佛法。乘:音 chéng。

[90] 聿修:《诗·大雅·文王》:"无念尔祖,聿修厥德。永言配命,自求多福。"毛传:"聿,述。"聿本助词,后多训为"述",因以"聿修"谓继承发扬先人的德业。

[91] 五铢:五铢钱。绅带:古时士大夫束腰之大带。

[92] 俄思:谓短暂的思考。俄:一会儿,短暂的时间。行行:犹移步。谓有心出力。

[93] 鹿苑:指僧园、佛寺。

[94] 贞神:正直的神明,贞洁的神。

[95] 比律:比照约束。

[96] 方田白壁:谓(所提到的人)心地纯净。

[97] 黄中:心脏;内德。古代以五色配五行五方,土居中,故谓黄为中央正色。心居五脏之中,故称黄中。《易·坤》:"君子黄中通理,正位居体,美在其中,而畅于四支,发于事业,美之至也。"汉·蔡邕《司空杨秉碑》:"非黄中纯白,穷达一致,其恶能立功立事。"

[98] 七擒:三国时,诸葛亮出兵南方,将当地酋长孟获捉住七次,放了七次,使他真正服输,不再为敌。比喻运用策略,使对方心服让对方归顺自己。摩垒:迫近敌垒。谓挑战。《左传·宣公十二年》:"许伯曰:吾闻致师者,御靡旌,摩垒而还。"

[99] 贶:音 kuàng,赠,赐。

莫高窟再修功德记

五代·道 真

窃以州府平广,毗耶接水精之堂;岩壁高深,坛特连宕泉之窟。如乃人贤地杰,物产珍奇,乡闾只务于谦恭,士庶各怀于佛道。而又知石火不实,风浊须臾,思十号之玄宗,慕三归之正路者,粤有弟子节度押衙某甲以弟某等,儒门俊哲,塞表奇仁。礼乐越时辈之先,文武冠群流之首。于家孝悌,庭荆芬不变之花;□国端懃,驱奉沐难量之宠。性灵出众,见解殊方。悟泡影而不坚,觉电光而非久。乃因闲静,趋慕仙岩。嚼先父之修葺未全,颙然伤叹;见白壁红梁不就,始乃发心。遂请丹青上士僧氏门人,绘十地之圣贤,彩三身之相好。于门南壁画文殊师利菩萨并侍从一铺,北壁画普贤菩萨并侍从,门仰画地藏菩萨,窟厂仰画药师溜璃光佛三会,窟厂四壁画四天王,门额画金刚藏菩萨、虚空藏菩萨。其画彩乃丹青皎皎,四八之相好端严;朱彩辉辉,八十之殊形异妙。文殊师利乘师子而定南方,普贤能仁驭象王而清北壁。药师三会,设志愿以拯生;天王四宫,现威稜而护世。金刚地藏,助卫仙岩;十方圣圣,保安莲塞。福事既就,赞述难周。即将如上福田,资益三界九地。伏愿君王万岁,社稷千秋。烽烟不举于三边,瑞气长隆于一境。亡过宗祖,邀游忉利之天;现在亲姻,恒寿康强之庆。门兴百代,家富千龄。普及法界含灵,赖此一时成佛。余郑玄门内,徒惭缀赋之能;毕卓瓮边,乃有昏迷之梦。今因社家修窟,届此仙宫,沐频频之固邀,甚难逃于辞让,惭惶并集,悚惕奚安,不惧靦颜,而为颂曰:

> 敦煌严广,一似耶离。崿山泉涌,寿昌渥池。人贤地杰,物产珍奇。思慕十号,解向三归。厥有施主,怀抱文儒。遂请僧氏,彩画神仪。文殊师利,镇定边隅。普贤大圣,拯拔幽微。三十二相,光耀分辉。八十种好,周遍身体。福事既毕,赞咏昌时。令公万岁,劫石无移。先亡父母,得遇阿弥。见在眷属,快乐忻怡。频频邀请,难敢推辞。直申拙句,以候他时。

按:本文选自《全唐文补遗》第九辑(三秦出版社 2007 年版)。作者道真,俗姓张。他是五代到宋初敦煌名僧之一,主持敦煌三界寺戒坛二十余年,后迁升都僧录,成为归义军后期僧界重要的人物。五代宋初,敦煌的戒坛有两处,一设在灵图寺,一设在三界寺。灵图寺自吐蕃统治时期就是敦煌名寺,三界寺与灵图寺同设戒坛,说明三界寺在五代宋初地位相当高。

和许多记录敦煌洞窟开凿的文书一样,这篇《功德记》所记载莫高窟某洞窟的重修也应该在公元 947—949 年间。公元十世纪的五代、宋之际,曹氏归义军时期,重修佛窟是由政府倡导和组织的一项群众性活动。这篇《功德记》中没有反映所重修洞窟的在莫高窟崖面上的具体位置,但它详细记述了这次重修的内容,即重绘的部分壁画的内容及其洞中的具体位置:375 窟的部分壁画内容及其时代与《功德记》所载相近(参见马德《〈莫高窟再修功德记〉考述》,载《社科纵横》1994 年第 4 期)。

《功德记》最具史料价值的部分,是为我们提供了一些古代关于洞窟建筑结构部位的名称。莫高窟的洞窟,从建筑结构上讲,一般分为主室、甬道和前室三大部分,每一部分又有四壁和顶部组成。《功德记》为我们提供的是洞窟前室和甬道的各部位的名称。

甬道在这里被称作"门",它的顶部称"门仰",两边分别称"门北壁"和"门南壁"(按:莫高窟崖面东向,窟门一律朝东开)。"门"为一般通俗的叫法。"仰"为仰望、仰视之意,大概是古人根据人的中心位置以及观瞻时的动作而命名的,这种叫法至今在我国西北地区民间流行,如将房屋的顶棚称为"仰撑"。

前室在文中被称为"窟厂","厂"通"敞","敞开"之意。据文对照莫高窟残存的375 窟前室,确实没有前壁(东壁),整个向外敞开,且莫高窟崖面上的绝大部分洞窟的前室也都是这样。"窟敞"为我们提供了古人对洞窟前室的称呼和本来面貌,只是由于自然的损害,大部分"窟敞"保存得都不太完整。另外,"窟敞仰"指前室顶部,"窟敞四壁"指前室之南、北二壁与西壁的南北两侧(这里的前室没有东壁),"门额"的位置在前室西壁门之上部,古今之称呼及其所在位置相同。

附：莫高窟记

佚　名

右在州东南廿五里三危山上。秦建元年中,有沙门乐僔,仗锡西游至此,遥礼其山,见金光如千佛之状,遂架空镌岩,大造龛像。次有法良禅师东来,多诸神异,复于僔师龛侧,又造一龛。伽蓝之建,肇于二僧。晋司空索靖题壁,号仙岩寺。自兹已后,镌造不绝,可有五百余龛。又至延载二年,禅师灵隐共居士阴祖等,造北大像,高一百卅尺。又开元年中,僧处谚与乡人马思忠等,造南大像,高一百二十尺。开皇年中僧善喜造讲堂。从初凿窟至大历三年戊申,即四百四年。又至今大唐庚午即四百九十六年。时咸通六年正月十五日记。

按：本文选自《全唐文补遗》第九辑(三秦出版社 2007 年版)。

创建伽蓝功德记并序

佚　名

盖闻大慈阐化,溥迹无边;智觉流踪,尘沙罕测。故知有本不有,执有如电焰,嚼之非坚;空本不空,着空三灾,动之不坏。昏迷暗路,悲光照而超途;苦海洪波,慈舟运而达岸。然则百王制格,讵能离痴纲之中;我佛惠锋,孰不断邪贪之贼。现生示灭,实为凡流。大哉能仁,不可思议者矣。厥有当坊义邑社官某等贰拾捌人,并龙沙贵族,五郡名家,六顺淳风,训传五教,英灵美貌,合邑一模,孝实安亲,忠能奉国。或则文超七步,才富三冬;或则武亚由基,穿杨之妙。偶因闲暇,凑枘俱臻;忽思幻躯,如同梦想。三官谓众社曰："今欲卜买胜地,创置伽蓝,功德新图,进退忉怩,未知众意。"社众等三称其善,雅恰本情。上唱下随,同心兴建。遂乃良工下手,克日修全。有为之力易成,无为之业圆满。兰若内塑释伽牟尼尊佛并侍从,缥画功毕。东壁画降魔变相,西壁彩大圣千臂千眼菩萨一铺,入门两边画如意轮不竺绢索,门外檐下绘四天大王及侍从,四廊绘千照贤圣。所画变相等并以毕功,洞开满月,相好金容。映耀千光,莲耀百□。神通十圣,敷宝座以安祥;龙界天王,拥八部而园绕。庭坐菡萏,将同雁塔之仪;梵响知鸣,直像祇园之会。福所备资,益我节度使曹某祚安边,永保乾坤之寿;次为合邑众社,身如劫石齐宁。法界苍生,并获三途之难。余以寡拙,难勉相邀,狂简斐然。乃申颂曰：

　　大哉知觉,神勇无边。慈深尘劫,悲含三千。昏迷讵耀,苦海舟船。现
　生示灭,双树寂圆。安国定难,贵社人贤。作忍幻厌,知晓逝川。创修精

宇,旬日蠹全。丹青图绘,紫磨庄鲜。周围贤圣,入座四禅。蓬莱兜率,净土祇园。福资家国,愿保尧年。含灵获益,俱离苦源。余惭才寡,滞笔叹言。恨容嫫姆,羞见镜前。

按:本文选自《全唐文补遗》第九辑(三秦出版社 2007 年版)。

河西节度使大王曹议金造大寺修功德记

佚 名

厥今三秋已末,大王钦慕于伽蓝。玄英欲临,宫人倾心而恳切;顿舍真财,发胜心而修大寺。启嘉愿者,有谁施作,时则有我河西节度使大王,先奉为龙天八部,拥军国以定灾殃;四天大王,押鬼魅而清管界。大唐帝主,永治乾坤;愿照西陲,恩加无滞。

次伏惟我大王已躬延寿,以彭祖而命年。公主夫人,保坤仪合其德。副使司空雄勇,尽忠孝以奉明王。诸幼郎君,拔俊才,探百艺,光扬大业。小娘子姊妹,受训桂彰。应是枝罗,长展大业之福会也。

伏惟大王,膺天文备德凤骨雄才,禀地理降祥龙胎杰俊。蕴黄公之美略,三端绝举世之神资。抱孙子之韬钤,六艺有超伦之远智。宁戎定塞,千门贺舜日之清;岁稔时丰,万户拜尧年之庆。加以信珠为奉捧,慕玄风而汉帝思真;惠镜具怀,转法轮而周照再阐。是以先陈至恳,相鹫岭而倾心;尅意岸修,创建大寺。于中虔祷,不悋珍财。馨会圆天,光晖影日。

其寺乃三殿架迥,以月路而相连;梁栋旆檀,约明堂而趣样。雕文刻镂,以鳞凤而争鲜;宝铎承昂,随迎风而膺响。不延期岁,化成宝宫。彩绘毕功,如同万里。释迦四会,了了分明;贤劫顶生,威光自在;十方诸佛;摸仪似毫相真身;贤劫千尊,披莲齐臻百亿。西方净土,唯谈不二之言。东方药师,溥济十二上愿。文殊师利,定海崖以济危。普贤真身,等鹫岭诸圣众。不空绢索,摄养众生。如意轮王,寻声获果。十圣第一,助佛宣扬。四天大王,当方定难。造之者随心而降福,睹之者灭罪以恒沙。

按:本文选自敦煌写本 Φ.263V、Φ.326V。曹议金(?—935),唐末五代沙州人。归义军节度使索勋婿,张议潮外孙婿。后梁乾化四年(914)后掌政瓜、沙,始名曹仁贵,自称节度兵马留后,后称名议金。龙德二年(922)称"托西大王"。后唐同光元年(923),以管内三军百姓名义求授旌节。得灵武节度使韩洙保荐,后唐庄宗授以为沙州刺史、归义军节度使、瓜沙等州观察处置使,检校司空。三年,衔称:"检校司空、兼太保"。这篇文书记载河西节度使大王、公主夫人、副使司空、诸幼郎君、小娘子姊妹等发愿,次载河西节度使大王的功绩、寺院规模和壁画内容等。我们不知道功德记描写的寺院是曹议金重新修建的寺院,还是因宕泉开凿的石窟,但这篇开凿寺院的修功德记,对于了解晚唐五代宋初归义军时期敦煌寺院修建制度抑或石窟开凿制度具有很高的价值。

于当居创造佛刹功德记

佚　名

夫三界玄虚,久流旷远。不凭奥旨,无以穷其源;浩浩烟波,非庸辈而可竭。隐隐雄粹,不越代而降神;历宝英姿,遇清平而诞德。然则十地虚廓,六趣交横,仰之者不测其浅深,演之者罕穷其理。故知发智生芽,难量叵测。厥今有清信弟子押衙兼当府都宅务知乐营使张某乙,清河流派,塞外名家,文武不下于人伦,忠孝两全而尽节。故得志谋广博,能怀辨捷之功;得众宽弘,乃获怡和之性。善闲六律,调八音能降天神;不失宫商,合五好而陈教礼。故得陪府主而降此郡,纵恣异常。受恩荫下,不阙晨昏。宁惭报得,所以割舍家产,钦慕良公,谨于所居西南之隅,建立佛刹一所。内于西壁画释迦牟尼佛一铺,南壁画如意轮,北壁画不空羂索,东壁画文殊普贤兼乐师佛变相,门外两颊画护法神二躯并二执金刚,庄饰并已功毕。若夫释迦相好,顶背圆光;如意轮王,有求必遂;不空羂索,济养众生;文殊普贤,救愚拔厄。药师发十二上愿,无苦不除。护法善神,殄除灾沴。金刚二执,卫守释风。大戒声闻,助宣妙法。愿使诸佛拥护,府主寿福于千年;贤圣照临,百福应时如合会。灾殃殄灭,边方无爝火之忧;神理加持,长见年丰岁稔。亡过二亲幽识,承斯生净土莲宫;已躬及见在宗亲,得寿年长命远。良功告罢之日,略记单行,用表后传,流名继迹。檐楹攒集,冥世比净土□宫。架镂分明,似龙宫之内样。梁栋檀旈,地砌磐陁,焚香早朝,燃灯续夜。

按：本文选自《全唐文补遗》第九辑(三秦出版社 2007 年版)。

修佛刹功德记

佚　名

窃闻释宗龥辟宝,劝励萌芽。二鼠相侵,四蛇定其升降。然则十地虚廓,六道交横。仰之者莫测其源,演之者罕穷其理。说无为之教,不可称传;定有为之宗,俱超解脱。故知发智生情,难量叵测。厥今有清信弟子某乙,天生别俊,异世英灵,用武不暇于田单,侠武乃传于子贡,故得临机转变,恒怀向国之心;上接下交,乃获谦温之叹。务人如子,长能惠己益他;忧镇虑虞,自防不驱黎庶。所以奉上金荐,主将边方,星环五年,士无蕴色。年丰岁稔,家家有鼓腹之欢;水治洪波,户户有陪收之业。因兹得众之次,钦慕良缘。劝乐善以倾公,慕贤良而访导。乃见当镇佛刹,毁坏多年;往来巡游,不生渴仰。割舍资具,诱化诸贤。崇修不替于晨昏,专心不离而制作。门楼新架,宝刹重添,四廊梁栋而创新,绘画不俸于往日。就中偏舍,重发胜心。于殿上门额画某变相,东壁画文殊师利并侍从,并以周毕。若乃金轮展转,相好三身;百亿如来,疑从会集。种彩庄饰,朱艳唇端;八十仪容,分明了了。龙天八部,光影后从;小界声闻,熙怡来集。散华童子,持宝盖以来迎;天女持花,应吉祥而含喜。早朝稽颡,直为人民;夜设明灯,侍凭于佛力。修建功毕,联赞数行。伏愿龙天八部,降圣力而护边疆;护界善神,荡千灾而程应瑞。河西之主,永播八方。神理加持,四时顺序。南谷洪水,山涌泉波。玉女圣神,长垂哀念。已躬吉庆,转见获安。合镇官寮,长承富乐。应有亡魂幽识,得嚼弥陁佛前。各自宗亲,共保长年益算。狼烟罢灭,小贼不侵。路人唱太平之歌,坚牢愿千年不坏。偶因题标之次,略记岁年,用留遐迹。

按：本文选自《全唐文补遗》第九辑(三秦出版社 2007 年版)。

河西节度使司空造佛窟功德记

佚 名

厥今广崇释教,固谒灵岩。舍珍财于万像之前,炳金灯于千龛之内。炉焚百宝,香气遍谷中,朔旦乐奏,八音妙响,遐通于林薮。国母圣天公主诣弥勒之前,阖宅娘子郎君用增上愿,倾城道俗设净信于灵崖,异域专人念鸿恩于宝阁者,有谁施作? 时则有我河西节度使司空,先奉为龙天八部,护塞表而恒昌;社稷无危,应法轮而常转。刀兵罢散,四海通还。疫疠不侵,挨抢永灭。三农秀实,民歌来暮之秋;霜疸无期,誓绝生蝗之患。亦愿当今帝主,等北辰而永昌;将相百寮,应五星而顺化。故父大王神识,往生菡萏之宫,司空宝位遐长,等乾坤而合运。天公主小娘子,誓播美于宫闱,两国皇后乂安,比贞松而莫变。诸幼郎君昆季,福延万春,都衙等两班官寮,输忠尽节之福会也。伏惟太保云云加以割舍珍财,敬造大龛一所。其窟乃雕文克漏,绮饰分明,云云。是以无上慈尊,疑兜率而降下,每闻庆喜,等金色以熙怡。四天大王,排彩云而雾集;密迹护世,乘正觉以摧邪。药师如来,应十二之上愿;文殊之像,定海难以济危。普贤真身等,鹫峰之胜会,阿弥陁则西方现质。东夏化身,十念功圆,千灾殄灭。不空罥如意轮菩萨,疑十地以初来;小界声超六通之第一,八部龙神,拥释梵于色空。天仙竞凑于云霄,宝树光华而灿烂。上来变相(下残)

按：本文选自《全唐文补遗》第九辑(三秦出版社 2007 年版)。

张潜建和尚修龛功德记

佚 名

盖闻荡荡三身,影现婆娑三界;明明四智,炳六趣之重昏。沃法雨而火宅温清,拔樊笼而波停黄海。至尊千力,难思者哉。厥此龛也,则有金光明寺苾刍僧,俗姓张,法号潜建,与普光寺妹尼妙施,共镌饰也。其大德乃应法披缁,精修不倦。护鹅珠而无玷,孚草继之高踪。无为之理聿修,有为之功莫驻。妹尼妙施,习莲花之行,慕爱道之风。遮性皎而无瑕,寂照悬而颖悟。兄唱妹顺,罄舍房资;妹说兄随,贸工兴役。既专心而透石,誓志感而随通。不逾数稔,良工斯就,内素并毕。若乃相好千尊,苑然虚洞。十方大士,方丈重臻。朱轩映重阁而焜煌,旭日对金乌而争晶。使福兹于考妣,遂证无生。动植沾恩,感登彼岸。蔑无文记,曷表殊功。略述片言,用旌胜事。其词曰:

　　大圣雄尊,化迹多门。高明四智,下晓重昏。慈云暖瓘,法雨霏霏。三乘方便,舟济泛沦。苾呵潜建,量达超群。白珪无玷,玉洁贞淳。妹尼妙施,轨范严身。埃尘不染,克意修真。兄随妹顺,思报四恩。罄舍真财,贸招工人。镌龛图素,罄设云练。宗亲考妣,福荐明魂。迎兹片善,沾洒无垠。宣毫藏事,万岁千春。劫石拂而有尽,兹福海而长存。

按: 本文选自《全唐文补遗》第九辑(三秦出版社2007年版)。

张安三父子敬造佛堂功德记

佚 名

窃闻刹号庄严,雕七珍而成梵宇;方称极乐,敷百宝之仙宫。八定高楼,映珠莹而煜彩,曳珠网于禅林;三空妙阁,绫宝殿以通晖,解金绳于佛地。佛法大海,信心能入;功德宝山,信手能取。是知取求大果者,非信无以造功德。厥有信士张安山父子,倾心真境,志慕善因。思福润之良田,求当来之胜果。悟四大非坚,体无上乘之可托。遂割舍资财,谨依敦煌里自庄西北隅阴施主僧慈惠、龙应应地角敬造佛堂两层一所。下层功德未就,上层内□□塑释迦牟尼并侍从,阿难、迦叶、二菩萨及二天王等各一躯,并塑绘功毕。东西二壁画文殊、普贤并侍从,兼画天龙八部并侍从。北壁画大声闻圣众,屋顶四隅各画□□□王。四面各画阿弥陀如来、观音势至,顶伞徘徊。如帝释献其宝,尽佛神通。遍三界而普覆,而上功德分,并已功毕。先用资过往亡灵,神生净土,见佛闻法,永离三涂八难,超升菩萨彼岸。现存居眷,九横不□,□□不兴,世荣不绝。法界众生,俱沾福分。□佛堂两道则及佛堂门,开荒地两畦,共二亩。西至王曹三,东至井,南至阴进进,北至阴悉□□思。又于地泽南坎麻潢壹所,且上居业,并是安三劳力开荒,永充供养。亦非他人地分,若有侵摽人□,愿生生世世,三途受报。

按: 本文选自《全唐文补遗》第九辑(三秦出版社2007年版)。

报恩吉祥之窟记

佚 名

窃以桂生方寸，即有凌霜之气；兰芽未发，便对芬郁之芳。岂将凡卉比其贞馥者矣。

厥有季代宗子，法号镇国者，天生骏骨，神假精灵。风调与众有殊，雅量亦将难匹。奇能降世，权受入时。待达资身，恭谦立志。敬上有昏定之美，爱下无荆悴之受。仗义依仁，轻生贵士。弱冠涉俗，干橐超群。长乃寻缁，庶几越世。遂使往举远震，台相追随，面辅南朝，俸对无间。虽复王侯顾遇，庶士钦崇。想鹰足而长啼，望仰云而便细。悟势禄而痱疿之患，杖锡涉险而孤骰。则桑梓是毕礼之涂，养性婆娑。歌陇亩则麟之一角，人之一毫，未足俦矣。然每叹高祖之帝德，仰视而不及；思先贤之盛事，侧听而无声。耿介长鸣，潜形饮气。时属黎甿失律，河石尘飞，信义分崩，礼乐道废。人情百变，景色千般。呼甲乙而无闻，唤庭门而则诺。时运既此，知后奈何。软人善别瑞玉，遇之世而不贫；妙达时机，在拘系而无虑者，则君子之中融也。非但父之利智，其子比□志坚者，亦贞明益代，聪睿绝伦。有月角之美容，辅山岳之奇貌。出入帝阙，恭奉国师；典御一方，光只四辰。则以慕祖宗之贞，不坠于家风；领孝悌之徒，修身于后代。其氾氏之戚里，盖乃金枝玉八，帝子帝孙。与盘石而连基，共维城而作固。虽今来古往，而小山之桂独存；道德相仍，大王之风无焚矣。公卿侯伯，并戟于碑铭；秀士儒林，预标于前史。显古人之名德，未贺鞠香之深恩。尔乃自惟罪盟，严荫早达；孝感无微，慈颜永隔。哀哉！父母生我劬劳，欲报之恩，唯杖景福。是以捐资身之具，罄竭库储，委命三尊，仰求济拔。遂于莫高胜境，接飞檐而凿岭，架云阁而开岩。其龛化成，粉壁斯就。富场塑毗卢像一躯，并八大菩萨，以充侍卫。并庄缋丽，绚彩鲜明。若紫电而映丹霞，如乌轮而沉碧沼。圆镜内净，拥现大千；性智外融，光润百亿。□□上资七代，下益五枝。卓识成形，皆获斯庆。其词曰：

> 天中静天，务总良田。一心正定，众晕息扇。恒羁意马，永系情获。理存戡拔，广度无边。其一三峣雪迹，众望所钦。岩高百尺，河阔千寻。岫吐异色，鸟卉奇音。见善思及，易地布金。其二居然待达，历代衣冠。三皇之裔，五帝之前。孝哉宗子，邈与先贤。传芳万代，祚继千年。其三（下阙）

按：本文选自《全唐文补遗》第九辑（三秦出版社 2007 年版）。

莫高窟功德记

佚 名

叙曰：龙沙厥有弟子释门僧政、临坛供奉大德、阐扬三教大法师、赐紫沙门香号愿清,故父左马步都虞候、银青光禄大夫、检校国子祭酒、兼御史中丞、上柱国安定梁幸德在日,偶因巡礼,届此仙岩,层层启愿,凭凭燃灯,惟忏祷祝。遇见积古灵龛壹所,并乃壏坏。曰:睹真容而路坐,且英风怀,观□画而□长胜日。遂使虔诚恳意,抽减资贿,心愿难违,不生反退。当命巧匠,遍觅良材,不计多年,便成□檐。

出门之两颊绘八大龙王及毗沙门神赴那吒会,南北彩画普贤、师利并余侍从,功毕。其画乃龙王在海,每视津源,洒甘露而应时,行风雨而顺节。毗沙赴会,于时不来。□陁那吒,案剑而待诛,闻请弥陁心欢喜。文殊师利,流补东方,镇华夏而伏毒龙,住清凉而居山顶。普贤菩萨,十地功圆,化百种之真身,利十方之法界。更有题邈未竟,父入秦凉,却值回时,路逢国难。破财物于张掖,害自己于他方。不达本乡,中涂殒殁。子僧政愿清、法律道琳等,念劬劳之厚德,释□补之深恩。于宜秋之本庄上创建浮图一所,塑画功毕,又窟上再立题邈。使愿国安民泰,郡主千秋,四路和平,保无康吉。亦愿先亡考妣往西宫,见在枝罗同沾胜益。琳忝无智德,每愧贤良,不度寡词,聊申颂曰:(下残)

按:本文选自《全唐文补遗》第九辑(三秦出版社 2007 年版)。

五台山行记

佚 名

(上阙)于大安寺下。其寺前有五凤楼,九间大殿,九间讲堂,一万斤钟。大悲院有铸金铜大悲菩萨四十二臂,高一丈二尺。修造德功主大德内殿供奉慧胜大师、赐紫澄滟、弥勒院主内殿供奉净戒大师赐紫澄漪。次有经藏院,有大藏五千六百卷经并足。文殊院有长讲维摩经座主继伦。门楼院有讲唯识论、维摩经、造药师经独座主道枢。寺后有三学院,内长有诸方听众,经律论进业者,共八十人。院主讲唯识论、因明论、维摩经,六时礼忏,长着布衣,不见夫人娘子。有寺主大德赐紫,讲维摩经及文章怀真。药院有长讲法花经,六时礼忏,着布衣。□□五月廿一日从北京出,至白杨树店冯家宿,计五十里。千□五月廿二日到大於店卢家柏宿,计七十里。五月廿三日到忻州南赵家店,六十里。廿四日从忻州行至定相(襄)县,四十里,张家宿。廿五日从定相起至台山南门建安尼院宿,计四十里。文殊堂后殿大榆树两个。廿六日从建安尼院起至大贤岭,四十里。兼过山名思良岭。又到佛光寺,四十里。廿七日夜见云灯十八遍现,兼有大佛殿七间,中间三尊,两面文殊普贤菩萨。弥勒阁三层七间,七十二贤,万菩萨,十六罗汉,解脱和尚真身塔、镤子骨、和尚塔,云是文殊、普贤化现。常住院大楼五间,上层是经藏,于下安众,日供僧五百余人。房廊殿宇,更有数院,功德佛事极多,难可具载。从廿九日佛光寺起至,又至圣寿寺,尼众所居,受斋食相去十里,斋竟,又行十里至福圣寺,有(下残)

按:本文选自《全唐文补遗》第九辑(三秦出版社 2007 年版)。

重建开元寺记

五代·黄 滔

【提要】

《泉州开元寺志》(民国十六年本)。

开元寺位于泉州市鲤城区西街,该寺创建于唐垂拱二年(686),初名莲花道场,武周天授三年(692)为兴教寺;唐神龙元年(705)改额龙兴,开元二十六年(738)更名开元寺。到黄滔为《记》的乾宁四年(897)时已经破败不堪了。

"初,仆射太原公以子房之帷幄布泉城",黄滔说,王潮"割俸三千缗,鸠工度木,烟岩云谷之杞梓梗楠。投刃以时,趋功以隙。食以月粟,付以心倕。不期年而宝殿涌出,栋隆白绮,梁修新虹。八表四隅,悉半乎丈。柱盛镜础,方珪丛斗。楣承蟠螭,飞云翼拱。文橑刻桷,缪轕权枒。或经纬以开织,或丹臒而缬耀。晶若蟾窟,丛如鳌背。"其至"风夏触而秋生,僧朝梵而谷应"。

王潮(846—897),原名王审潮,字信臣,光州固始(今河南固始)人,王潮生于唐武宗会昌六年(846),琅琊王氏士族。中和五年(885)随王绪转战福建,因王绪多疑好猜忌,遂发动兵变,囚王绪。次年(886)攻占泉州(今福建泉州),被福建观察使陈岩任命为泉州刺史。陈岩死后,王潮命堂弟王彦复、弟王审知攻福州(今福建福州),唐昭宗景福二年(893年)攻克。其后逐渐占领今福建省全境,先后受封为福建观察使、威武军节度使。

后来,王审知接替王潮,自称福建留后,上表告知朝廷。嗣位后,朝廷升福州为武威军,任命王审知为武威军节度使、福建观察使,后升迁至检校太保、同中书门下平章事,封琅琊王。王审知是五代十国时闽国建立者。在位期间(897—925),为人节俭,礼贤下士。又设学四门,以培养闽中优秀学士。招揽海中蛮夷前来经商;他崇佛,修建包括开元寺、鼓山涌泉寺在内的诸多寺庙。

开元寺到了宋代有支院百余所,元世祖至元二十二年(1285)并为大开元万寿禅寺。元末寺焚毁,明洪武年间重建。现存主要庙宇系明、清两代修建。占地面积78 000平方米,中轴线自南而北依次有:紫云屏、山门(天王殿)、拜亭、大雄宝殿、甘露戒坛、藏经阁。东翼有檀越祠、准提禅院;西翼有功德堂、水陆寺;大雄宝殿前拜亭的东、西两侧分置镇国、仁寿(俗称东、西塔)两石塔。东塔名镇国塔,始建于唐咸通六年(865),屡毁屡修,后改建为砖塔。至宋嘉熙二年(1238)再改砖塔为石塔,后经十年续造方才完成。东塔通高48.24米。西塔名仁寿塔,始建于五代梁贞明二年(916),初名无量寿塔,北宋政和四年(1114)奏请赐名"仁寿塔"。初为木构,十年间亦屡毁屡建,改为砖塔,后易砖为石。西塔通高44.06米,略低于东塔。

混沌死而天地生[1]，道德销而仁义作。情军业网[2]，始脉旋波。天谓洛龟河龙[3]，文有生而不文无生，乃产金圣人于西国[4]，钻智慧火，乾烦恼海，理不吾吾[5]而一贯生生。其姿电燿于周室，其波派漾于汉代[6]。由是馆移鸿胪，城崇白马。斯有寺之始也[7]。

寺制，殿象王者之居，尊其法也。其后金地莲扃，周旋四海[8]，乌飞兔走，或故或新。至如神运之灵莫灵矣，亦靡得而岿然。则我州开元寺佛殿之与经楼钟楼，一夕飞烬，斯革故鼎新之数也。初仆射太原公以子房之帷幄布泉城[9]，以叔度之袴襦纩泉民[10]，而谓竺乾之道[11]与尼聃鼎[12]，宜根乎信而友乎理。矧开元阙宇[13]，五十载之圣容，实寺之冠。洎帅闽也，愈进其诚。缮经三千卷，皆极越藤之精[14]，书工之妙。驾以白马十乘，送以府僧，迎以郡僧，置兹之楼。既而（阙四字），蜀雨不飞，识者以为物之尤，罕留于世。敬之至，必动乎神，是必为地祇所搜，龙宫之索。不然者，曷与斯故新之数期[15]。厥理则明，我宜悄然不已。

仲弟检校工部尚书[16]为兹郡之秋也，武则拍孙吴之背[17]，文则席夏商于前，而复龙虎之内，以埙以篪，大耸孟龙之旨[18]。乃割俸三千缗，鸠工度木，烟岩云谷之杞梓梗楠[19]。投刃以时，趋功以隙。食以月粟，付以心倕[20]。不期年而宝殿涌出，栋隆曰绮，梁修新虹；八表四隅，悉半乎丈；柱盛镜础，方珪丛斗[22]；楣承蟠螭[23]，飞云翼拱；文橉刻桷，缪辖权牙[24]。或经纬以开织，或丹艧而缬耀[25]。晶若蟾窟，岌如鳌背[26]。风夏触而秋生，僧朝梵而谷应[27]。升者骨冰，观者目波[28]。

而五间两厦，昔之制也。自东迦叶佛、释迦牟尼佛，左右真容；次弥勒佛、弥陀佛、阿难、迦叶、菩萨卫神，虽法程之有常[29]，而相貌之欲动。东北隅则揭钟楼，其钟也新铸，仍伟旧规；西北隅则揭经楼，双立岳峰，两危蹇云[30]，东瞰全城，西吞半郭。霜韵扣而江山四爽，金字骈而讲诵千来。是知天地日月，鬼神不欲一存其物，将有待于后人也。设使斯殿也，斯楼也，不有之故，其何以新？我公之作为之，其何以布之哉！三略六韬[31]，流通具多。戈霜剑雪，为甘露洁，信英智之所措也。

既毕召化内之缁锡，数迈于千斋而落之[32]。累中慈云五色，慧日重轮，谈者以为梵天之宇[33]化于是矣，灵山之会俨于是矣。

我公之倅试大理评事[34]，宋君曰骈，才推博古，识洞真如。请立贞珉[35]，垂于不朽。公以小儒不佞，俾刻斯文。僧正临坛[36]大德僧宣一，桑门之关楗者。曰："寺有记，亡之矣。垂拱二年[37]，郡儒黄守恭宅[38]桑树吐白莲花，舍为莲花道场。后三年，升为兴教寺，复为龙兴寺。逮玄宗之流圣仪也，卜胜无以甲兹，遂为开元寺焉。尝有紫云覆寺至地，至今凡草不生其庭。大矣哉！自垂拱之迄开元，四朝而四易号[39]，及（阙文）。谅兆水于木，垂云薙草[40]，天启地灵之如是。则开元实寺之冠，斯文冠开元焉。金圣人无为也[41]，尧舜亦无为也。诚参错其道，巍巍圣仪，永与诸佛如来俱，岂不其然？"愚是以奋笔于一公之说。

乾宁四年[42]丁巳冬十一月日记。

【作者简介】

黄滔(840—911),字文江,莆田(今莆田荔城区)人。坎坷试场 20 年方于唐乾宁二年(895)中进士。唐光化二年(899),为四门博士。一年后,避乱回闽。唐天复元年(901)起,黄滔应主持闽政的王审知征聘并得到重用,官至监察御史里行、威武军节度推官,历时八年,闽地成为唐季乱世间较为安定的区域。其时北方战乱,中原名士李洵、韩偓等人纷纷来闽,黄滔应命与文士以礼相待、和诗论文,使闽地文风大振。他也被誉为"福建文坛盟主"、闽中"文章初祖"。

【注释】

[1] 混沌:古代传说中指世界开辟前元气未分、模糊一团的状态。

[2] 情军:谓七情六欲之人。业网:佛教语。谓业力如网罩人不可逃脱,故称。

[3] 洛龟:指传说中大禹治水时,自洛水而出、背负洛书的神龟。河龙:古代传说中的黄河龙马。

[4] 金圣人:指释迦牟尼。

[5] 吾吾:疏远貌。

[6] 沍漾:俱为水名。此犹延被润泽。

[7] 鸿胪:官署名。《周礼》官名有大行人之职,秦及汉初称典客,景帝六年(前 151),更名大行令,武帝太初元年,改称大鸿胪,主掌接待宾客之事。东汉以后,大鸿胪主要职掌为朝祭礼仪之赞导。北齐始置鸿胪寺,唐一度改为司宾寺,南宋、金、元废,明复之,清沿置。白马:即白马寺。白马寺位于河南洛阳老城以东 12 公里处,创建于东汉永平十一年(68),为中国第一古刹,世界著名伽蓝,是佛教传入中国后兴建的第一座寺院,有中国佛教的"祖庭"和"释源"之称。现存的遗址古迹为元、明、清时所留。

[8] 金地:借指佛寺。莲扃:莲花锁钥。谓佛寺。

[9] 子房:即张良(约前 250—前 186),字子房,颍川城父人。秦末汉初杰出的谋士、大臣,与韩信、萧何并称为"汉初三杰"。刘邦评价说:"夫运筹策帷帐之中,决胜于千里之外,吾不如子房。"

[10] 叔度:汉廉范字。范为名将廉颇的后代。《后汉书·廉范传》:"建初中,迁蜀郡太守……旧制禁民夜作,以防火灾,而更相隐蔽,烧者日属。范乃毁削先令,但严使储水而已。百姓为便,乃歌之曰:'廉叔度,来何暮? 不禁火,民安作。平生无襦今五绔。'"后用以赞颂为百姓谋福利的官员。

[11] 竺乾:佛,佛法。

[12] 尼聃:儒家创始人仲尼和道家创始人老聃的并称。

[13] 矧:音 shěn,况且。

[14] 越藤:越地产藤可造纸,质佳,因用以指好纸。

[15] 数:此指日子。期:谓契合。

[16] 仲弟:指王潮的弟弟王审邦。乾宁四年(897 年),检校工部尚书王审邦重建开元寺。

[17] 孙吴:春秋时孙武和战国时吴起的并称。此指武将。

[18] 龙虎:喻英雄俊杰。埙篪:皆古代乐器,二者合奏时声音相应和。因常以之比喻兄弟亲密和睦。《诗·小雅·何人斯》:"伯氏吹埙,仲氏吹篪。"

[19] 杞梓:杞和梓。两种优质的木材。楩柟:黄楩木与楠木。皆大木。楩:音 pián。

[20] 心倕：泛称巧匠。

[21] 臼绮：谓栋宇的样子就像绮丽的覆在那里、中间凹下的臼。

[22] 镜础：谓盛柱子的石础如镜子一般光亮润泽。方珪丛斗：谓斗拱的咬合纷繁密致。

[23] 蟠螭：音 pán chī，盘曲的无角之龙。常用作器物的装饰。

[24] 榱桷：音 cuī jué，屋椽。轇轕：音 jiāo gé，纵横交错。权枒：参差交错貌。

[25] 缬耀：谓金花闪耀。缬：音 xié，一种印花锦。

[26] 蟾窟：犹蟾宫。月宫，月亮。鳌背：借指大海。

[27] 朝梵：早晨的佛事。

[28] 骨冰：谓殿宇的梁架(色泽)纯净冰洁。目波：谓目光流盼如水波。

[29] 法程：法则，程式。

[30] 蜃云：蜃气。谓楼高。

[31] 三略六韬：兵书名。即旧题秦黄石公撰的《三略》与托名姜太公撰的《六韬》。后借指兵书，兵法。

[32] 缁锡：缁衣锡杖。僧人所用。借指僧人。千斋："千僧斋"的简称。指供养千僧的斋会。

[33] 梵天：佛经中称三界中的色界初三重天为"梵天"。其中有梵众天、梵辅天、大梵天。多特指"大梵天"，亦泛指色界诸天。

[34] 倅：音 cuì，副。

[35] 贞珉：石刻碑铭的美称。珉：音 mín，像玉的石头。

[36] 僧正：僧官名。北朝十六国之后秦始立，统管秦地僧尼。南朝历代亦设。唐以后于州立僧正管理地方僧尼事务。临坛大德：唐乾封二年(667)，道宣于长安净业寺建立戒坛，其制：凡三层，下层纵广二丈九尺八寸，中层纵广二丈三尺，上层晏方七尺。其高度下层三尺，中层四尺五寸，上层二寸，总高七尺七寸；四围上下有狮子神王等雕饰(《戒坛图经》)。到唐代宗永泰元年(765)，命长安大兴善寺建方等戒坛，所需一切官供。又命京城僧尼各置临坛大德僧人，永为常式。临坛大德之设始此(《僧史略》下)。会昌、大中年间(841—859)以后，临坛大德渐渐遍布全国。当时还有内临坛(宫中戒坛)、外临坛(一般寺内戒坛)大德及内外临坛大德之称。

[37] 垂拱二年：公元 686 年。垂拱：武则天年号，公元 685—688 年。

[38] 黄守恭(629—712)：字国材，号一翁。少习诗书，博通经史，时称"郡儒"。初事货殖，后务农桑，辟桑园周围七里，田叁佰陆拾庄。成为名闻遐迩的庄园主。扶贫济困，乐善好施，献桑园宅建寺。因有桑开白莲花之瑞，初名白莲应瑞道场，后改称莲花寺。开元年间改名"开元寺"(即今泉州开元寺)。如今，这棵曾开白莲的古桑仍在开元寺，大可合抱，树头主干已裂为三叉，虬干龙盘。

[39] 四朝：指武则天、唐中宗李显、唐睿宗李旦及唐玄宗李隆基朝。

[40] 原注：谓桑莲之与云草。

[41] 金圣人：指释迦摩尼。

[42] 乾宁四年：公元 897 年。乾宁：唐昭宗李晔年号，公元 894 年—898 年。

重修开元寺记

明·黄凤翔

今两都盖有朝天宫,云神坛像设[1],俨然于上。而黄冠者流,日灵承奔走焉[2]。每岁时嵩祝之辰,则冠绅佩玉,云渠辐辏[3]。文武吏、各东西卿,大行设九宾胪句传,百官执职,传警诸所[4]。为趋跄升降之度[5],唱赞导从之节,一与殿廷不异。

夫叔孙通之起汉制也[6],为绵蕞习诸野外[7]。汉帝临观,令群臣肄习[8],彼何其委诸草莽也。乃知后王之制,备且详矣。虽其因之事,亦义起吾郡。

开元寺建自唐垂拱间,白莲呈瑞[9],脍炙人口。厥后次第营拓,区院之庄严,浮屠之峻丽,屹然为城西巨镇。而有司习朝贺仪者诣焉,此与两都之朝天宫,秩在典籍岂殊哉!年所多历,日就颓毁。故檀越乔孙宪副[10]、同安黄君,斥财鸠众,稍稍修葺之。而紫云正殿,工巨费繁,力寄群缘,势难独任也。

郡侯合肥窦公,以嵩祝诣寺,睹其哆剥不治[11],仅蔽风雨,则怵然骇曰[12]:"天威咫尺之谓何?乃有司徒尔玩视也[13]。"逐厚捐为倡,而郡丞清江杨公、别驾海盐陆公、司理江宁卜公、晋邑侯清远徐公、南邑侯东莞袁公,舍俸佐之,郡士民亦慕义响应焉。凡八阅月,而工告峻。

时窦侯将以入觐,行矣诸耆老方相率祈佛,冀谐所愿。谓兹盛举也,宜有纪,而嘱笔于余。余谓:"如来示法以无为宗,其吾儒名教,犹之苍与素,燕与越然。顾夫幡幢之供设,梵呗之赞颂,所昕夕虔祷,展敬于空王者,厥礼一何重哉[14]!数百年高皇帝纶音在焉,而诸司遥祝之仪,俯偻于剥栋颓楹之下[15]。彼奉空王者,计画无复之耳。而北面称臣子奚为者也,此窦公所为击目而心悚也[16]。公方洁明仁修举废坠,如学宫,如尊经阁,如紫阳书院,如南溪石梁,皆捐俸营之。不以烦闾阎寸镪[17],兹特其一云。"余既纪乎其事,而系以诗曰:

银丞遥度,须弥撑峚[18]。国号毗尼,天曰兜率。弄土为城,编茅覆佛。
积缕满千,贸花贡秝[19]。发彼私愿,更无长物。瑶坛之祝[20],天子万年。
冠裳萃止[21],岁时有虔。尊胜弗饬,礼敬虚悬。戒律具严,贪为悭缘[22]。
吾儒之教,亦复如然。懿哉郡侯,凭熊分虎[23]。香风慈云,慧日化雨。
性根善提,泽庇宁宇。楠陛肃趋,枫宸在睹[24]。爰需檀施,成兹义举。
净财递委[25],凡众齐心。露澄绀井,霞映鸡林[26]。层甍迎日[27],莲座凝荫。
令辰崇典,天鉴如临。济济翼翼[28],以莫不钦。海国腾欢,群黎戴德[29]。

颂公佳绩,胜彼佛力。兼生其共,垂范罔极。爰勒岘碑[30],永镇宝域。恒沙有尽,贞珉弗泐[31]。

万历二十八年,岁在庚子秋八月立石[32]。

【作者简介】

黄凤翔(1538—1614),少名凤羾,字鸣周,号仪庭,晚号止庵,别号田亭山人,福建泉州人。隆庆二年(1568),中进士第二名,初授编修,后升为修撰,纂修会典。明万历五年(1577)始,黄凤翔数次参与、主持会试。升右中允、南京国子监祭酒、北京国子监祭酒。万历十七年(1589),升礼部右侍郎,兼翰林院侍读学士,官终南京礼部尚书。有《嘉靖大政记》《嘉靖大政编年录》《田亭草诗集》《续小学》《异梦记》等,主持编纂万历《泉州府志》。

【注释】

[1]像设:《楚辞·招魂》:"天地四方,多贼奸些,像设君室,静闲安些。"朱熹集注:"像,盖楚俗,人死则设其形貌于室而祠之也。"蒋骥注:"若今人写真之类,固有生而为者,不必专指死后也。"后称所祠祀的人像或神佛供像为"像设"。

[2]黄冠:黄色的冠帽,多为道士戴用。灵承:善于顺应;聪明,灵慧。

[3]嵩祝:常作"嵩呼"。汉元封元年春,武帝登嵩山,从祀吏卒皆闻三次高呼万岁之声。事见《汉书·武帝纪》。后臣下祝颂帝王,高呼万岁,亦谓之"嵩呼"。冠绅佩玉:指百官。冠绅:戴帽束带。比喻仕宦。佩玉:佩挂玉饰。借指百官。

[4]九宾:古代外交最隆重的礼节,有九个迎宾赞礼的官员延引上殿。胪句传:即"胪传"。专指传告皇帝诏旨。执职:持旗。

[5]趋跄:形容步趋中节。古时朝拜晋谒须依一定的节奏和规则行步。亦指朝拜,进谒。

[6]叔孙通:生卒年月不详。别名叔孙何,薛县(今山东滕州)人,初为秦待诏博士。入汉,为博士,号稷嗣君。刘邦统一天下后,下令废除秦的仪法,代以简易的规范,但又厌于君臣礼节不严。叔孙通得知便自荐制定朝仪,采用古礼并参照秦的仪法而制礼,召儒生与其共订朝仪。高祖七年(前200),长乐宫成,诸侯王大臣都依朝仪行礼,次序井然。因功拜奉常,其弟子也都进封为郎。高祖九年,为太子太傅。十二年,刘邦欲废太子刘盈,通以不合礼仪劝阻,高祖听从了他的意见。惠帝即位后,使制定宗庙仪法及其他多种仪法。司马迁尊其为汉家儒宗。

[7]绵蕞:亦作"绵莥"。《史记·叔孙通列传》:叔孙通欲为汉高祖创立朝仪,使征鲁诸生三十馀人,叔孙通"遂与所征三十人西,及上左右为学者与其弟子百馀人为緜蕞野外",习肄月馀始成。按:引绳为"緜",束茅以表位为"蕞"。后因谓制订整顿朝仪典章为"绵蕞"或"绵莥"。蕞:音 zuì,古代演习朝会礼仪时捆扎茅草立放着用来标志位次。引申为丛聚貌。

[8]肄习:犹练习,预演。肄:陈列、陈设。

[9]垂拱:唐睿宗李旦年号,但实际上是武则天操纵朝政,睿宗无实权。一般算作武则天的年号。公元 685—688 年。

[10]檀越:梵语音译。施主。裔孙:远代子孙。宪副:明代称按察副使为宪副。明万历二十二年(1594),泉州开元寺僧通楫、通全与里人陈实、赵用赞等人,请求云南副使黄文炳(黄守恭裔孙)出面,呈报观察使杨乾铭,要求将军匠及其眷属从寺中驱出。道光《晋江县志·开元

寺》载:"万历(1573—1620)间,守恭裔孙、参政文炳(云南副使)增修,郡守合肥窦公复捐修正殿。"

[11] 陊剥:破败剥蚀。陊:音 duò,古同"堕"。

[12] 怒然:忧思貌。怒:音 nì,忧郁,伤痛。

[13] 徒尔:徒然,枉然。玩视:犹忽视,轻视。

[14] 幡幢:指佛、道教所用的旌旗。从头安宝珠的高大幢竿下垂,建于佛寺或道场之前。梵呗:佛教谓做法事时的歌咏赞颂之声。昕夕:朝暮。谓终日。空王:佛教语。佛的尊称。佛说世界一切皆空,故称"空王"。

[15] 高皇帝:指朱元璋。洪武三十一年(1398),朝廷有旨,选派曹洞宗名僧正映住持泉州开元寺,谕曰:"著他去做住持。如今做住持难,善则欺侮尔,恶则毁谤尔。但清心洁已长久。钦此。"纶音:犹纶言。帝王的诏令。俯偻:低头曲背。

[16] 心悚:犹心惊。悚:音 sǒng,恐惧。

[17] 闾阎:本义里巷内外的门。后多借指里巷。此借指平民。镪:音 qiǎng,钱串,引申为成串的钱。后多指银子或银锭。

[18] 遥度:犹远渡。须弥:须弥山。原为古印度神话中的山名,后为佛教所采用,指一个小世界的中心。山顶为帝释天所居,山腰为四天王所居。四周有七山八海、四大部洲。崒峍:音 lǜ zú,高耸貌。

[19] 馝:音 bì,香气浓烈。借指香花。

[20] 瑶坛:用美玉砌成的高台,多指神仙的居处。

[21] 萃止:聚集。止,语尾助词。

[22] 悭:音 qiān,吝啬。

[23] 凭熊分虎:指泉州地方官府将军人从寺庙中清理出去的行为。

[24] 栴陛:谓旃檀香木做的台阶。栴:音 zhān,檀香。一种常绿乔木。枫宸:宫殿。宸:北辰所居,指帝王的殿庭。汉代宫庭多植枫树,故有此称。

[25] 递委:传送委派。

[26] 鸡林:指佛寺。唐王勃《晚秋游武担山寺序》:"鸡林俊赏,萧萧鹫岭之居。"蒋清翊注引《佛尔雅》:"鸡头摩寺,谓之鸡园……昔有野火烧林,林中有雉,入水渍羽,以救其焚。"

[27] 层甍:指高楼的屋脊。甍:音 méng,屋脊。

[28] 济济:整齐美好貌。翼翼:庄严雄伟貌。

[29] 群黎:万民,百姓。

[30] 岘碑:即"岘山碑"。晋羊祜任襄阳太守,有政绩。后人以其常游岘山,故于岘山立碑纪念,称"岘山碑"。

[31] 泐:音 lè,石头依其纹理而裂开。

[32] 万历二十八年:公元 1600 年。万历:明神宗朱翊钧年号,公元 1573—1620 年。

重兴尊胜阁记

明·释元贤

开元之有尊胜,盖昉于黄氏之桑莲云[1]。按志,唐垂拱二年,州长者黄守恭昼梦僧乞其地为寺,守恭曰:"必须桑树产白莲乃可。"僧喜谢,忽失所在,见千手眼菩萨腾空而去。越二日,园中桑果产白莲。守恭即产莲处,建尊胜院,延匡护大师居之。有司以瑞闻,敕建莲华寺。后寺号屡更。至开元二十六年[2],始易今名。

寺之居广至一百二十院,而尊胜其肇基也。熙宁间[3],僧本观建大悲阁于其中。绍兴中灾[4],后更主者六,草创卑陋不称。至庆历四年[5],僧法暄改作新殿,郡缙绅梁克俊、李汔实合赞之。至正丁酉灾[6],戊戌僧法持重建。嘉靖间废,尽为告给者所有矣[7]。

崇祯五年壬申[8],寺僧戒瑝思本源之地不可不复,乃捐衣钵赎其故地。郡刺史烜奎陈公为主缘,由是众缘辐辏[9]。更创杰阁,上奉西方三大圣,而环周小屋,以便居守。越乙亥冬[10],始告成。规制弘敞,丹艧辉煌。尊胜之旧,复耸拔于云中矣。余以是冬开法紫云,乃登阁问故。凭吊之余,不能无遐思焉。

昔匡护大师,每夏讲《上生经》,辄致千人,非尊胜始祖乎?慎公法嗣慈明,见梦罗山,为禅者师,非尊胜十世孙乎?至于禅教律三宗,如麟如凤,出于世瑞者,不下三五十人,非尊胜之毓其秀,发其源乎!是尊胜者于周为潆,于汉为沛,梦观氏其知言哉[11]。

然今日之尊胜,地如故也,阁如故也,圆顶方袍亦如故也。观者犹以今古不相及为恨,其故何哉?抑余闻之故老,云昔尊胜兴,而寺由之以兴;尊胜替,而寺由之以替。是尊胜乃一寺之权舆也[12]。今尊胜复矣,英衲之鹊起[13],法音之雷震,可计日以待也。诸君其勉之,以应斯会。因援笔而为之记。

【作者简介】

释元贤(1577—1657),福建建阳考亭人。俗名懋德,字暗修,又字永觉,自号荷山野衲、石鼓老人。为明末清初高僧。万历二十五年(1597)中秀才。40岁弃家赴江西建昌(今江西南城)寿昌寺拜谒无明和尚,得其密授"顿悟成佛"的修行方法。此后匿迹建宁府(今建瓯)东荷山,深居自学十余年。元贤历主福州鼓山涌泉寺、泉州开元寺、余杭(今杭州)翠云庵、婺州(治今金华)普明寺等,名传闽、浙、赣三省。有《鼓山志》《温陵开元志》《永觉和尚广录》等。

【注释】

[1] 尊胜:尊贵,尊严。唐玄奘《大唐西域记·婆罗痆斯国》:"夫处乎深宫,安乎尊胜,不能静志,远迹山林,弃转轮王位,为鄙贱王行,何可念哉?"《法苑珠林》卷十五:"是故如来于天人中最为尊胜。"故后世常以尊胜指释迦牟尼佛。昉:音 fǎng,起始。

[2] 开元二十六年:公元 738 年。

[3] 熙宁:宋神宗赵顼年号,公元 1068—1077 年。

[4] 绍兴:南宋高宗年号,公元 1131—1162 年。绍兴中,开元东西两塔灾,至淳熙(1174—1189)而了性两建之。绍熙间(1190—1194),守净建资圣僧寺塔、嘉泰塔、继新塔、庙、岩、堂、庵、桥凡十有七;其与了性之建弥陀殿,创安溪龙津桥、晋江安济桥,盖功力相等云。

[5] 庆历四年:公元 1044 年。庆历:北宋仁宗赵祯年号,公元 1041—1048 年。按:"庆历"误,当为"庆元"。庆元:南宋宁宗赵扩年号,公元 1195—1201 年。考《永觉和尚广录》卷第十五,作:"至庆元四年,僧法暄改作新殿。"

[6] 至正丁酉:公元 1357 年。至正:元顺帝年号,公元 1341—1370 年。

[7] 告给:谓乞讨、流浪之人。

[8] 崇祯五年:公元 1632 年。崇祯:明思宗朱由检年号,公元 1611—1644 年。

[9] 辐辏:形容人或物聚集像车辐集中于车毂一样。也作"辐凑"。

[10] 乙亥:崇祯八年,公元 1635 年。

[11] 漦:音 chí,水名。朱骏声《说文通训定声》:陕西乾州武功县南有古漦城,疑其地有漦水。梦观:佛教从修行出发,对梦颇为重视,有"梦定""梦观法"等,来比喻描述万有实相。

[12] 权舆:起始。

[13] 英衲:谓才华杰出之佛徒。

附:息见阁记

元·释大圭

梦观堂之东斋为阁,其上牖而南焉,实分乎二宫之间。北宫高,而南宫有楼益高。面遮背拥,阁不有见,见不能远。凡山水草木城郭人物之盛,美秀蔚者,无一于前,因名其阁"息见"。

吾居岁不一二登,为吾徒者以吾所不登,亦不时登,以故阁为弃阁也。一日群来告去其阶者,吾闵然念焉。

夫物以无用弃,阁以庋诸物其用且南。卿而明求其为可弃者无得,徒以南北宫者,限无览玩之适弃之,不已过邪?今有载道之用,而知道之明,其所为有绝人者。且澹然无外物接群,高压之无所动其心,则以为无见而弃之可乎?吾于是重有所感焉。

古之人以见为妄,教人息之,则真者不求而致矣。而人乃逐逐于见,前趋疾驰之不暇,而暇真之求耶!今之去古之人远矣。吾生四十有七年,才卑智暗不适用,有愧乎阁者。方将登之,乐其静以老焉。不阁之得之幸,而阁之弃其得罪阁也。二三子用吾言无弃。

至正辛卯二月五日记。

【作者简介】

释大圭(1304—1362),俗姓廖,字恒白,号梦观,元代泉州人。其父廖休庵笃信佛教。及长大,大圭遵从父教,到泉州开元寺为僧,拜高僧广漩为师。有《梦观集》《紫云开士传》。

开元寺弥灾颂功德碑

明·蔡一槐

夫禅扃之废兴也,其有与立矣。今宇内二氏之区递废,其遄立者,非祝圣之坛,则讲艺之所也。其初藉虚渺以营之,而卒赖名教以不坠,孰谓礼之薄且乱乎?

吾郡诸禅,十八九湮,仅存紫云、月台二寺。紫云存者惟三刹,首为紫云殿,以紫云之祥而名,即今祝圣道场,次戒坛甘露井在焉,三清心洁已堂。按旧志,洪武二十六年寺圮。

太祖高皇帝特敕南都僧正映来住持,滨行,谕以清心洁已。映稽首南来,首建此堂而扁兹额,尊纶音也。方其盛也,百二支院,合为一区。梵呗精勤,戒律清严。

嘉、隆而来,渐以颓弛。王租僧房,半没豪右,所存仅三刹而已。戒器火药诸匠,复盘结其中。洁已堂下,百灶云屯,烬土山积。戒坛紫云旁庑,皆为寄食妻子之区。碓硳金铁之声,振动日夜。所造兵刃火攻诸具,荐陈无时。第令僧日夜寝食其旁,或佣人自盗,而苛责以偿直者有焉。夫以祝圣场宇,日动金戈之声;以慈悲庄严之地,千百凶器储焉。每圣诞圣节,诸臣冠冕佩玉,侧足伛偻于灶厂,尘土之旁,苟且终事,甚非所以妥皇灵而隆矩典也。

先时火药匠聚玄妙观,观毁,三十四人死焉。再聚月台山门廊,廊毁,二十余人死焉。乃入开元,亦火矣,督官林才等焚死,幸而寺僧扑灭,廊屋几希不烬。众鉴前灾,陈请当道。而诸匠业为奥区,不忍舍去,随告旋寝。

兹岁春夏魃雪,傍寺居民,回禄见梦。飞语传讹,人心惶惶,束装待窜。耆民陈实、赵用赞等,住持通楫、通全等,相率陈牒于观察乾铭杨公。惟公蒿目疴瘝,毅然独断,朝得牒夕驱诸匠出,尽斥厂舍。与郡守罗阳程公,议顿硝户铁匠于演武场,而择人烟不交之地以居。火药匠乃之旗纛庙,以秋移去。冬果火发,诸炮焰天,众匠与庙立尽,幸台高陡绝无附,故不延庐舍。使时而在寺也,万室缫络,枋肆辐集,其祸可胜言哉?观察公悯诸毙匠,厚加赈恤,而旁寺千家,咸神畴昔之异梦,衔二公之特恩,颂声载道,各相率捐助,再修开元以协成盛举。斯举也,存六百载之梵宇,活千百家之民命,其功令豫而德远矣。

诸僧重修,先祝圣坛场,次及两廊八十余间,后及戒坛洁已堂。厘弊兴废,象教俨然更新。民居遂得帖席。谣者咸谓:"二公之来,为紫云再出,甘露重降,实生我覆我也。"按郡志,寺地舍于黄守恭长者,有桑莲之异,今其云仍蕃衍布在四县。裔孙文炳,思水木之谊,霑生全之恩,因一方耆民之请,思为之献章,以传永久。且禅后来诸匠,毋复营入兹寺,以遗厉梗顾谓槐叔侄,实邻兹寺,其岍幪至近也。敬为之载笔，而记之颂。颂曰：

> 梵宇盛唐，浮屠宋季。楞严精疏，爰名兹寺。紫云在天，白莲在地。
> 屯虹履端，绵缀攸茬。呎尺天威，骏奔郡吏。中叶尘劫，大庐为祟。
> 雪山休粮，金界还缩。遂启诸佣，仗公蕴利。金铁飞精，火攻伏炽。
> 毫镜重辖，净域含垢。祝圣之辰，有虔孔疚。猗与杨师，观察退陋。
> 穆风既扇，周云斯覆。恺慈鸾祥，宪令狮吼。驯彼暴鳄，睠兹灵鹫。
> 咨尔和尚，同辞稽首。除戎不虞，回禄征咎。维公之仁，求瘼如身。
> 维令之肃，靡苛而速。恻然询谋，合德郡公。乃戒椷役，尽驱诸佣。
> 旷远人烟，高原之墭。祸蓄而燔，止于武宫。不徙之祸，倍数于东。
> 环寺西民，手额颂公。昔闻曲徙，称为上德。裡意修令，胜妖默默。
> 鳞鳞西偏，仁猷允塞。侔造神功，岂伊佛力。公即秉钧，内翊皇极。
> 豫斥凶残，以纠王愿。外寄九关，诘固封域。拆冲弭萌，以匡王国。
> 寺之檀祖，椒兰蕃息。黄氏令裔，附骥同陟。铭心不营，愿厥副墨。
> 诏之方来，以垂后则。

万历二十三年乙未季冬寺僧正派等立石。

【作者简介】

蔡一槐，生卒年月不详。字景明，福建晋江人，嘉靖三十八年(1559)进士。官至广东参议。道光《晋江县志·杂志上》引《耳谈》："晋江蔡公沙塘一槐，年六岁往姑夫家看灯，姑夫试以对曰：'元宵灯火满街衢。'即应声曰：'大地文章连斗柄。'后十四中乡试填榜矣。主考虑早达不成令器，故不以题名，而又令赴宴，次科十七始中。"又称："年少登科，又享眉寿，槐一人兼之。"

开元寺题壁

明·黄文炳

不佞炳初修开元，客有过者曰："盖闻而祖分四子四安也，瓜瓞绵繁。人文之贲，素封之资，腾于四社。夫流长者积必厚，以若祖之遗，夫岂无其大者，而必曰'舍宅为寺'。抑子孙光扬先德，志继事述，亦岂无其大者，而必曰'修寺'？切有请也。"

炳曰："唯唯否否。先祖舍宅寺，兹也且八百余年，未尝言德。乃吾子孙敢以德诬先人哉？顾寺为嵩祝之所，实西陌奥区，民舍栉比，不营千家。兵兴以来，硝冶二匠，以寺为肆，挈妻携孥，榴房蜂室，与僧杂居，几无寺矣！而硝冶一业，实为火祟。丽寺居民，回禄见梦，讹言朋兴，夕无宁寝。父老欲诉当道，惧不能胜。则惢悪不佞曰：'而祖德也,足下保而完之。'义曷辞？不佞不得已,为言于观察刺史诸公。业得请移匠,而后父老始遑眠食也。及旗纛火起,众以为妖梦是践,竞神其事,始议修寺。僧困力绌,无所措手,则以父老惢悪不佞曰：'而祖德也,抑绵蕞在是。足下继檀越而葺之。'义曷辞。不佞复不得已,聚族而谋。为之引其绪先谋所最急者,支其倾颓,补其罅漏,而他未遑也。凡不佞所为此者,皆出诸父老所惢悪,不佞无意也。虽然不佞有大惧矣,夫所修者十一于百耳。异日者子姓弟侄,谓吾祖实檀越是,而修又自吾族也。与僧竞尺寸之地,为私塾别墅,以充都人口实。曰是倚檀越为奸利,岂惟无所光于前人,且获戾焉。不佞何说之辞？"

　　既以语客,因书寺壁,使郡人知不佞修寺之意。且以语吾宗之与修是寺者,不必任以为德也。

　　万历丁酉秋日书。

【作者简介】

　　黄文炳,生卒年月不详。字肖源,福建莆田人。黄守恭裔孙。嘉靖十四年(1535)进士。曾官陕西参政。曾率众修复开元寺。

重修开元寺诗

明·黄凤翔

禅宫销歇半氛埃,此日青莲瑞色开。
不用布金酬宝地,已看飞瓦上层台。
香幡新裛烟霞起,灵鹫忻随燕雀来。
忆我东林曾结社,长廊步履思悠哉。

长渠记

北宋·曾 巩

【提要】

本文选自《元丰类稿》卷十九,参校《曾巩集》(中华书局1984年版)。

"荆及康狼,楚之西山也。水出二山之门,东南而流",曾巩所说的"水"即长渠"白起渠""荩忱渠",又称百里长渠。而沟渠两岸的老百姓叫它"长渠沟"。灌渠西起南漳县谢家台,东至宜城市郑集镇赤湖村,全长49.25公里,始建于公元前279年,初为秦将白起"以水代兵"引水攻楚鄢郢的军事工程,后经修治,用于灌溉农田。其历史比都江堰早23年,比郑国渠早33年,是我国现存兴建最早的古代水利工程之一,现为湖北省文物保护单位。

长渠始修于战国末年。公元前279年,秦国分兵两路攻楚,一路由秦蜀郡守张若率水陆之军东下,向楚国的巫郡及江南地进军。另一路由大良造(秦的最高官职,掌握军政大权)白起率军向鄢都和郢都进逼。《史记·白起列传》:"后七年,白起攻楚,拔鄢、邓五城。其明年,攻楚,拔郢,烧夷陵,遂东至竟陵。楚王亡去郢,东走迁陈。秦以郢为南郡。"北魏·郦道元《水经注·沔水》:"夷水又东注于沔。昔白起攻楚,引西山长谷水,即是水也。旧碣去城百里许,水从城西灌城东,入注为渊,今熨斗陂是也。水溃城东北角,百姓随水流,死于城东者数十万,城东皆臭,因名其陂为臭池。"面对楚军据城死守,白起采取"以水代兵"战术,在今南漳县武镇垒石筑坝,开凿渠道,引水倾灌鄢城,人亡城破。

后来,这条灌城水渠成了造福楚地的灌溉渠。《水经注·沔水》:"后人因其渠流,以结陂田。城西陂谓之新陂,覆地数十顷。西北又为土门陂,从平路渠以北,木兰桥以南,西极土门山,东跨大道,水流周通。其水自新陂东入城。城,故鄢郢之旧都,秦以为县。汉惠帝三年,改曰宜城。白起渠溉三千顷,膏粱肥美,更为沃壤也。"白起渠被改造为灌溉渠,并与附近一系列的堰塘串联起来,成为我国早期的陂渠相联、"长藤结瓜"式蓄水、引水灌溉工程。

以后的岁月里,白起渠屡修屡废、屡废屡修。第三次大修在北宋至和二年(1055)。《长渠记》:"长渠至宋至和二年,久隳不治,而田数苦旱,州饮食者无所取。令孙永曼叔率民田渠下者,理渠之堙塞,而去其浅隘,遂完故堨,使水还渠中。"宜城县令孙永按长渠故道,率领百姓疏理淤塞湮废之处,历时一月有余;还制定了一套蓄水、放水、用水的制度。熙宁六年(1073),襄州知州曾巩巡查长渠后,写下这篇《长渠记》。

随后,历代都有修缮,南宋隆兴元年(1163)、元代大德九年(1305)、民国三十一年(1942)都有修复。民国动议修渠者为三十三集团军总司令张自忠,时驻防宜城县,他以"前方将士喋血奋斗,端赖后方发展生产"为由,电请湖北省政府复修长渠。后张自忠战死宜城长山,宜城一度改为"自忠县",长渠更名为"荩忱渠"(张自忠字荩忱)。

新中国成立后,古长渠有了彻底修复的机会。1949年10月26日,湖北省水利厅召开全省第一次水利会议,会后通过修复长渠的建议。1950年1月水利部批准并将其列为贷款工程项目予以支持。1952年1月,宜、南两县投入4万劳力,动工修复。1953年5月1日,长渠修复工程完工,人们在渠首举行了隆重的通水庆典。

长渠的价值是多方面的。首先当然是军事价值,白起筑渠壅水,以水攻城,成为中国军事史上最早使用"以水代兵"之术的将领之一,秦楚鄢城之战也成为中国军事史上以少胜多的经典战例之一。长渠与楚皇城遗址,是这次著名战役的见证者。

长渠的科学价值、农业价值和水利工程价值。一是渠首工程。长渠的渠首工程被古文献概括为"立碣、壅水、筑巨坝"。立碣即修筑拦河坝;壅水即提高水位,逼水入渠;筑巨坝即储水,充实水源。据《水经注》载,长渠"以竹筱石,葺土而为碣"。即以小竹包石,以土填补缝隙而成拦河坝。竹笼工程既抗御洪水冲击,又能泄水,还能适应河床的变化。后世(宋代)为控制入渠水量,还加修了水门(闸门)等建筑物。二是陂渠串联、长藤结瓜的古代水利灌溉样式,这在中国农业史、水利史乃至科技史上有着十分重要的意义。

长渠的文物价值很高。这条比都江堰、郑国渠、灵渠历史更早的长渠,终于在2008年成为湖北省第五批文物保护单位。

荆

及康狼,楚之西山也。水出二山之间,东南而流,春秋之世曰"鄢水"。左丘明《传》:鲁桓公十有三年,楚屈瑕伐罗及鄢,乱次以济是也。其后曰"夷水",《水经》所谓汉水又南过宜城县东,夷水注之是也。又其后曰"蛮水",郦道元所谓夷水避桓温父名,改曰"蛮水"是也。秦昭王三十八年,使白起将兵攻楚,去鄢百里,立堨壅是水[1],为渠以灌鄢。鄢,楚都也,遂拔之。秦既得鄢,以为县。汉惠帝三年[2],改曰"宜城"。宋武帝永初元年[3],筑宜城之大堤为城,今县治是也。而更谓鄢曰"故城"。鄢入秦,而白起所为渠因不废。引鄢水以灌田,田皆为沃壤,今长渠是也。

长渠至宋至和二年[4],久塞不治,而田数苦旱,川饮食者无所取。令孙永曼叔率民田渠下者,理渠之堙塞,而去其浅隘,遂完故堨。自二月丙午始作,至三月癸未而毕,田之受渠水者,皆复其旧。曼叔又与民为约束,时其蓄泄,而止其侵争,民皆以为宜也。

盖鄢水之出西山,初弃于无用,及白起资以祸楚,而后世顾赖其利[5]。郦道元所谓溉田三千余顷,至今千有余年,而曼叔又举众力而复之,使并渠之民,足食而甘饮,其余粟散于四方。盖水出于西山诸谷者其源广,而流于东南者其势下,至今千有余年,而山川高下之形势无改,故曼叔得因其故迹,兴于既废。使水之源流,与地之高下,一有易于古,则曼叔虽力,亦莫能复也。

夫水莫大于四渎,而河盖数迁,失禹之故道。至于济水,又王莽时而绝,况于众流之细,其通塞岂得而常?而后世欲行水溉田者,往往务蹑古人之遗迹,[6]

不考夫山川形势古今之同异,故用力多而收功少,是亦其不思也欤!

初,曼叔之复此渠,白其事于知襄州事张璵唐公。公听之不疑,沮止者不用[7],故曼叔能以有成。则渠之复,自夫二人者也。方二人者之有为,盖将任其职,非有求于世也。及其后言渠堤者蜂出,然其心盖或有求,故多诡而少实,独长渠之利较然[8],而二人者之志愈明也。

熙宁六年,余为襄州,过京师,曼叔时为开封,访余于东门,为余道长渠之事,而委余以考其约束之废举。予至而问焉,民皆以谓贤侯之约束,相与守之,传数十年如其初也。余为之定着令,上司农。而是秋大旱,独长渠之田无害也。夫宜知其山川与民之利害者,皆为州者之任,故予不得不书以告后之人,而又使之知夫作之所以始也。八月丁丑曾巩记。

【注释】

[1]堨:音è,堰。指水坝。

[2]汉惠帝:刘盈(前210—前188),西汉第二位皇帝。十六岁继承皇位。即位后,实施仁政,减轻赋税,提拔曹参为丞相;他废除秦时禁锢,使黄老哲学代替法家学说,打开各种思想发展的大门。但他在位期间,母亲吕后掌权。

[3]永初:南朝宋武帝刘裕年号,公元420—422年。

[4]至和:宋仁宗赵祯年号,公元1054—1056年。

[5]顾赖:期望和依赖。

[6]蹑:踏,追踪。

[7]沮止:阻止,遏止。

[8]较然:明显貌。

北宋·沈 括

【提要】

本文选自《沈氏三先生文集·长兴集》(《四部丛刊》三编·集部)

元丰八年(1085),蒲宗孟迁杭州牧。政平讼理之后,便到学校考察,见到"垣颓屋陊,神主暴露,诸生不免沐雾雨",指示刺史韩公"丹粲绘刻""廊陛绎舒,殿像孔严",建成的州学殿宇讲堂、肄业之室,无不完备。

神奇的是元祐二年(1087),瑞鸟赤乌在傍晚出现于州学,而这天正是上旬的丁日,是举行释菜礼的日子,《礼记·月令》:"(仲春之月)上丁,命乐正习舞,释菜。"于是,举行隆重的祭孔仪式。

沈括一一记下这些细节,刻于碑阴,待传后世。

古之处民者,其业虽有分,而其教之以礼义德术,则无贵贱,必出于一道。所以用之于朝廷者,则前日修之于其家者;所以服于畎亩者[1],则异日用之于朝廷者。非若扰兽者不使以抟埴[2],游裻者不任以服马也[3]。贤有才者理之,不能者由之,而莫敢废焉而已耳。

少而学,长而习焉。安之若天性,资之如寒衣,而饥食一日,五家之比不由之[4],自弃且夷虏矣,不待有所徇而后为也[5]。自五家之比,则已教之以所当学。过而至于五比之间[6],则又揭之以书而渎告之[7]。其教养之具,益众则益详。其相与而居,弗与其畔也,则亲之以闾党[8];相与往还,弗与其狎也,则肃之以宾祭[9];合而用之,欲其和理也,则齐之以卒乘[10];矫强弗率[11],前其败乱也,则威之以刑诛挞罚。朝操其所任以出,夕相从以归。仰而观其上,则宫庙室庐莫非先王之法象也[12];俯而履其下,则疆井径术莫非先王之经理也。居而阅其身,则簪屦服冕莫非先王之名物也。散而察其起居出处,老老而稚幼,赡生而哭死,莫非先王之礼义节文也。非能有羽毛鳞喙,以驰骛乎山林,没于渊而天游者,舍此其何适哉?

至诸侯自为政,所以措其国家者出于多道,而民始习于幸。忌分抵义,屈力以赡其欲,偲然不厌也[13]。立而观其朝夕之相与,非哗然覆其人而兵其颈,则操势挟数以笼天下[14]。至于诈穷勇夺,强者债诸侯而并负之[15]。然而不数十年,复起而亡秦。人人欲为秦之所为,则秦尚安得晏然独有其利哉?其势虽欲无至此,岂可得也?

至汉有天下,愿治之主间起,乃始知尊先王,黜百家。异时得古人之藁刓简,振其埃熏而诵说之[16]。然独为士者出于此,而民之狃于旧俗者犹固浩然也[17],非刑名法令不足以撼之。故吏常以法用,而学者羞言之。至于治天下之实,其胜负未能甚异也。道既出于二,则势之所在者常执天下之胜,而区区之空文何益于不胜哉!至陈蕃、李膺辈出[18],以义节相奋励,抗志力行,欲以移天下之习。楸椐血皆帚驱而畚运之[19],未为快也。然卒不能振一步,杭一横草以救凌迟之礼乐[20],何哉?由养之不广,教之不以渐故也。百年弊习,使可以俯仰咄嗟而致颂声嘉瑞[21],则先王之为法不苟如是其烦且详矣。

国朝郡邑皆立学校,春秋长吏亲用币于庙[22]。自三尺之衣者悉听入学,廪食于县官,又赐以百家之书,设经师为之讲教。其施设条目皆天子称制以命之[23],朝廷之于学无遗虑矣。而吏或不以为意。彼固非敢倦天子之令以为不当先,然诛罚期会,米盐之细务,一事不至则知有所废阙。儒者履仁蹈信不救急,故其效乃在数十年之后。急近而忽远,此人情之常。至于任政教之本原,以身先士民,此大儒公卿之事,未可以他长吏比也。

杭为大州,当东南百粤之会。地大民众,人物之盛为天下第一。元丰八年[25],邦伯蒲公自尚书左丞拜资政殿学士[26],来牧是州。凡政之僵弛败刓不纲者[27],一切撤去而更置之。未明,衣冠而坐,设庭燎以听事。大昕[28],一府皆空,无一人迹庭下者,四方之宾客已肩相摩于门矣。公悉与之酬酢燕劳[29],啸咏终日。府寺庈廥[30],亭传杠梁[31],柢籍钞揭[32],凡有司之务,不期月赫然一新,殆无遗役矣。公曰:"此未足以副朝廷求治之意也。养材劝德,为天下得人,莫先于学校。前日虽有其具,未能博延四方之学者。喁然若大瓢无所适于容[33],则若勿置之愈也。"乃率僚属亲往视学者所居,则垣颓屋陊[34],神主暴露,诸生不免沐雾雨,喟然曰:"养士患无其具,既有以进之,则士之不劝非所患也。具如是,不可以不新。"部刺史、朝请大夫韩公敦善乐劝,与公协谋,发币转材,百工毛会[35]。不逾时,则前日之颓垣陊屋,蓬居而蝎宿者[36],悉已丹髹绘刻[37],上室而下堂矣。廊陛绎舒[38],殿像孔严[39]。褒德崇配,则图其周庐以七十二门弟子与二十五大儒之像;考古议礼,则状其堂序以三代车舆器服之容饰。尊经严师,则翼然在上者讲论之堂也;劝艺礼士,则环而可居者肄业之室也。工致其巧,吏督其度,巨细委曲,规钩矩折,物尽其法者,暴扬爨涤[40],几席楯桯[41],凡生养之具也。

元祐二年[42],朱鸟戒夕[43],日次上丁,百工告休。公将衅考位神[44],展物体牲于庭。公乃端委造洗[45],实觞以进。博士弟子赞币承饪[46],登降兴伏,佩环锵鸣,礼数备具,不汰不简。受爵既彻,乃升公堂,西向以礼学者。于是诸生墙立,请质所疑,横经挟简,交进互退,各获所求。既而陈豆觞,班爵齿德[47],席工兴俎[48],赓歌迭赋[49],醋咏儒史,严夕而罢[50]。州人相携,遮道拥观,旗纛过路,途不容跬,蹢排争进,襁提争先[51]。莫不嗟咨垂涎[52],知先王之道尊重崇显,礼义可慕,货利可耻。父以告其子,长者归以告其少者。儿童群戏,罗列豆笾,缨冠秉枚,效其拜俯。道之以善,其顺且易入,由此可见矣,况其有以劝之也?庆历中,公尝讲学于此。今乃为邦伯,建浙西鼓旗,垂封君之印,飨诸生,见故老,阅芹茅之旧迹[53]。此其为劝。岂待他哉?公以道德经术相天子,出拥东方诸侯路刺史,以文雅方重康抚吴会[54],合志一心,茂明先王所劝,使经诵之声芽蘗肆长,收效于异时者,实自今日。

某,邦人也。今将以多君子惠赍于我邦,岂可使经始之迹寂寥无闻于后世耶?既以论次其始末,又将记邦人之言,揭之隆碣[55],以告后世焉。其词曰:

政敦自本,必图其纲。摘隐钩坚,非政之良。我有大柄,匪震匪威。彼侗弗昭,发为神徽[56]。敦狃惰淫,觊狂以嬉[57]。我拔其萌,投以礼诗。青领垂缕[58],毕其故武。移之如天,子见斤斧[59]。凡此有为,由莫非学。我邦我庠,自公爱作。公作新庠,考度揆律[60]。挟栋跟趋,其徒坌出[61]。蓊然云兴,后堂左室。重栾藻题,昔之圮垣。鸢枭所噪,今也诵弦。匪徒器之,公教谆谆。匪徒教之,公先以身。孰谓虎兕,牙之以手。为政不难,扰虎何有[62]。不艰不疚,唯公之厚。其在庆历,公官于此。赫然有闻,遂相天子。以我之先,以期尔后。公惠我邦,岂不既富。浙水如泻,青山之下。迹谁与伦,猗与昔者。

【作者简介】

沈括(1031—1095),字存中,号梦溪丈人,北宋杭州钱塘县(今浙江杭州)人。仁宗嘉祐八年(1063)进士。神宗时参与王安石变法运动。熙宁五年(1072)提举司天监,次年赴两浙考察水利、差役。熙宁八年(1075)出使辽国,驳斥辽的争地要求。次年任翰林学士,权三司使,整顿陕西盐政。后知延州(今陕西延安),加强对西夏的防御,被贬。晚年隐居镇江梦溪园撰《梦溪笔谈》。我国历史上卓越的科学家之一。

【注释】

[1] 畎亩:田地,田野。

[2] 扰兽:谓驯良后的兽(牛等)。抟埴:指揉泥成砖。埴:粘土。句谓不是经过驯化的兽是不能用它来踩揉粘土的。

[3] 服马:古代一车四马,当中夹辕二马称"服马"。句谓那些游荡或依附性强的马是不适宜充任夹辕二马的。

[4] 五家之比:周代以五家为一比,春秋时齐国管仲以五家为一轨。《周礼·地官·大司徒》:"令五家为比,使之相保。"五家:五户。古代户籍编制的基层单位。

[5] 徇:顺从,曲从。

[6] 闾:音 lú,里巷的大门。中国古代以二十五家为闾,故云"五比之闾"。

[7] 渎:音 dú,泛指河川。此当作广泛告知。

[8] 畔:通"叛"。闾党:犹乡里,邻里。

[9] 狎:音 xiá,亲近而态度不庄重。宾祭:谓招待贵宾和举行大祭。

[10] 卒乘:士兵与战车。后多泛指军队。中国古代,自管仲开始各朝常常实行军民一体的社会管理方式,百姓平时为民,战时为兵。

[11] 矫强:勉强,矫情。弗率:犹不守规矩。

[12] 法象:指合乎礼仪规范的仪表、举止。

[13] 偲然:不知疲倦貌。偲:音 sī。

[14] 操势挟数:谓凭借势力鼓吹应(天)命。

[15] 偾:音 fèn,仆倒。

[16] 藁刓简:指发现于宅壁间的古文经。汉武帝末年,鲁王刘余(又称恭王)拆除孔子后代住宅,得《尚书》《礼》《论语》《孝经》等凡数十篇。之后又在河间献王等处,陆续发现战国时遗留下来的儒家经典。藁:同"稿"。刓:刻。蔡伦以前,文字多刻于竹简之上。埃熏:烟灰尘埃。

[17] 狃:音 niǔ,习以为常,因袭。

[18] 陈蕃(?—168),字仲举,汝南平舆(今河南平舆北)人。东汉时期名臣,与窦武、刘淑合称"三君"。少有大志,师从胡广。举为孝廉,历郎中、豫州别驾从事、议郎、乐安太守。因不应梁冀私情被降为修武县令。复起,任尚书,又因上疏得罪宠臣而外放豫章太守,迁尚书令、大鸿胪,因上疏救李云被罢免。后被征为尚书仆射,转太中大夫。延熹八年(165),升太尉,任内多次谏诤时事,再免。灵帝即位,为太傅、录尚书事,与大将军窦武共同谋划翦除宦官,事败而死。时人窦妙评曰:"故太尉陈蕃,忠亮謇谔,有不吐茹之节。""太傅陈蕃,辅弼先帝,出内累年。忠孝之美,德冠本朝,謇谔之操,华首弥固。(《后汉书·陈王列传第五十六》)《世说新语》:"陈仲举言为士则,行为世范。登车揽辔,有澄清天下之志。"宋朝徐钧诗:"身居一室尚凝尘,天下如何扫得清。须信修齐可平治,绝怜志大竟无成。"李膺(110—169):字元礼,颍川襄城人(今属河南)。东汉著名学者、政治家。李膺尊经崇儒,生性高傲,交结不广,时人以被李膺接待过为荣,称为"登龙门"。李膺名气既大,其好友陈蕃、杜密、王畅等人

也备受知识分子崇拜。太学生视他们为正义和知识的化身,为其编了顺口溜:"天下模楷李元礼(李膺),不畏强御陈仲举(陈蕃),天下俊秀王叔茂(王畅)。"后因党锢之祸被捕入狱处死。

[19] 楸椐血:楸,音 xiān,有解为"锨",有称其异体字为"掀"。椐:音 jū,古书上说的一种小树,有肿节,可以做手杖。按:三字连读其义难解。疑有误。帚:音 zhǒu,扫除尘土、垃圾的用具。畚:音 běn,(动)用簸箕撮。

[20] 横草:谓极轻微。《汉书·终军传》:"军无横草之功,得列宿卫,食禄五年。"谓军队行于草野之中,使草倒伏(之功)。凌迟:衰败,崩坏。

[21] 咄嗟:音 duō jiē,犹呼吸之间。谓时间迅速。

[22] 长吏:旧称地位较高的官员。

[23] 称制:秦始皇统一中国后,以命为"制",令为"诏"。后因谓即位执政为"称制"。

[24] 期会:谓在规定的期限内实施政令。米盐:征米收盐(税)。

[25] 元丰八年:公元 1085 年。元丰:宋神宗赵顼年号,公元 1078—1085 年。

[26] 蒲公:即蒲宗孟(1022—1088)。字传正,阆州新井(今四川南部县西南)人。仁宗皇祐五年(1053)进士。入仕途,调夔州观察推官,迁馆阁校勘。六年,进集贤校理,同修起居注、知制诰,转翰林学士兼侍读。元丰六年(1083),出知汝州,加资政殿学士,迁亳、扬、杭等州,卒于河中知府任上。

[27] 僵弛败刓:谓废坏败损。

[28] 大昕:谓天大亮时。

[29] 酬酢:主客相互敬酒。主敬客称酬,客还敬称酢。燕劳:设宴慰劳。

[30] 庌廥:储存粮草的仓库。亦借指所储粮草。庌:音 guài,存放草料的房舍。

[31] 亭传:古代供旅客和传递公文的人途中歇宿的处所。杠梁:桥梁。

[32] 柢籍:谓官府中的基础文书簿籍。柢:音 dǐ,树根;根基,基础。钞揭:谓告示之类官文。

[33] 嘐然:内中空虚的样子。嘐:音 xiāo。

[34] 颓陊:音 tuí duò,崩溃坠落。

[35] 毛会:犹大致会聚。

[36] 蠋:音 zhú,蝴蝶、蛾等昆虫的幼虫。此谓(像幼虫那样)蜷缩着。

[37] 丹髹:谓涂上鲜艳的漆。

[38] 绎舒:谓舒缓悠长。

[39] 孔严:高大肃穆。

[40] 爨濯:犹爨濯。做饭、洗刷。爨:音 cuàn,烧火做饭,(名)灶。

[41] 楯:音 shǔn,阑槛横木,指阑干。梐:音 bì,古代官署拦住行人的东西,用木条交叉制成。旧时官学、书院等,人们至大门前须下马,故有梐。

[42] 元祐二年:公元 1087 年。元祐:宋哲宗赵煦年号,公元 1086—1094 年。

[43] 朱乌:即赤乌。古以为瑞鸟。

[44] 衅:古代杀牲以血涂迁庙之主与社主。

[45] 端委造洗:犹言沐浴正装。端委:古代礼服。

[46] 赞币:古礼,祭祀时,大夫帮助国君拿币,供君取以祭神。饪:音 rèn,食物。

[47] 班爵:爵位,官阶。此谓按照爵位官阶排定座位顺序。齿德:指年龄与德行。

[48] 兴俎:指(祭祀礼毕后)享用肉食果蔬等祭品。

[49] 赓迭：连续轮流。

[50] 严夕：谓天全黑了。

[51] 蹦排：杂沓拥挤。襁提：指年幼的孩子。

[52] 洟：音 tì，鼻涕。

[53] 芹茅：指未发达时。犹今之"草根（状态）"。

[54] 康抚：优抚。

[55] 隆碣：谓高大的石碑。

[56] 侗：诚实的样子。此谓未开化。徽：美好。

[57] 觌：音 dí，相见。

[58] 青领：青色交领长衫。《诗·郑风·子衿》："青青子衿。"毛传："青衿，青领也。学子之所服。"

[59] 斤斧：请人修改诗文的敬辞。

[60] 考度揆律：指规划布局，设计建筑。

[61] 坋：灰尘。此谓纷纷。

[62] 为政：《礼记·檀弓下》载，孔子和弟子路过泰山时，遇到一名哭泣的妇女。一问缘由，原来当地虎患严重，以至陆续有多人被老虎咬死，只剩下她一人对着坟墓哭泣。夫子曰："何为不去也？"曰："无苛政。"夫子曰："小子识之，苛政猛于虎也。"

附：秀州崇德县建学记

北宋·沈 括

韩退之为《处州孔子庙碑》，曰："自天子而下得通祀而遍天下者，惟社稷与孔子。然其祀事皆无如孔子之盛。所谓生民以来未有如孔子者，此其效欤！"予常以谓退之失言。

祀事之盛衰，其得失在后世，孔子何与焉？使孔子无一豚肩之享于墟墦之间，何损其为圣人？以舜禹之巍巍，不待有天下，至孔子乃待祀事然后尊欤？其智足以知圣人，孟子独称宰我、子贡、有若。如子路亲事孔子而师之，然犹有所不说。知孔子为难，则其誉孔子固宜难也。治天下国家，其上至于无以加，下至于匹夫贩妇得有其四体发肤者，舍孔子之道不可。此天下所共知者，圣人之迹也。至其卓然有所立，虽颜子欲从之而有不能者。故先王择天民宿艾舒大之才，以为公卿乡老，使率其属以兴四方之俊异。礼乐法度，秋阳江汉以暴濯之，犹惧其不能进。苟为不至于此，而仅循其末流，则道或几乎息矣。

吴越多山，而湖泽渐其下，其枝者涯渚之间不辨牛马。崇德居山泽之介，孔道四出。战国之时，阖庐、勾践尝大战于檇李、御儿之间，裂其地而守之。至今墟垄网络，稻蟹之利，转徙数州。元丰八年，括苍吴君伯举为是邑也，始为之筑宫庙以祀孔子，聚学者，择经师而教之以义理行能，不苟使之为文章诵习，务中有司之程而已。培高为堂，宴有贰室，缭以环庐，丰约称事。四方闻令贤，皆来学，唯恐在后。

崇德为远邑，县令为小官，兴材赋工，动触吏禁，非笃诚自信强有才者不能任也。此其成就之难,未若持之之难也。债犀象、决鸿鹄之器,非深山大谷则无以养其材。执规矩而求之者,不视其材视所养,则沉沉之室,执规矩者所视也。养之以先王之所待以兴者,而不徒循其末迹,则其为役也不为苟美矣。

按: 本文选自《长兴集》卷二四,参校《至元嘉禾志》卷二五、万历《崇德县志》卷七,乾隆《浙江通志》卷二六。

张孝祥记（八篇）

南宋·张孝祥

【提要】

文选自《于湖居士文集》(四库全书本)。

张孝祥,南宋高宗赵构钦点为状元,曾上书为岳飞鸣冤。秦桧死后,先后驻守建康、抚州、平江、静江、潭州等地,所过之处筑堤护民,筑城御敌,修缮书院,所记山水多意境空灵,颇足赏玩。

在这些《记》中,张孝祥表现出的济世为民、匡救天下的家国情怀。《金堤记》《荆南重建万盈仓记》所记的是他在荆南湖北路安抚使任上,上任两个月便动员人力物力另选堤址,历40天建成新堤,实为当地军民的一大福音;《黄州开澳记》说的是黄州太守杨宜之为民造福的雷厉风行:刚上任就遍访父老,了解黄州"未复其故"在于"古澳之未浚",随即不皇顾帑廪之有无,迅速亲率畚锸,仅用短短的20天就完成了开澳工程。而《宣州修城记》说的宣城太守任古临危不惧、刚毅沉雄,没有硝烟时厉兵秣马,尽职修城;金兵大举南侵时镇定自若、指挥裕如,"增斥堠,申火禁,察奸宄,诘逋逃",护民之心跃然纸上。同时也表明一个历史事实:那时有秦桧,但更多的则是杨宜之、任古这样的志在复国、为民奋斗的能臣干吏。

当然,作为南宋初的大臣,关注并嘉许各种启新救废之营造自然也是题中应有之意。号称当时江东三大寺院的建康钟山寺、当涂隐静寺都毁于建炎兵火。但隐静的妙义禅师却以微薄之力,在民穷地瘠的当涂,历时22年,"披荆棘,菶粪秽,由尺椽片瓦之积至于为屋数百千楹",终于重建完成隐静寺,而且"土木之工,金碧之丽,通都大邑未之有也";而此时的钟山寺,虽距建康仅十里,富商大贾穿梭走集,但因为无人奋力从事,始终未能修复。由此可知,成事在人。

南宋稍稍惊魂妥定之后,文教又开始兴复。上从太学、国子监,下到郡府县学、民间书院、私塾、乡校,教育之花复又始遍地开放,深入走向深山僻壤,走进民众之中。《太平州学记》讲述的就是当涂守王秬修复太平州学的事。时为宋皇室仓皇南渡,天灾人祸接踵而至,王秬既要救灾备敌,所以"饥者饱,坏者筑"不断,但也不能少了精神支撑、文化养人,于是他又张罗建新学。最终,他克服重重困难建成新学,且"凡学之所宜有,无一不备",张孝祥为之大声点赞:"财用之不给,甲兵之不强,人才之不多,宁真不可为耶?诗曰:'无竞维人。'谓予不信,请视新学。"张孝祥深信:只要人奋斗不懈,没有做不成的事情。因为他的心里始终不能忘怀的是光复大宋河山。

正因为如此,张孝祥对宣州新建御书阁赞赏有加,称"既新是阁,吒俗呼舞";而《衡州新学记》则直接批评时人"学自为学,政自为政",视"能通经辑文以取科第"作为"学"之唯一目的,呼吁"使政之与学复而为一",实现"以学为政",张孝祥希望为学之道能通向"经世致用",实现"内圣外王"。

张孝祥的《记》是南宋头五十年时代心跳的真实反映:废者新,摧者立,秣马厉兵志在中原。所以,他的文章充盈着的是勒缰跃马、剑戟寒光般的刚健清雄,更加上他的文思隽逸、辞翰爽美,干净利落,文章气象云舒云卷,境界清雄。因此,他的营造篇章可贴上"振兴"的标签。

黄州开澳记

守杨宜之至黄三月,问诸父老,曰:"黄之所以未复其故者,以古澳之未浚也[1]。黄为州,临江背山,沙岸壁立。客艘上下,无所于泊,幸而毕关征[2],则弃去如脱兔。四方之物至黄者,不复贸易。黄之民,惟其土之毛[3],昼合于市,无所售,则闷然以归。夫然者,以四方之来者不留故也。今诚还澳之旧,使顺流而下、溯江而上者,不于黄有风涛之厄,稍为旦暮计,黄之为黄,庶乎可也。"宜之惕然[4],不皇顾其帑廪之有无[5],即日鸠工,惟父老之言为信。亲率畚锸,于以用民,而民无怨,阅廿日而开澳之工毕。

始澳有上源,乘夏潦之淫,沙水俱至,水去沙积,日浚治之,亦填淤也。宜之谓澳者所以藏舟,绝一源则下澳长无湮塞之患,盖前之议者未及讲也,乃罢开上澳。

余来适丁其成。且宜之之言方公务德则启其端,余视方公为丈人行[7],故乐记所以。乾道五年四月八日,张某记。

按:本文选自《于湖居士文集》卷十四。

【注释】

[1]澳:港湾,海边弯曲可以停船的地方。此指长江边。

[2]关征:关口所收之税。

[3]土毛:谓农产品。

[4]惕然:警觉省悟貌。

[5]皇:通"遑",闲暇。帑廪:国库与粮仓。帑:音 tǎng,古代指收藏钱财的府库或钱财。

[6]潦淫:雨水积而多。

[7]丈人行:犹言父辈,长辈。

[8]乾道五年:公元1169年。乾道:南宋孝宗赵昚(shèn)年号,公元1165—1173年。

宣州修城记

宣为城,西南负山,东北踞溪流,幅员三千四百步。建炎中[1],侍御史、直龙图阁会稽李公尝守以支溃卒[2],围阅月引去。公益治城,具器用,严为之备。当是时,江、淮之间,靡焉骚动,惟宣以城坚好,故不被兵。

宣之人德李公,尸而祝之[3],盖距今辛巳余三十年矣,而定陶任公亦以御史、直龙图阁继李之绩。惟定陶公德成而行尊,实大而声宏,刚方以立朝,岂弟以牧民[4]。民听既孚,吏虔弗偷,教条一施,事讫于理。乃视城垒,东倾西决;乃阅戎器,剥折蠹败[5]。公耸然惧曰:"吾惟守土,不此之务,吾失职矣。"即日出令,衰材揆功[6],易圮以坚,增庳为崇。尺积寸会,役有成数,檄召下县,使以徒集,程督有制,犒赐有时,无偏徭,无堕工,一月而栽,再月而毕。

千雉云矗,百楼山峙,屹岨岋峨[7],若化而出。池隍险幽,门闳回阻,谁何周严,至者神沮。凡城所须,无一不给。既又冶金伐石,刓革揉木[8],杀笴傅羽[9],濡筋削角[10],练工之良,大治兵械,戈剑弓矢,囊兜戟帜[11],视诸故府,乃易乃饬,枚计其凡四十万有奇。邦人士女,四方宾客,骇叹其成,天造鬼设。

冬十月,虏驱绝淮[12],窥我合肥,蹂我历阳,流柹投鞭[13],规济天堑。并江列城,焦然以忧。公旦起闻谍,色不为动,徐召宾佐,分畀其职[14]。某调某卒,某赋某甲,某守某险,米盐薪刍,铁炭布帛,琐细之物,毛举其目,严以待命。增斥堠[15],申火禁,察奸宄[16],诘逋逃。吏持笔牍,毕受成画,号令明壹,奔走就事。邑居之豪[17],率其僮客,什伍相联,以艺自达。受粟取佣,丰杀以宜[18],旬日得战士五千,严兵登陴,部分整暇[19]。驿闻诸朝,恩给台仗,朝暮阅习[20],导以酖赏。四邻绎骚[21],羽书交驰[22],吏骇人摇,滋不奠居。而吾宣城,晏起早眠,在都在鄙[23],弗震弗惊。边之迁民,系路来归,振廪授地,罔不得所。

十有一月,首亮就毙,阖府文武,撰日解严。父兄子弟,惟公之勤,欢喜踊跃,愿肖公象,置祠宇,如所以事李公者。公持不可。民不公之谋,亟营屋市中。公命撤之。邦人曰:"公德著闻,天子且夺公归之朝,盍乞诸天子而留公。"则数百千人相与扶携走阙下拜疏,愿借公十年。公又遣县吏禁止。民从间道疾驰,卒上疏,乃已。

或谓某:"子之居是邦也,宜知之矣。今吾父兄子弟将列公之事刻之金石,使子孙不忘公,文非子谁宜为?"某谨应之曰:"不敢辞也。虽然,此公之细也。使公自是进而居可为之地,一众心以为城,尊主威,隆国势,以保障天下,此公之志也。而见于宣城者,公之细也,曾何足云劳苦?父兄幸教某,某不敢辞,愿因父兄之言,书颠末以诏来今。"明年三月吉日,历阳张某记。

按: 本文选自《于湖居士文集》卷十三。

【注释】

[1] 建炎:南宋高宗赵构年号,公元 1127—1130 年。

[2] 支溃卒:犹言率领北边败退而来的宋军协力守城。

[3]尸祝：祭祀。

[4]岂弟：同"恺悌"。和乐平易。

[5]剥折蠹败：谓(兵器)剥落折断、虫蛀朽败。

[6]裒材：集聚材料。裒：音 póu，聚集。揆功：计(估)算工役(程)量。

[7]屹崪：山高耸貌。岌峨：音 jí é，高貌。

[8]刓：音 wán，削去棱角。谓雕刻，裁剪。

[9]杀竿傅羽：谓裁制竹竿，傅上羽毛(制作箭)。

[10]濡筋削角：指制作弓。

[11]櫜：音 gāo，收藏盔甲弓矢的器具。

[12]绝：越过。

[13]流杮投鞭：谓难民与溃败的士兵。杮：音 fèi，砍木头掉下来的碎片。此借指难民。投鞭：扔掉马鞭。借指溃败的残兵。

[14]畀：bì，给与，付与。

[15]斥堠：常作"斥候"。指侦察、候望的人。

[16]奸宄：犯法作乱的坏人。宄：音 guǐ，奸邪，作乱。

[17]僮客：奴仆。

[18]丰杀：犹言丰俭。谓给予的报酬合理。

[19]部分：谓按调度各就各位。整暇：《左传·成公十六年》："日臣之使于楚也，子重问晋国之勇，臣对曰：'好以众整。'曰：'又何如?'臣对曰：'好以暇。'"后因以"整暇"形容既严谨而又从容不迫。

[20]阅习：训练演习。

[21]绎骚：骚动，扰动。

[22]羽书：犹羽檄。古代军事文书，插鸟羽以示紧急，必须迅速传递。

[23]都鄙：谓城乡。

隐静修造记

平时江东法席之盛[1]，建康曰钟山，当涂曰隐静，宛陵曰敬亭。敬亭，黄蘗之所居[2]，而钟山、隐静，则又志公、杯渡托化之地[3]，山川形势，略相甲乙。建炎之兵，敬亭独存，钟山、隐静，则瓦砾之场也。

自余往来建康，住钟山者既更十余辈，未尝不欲建立，而卒不能有所就。数年来，仅能□有佛殿矣，问其事力，悉出于道人杨善才者，寺之僧无与也。惟隐静介居繁昌、南陵之间，地瘠民穷，而无大檀施[4]；山又深阻，寻幽好奇之士不至。

妙义禅师道恭，绍兴甲子自大梅来[5]，披荆棘，葺粪秽，由尺椽片瓦之积，至于为屋数百千楹，土木之工，金碧之丽，通都大邑未有也。盖妙义住此山，于今二十有二年，以岁月之久，愿力之坚[6]，规模之宏远，心计之精明，始于至难，积而至于易，营于所无，积而至于有，以能圆满此大事因缘。历年虽多，一弹指之顷也；为屋虽多，一把茅之易也。

夫以钟山距建康十里而近,富商大贾之所走集,金帛之施无虚日,旧观之还,其艰若此。隐静望钟山不敢十一,而所以庄严成就,乃百过之。余尝求其故矣,妙义之道业,足以致此,而其大端,亦以久故也。此佛事也,非久不济。而今之为郡县者,视所居官如传舍[7],朝而不谋其夕,欲民之化也,政之成也,难哉!

年月日,张某记。

按: 本文选自《于湖居士文集》卷十三。

【注释】

[1]平时:谓天下太平之时。江东:指长江以东地区,古人以东为左,故又称江左。长江自金陵以上至九江一段为南北走向,古有中原进入南方吴地的主要渡口,江之东地区称为"江东"。法席:佛教语。讲解佛法的座席。亦泛指讲解佛法的场所。

[2]黄檗禅师(?—855):初名希运,唐代福建福清人。身长七尺,相貌壮严,额间隆起如珠;声音朗润,意志冲淡,精通佛学,时人称为"黄檗希运"。幼年在本州黄檗山出家,后僧众往学者云集。大中二年(848),裴休移镇宛陵(今安徽宣城),又请黄檗至开元寺。学说以义玄为最,有《传心法要》《宛陵录》等。

[3]志公:即宝志禅师(418—514)。亦作保志,南北朝齐、梁时高僧,金城(今甘肃兰州)人,俗姓朱。志公生而异,长而奇,因为种种神迹及慈悲行,时人尊称他为宝志公、志公或宝志大士。宝志禅师圆寂后,梁武帝为其兴建开善寺,并在钟山立塔纪念。杯渡:南北朝时,天竺僧人杯渡卓锡九华化城峰(今九华街化城寺)开始创建佛教寺庙,后又至隐静山,创建"江东第二禅林"——隐静寺。

[4]檀施:布施。

[5]绍兴甲子:公元1144年。绍兴:南宋高宗赵构年号,公元1131—1162年。

[6]愿力:佛教语。誓愿的力量。多指善愿功德之力。

[7]传舍:古时供行人休息住宿的处所。

太平州学记

学,古也。庙于学以祀孔子,后世之制也;阁于学以藏天子之书,古今之通义,臣子之恭也。

当涂于江、淮为名郡[1],有学也,无诵说之所[2];有庙也,无荐享之地[3];有天子之书,坎而置之屋壁。甲申秋[4],直秘阁王侯柜来领太守事,于是方有水灾,尽坏堤防,民不粒食[5]。及冬,则有边事,当涂兵之冲,上下震摇。侯下车,救灾之政,备敌之略,皆有次叙[6]。饥者饱,坏者筑。赤白囊昼夜至[7],侯一以静填之。

明年春,和议成,改元乾道,将释奠于学。侯语教授沈瀛曰:"学如是! 今吾州内外之事略定,孰先于此者?"命其掾蒋晖、吕滨中撤而新之。先是,郡将欲楼居,材既具,侯命取以为阁,辟其门而重之,凡学之所宜有,无一不备。

客有过而叹曰:"贤之不可已也如是夫! 今之当涂,昔之当涂也,来为守者,孰不知学之宜葺,而独忘之者,岂真忘之哉? 力不赡耳! 始王侯之来,民尝以水为忧，已又以兵为忧。王侯易民之忧，纳之安乐之地，以其余力大新兹学，役不及民，颐指而办。贤之不可已也如是夫！"客于是又有叹也："尧、舜、禹、汤、文、武之天下，传之至今，天地之位，日月之明，江河之流，万世无敝者也。时治时乱，时强时弱，岂有他哉？人而已耳！财用之不给，甲兵之不强，人才之不多，宁真不可为耶？《诗》曰：'无竞维人[8]。'谓予不信，请视新学。'夏四月既望，历阳张某记。

按：本文选自《于湖居士集》卷一三，参校嘉靖《南畿志》卷四六、乾隆《太平府志》卷三四。

【注释】

[1]当涂：县名。在今安徽马鞍山，临长江。

[2]诵说：传述解说。

[3]荐享：祭献，祭祀。

[4]甲申：公元1164年。时为南宋孝宗赵昚(shèn)隆兴二年。这一年，金兵大规模南下，迫近长江，宋廷最终决定与金重新议和，签订了"隆兴和议"。

[5]粒食：泛指粮食。

[6]次叙：次第，顺序。

[7]赤白囊：古代递送紧急情报的文书袋。

[8]无竞维人：语出《诗经·大雅·抑》。意为选对了人，没有成不了的事情。竞：强盛。维人：由于(贤)人。

宣州新建御书阁记

臣前年客宛陵，间出城东门，望乔林中有屋余百楹，问知其为学宫也。即其后，有出于众屋之上，敧倾支拄[1]，若楼观云者，御书阁也。私念宣大郡，民业于儒十五，守多贵卿名人，惟圣人之经，天子所书，于此乎藏之，弗称；顾若是，非政之阙耶！

今年秋，臣自抚来吴，舟行过江上，解后宣之士大夫，则已雄诧其乡之所谓御书阁者。谓江而南，环数十州，莫若吾州之阁丽且壮，而吾经营之功，民盖不之知焉。臣心窃喜快，谓前日方叹其庳陋[2]，而今果有新之者，恨未得一至其下也。

冬十一月，宣之守集英殿修撰臣许尹以书谓臣，使记其成。臣顿首不辞。窃惟我祖宗以圣继圣，所以出治一于道德仁义之实，虽未尝求工翰墨，而英华之发越[3]，精神之运动，心手相忘，道艺一贯，得于自然，超冠古昔。臣在秘阁，尝窃窥累朝云汉之章[4]，盖以太祖皇帝艰难草昧[5]，日不暇给之际，重之劫火散亡之余，其书之存，犹数十百卷。自太宗至于徽祖[6]，所藏益多。然后知圣人所以遗其子孙，谓虽极天下之贵，而退朝燕息，从容娱乐者，独在于是，狗马声色技巧之奉，不皇及也。我太上皇帝天纵圣学，通追先猷[7]，身济多虞[8]，同于创业。

万机余力,一寓之书,六经诸子,史官之所记,写之琬琰[9],颁于天下者,无虑数千万字。特书密赉,登床所取,散于群臣之家者不与焉。于乎,可谓盛矣!主上富于春秋,稽古重华,心画之妙,其则不远。臣知宣城之阁,不足以尽藏所赐,继是又将辟而增之也。昔者尹尝为工部侍郎,以耆儒被上眷,知上之德意志虑。其来宣城,百废具举,农劝于耕,士兴于学,廪有积粟,帑有余布。既新是阁,甿俗呼舞[10],整整愉愉[11],邦用绥和。盖相其役者,宣城知县臣李端彦,而教授于其学者,臣丰至。

按: 本文选自《于湖居士集》卷一三,参校《古今合璧事类备要》后集卷五八。

【注释】

[1] 欹倾:歪斜,歪倒。欹:音 qī,本义为用箸夹取。引申为倾斜不正。支拄:支撑。

[2] 庳陋:矮小简陋。庳:音 bì。

[3] 发越:激扬。

[4] 云汉之章:比喻美好的文章。此特指帝王的笔墨。

[5] 草昧:犹创始,草创。

[6] 徽祖:指宋徽宗赵佶。

[7] 遹:音 yù,遵循。先猷:先世圣人的大道。

[8] 多虞:多忧患,多灾难。句谓以一人之身救苦救难。

[9] 琬琰:音 wǎn yǎn,为碑石之美称。

[10] 甿俗:谓当地百姓。

[11] 愉愉:和顺貌,和悦貌。

衡州新学记

先王之时,以学为政。学者政之出,政者学之施,学无异习,政无异术,自朝廷达之郡国,自郡国达之天下,元元本本,靡有二事。故士不于学,则为奇言异行;政不于学,则无道揆法守[1]。君臣上下,视吾之有学,犹农之有田,朝斯夕斯,不耕不耘,则无所得食,而有卒岁之忧。此人伦所以明,教化所以成,道德一而风俗同。

惟是故也,后世之学,盖盛于先王之时矣。居处之安,饮食之丰,训约之严,先王之时,未必有此。然学自为学,政自为政,群居玩岁[2],自好者不过能通经缉文,以取科第。既得之,则昔之所习者,旋以废忘,一视簿书期会之事[3],则曰我方为政,学于何有?

嗟夫,后世言治者常不敢望先王之时,其学与政之分欤?国家之学至矣,十室之邑有师弟子,州县之吏以学名官,凡岂为是观美而已!盖欲还先王之旧,求政于学,顾卒未有以当上意者,则士人夫与学者之罪也。

衡之学曰石鼓书院云者,其来已久。中迁之城南,士不为便而还其故,则自前教授施君鼎。石鼓之学,据蒸湘之会,挟山岳之胜。其迁也新,室屋未具,提点刑狱王君彦洪、提举常平郑君丙、知州事张君松,皆以乾道乙酉至官下[4]。于是,方有兵事,三君任不同而责均,虽日不遑暇,然知夫学所以为政,兵其细也,则谓教授苏君总龟,使遂葺之居。无何而学成,兵事亦已,环三君之巡属,整整称治[5]。夫兵之已而治之效,未必遽由是学也,而余独表而出之。

盖乐夫三君识先王所以为学之意,于羽檄交驰之际,不敢忘学。学成而兵有功,治有绩,则余安得不为之言,以劝夫为政而不知学者耶?凡衡之士知三君之心,则居是学也,不专章句之务[6],而亦习夫他日所以为政,不但为科第之得而思致君泽民之业,使政之与学复而为一,不惟三君之望如此,抑国家将于是而有获与!

明年八月旦,历阳张某记。

按:本文选自《于湖居士集》卷一四。

【注释】

[1] 道揆:准则,法度。法守:谓按法度履行自己的职守。

[2] 玩岁:常作"玩岁愒(kài)月"。谓贪图安逸,虚度岁月。

[3] 簿书:官署中的文书簿册。期会:谓在规定的期限内实施政令。多指有关朝廷或官府的财物出入。

[4] 乾道乙酉:公元1165年。乾道:南宋孝宗赵昚年号,公元1165—1173年。

[5] 整整:整齐严谨貌。

[6] 章句:剖章析句。经学家解说经义的一种方式。亦泛指书籍注释。

观月记

月极明于中秋,观中秋之月,临水胜;临水之观,宜独往;独往之地,去人远者又胜也。然中秋多无月,城郭宫室,安得皆临水?盖有之矣;若夫远去人迹,则必空旷幽绝之地,诚有好奇之士,亦安能独行以夜而之空旷幽绝,蕲顷刻之玩也哉[1]!

今余之游金沙堆,其具是四美者与?盖余以八月之望过洞庭,天无纤云,月白如昼。沙当洞庭青草之中,其高十仞,四环之水,近者犹数百里。余系舡其下[2],尽却童隶而登焉[3]。沙之色正黄,与月相夺,水如玉盘,沙如金积,光采激射,体寒目眩,阆风、瑶台、广寒之宫[4],虽未尝身至其地,当亦如是而止耳。

盖中秋之月,临水之观,独往而远人,于是为备。书以为《金沙堆观月记》。

按:本文选自《于湖居士集》卷一四。

【注释】

[1] 蕲:音qí,古同"祈",祈求。

[2] 舡:音chuán,同"船"。

[3] 童隶:犹童仆。

［4］阆风、瑶台、广寒：俱为仙宫名。

万卷堂记

欧阳文忠公之诸孙曰汇字晋臣者,居庐陵之安成,筑屋其居之东偏,藏书万卷,扁之曰万卷堂。乾道丁亥冬,晋臣自庐陵冒大雪过余于长沙,曰:"汇堂成久矣,而未有记也,愿以为请。"

夫人莫不爱其子孙也,而为之善田宅,崇货财。今汇有三子,不愿以此愚之也,盖辛勤三十年,以有此书,以有此堂,而使三子者学焉。余以为文忠公之德宜有后也,而今未之闻焉。充晋臣之志,其在兹已!其在兹已!

晋臣归,幸为我告之:古之所谓读书者,非以通训诂、广记问也,非以取科第、苟富贵也,亦曰求仁而已。仁之为道,天所命也,心所同也,圣人之所觉焉者也,六经之所载焉者也。得乎此,一卷之书,有余师矣。不然,尽读万卷之书,以为博焉,其可也;以为知读书,则未也。

按:选自《于湖居士集》卷一四。

武夷精舍自序

南宋·朱 熹

【提要】

本文选自《古今图书集成》山川典卷一八二(巴蜀书社、中华书局影印本)。

"武夷之溪东流凡九曲,而第五曲为最深",朱熹娓娓道来,称"窈然以深,若不可极,即精舍之在也"。

朱熹介绍精舍布局营构说:直屏下两麓相抱之中,西南向为屋三间者,仁智堂也。堂左右两室,左曰"隐求",以待栖息;右曰"止宿",以延宾友。左麓之外,复前引而右抱,中又自为一坞,因累石以门之,而命曰"石门坞"。别为屋其中,以俟学者之群居,而取道学《真诰》中语,命之曰"寒栖之馆"。直观善前山之巅,为亭,回望大隐屏最正且尽,取杜子美诗语,名以"晚对"。其东出山背临溪水,因故基为亭,取胡公语,名以"铁笛",说具本诗注中。寒栖之外,乃植楗列樊,以断两麓之口,掩以柴扉,而以"武夷精舍"之匾揭焉。精舍迅速成为四方士友淹留之区。

朱熹一生大部分时光都在武夷山度过,他所创立的武夷精舍在天游峰下(后又称紫阳书院、武夷书院、隐屏精舍、朱文公祠等),朱熹在此讲学达七年之久,《四书集注》在此完成。朱子理学在这里孕育、形成、传播、发展。晚年,朱熹又在建阳考亭筑竹林精舍(淳祐四年诏为书院,御书"考亭书院"匾额),收徒讲学。

武夷书院历经800多年历史沧桑,几度兴废。今天,武夷精舍成了朱熹园(朱子文化博览园),位于武夷山隐屏峰下,占地2万平方米,规模宏大。内有重建的"武夷书院"、朱熹雕像等。其中武夷书院是朱熹园主体,由牌坊、三进殿及廊庑组成。

武夷之溪东流凡九曲,而第五曲为最深,盖其山自北而南者至此而尽。耸全石为一蜂,拔地千尺,上小平处微戴土,生林木极苍翠可玩。而四陨稍下则反削而入[1],如方屋帽者,旧记所谓大隐屏也。屏下两麓坡陀旁引,还复相抱,抱中地平广数亩,抱外溪水随山势从西北来,四屈折始过其南,乃复绕山东北流,亦四屈折而出。溪流两旁,丹岩翠壁,林立环拥,神剜鬼刻[2],不可名状。舟行上下者,方左右顾瞻,错愕之不暇,而忽得平冈长阜、苍藤茂木,按衍迤靡[3],胶葛蒙翳,使人心目旷然以舒,窈然以深,若不可极者,即精舍之所在也。

直屏下,百麓相抱之中,西南向为屋三间者,"仁智堂"也。堂左右两室,左曰"隐求",以待栖息;右曰"止宿",以延宾友。左麓之外,复前引而右抱,中又自为一坞,因累石以门之,而命曰"石门之坞"。别为屋其中,以俟学者之群居,而取《学记》"相观而善"之义,命之曰"观善之斋"。石门之西少南,又为屋以居道流[4],取道书《真诰》中语,命之曰"寒栖之馆"。直观善前山之巅为亭,回望大隐屏最正且尽,取杜子美诗语,名以"晚对"。其东出山背,临溪水,因故基为亭,取胡公语名以"铁笛"。寒栖之外,乃植楥列樊以断两麓之口[5],掩以柴扉,而以"武夷精舍"之匾揭焉。

经始于淳熙癸卯之春[6],其夏四月既望堂成,而始来居之。四方士友来者亦甚众,莫不叹其佳胜而恨他屋之未具,不可以久留也。钓矶、茶灶皆在大隐屏西。矶石上平,在溪北岸,灶在溪中流,巨石屹然,可环坐八九人。四面皆深水,当中科曰自然如灶,可爨以瀹茗[7]。凡溪水九曲,左右皆石壁,无侧足之径,惟南山之南有蹊焉,而精舍乃在溪北,以故凡出入乎此者非鱼艇不济。

总之,为赋小诗十有二篇以纪其实。若夫晦明昏旦之异候,风烟草木之殊态,以至于人物之徜徉,猿鸟之吟啸,则有一日之间恍惚万变而不可穷者。同好之士其尚有以发于予所欲言而不及者乎!

【注释】

[1]陨:音 tuí,坍毁。

[2]剜:音 wān,挖削。

[3]按衍:谓匝地密布。迤靡:相连貌。胶葛:交错纷乱貌。

[4]道流:指道士。

[5]楥樊:指篱笆栅栏。楥:音 yuán,篱笆。

[6]淳熙癸卯:公元1183年。淳熙:南宋孝宗赵眘年号,公元1174—1189年。

[7]爨：音 cuàn,烧火做饭。瀹茗：煮茶。瀹：音 yuè。

附：武夷精舍诗(十二首)

南宋·朱　熹

精　舍

琴书四十年,几作山中客。一日茅栋成,居然我泉石。

仁　智　堂

我惭仁智心,偶自爱山水。苍崖无古今,碧涧日千里。

隐　求　室

晨窗林影开,夜枕山泉响。隐去复何求,无有道心长。

止　宿　寮

故人肯相寻,共寄一茅宇。山水为留行,无劳具鸡黍。

石　门　坞

朝开云气拥,暮掩薜萝深。自笑晨门者,那知孔氏心。

观　善　斋

负笈何方来,今朝此同席。日用无余功,相看俱努力。

寒　栖　馆

竹间彼何人,抱瓮靡遗力。遥夜更不眠,焚香坐看壁。

晚　对　亭

倚筇南山巅,却立有晚对。苍峭矗寒空,落日明幽翠。

铁　笛　亭

何人轰铁笛,喷薄两崖开。千载留余响,犹疑笙鹤来。

钓　矶

削成苍石棱,倒影寒潭碧。永日静垂竿,兹心竟谁识。

茶　灶

仙翁遗石灶,宛在水中央。饮罢方舟去,茶烟袅细香。

渔　艇

出载长烟重,归装片月轻。千岩猿鹤友,愁绝棹歌声。

石鼓书院(四篇)

【提要】

本文选自《石鼓书院志》(万历十七年刊本)。

石鼓书院位于今湖南衡阳市石鼓山,始建于唐元和五年(810),迄今已有1200年的历史。

石鼓之名,一说石鼓四面凭虚,其形如鼓,因而得名。北魏郦道元《水经注》:"山势青圆,正类其鼓,山体纯石无土,故以状得名。"另一说,称因三面环水,水浪花击石,其声如鼓。晋时庾仲初《观石鼓诗》云:"鸣石含潜响,雷骇震九天。"

石鼓山峻峭挺拔,风景奇异,向来有湖南第一名胜之称。建安二十年(215)武侯诸葛亮居石鼓山,督零陵、长沙、桂阳三郡军赋。因此,后人在石鼓山的南面建"武侯庙"(《徐霞客游记》有载),后被迁移至石鼓山上李忠节祠旁,改名为"武侯祠"。祠内有张南轩书《武侯祠记》,抗日战争时期流失。德宗贞元三年(787),宰相齐映贬衡州任刺史,在山的东面建一凉亭,取名"合江亭"。永贞元年(805)韩愈由广东至湖北,途径衡州,应齐映之邀做客合江亭,写下《合江亭》诗:"红亭枕湘江,蒸水会其左。瞰临眇空阔,绿净不可唾。维昔经营初,邦君实王佐。翦林迁神祠,买地费家货。梁栋宏可爱,结构丽匪过。伊人去轩腾,兹宇遂颓挫。老郎来何暮,高唱久乃和。树兰盈九畹,栽竹逾万个。长绠汲沧浪,幽蹊下坎坷。波涛夜俯听,云树朝对卧。"宪宗元和年间(806—820),衡州刺史吕温又扩建装修合江亭;衡阳秀才李宽在合江亭旁建房,取名为"寻真观",在此悉心读书,此为石鼓书院之雏型。刺史吕温访之,并作《同恭夏日题寻真观李宽中秀才书院》诗记其事,诗曰:"闭院开轩笑语阑,江山并入一壶宽。微风但觉杉香满,烈日方知竹气寒。披卷最宜生白室,吟诗好就步虚坛。愿君此地攻文字,如炼仙家九转丹。"

宋代太平兴国二年(978),宋太宗赵匡义赐"石鼓书院"匾额,宋至道三年(997),衡州郡人李士真在石鼓书院内开堂讲学、招纳弟子,石鼓书院成为正式的书院。宋仁宗景祐二年(1035),刘沆任衡州知府,将石鼓书院的故事上报朝廷,宋仁宗赐额"石鼓书院"。石鼓书院两度被宋朝皇帝"赐额",步入鼎盛时期,成为当时四大书院之首(另三所是应天书院、岳麓书院、白鹿洞),苏轼、周敦颐、朱熹、张栻等名流大儒纷纷前来讲学。朱熹作《石鼓书院记》,张栻在亭中立碑,撰写《武侯庙记》,并亲书韩愈《合江亭》诗和朱熹《石鼓书院记》,后人将此镌制成石碑,置于石鼓书院内,名曰"三绝碑"。庆历四年(1044),石鼓书院成为衡州路官办学府。

石鼓书院长期膏火兴旺,在中国书院史、教育史、文化史上享有较高的地位。宋代以来,石鼓书院欲破官学"只课不教"之弊端,"以俟四方之士有志于学而不屑于课试之业者居之"，逐步形成了讲学、学术研究、刻书三大规制，开创了湖湘学派。

湖湘学派肇始于北宋理学开山大师周敦颐，发育于北宋末年，长成于南宋。主要创始人是胡安国、胡宏父子和张栻。张栻在《武侯庙记》(全称《衡州石鼓山诸葛忠武侯祠记》)中认为，诸葛亮以心性义理之辨为准绳来约束自己治国用兵等行为，是自孟子以来唯一明义理之辨者。他赞赏诸葛亮"明讨贼之义，不以强弱利害二其心"，认为"其治国，立纲陈纪而不为近图；其用兵，正义明律而不为诡计；凡其所为，悉本大公，曾无纤毫姑息之意，顾皆非后世所可及。"在"汉贼不两立，王业不偏安"的时代背景下，鼓励石鼓诸生树仁义气节，怀武侯气度。

明末清初的王船山，将湖湘之学推进到了一个新阶段，深刻影响到谭嗣同、毛泽东等近代湖湘文化的代表人物。

石鼓书院毁于抗战时期日寇的炮火。2008年复建的书院主要建筑有武侯祠、李忠节公(秉衡)祠、大观楼、七贤祠、敬业堂、合江亭，仿清代格局。

石鼓书院历史上曾出现五部专志，宋代一部，明代三部，清代一部。现仅有李安仁重修、王大韶重校，万历十七年(1588)刊印的《石鼓书院志》存世。该志凡二卷，志地理室宇、人物、述教、词翰，是研究石鼓书院的珍贵资料。

石鼓书院记

南宋·朱 熹

衡州石鼓据蒸湘之会，江流环带，最为一郡佳处[1]。故有书院，起唐元和间，衡州人李宽之所为。至国初时，尝赐敕额。其后，乃复稍迁而东，以为州学。则书院之迹于此，遂废而不复修矣。

淳熙十二年，部使者潘侯畤德夫，始因旧址列屋数间，榜以故额，将以俟四方之士有志于学而不屑于课试之业者居之，未竟而去[2]。今使者成都宋侯若水子渊[3]，又因其故益广之，别建重屋以奉先圣先师之像，且摩国子监及本道诸州印书若干卷，而俾郡县择遣修士以充入之。盖连帅林侯栗[4]，诸使者苏侯诩、管侯鉴，衡守薛侯伯宣皆奉金赀[5]，割公田以佐其役，逾年而后落其成焉。于是宋侯以书来曰："愿记其实，以诏后人。且有以幸教其学者，则所望也。"

予惟前代庠序之教不修[6]，士病无所于学，往往择胜地，立精舍，以为群居讲习之所，而为政者乃或就而褒表之[7]：若此山、若岳麓、若白鹿洞之类是也。逮至本朝庆历、熙宁之盛[8]，学校之官遂遍天下，而前日处士之庐无所用，则其旧迹之芜废，亦其势然也。不有好古图旧之贤，孰能谨而存之哉？抑今郡县之学官置博士弟子员，皆未尝考德行道义之素；其所授受，又皆世俗之书，进取之业，使人见利而不见义，士之有志为己者，盖羞言之。是以常欲别求燕闲清旷之地[9]，以共讲其所闻而不可得。此二公所以慨然发愤于斯役而不敢惮其烦，盖非独不忍其旧迹之芜废而已也。故特为之记其本末以告来者，使知二公之志所以然者，而无以今日学校科举之意乱焉。又以风晓在位[10]，使知今日学校科举之害将有不可胜言者。不可以是为适然,而莫之救也。若诸生之所以学而非若今之人所谓,则昔吾友张子敬夫所以记夫岳麓者,语之详矣。顾于下学之功有所未究,是以讲其言者不知所以从事之方,而无以蹈其实。然今亦何以他求为哉?曰养其全于未发之前,察其几于将发之际,善则扩而充之,恶则克而去之,其亦如此而已,又何俟于予言哉!

　　按:本文选自《石鼓书院志》(岳麓书社 2009 年版)。

【作者简介】

　　朱熹(1130—1200),字符晦,号晦庵,晚称晦翁,又称紫阳先生、考亭先生、沧州病叟、云谷老人、逆翁,谥文,又称朱文公,世称朱子。祖籍徽州婺源(今江西婺源),出生于南剑州尤溪(今福建尤溪县)。师从二程三传弟子李侗学,承北宋周敦颐、二程学说,创立宋代研究哲理的学风,称为理学。绍兴十八年(1148)进士,历南宋高、孝、光、宁四朝。晚年,在建阳云谷结草堂名"晦庵",在此讲学,世称"考亭学派",亦称考亭先生。其著作甚多,主要有《四书章句集注》《楚辞集注》及门人所辑《朱子大全》《朱子语录》等。

【注释】

　　[1]蒸湘:地名。在今衡阳市。

　　[2]淳熙十二年:公元 1185 年。淳熙:南宋孝宗赵昚年号,1174—1189 年。部使者:指御使。封建王朝的御使一般由中央各部郎官充任,故名。潘畤(1126—1189):字德鄜(夫),婺州金华(今属浙江)人。以荫,初调袁州分宜簿。历监临安府造船场,提辖杂卖务杂卖场,知兴化军,提举两浙西路、江南东路、荆湖北路常平茶盐,提点荆湖南路刑狱,知广州、潭州。课试:指考试。《后汉书·顺帝纪》:"年四十以上课试如孝廉科者,得参廉选,岁举一人。"王安石《上皇帝万言书》:"近岁乃始教之以课试之文章。夫课试之文章,非博诵强学穷日之力则不能。"

　　[3]宋若水(1131—1188):字子渊,双流(今属四川成都)人。绍兴三十年(1160)进士,累官左迪功郎、嘉州龙游县主簿、嘉州犍为知县、太常寺主簿、国子监丞、太常博士等,仕至江南西路转运判官。

　　[4]连帅:泛称地方高级长官。

　　[5]金赉:谓善款。赉:音 lài,赐予,给予。

　　[6]庠序:古代的地方学校。后也泛称学校或教育事业。《孟子·滕文公上》:"夏曰校,殷曰庠,周曰序。"庠:音 xiáng。

　　[7]褒表:嘉奖表彰。

　　[8]庆历:北宋仁宗赵祯年号,公元 1041—1048 年。熙宁:北宋神宗赵顼年号,公元 1068—1077 年。

　　[9]燕闲:安宁,安闲。

　　[10]风晓:劝勉。

武侯庙记

南宋·张　栻

自五伯功利之说兴,谋国者不知先王仁义之为贵,而竞于末涂[1]。秦遂以势力得天下,然亦遂以亡。汉高帝起布衣,一时豪杰翕然从之,而其所建立基本,卒灭项氏者,乃三老仁不以勇、义不以力之说也[2]。相传四百余年,而曹氏篡汉。诸葛忠武侯当此时,间关百为[3],左右昭烈父子,立国于蜀,明讨贼之义,不以强弱利害二其心,盖凛凛乎三代之佐也[4]。侯之言曰:汉贼不两立,王业不偏安。又曰:臣鞠躬尽力,死而后已,至于成败利钝,非臣之明所能逆睹[5]。诵味斯言[6],则侯之心可见矣。虽不幸功业未竟,中道而殒,然其扶皇极、正人心、挽回先王仁义之风,垂之万世,与日月同其光明可也。夫有天地则有三纲,中国之所以异于夷狄,人类之所以别于庶物者[7],以是故耳。若夺于利害之中,而亡夫天理之正,则虽有天下,不能一朝居,此侯之所以不敢斯须而忘讨贼之意[8],尽其心力,至死不悔者也。

方天下云扰之初[9],侯独高卧,昭烈以帝室之胄,三顾其庐,而后起从之,则夫出处之际[10],固已有大过人者。其治国,立纲陈纪而不为近图;其用兵,正义明律而不为诡计。凡其所为,悉本大公,曾无纤毫姑息之意,顾皆非后世所可及。至读其将上表之辞,则知天下物欲举不足以动之,所养者深,则所发者大,理固然也。曾子曰:士不可以不弘毅[11]。若侯者,所谓弘且毅者欤?孟子曰:富贵不能淫,贫贱不能移,威武不能屈,此之谓大丈夫。若侯者,所谓大丈夫者欤?侯既没,蜀人追思,时节祭于道上。后主用廷臣之义,立庙沔阳,使得申其敬。去今千有余岁,蜀汉间往往有祠,奉祀不替,侯之泽在人者深矣。

衡州石鼓山,旧亦有祠。按《蜀志》,昭烈牧荆州时,侯以军师中郎将驻兵临蒸,以督零陵、桂阳、长沙三郡调赋以充军实[12]。临蒸,今衡阳是也。蒸水出县境,经石鼓山之左,会于湘江,则其庙食于此固宜。考昌黎韩愈及刺史蒋防诗碑,祠之立有自来矣。乾道戊子之岁[13],湖南路提举常平万君成象,始以图志搜访旧迹,得废字于榛莽中。乃率提刑狱郑君恭、知衡州赵君,徙于高明而一新之,移书托栻为记。

栻惟侯之名不待祠而显,而侯之心亦不待记而明。然而仁贤昔时经履之地,山川草木,光采犹存,表而出之,以诏来世,使见闻者竦然知所敬仰思慕,当道术衰裂之际,其为有益盖非浅也。惟栻不敏,不足以推武侯胸中所存万一,是则愧且惧焉。

按:本文选自《石鼓书院志》(岳麓书社 2009 年版)。

【作者简介】

张栻(1133—1180),字敬夫,一字钦夫,又字乐斋,号南轩,世称南轩先生,南宋汉州绵竹(今四川绵竹)人。幼承家学,既长,师从胡宏,潜心理学。孝宗乾道元年(1165),受湖南安抚使刘珙之聘,主管岳麓书院教事,在此苦心经营三年,使书院闻名遐迩,从学者达数千人,初步奠定了湖湘学派规模,成为一代学宗。后历知抚州、严州、吏部员外郎,再历知袁州、江陵。卒谥宣。理宗淳祐初年(1241)从祀孔庙,后与李宽、韩愈、李士真、周敦颐、朱熹、黄幹同祀于石鼓书院,世称石鼓七贤。其学自成一派,与朱熹、吕祖谦齐名,时称"东南三贤"。有《张南轩公全集》等。

【注释】

[1] 五伯:指春秋五霸。说法不一。其中,齐桓公、晋文公、宋襄公、楚庄公、秦穆公之"五霸"流布较广。《吕氏春秋.当务》:"备说非六王五伯。"高诱注:"五伯,齐桓、晋文、宋襄、楚庄、秦缪也。"关于五霸所为,孟子指出:"以力假人者霸。"朱熹说:"假借仁义之名,以求济其贪欲之私耳。"末涂:末路。

[2] 翕然:一致貌。翕:音xī。三老:汉二年(前205),汉王刘邦率军向南渡过平阴津,到达洛阳。新城县一位掌管教化的三老董公拦住了汉王,曰:"臣闻'顺德者昌,逆德者亡','兵出无名,事故不成'。故曰:'明其为贼,敌乃可服。'项羽为无道,放杀其主,天下之贼也。夫仁不以勇,义不以力,三军之众为之素服,以告之诸侯,为此东伐,四海之内莫不仰德。此三王之举也。"汉王曰:"善。非夫子无所闻。"

[3] 间关:象声词。形容宛转的鸟鸣声。此谓一气呵成、游刃有余。

[4] 凛凛:严整而令人敬重、害怕的样子。

[5] 逆睹:预知,预见。

[6] 诵味:吟诵体会。

[7] 庶物:各种事物。

[8] 斯须:片刻。

[9] 云扰:像云一样纷乱。

[10] 出处:出仕与退隐。

[11] 弘毅:抱负远大,意志坚定。

[12] 军实:军队中的器械和粮食。

[13] 乾道戊子:公元1168年。乾道:南宋孝宗赵昚年号,公元1165—1173年。

石鼓书院记

南宋·汤 汉

石鼓书院建于淳熙,宋朱子为文以记,今既七十有余年矣。岁己未冬,兵某之所过而废焉[1]。在昔碑板照耀,扫灭无余,而朱子之记岿然独存。

越明年,刑狱使者俞侯下车按视,抚穿石而叹曰[2]:斯文之未丧,宁非天哉!扫地更新,岂不在我?及幕属赵崇垟与山长李访,拓旧址,授成模[3],斥钱粟,以召工役。不数月,燕居之祠,会讲之堂,肄习之端,廪庖门庑,奂焉大备。典籍所栖,先贤所奉,各适位置。外测风雩诸亭映带后前,尽前旧观,增一亭于山之巅,扁曰仰高。大辟射圃[4],将以暇日观士之德。又作祠以肖诸葛公之遗像。厥既就绪,侯则取明德新民之章为诸生丕扬其义[5],绝响再闻,士风复振。侯于是以书来曰:为我记之。

嗟乎,中国之所以服四夷者,岂有他哉?亦曰"礼义"而已矣。庠序之教,闲燕之讲,礼义所宣明,亲其上,死其长,之所从出也,岂不重欤[6]?侯方观风求瘼于焚骚[7],凄怆之余,而汲汲乎扶持斯文于几坠,可谓知本也已。昔衡山一邑,能兴庙学于金甲排荡青衿惟悴之日[8],杜少陵为之激烈赋诗[9],谓足以恢大义而压戎马之气。以今视昔,侯之所建不又趐欤?是则少陵之所欲载笔而记者也。若予之荒陋,曷敢以下趐之辞,自附于大儒先生之作!独念平昔之所感发,有可为湖湘之士言者,乃不辞而遂书之。

按:本文选自《石鼓书院志》(岳麓书社 2009 年版)。

【作者简介】

汤汉,生卒年月不详。字伯纪,号东涧,江西余江人。淳祐四年(1244)进士,官至工部尚书,封安仁(余江)开国子。南宋儒学旗手、理学宗师。卒谥文清,追赠正奉大夫、饶国公。

【注释】

[1]乙未:公元 1259 年。时为南宋理宗赵昀开庆元年。兵革:指战争。

[2]穷石:大岩石。

[3]成模:谓书院房屋院落小样(模型)。

[4]射圃:习射之场。

[5]丕扬:大力宣扬。

[6]闲燕:安静、清净的地方。死其长:谓心甘情愿为尊长者牺牲。

[7]瘼:疾苦。焚骚:疑为"萧骚"。萧条荒凉。

[8]金甲:指兵事。排荡:激荡,冲激。青衿:学子。

[9]杜少陵:即杜甫(712—770)。《新唐书·杜甫传》:"大历(766—779),甫出瞿塘,下江陵,泊沅湘,以登衡山。"过衡山时,写下《题衡山县文宣王庙新学堂呈陆宰》:"旄头彗紫微,无复俎豆事。金甲相排荡,青衿一憔悴。呜呼已十年,儒服弊于地。征夫不遑息,学者沦素志。我行洞庭野,欻得文翁肆。侁侁胄子行,若舞风雩至。周室宜中兴,孔门未应弃。是以资雅才,焕然立新意。衡山虽小邑,首唱恢大义。因见县尹心,根源旧宫闼。讲堂非曩构,大屋加涂墍。下可容百人,墙隅亦深邃。何必三千徒,始压戎马气。林木在庭户,密干叠苍翠。有井朱夏时,辘轳冻阶戺。耳闻读书声,杀伐灾仿佛。"到衡州后,又写了《朱凤行》诗:"君不见,潇湘之山衡山高,山巅朱凤声嗷嗷。侧身长顾求其群,翅垂口噤心甚劳。下愍百鸟在罗网,黄雀最小犹难逃。愿分竹实及蝼蚁,尽使鸱枭相怒号。"

复田记

元·黄清老

【提要】

本文选自《石鼓书院志》(万历十七年刊本)。

古代书院的设立和发展,都离不开资金支持。书院经费是指为了保证书院开展正常的活动而投入的人力、物力、财力之总和。一般来讲,财物难以界分,

　　凡书院的全部建筑即院舍,院中的一切设施、设备、器具,所藏的图书,所有的田、地、山、塘,发商生息的钱文或银两等,都属于财物方面的投入。

　　书院运行后,日常各种活动的开销不是个小数目。按其功用,它大体可以区分为养士、教学、祭祀、管理、其他等几个大类。这些费用的名目包括膏火、束脩、火食(山长的火食费用)、供膳钱(或称供膳银,又作膳资、薪膳)、薪水、聘仪(又称聘金、聘银、延聘仪、聘礼)、节仪(又称节礼、节敬)、贽仪(又称贽敬、贽见银等,书院送给初到任山长的见面礼金)等等,名目数十种。

　　以祭祀为例,祭祀是书院一项极为重要的活动,与讲学、藏书并称为书院的三大事业。如浙江省城杭州之万松书院,明弘治年间参政周木建,集诸生讲学其间,并建孔子殿三间,祀其像。一般而言,每年的开学之日、春秋仲丁,每月的初一、十五,都要举行祭祀活动,其场面盛大肃穆,其费用也不少。为了保证其经费,书院多有置办祭田、禋产、祀田、祀田者,凡田中收入皆供祀事。

　　南宋廖行之在《石鼓书院田记》中,详细记录了书院建成之后尊师养士的衣食来源,买下田地两千二百四十多亩,并刻于碑上以示永固,并希望后人还能"稍增益之"。而元人黄清老在这篇记中说:"行省命下,完璧来归,几三百五十九亩有奇",而刘简的《记》更是直截了当地记录了这些田是如何失而复得的。

　　书院无田,无法维持,所以"复田"大家都很高兴。

　　石鼓山,衡之附庸也。奇崛耸拔,中高而外秀,蒸湘二水左右环之,既合,荡荡浩浩,同归于洞庭。书院当二流之交,回澜渟渊[1],远障森列,楼阁如在虚空中,盖湖湘第一胜地也。

　　唐元和间,州人李宽首结庐读书其上。宋景祐丙子[2],始赐额,与四大书院并称于天下。勉斋黄文肃公提举湖南学校[3],视芹藻地薄[4],请于朝,以公帑鬻籍入官田在茶陵之哀鸲乡者助之,由是衣冠济济,有上庠之风焉[5]。圣朝混一,仍置学于其地。至元十九年,茶陵升州,宣阃以吾故田鸦鹊塘及弥勒庄悉畀其学,士有辞,乃中析之,以弥勒庄归我[6]。田素号善地,远书院而迩灵岩寺,无赖僧谓其名浮屠也,可以力夺,既鼓众取其禾,且图伪碑垄上,曰崇宁八年某舍[7]。崇宁本无八年,而听者不能辩。前山长广信邓大任、番阳王复、庐陵康庄相继讼理,暂得遄失[8]。久而弊滋,案牍俱泯。后至元丙子冬[9],新安程君敬直来长是山,诸生以告,即誓曰:"所不复兹田者,有如二水。"闻者壮之。适分宪姚公子征来按郡,上书白其事。公为穷追故牍,出于府之小胥家[10],乃移郡定议。既而南台监察御史伯颜公九成、甄公允中继至,又以白。复得湘乡尹张珣所拟成卷,移文郴桂分宪[11],指挥茶陵,俾以田复,且上其事。所隶僧徒私赂主书者,更遣官幕稽[12]。既至,茶陵尹吴思义、衡倅以守中君适以公至潭[13],白于宪使郭公宋道、阃帅沙班公[14],皆为分遣行人速成。及履其亩,乃得编户陈自占名数,具言佃石鼓,与簿籍参验较著,乃钳口退服。至是,行省命下,完璧来归,凡三百五十九亩有奇,岁内租一百石。自启纷迄今[15],六十有二年矣!石鼓诸生谓,春秋大复地,不可无记,具本末来请。

予观程君立志于初,竭力三载,卒酬其言,固宜大书。然有事伊始,主张纲维,率皆金宪姚公之功[16],而九成、允中两御史继之,宪使、阃帅二公成之,斯文赖以不坠,法应特书。若宪司知事李公克温、察院书吏王颙、高绚赞画于上[17],路总管杨侯倬、知事赵璧奉行于下,其劳皆牵联得书。且石鼓之田有在衡之新城庄者,素为豪右所匿,君发其节,得粮二十石;有在祁阳及衡山紫盖乡者,利归富屋,行之八九,君悉更地佃而租或复旧,亦宜附书。

因进诸生曰:古人设学,惟教养二事,教以正其心术,养以资其膳馐,不可缓也。圣朝嘉惠多士,设章程而示之法,命官府以相其谋,凡粢盛弗登,笾豆或阙,有敷教之官焉[18]。教官不逮,有州郡之吏焉。州郡不职,有风纪之司马。

予曰:御侮不使外人侵疆窃地,以为道羞,其责固宜尔也。今汉阳返故,有司之职举矣。公等所学,宜何如哉!上天明命,散在万物而具于吾心,尧舜、禹汤、文武、周公、孔子所传,见于六经。惟欲人先立其大者,若有其事习之,惟明履之惟诚,慎修厥身,以道其民,乃无负于国家立师之意,诸君子卫道之心。不然,屈厌而叹,逸居而处,宁不愧哉?诸生曰:有功不敢忘也。况善言之益于人者乎!愿受刻之,以示来者。遂记。

至正七年,岁疆圉大渊献,月旅修陬,日躔玄枵之次[19]。

按:本文选自《石鼓书院志》(岳麓书社 2009 年版)。

【作者简介】

黄清老(1290—1348),福建邵武人,字子肃,人称樵水先生。泰定进士。累官翰林编修。学问品行为时人所重。清老为文驯雅,诗有盛唐风,有《樵水集》。

【注释】

[1]淳渊:聚水深潭。

[2]景祐:北宋仁宗赵祯年号,公元 1034—1038 年。丙子:公元 1037 年。

[3]勉斋:黄榦(1152—1221)号。黄榦字直卿,号勉斋,闽县(今福建闽侯)人。少师朱熹,后娶朱熹之女为妻。入仕途,累官临川令、新淦令,知湖北汉阳军、安徽安庆。安庆时为抗金前线,黄榦到任后奏请修郡城,并亲自督修,每日五鼓坐堂,安排工程进度,修好郡城。两年后金兵南下,安庆城起到重要御敌作用,百姓深感黄榦修城之德。十一年,辞安庆职,入庐山访友,并在白鹿洞书院讲学。不久,改知和州,黄榦以衰病辞。

[4]芹藻:比喻贡士或才学之士。语本《诗·鲁颂·泮水》:"思乐泮水,薄采其芹……思乐泮水,薄采其藻。"此谓学校。

[5]上庠:古代的大学。

[6]至元十九年:公元 1282 年。至元:元世祖忽必烈年号,公元 1264—1294 年。阃:音 kǔn,门限。此指将帅府。畀:音 bì,给予。

[7]崇宁:北宋徽宗赵佶年号,公元 1102—1106 年。

[8]遄失:迅速失去。遄:音 chuán。

[9]至元丙子:公元 1276 年。

[10]小胥:旧时官府中的低级官员。

[11]分宪:指司刑狱的地方机构、官员。

[12] 稽:核查。

[13] 倅:佐官。

[14] 阃帅:地方上的军事长官。

[15] 启纷:犹言纷争、纠纷。

[16] 佥宪:佥都御史的美称。

[17] 赞画:辅佐谋划。

[18] 粢盛:古代盛在祭器内以供祭祀的谷物。《公羊传·桓公十四年》:"御廪者何?粢盛委之所藏也。"何休注:"黍稷曰粢,在器曰盛。"笾豆:笾和豆。古代祭祀及宴会时常用的两种礼器。竹制为笾,木制为豆。《礼记·礼器》:"三牲鱼腊,四海九州岛之美味也;笾豆之荐,四时之和气也。"孔颖达疏:"盛其馔者,即三牲鱼腊笾豆是也。"

[19] 至正七年:公元1347年。至正:元惠宗年号,公元1341—1370年。疆圉大渊献:丁亥年,即至正七年。修陬:谓美好的正月。陬:音zōu。躔:音chán,日月星辰的运行。玄枵:十二星次之一。配十二辰为子时,配二十八宿为女、虚、危三宿。按《尔雅》,以虚宿为标志星。按《汉书·律历志》,日至其初为小寒,至其中为大寒。具体日期约公历1月6日至2月3日。

重修沙塘斗门记

南宋·徐 谊

【提要】

本文选自《古今图书集成》职方典卷一〇二六(巴蜀书社中华书局影印本)。

一座蓄水塘库事关四十万亩田的丰收与否,还关乎当地民俗的硗薄醇厚与否,当然重要。蓄水塘库不能发挥作用,因为"先是,村落各为埭,以潜泄水涝。时至,莫肯先决蓄害;既成,互相袭夺,以便己私。"就这样,讼事蜂起,"田硗确而俗益讹"。

绍兴中,曾任太常博士的吴蕴古觉得这样下去不行,开始谋划建筑斗门,但所造斗门不久就被水冲坏了,"乃用巨木交错若重屋者凡七间,周以厚板,柜土其内,用以壅截河流,连络塘岸。虚其中三间之上层,置闸焉。其左右上下,又沉石攒楗。功不可计,以护土力,以敌水势。费累数十万,悉出其家当。"这样一来,"三乡之水盈润有则,启闭以时",几十万亩田地年年获得丰收,"俗遂和睦"。

吴蕴古,字醇之,南宋平阳(今属浙江)人。绍兴二十七年(1157)进士,终官太常博士。

沙塘斗门后随治随损。乾道二年(1166),一场大水将沙塘斗门及其附近一些斗门塘埭一扫而空,瑞安令刘龟从、平阳令杨梦龄率三乡民众共筑,平阳县令赵伯桧开始重建沙塘斗门,他们在吴蕴古做法基础上,"凿石为条、为板、为块,自斗两吻及左右臂闸上下柜之表里,牙错鳞比,以蜃灰锢之"。以牡蛎蚌类的蛎灰作为建筑材料,这是史料所见我国古代建筑史上之首例。斗门竣工,侍郎徐谊、知阁门事蔡必胜在斗门之上建了一座"召杜亭"。又在滩涂上募人耕种,所获粮食中,用每年三百石的谷租收入充当维修资费。

闸放水了,徐谊说:"数十夫以井干运缏,版始举一,悬流电激,虽百夫共举之石,漂流入海,如浮一叶,土砾旋进,须臾成渊,为之四顾愕然。"启闸泄水的场面十分壮观。

岁深月久,沙塘闸还是颓圮下去,这又是何原因呢?近人刘绍宽《沙塘陡门纪念祠记》中称:"阴均距海近,水泄出浦即入于海,无内外涨淤之患,修治为易。沙塘当海涨地,陡外之浦逾涨逾远,故修浚则岁久而益难……推原其故,实因陡闸缺坏,海潮日夜拥沙上,以致内外俱涨。"

平阳,瑞安治,相望三十里,其三乡。西南负山,东北滨海,为田四十万亩,上蓄流泉,下捍潮卤,有沙塘为之城垒,潴其不足[1],泄其有余,有斗门为之襟喉。

先是,村落各为埭[2],以潴泄水涝。时至,莫肯先决蓄害;既成,互相袭夺,以便己私。乃竞争斗讼,而理筑之工又废。田浸硗确[3],而俗益讹。

绍兴中,故太常博士吴蕴古念之,始创意为斗门,未几为水所坏,乃用巨木交错若重屋者凡七间,周以厚板柜土其内,用以壅截河流,连络塘岸。虚其中三间之上层,置闸焉。其左右上下,又沉石攒楗[4],功不可计,以护土力,以敌水势。费累数十万,悉出其家当。程其役者[5],则有蓝田范氏;始终营缮,克赞其成者,公之犹子通直也。然后,三乡之水盈涸有则,启闭以时,田用屡登[6]。俗遂和睦。

乾道丙戌[7],海大溢,塘屿斗门尽坏。朝廷遣使临视,稍徙而内者数百步。岁乙未,邑宰相攸宜,劝率三乡之人重成之。于是,太常已即世[8],而通直亦老矣,任其事者,通直之子国学也。

后十年,木腐土溃,水得纵泄,众复大恐。邑宰赵侯与国学图经久之策,益求巨材,仍旧规而辟之。凿石为条、为板、为块,自斗两吻及左右臂闸之上下柜之表里,牙错鳞比,以蜃灰锢之。又作亭覆焉。请于郡,得钱二十万,且均众资以佐之,半岁而毕事。其深广视旧逾三之一,壮且固倍蓰矣[9]。

他日,予过其上,值时启水闸试从观焉。数十夫以井干运缏[10],版始举一,悬流电激,虽百夫共举之石,漂流入海如浮一叶,土砾旋进须臾成渊,为之四顾愕然,众环而言曰:"是数十年五成四坏,其间随治随损,若是者寻常耳,此吴氏所以罢其力而莫知所以然也。沿江有涂,傥得募人耕之,庶可以仰给而保无极。"乃列请于安固宰刘侯,从之,遂请国学并主其事,岁收涂租以资葺理公费[11],而以苗米七斗输于官众。

复来谂于予[12],愿有述焉,以诏来者。予为之言曰:"夫以三乡四十万亩之登耗[13]、数十万民命系焉,非小小也。几千百年而得太常创意以兴建,又五六十年而得三贤侯与通直父子同仁笃意,展力毕志,始庶几于久,非易易也。凡我三乡之人衣食事育于斯,修礼教、资富学于斯,可弗察乎?然以天下之大,视此三乡之事,直小小耳。自有天下以来,圣贤君子辟荒补弊、主张维持,以迄于今,其事之当修而益缺,屡举而难成者,又不知其几视此斗门直易易耳[14]。凡我同志,推太常之心与三贤侯若通直父子之事,苟可以举斯而加彼也,可弗勉乎?

太常讳蕴古,杨侯讳梦龄,赵侯讳伯桧,刘侯讳龟从,通直曰奂文,国学曰师尹,而予则徐谊也。

【作者简介】

徐谊(1144—1208),字子宜,一字宏父,平阳万全沙冈(今属浙江)人。乾道八年(1172)进士。入仕途历枢密院编修、徽州知州、提举浙西常平茶盐、吏部员外郎兼知临安府。庆元元年(1195),因忤韩侂胄,责南安军安置。嘉泰二年(1202),起知江州。开禧三年(1207)知建康府兼江淮制置使。他主战,当时"和"声浪高,嘉定元年改知隆兴府。卒,谥忠文。

【注释】

[1] 潴:水积聚。此谓蓄积。

[2] 埭:音 dài,土坝。

[3] 硗确:音 qiāo què,土地坚硬瘠薄。

[4] 攒椻:指打入木桩以固坝。

[5] 程役:监督工役。

[6] 田用屡登:谓庄稼连年丰收。

[7] 乾道丙戌:公元 1166 年。乾道:南宋孝宗赵昚(shèn)年号,公元 1165—1173 年。

[8] 即世:去世。

[9] 葨:音 xǐ,五倍。

[10] 井干:指构木所成的高架。绠:音 gěng,汲水用的绳索。

[11] 葺理:修理,整治。

[12] 谂:音 shěn,规劝,劝告。此犹请。

[13] 登耗:犹丰歉。

[14] 易易:很容易。

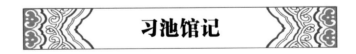

习池馆记

南宋·尹 焕

【提要】

本文选自乾隆《襄阳府志》卷三二,参校《湖北通志·金石志》卷一二、《襄阳金石略》卷一○。

习家池，是东汉初年襄阳侯习郁的私家园林，延存至今已有近 2000 年的历史。它是中国现存最早的园林建筑之一，全国现存少有的汉代园林，被誉为"中国郊野园林第一家"。

习家池，又名高阳池，位于湖北襄阳城南约五公里的凤凰山（白马山）南麓。东汉建武年间（25—56），襄阳侯习郁，依春秋末越国大夫范蠡养鱼的方法，在白马山下筑一条长六十步、宽四十步的土堤，引白马泉水建池养鱼。池中圆台上建重檐二层六角亭，俗称"湖心亭"；池周围列植松竹。习郁陆续"起钓台、置庐亭、造泉馆"，形成包括侯府宅第、园林、大小鱼池在内的园林式屋宅，当时已成为游宴名处。后人称之为"习家池"，历代屡加修建。

西晋永嘉年间镇南将军山简镇守襄阳时，常来此饮酒，醉后自呼"高阳酒徒"，故习家池又名"高阳池"。唐代孟浩然曾感叹："当昔襄阳雄盛时，山公常醉习家池。"东晋时，习郁后裔习凿齿退隐后在此读书，留下《汉晋春秋》。兴宁三年（365），习凿齿邀请高僧释道安到襄阳弘法。释道安师徒一行 400 余人被安置在习氏宅第附近的白马寺，讲经弘法 15 年，创立了新的佛教学派"本无宗"，襄阳也成为当时佛教重镇。

习家池边旧有凤泉馆、芙蓉台、习郁墓，这里群山环抱，苍松古柏，一水涓涓，亭台掩映，花香鸟语，风景清幽。唐代，孟浩然、皮日休经常来此游历，皮日休有《习池晨起》："清曙萧森载酒来，凉风相引绕亭台。数声翡翠背人去，一番芙蓉含日开。荇叶深深埋钓艇，鱼儿漾漾逐流杯。竹屏风下登山屐，十宿高阳忘却回。"

南宋尹焕重修时"故迹犹在"，其地"崇山联抱，一水涓涓""坡麓曼衍，水回漩渟淊，洋演沦曲，奇石磊块，激发琮珮，青林媚妩，荫映光景，窈乎靓，沉乎清，盖殊境也"。负责建设"侯馆"的尹焕在习家池旧址上"刊治而加位置焉"，筑堂二十八楹，迁斥堠、兵铺于新馆之左；环境布置则"凌地引泉，压以飞梁，外缭以垣，蠢门临衢"，扁曰：习池馆。

明正德至嘉靖年间，为官襄阳的聂览、江汇又对习家池作全面修缮，增筑石台、石栏，新建"凤泉亭"，立竖杜祠，祭祀习凿齿和杜甫。清道光六年（1826），太守周凯又对习家池的亭台楼榭进行整修，改高阳池馆为"四贤祠"，祭祀习郁、飞珍、山简、习凿齿。同治年间，襄阳知府方大堤对习家池也进行过一次大修，给泉池取名"溅珠""半规"。1958 年以前，白马泉和习家池等景观都基本保存完好，后来逐渐残破不堪。

明计成《园冶》："郊野择地，依乎平冈曲坞，叠陇乔林，水浚通源，桥横跨水，去城不数里，而往来可以任意，若为快也。谅地势之崎岖，得基局之大小，围之版筑，构拟习池"。"构拟习池"，就是指构筑郊野园林，要效法习家池。

1956 年，习家池被湖北省人民政府公布为第一批文物保护单位。

襄阳城，北枕汉水，商贾连樯，列肆殷盛，客至如林[1]。惟城南山开而骈，长衢直道，东通于日畿[2]。然傍汉数里，居民鲜少，士大夫息肩解橐，率不免下榻苇舍[3]。

自嘉定、宝庆后[4]，屯田既成，官吏络绎阡陌，凡宵征而旦趋衙[5]，与朝发而暮至大堤者，或假佛桑门之居[6]，驺走弗谨[7]，堑井陲缘[8]，缩屋而炊焱寮[9]，可厌也。于是,议者请建侯馆于南关外,制帅阁学陈公然之,命其属尹焕往度地。

越岘凝眺,适旁田舍欢言[10],发地得碑,将献诸郡。就际之,则前守习池诗也。因讯池何许,曰:"荡于兵矣,而故迹犹在,在白马寺之荒园。"至则崇山联抱,一水涓涓,自岩窦注于汉。循流而上,坡麓曼衍,水回漩渟憺,洋演沦曲,奇石磊块,激发琮珮,青林媚莜,荫映光景,窈乎靓,沉乎清,盖殊境也[11]。而泥垣棘篱,荒莽埋没。

焕刊治而加位置焉。负兹麓而面鹿门,横陈通川,平瞰驿道,于馆宜先是制府[12]、斥堠、兵铺。在其东可五六十步,俯岸嵌空,鸿涛春哓,雨甚则忧垫[13]。因议并迁堠、铺于新馆之左,于守馆又宜。归白于公,乃捐锾市地[14],筑堂二十八楹,扁曰"习池"。为寝舍二十有八楹,扁曰"怀晋"。浚地引泉,压以飞梁,外缭以垣,蠹门临衢,扁曰"习池馆"。皆语实也。椽不斲,甓不磨,节费也。

既成,公调焕盍为之记[15]。谨按:习氏以凿齿而名,池以习氏而名;山公游焉,池益以名。久废而复,今又名矣。噫!山川显晦,时也;世故兴废,人也;士习有勤惰,而兴废系焉;世故有变迁,而显晦关焉。方晋不竞,士行、士稚辈,运甓击楫,董董扶持季年,何时顾放情高逸,酣湎不屑事事,上宇下宙,夫复奚赖[16]。

今公生聚教训,士勇而知耻,民乐而怀德,乃日蹙额长虑,晨兴夜寐,孜孜如羽檄交驰,时吏属受命,奔走无射,星言夙驾,莫敢与从事独贤之叹[17]。夫厌悒行露[18],小官事上之勤也,闵劳叙情[19],馆以憩之,上之人念下之仁也。继今而往,咸仰池上,勺之、沦之、濯之、湘之[20],流风千载,尚可遐想。公方为国倚重,丐闲未遂,然一丘一壑,不能忘情于太湖苕溪之上[21],托斯池以寄兴,焕知公心盖在彼,而不在此也。

【作者简介】

尹焕,生卒年月不详。字惟晓,山阴(今浙江绍兴)人。嘉定十年(1217)进士。自畿漕除右司郎官,淳祐八年(1248),朝奉大夫太府少卿兼尚书左司郎中。有《梅津集》。

【注释】

[1]连樯:桅杆相连。形容船多。列肆:谓开设商铺。

[2]骋:纵马向前奔驰。《说文》:直驰也。日畿:亦称"日围"。京畿。国都及其附近的地方。指南宋国都临安。

[3]息肩:栖止休息。橐:音tuó,口袋。苇舍:茅舍。

[4]嘉定:南宋宁宗年号,公元1208—1224年。宝庆:南宋理宗年号,公元1225—1227年。

[5]宵征:夜行。

[6]佛桑门:指寺庙。

[7]骑:古代贵族的骑马侍从。

[8]莝井陲缘:谓(置身)荒郊野外。莝:音cuò,铡碎的草(以喂马)。陲缘:指荒无人烟的地方。

[9]缩屋:指孤独的处境。扊扅:音 yǎn yí,门闩。北齐·颜之推《颜氏家训·书证》:"古乐府歌《百里奚词》曰:'百里奚,五羊皮。忆别时,烹伏雌,吹扊扅;今日富贵忘我为!'吹,当作炊煮之'炊'……然则当时贫困,并以门牡木作薪炊耳。"此借指处境艰难困苦。

[10]田舍:指农家人,庄稼汉。

[11]渟慉:音 tíng xù,水积聚。慉:古通"蓄",积聚。洋演:广盛长流。沧曲:涟漪婉转。琤珮:谓玉器轻击发出的悦耳声音。琮:音 cóng,古代一种玉器,外边八角,中间圆形,常用作祭地的礼器。媚莋:指柔美的细竹。荒茀:犹荒芜。茀:音 fú,野草。

[12]制府:即制置司衙门,掌军务。宋代的安抚使、制置使,明清两代的总督,均尊称为"制府"。斥堠:常作"斥候"。用以瞭望敌情的土堡。

[13]舂啮:犹冲刷拍打。忧垫:担忧陷没、淹没。

[14]镪:音 qiǎng,钱串。引申为成串的钱。后多指银子或银锭。

[15]盍:音 hé,何不,表示反问或疑问。

[16]不竞:谓不强,不振。士行:陶侃(259—334),字士行(一作士衡)。他平定陈敏、杜弢、张昌起义,又作为联军主帅平定了苏峻之乱,为稳定东晋政权立下赫赫战功。他治下的荆州,史称"路不拾遗"。他精勤于吏职,不喜饮酒、赌博,为人所称道。士稚:祖逖(266—321),字士稚,范阳遒县(今河北涞水)人。早年曾任司州主簿、大司马掾、骠骑祭酒、太子中舍人等职,并于西晋末年率亲党避乱于江淮。后被授为奋威将军、豫州刺史,率师北伐。逖所部军纪严明,得到各地人民的响应,数年间收复黄河以南大片土地,使得石勒不敢南侵,进封镇西将军。后因朝廷内明争暗斗,国事日非,忧愤而死,追赠车骑将军。运甓:喻指因立志建功立业而勤勉自励。《晋书·陶侃列传》:"侃在州无事,辄朝运百甓于斋外,暮运于斋内。人问其故,答曰:'吾方致力中原,过尔优逸,恐不堪事。'其励志勤力,皆此类也。"击楫:亦作"击檝"。指晋祖逖统兵北伐,渡江中流,拍击船桨,立誓收复中原的故事。《晋书·祖逖列传》:"仍将本流徙部曲百余家渡江,中流击楫而誓曰:'祖逖不能清中原而复济者,有如大江!'辞色壮烈,众皆慨叹。"董董:丰盛貌。季年:晚年。谓王朝末年。

[17]生聚教训:指军民同心同德,积聚力量,发愤图强,以洗刷耻辱。典出《左传·哀公元年》。晨兴夜寐:早起晚睡。形容勤劳辛苦。《三国志·吴书·韦曜传》:"故勉精历操,晨兴夜寐,不遑宁息,经之以岁月,累之以日力。"羽檄:古代军事文书,插鸟羽以示紧急,必须迅速传递。檄:音 xí,汉代官府文书所用简长 2 尺,称之为"檄"。星言夙驾:星夜驾车行驶。《诗经·定之方中》:"星言夙驾,说于桑田。"

[18]厌悒行露:谓道路上露水湿漉漉。《诗经·召南》:"厌浥行露,岂不夙夜? 谓行多露!"

[19]闵劳:谓怜惜下属,不忍心劳役之。

[20]沧:指玩水而使现波纹。濯:洗。湘:烹煮。指用池中水煮东西。

[21]苕溪:水名。有二源:出浙江天目山之南者为东苕,出天目山之北者为西苕。两溪合流,由小梅、大浅两湖口注入太湖。夹岸多苕,秋后花飘水上如飞雪,故名。唐·罗隐《寄第五尊师》诗:"苕溪烟月久因循,野鹤衣制独茧纶。"宋·苏轼《泛舟城南会者五人》诗:"试选苕溪最深处,仍呼我辈不羁人。"

139

附：重修习家池亭记

明·王从善

自有此山，便有此泉。秦汉以前，不知其名云何，后汉习氏居其地，有名郁者，凿池其旁。依范蠡养鱼法，中筑钓台，风物幽胜，人往游焉。意其若平泉之庄、灵璧之园，此但其源也。

逮及有晋，习宗独强盛，而凿齿者隐居读书，刻意古典，虽其逡巡于叛逆之间，而著为《汉晋春秋》，亦足以裁正当世，识者或有取焉。山季伦镇襄阳，暇日辄之池上，饮酒为乐，必昏酣而后去。更为高阳池。汉郦食其自号高阳酒徒，季伦之意，其将以是欤？晋之风流，大抵如此。国之不竞，有由然也。

唐杜易简复居其上，其孙甫有诗云："戏假霜威促山简，须成一醉习池回"。又云："非寻戴安道，似向习家池。"而池之名遂闻于世，至于今且千余年矣。高人逸士，达官贵人，过其地，往往慨叹其湮微。独以从善之无能得托迹其间，耕田、种药、养亲以自怡。幽遐足以去凡心，鱼虾足以慰饥肠，汲泉漱齿，临溪濯足，天光云影，相与徘徊，则夫洒然而忘世，以自附于古人无求者之列，是诚可乐焉。

正德丁丑，大宪长聂公为宪副使，抚民于襄，每以修明法度、兴起废坠为念。筑大堤，甃颓城，民用免于水患；修郡志，立科甲，题名碑，士用有所励：此其政之大者。建岘山亭于羊侯山中，取欧阳永叔文而刻之。又捐其余财，檄县令杨君来莅池事，周回筑台如坛形，而缺其中，围以阑，方各二丈弱。下流筑长渠可三丈，渠尾作桥，以通游人，皆以石为之。建亭于其上，使游者有所栖焉。且闻公之别号曰凤山主人，而环池之山，自昔皆以凤名，是用额其亭曰"凤泉"，以识其显晦有时，待人而兴，非偶然也。

公以廉静寡欲之操，刚明正大之学，名闻于远近。去之日，人人思之，而公复以不得毕志于襄为恨。从善心力渐衰，去道日远，而勤勤犹未已，公恒奖进之，通于言说，形于体貌，则公之怀抱，又非寻常作吏者。

而县令杨君，守义爱民，尤端嗜好，乃承其议，而勇为之。上命下顺，有倡有和，遂以臻兹，皆不可不书。宪长公，名贤，字承之，蜀之长寿人。县令君，名铨，字仲衡，南昌之丰城人，皆以名进士，吏于是云。

【作者简介】

王从善，生卒年月不详。字承吉，号凤林，襄阳人。明嘉靖二年(1523)进士。嘉靖三年至嘉靖七年任溧水知县。在任期间，救治灾荒，发展生产，兴办教育，着力建设，政绩卓著，被巡抚、巡按推荐为"循良第一"，后升任吏部考功司主事。有《王凤林文集》四卷，诗集三卷。

滋溪书堂记

元·宋 本

【提要】

　　本文选自《元文类》卷三一（商务印书馆 1936 年版）。

　　这是一篇古代的图书馆记，写的是书堂主人建房、买书、抄书寻书的生活。因为虔诚而辛苦，作者"惧族中来者，不知堂若书之始"，于是作文并刻石嵌于墙壁之上。

　　滋溪书堂，元人苏天爵的书堂。苏天爵（1294—1352），真定（今河北正定）人。父志道，曾任岭北行中书省左右司郎中，在和林（今属内蒙古）救荒有惠政。苏天爵由国子学生公试，名列第一而入仕途。后又历任大都路都总管、两浙都转运使和江浙行省参知政事等职。祖父苏玉成开始藏书，曾构屋三间，聚书已有数千卷。因家多藏书，他最熟知辽、金和当代故事，对元代文献多有研习。辑《国朝（元）文类》记载了不少元代制度和文物。自汴京回到真定，大置别墅，辟屋三楹，建"滋溪书堂"，一作"广屋""春风亭"，买书数千卷以资观习。年久书室简陋，又命人重葺。出差至江南，搜集图书万卷归家。文学家袁桷作有《苏氏藏书室铭》，称"崇其书楹，服其精粹"。另外还收集碑志、行状、传约百余篇，编成《元朝名臣事略》。

　　延祐六年，予初来京师，闻国学贵游称诸生苏伯修，以《碣石赋》中公试，释褐，授蓟州判官，往往诵其警句，名藉甚[1]。欲一识，则已赴上。及还，始与交，因得知伯修多藏书，习知辽与金故实，暨国朝上公硕人家伐阅谱系事业碑刻文章[2]。既久，又见其嗜学不厌。尝疑胄子有挑达城阙者[3]，已仕即弃故习者，伯修独尔，其渊源必有出师友外者。询之，则果自其先世曾大父[4]，少长兵间，郡邑无知为学者，已能教子为人先。其大父威如先生，教其考郎中府君尤严。或曰："君才一子，盍少宽。"辄正色曰："可以一子故废教耶？"先生学广博，尝因金《大明历》积算为书数十篇，历家善之。府君既为时循吏[5]，又好读书，教伯修如父教。已有余俸，辄买书遗之。于是予疑益信。

　　又久之，则其所著书曰《辽金纪年》、曰《国朝名臣事略》者，皆脱稿。而今之诸人文章，方类稡未已[6]。士大夫莫不叹其勤，伯修汲汲然至不知饥渴之切己也[7]。日谓予："昔吾高王父玉城翁，当国初，自汴还真定，买别墅县之新市，作屋三楹，置书数十卷。再传而吾王父威如先生，又手自抄校，得数百卷增贮之，因名屋曰'滋溪书堂',盖滋水道其南也。

岁久堂坏,先人葺之而不敢增损,且渐市书益之。又尝因公事至江之南,获万余卷以归。吾惧族中来者,不知堂若书之始,幸文之,将刻石嵌壁以示。"呜呼!有子不知教不论,教而不克如志者,如志而不得及子子者,皆是也。求若苏氏四世知为学,艰哉!

世之致爵禄、金玉、良田、美地者,其传期与天地相终始,然有身得身失者。况其后万有一能振奋过祖祢者[8],则又鄙昔之人无闻知,撤敝庐,创甲第,矜贵富,病先世之微不肯道。而翁之堂,府君能葺之,伯修能求记之;翁之书,先生能加多,府君又益增之,伯修之购求方始,不第能守也[9]。非有以将之,能若是乎?府君葺堂,不敢有加以求胜前人;伯修有屋京师、真定,皆不敢求记,独惓惓是区区之三楹者[10],又可以为薄俗警矣。抑苏氏虽世为学,独威如先生有著述,伯修著述益富,岂闻祖风而兴耶?然予闻自先生至伯修,三世皆一子,惟其能教,故悉克自树立。今伯修亦一子阿琐,甫龆而颖拔[11],可就傅。伯修能绳先生义方以造之,则堂暨书之传,邈乎未可概也。是为记。

伯修名天爵,今以翰林修撰拜南行台监察御史云。至顺二年十二月廿六日[12],大都宋本记。

【作者简介】

宋本(1281—1334),字诚夫,大都人。至治元年(1321)策士,赐进士第一,授翰林修撰。泰定元年(1324),除监察御史,以敢言称。谥正献。有《至治集》四十卷。

【注释】

[1]延祐六年:公元1319年。延祐:元仁宗年号,公元1314—1320年。贵游:指无官职的王公贵族。亦泛指显贵者。公试:官方主持的考试。释褐:脱去平民衣服。喻始任官职。藉甚:盛大;卓著。

[2]上公:泛指高官显爵。硕人:贤德之人。阀阅:祖先有功业的世家、巨室。

[3]胄子:国子学生员。挑达:往来相见貌。《诗·郑风·子衿》:"挑兮达兮,在城阙兮。"毛传:"挑达,往来相见貌。"

[4]曾大父:曾祖父。苏天爵的曾祖父苏诚青壮年时代曾投身军营,长期的军旅生涯养成了他耿直豪爽、不畏强暴、敢做敢为的性格,回乡后成为乡亲们的保护神。苏天爵的祖父(天爵常尊称威如先生)苏荣祖从小饱读经书史志,涉猎阴阳卜筮,尤精于历算,是远近闻名的学者。父亲苏志道,字子宁,学问和人品出众,被朝廷委以重任。

[5]府君:指其父亲苏志道。

[6]稡:音 zuì,聚集。

[7]汲汲:形容急切的样子,急于得到。

[8]祖祢:先祖和先父。亦泛指祖先。祢:音 mí。

[9]不第:不但。

[10]惓惓:念念不忘。

[11]龆:音 tiáo,儿童换牙。

[12]至顺:元文宗图帖睦尔年号,公元1330—1333年。

都水监事记

元·宋 本

【提要】

本文选自《永乐大典》卷二五三五（中华书局影印本）。

都水监，封建时代中央政府掌管与水有关事务的机构。汉代的太常、少府、水衡都尉之下均设有都水长丞。西晋专门设置都水台，掌管舟船及水运事务。隋、唐、金、元改称都水监，掌河渠、津梁、堤堰等事务。明初并入工部，设都水司，不单独置监，但其长官仍称都水监或都水使者。都水监设使者二人，正五品上。职掌川泽、津梁、渠堰、陂池之政，总河渠、诸津监署。都水丞二人，从七品上，掌判监事。

元朝，都水丞张子元（仲仁）说我们都水监官秩为三品，"有典掌、有属、有事功"，但设官四十一年了，先后从事都水者百余人，他们都忠于职守、辛勤劳作，可是记录这些事情的簿书"日以蠹烂"，想有所征考，也茫然不知从何下手。张仲仁找到宋本，"幸文以纪其概，将刻石厅事"，以告来者。

文中，宋本一一介绍都水监的官职设置、职掌，所做诸事项。"凡河若坝填淤，则测以平而浚之"，"闸桥之木朽甃裂，则加理"，甚至还管积水潭中的冰，采集后供给大内以备享用。都水监所做的事情包括黄河水务，凿通惠河，将丽正门南的桥梁改建为石桥，把积水潭南岸甃成石岸等等，功绩斐然。

都水监衙门在积水潭侧，北面西面都是水。公堂三楹，"东西屋以栖吏，堂右少退曰'双清亭'，则幕官所集之地。堂后为大沼，渐潭水以入，植芙蕖荷芰。"于是，夏春之际，艳阳高照之日，公暇之余，放眼望去，"水光千顷，西山如空青"，无论环潭民居，还是寺庙龙祠一色"金碧黝垩，横直如绘画"；宫垣里的广寒、仪天、瀛洲等殿字"皆肖然得瞻仰"。

　　都水监丞张君子元[1]，致其长飒八耳君之言曰："吾职古为泽衡[2]，元制秩三品，所以列朝著者，有典掌、有属、有事功，而废置有沿革。然设官四十一年矣，尝莅是者，无虑百余人，其勤劳职业岂少哉？曹署老吏日以亡，簿书岁畀掌故[3]，日以蠹烂，有所征考，则茫然昧所向，殆非所以谨官常[4]、备遗忘也。幸文以纪其概，将刻石厅事，为方来益。敢最其事于牍以混子[5]。"

　　读之，则知监始以至元二十八年，丞相完泽奏置于京师[6]，监、少监各二员。岁以官一、令史二、奏差二、壕寨官二分监于汴[7]，理决河。又分监寿张，领会通河,官属如汴监,皆岁满更易。泰定二年,改汴监为行监,设官与内监等。天历二年罢,以事归有司,岸河郡邑守令,结衔知河防事,而寿张监至今不废。此其沿革。大都河道提举司官三、幕官一,通惠河闸官二十又八,会通河闸官三十又三,此其属。通惠、金水、卢沟、白沟、御、清、会通七河;通惠之广源、会川、朝宗、澄清、文明、惠和、庆丰、平津、溥济、通流、广利,会通之会通、土坝、李海、周店、七级、阿城、京门、寿张、土山、三义、安山、开河、冈城、兖州、济州、赵村、石佛、新店、师庄、枣林、孟阳泊、金沟、沽头五十五闸;阜通之千斯、常庆、西阳、郭村、郑村、王村、深沟七坝;都城外内百五十六桥;皇城西之积水潭隶焉。

凡河若坝填淤,则测以平而浚之。闸桥之木朽氅裂[8],则加理。闸置则,水至则则启,以制其涸溢。潭之冰共尚食[9]。金水入大内[10],敢有浴者、浣衣者、弃土石瓴甋其中[11],驱马牛往饮者,皆执而笞之。屋于岸道,因以狭病牵舟者,则毁其屋。碾磑金水上游者[12],亦撤之。或言某水可渠、可塘、可捍以夺其地,或某水垫民田庐,则受命往视,而决其议、御其患。大率南至河,东至淮,西洎北尽燕晋朔漠,水之政皆归之,此其典掌。

至元二十九年,凿通惠河[13],由京师东北昌平之白浮村,导神山泉以西。转而南会一亩、马眼二泉,绕出瓮山后,汇为七里泺。东入西水门,贯积水潭。又东至月桥,环大内之左,与金水合。南出东水门,又东至于潞阳,南会白河,又南会沽水,入海。凡二百里,立闸二十四,役工二百八十五万,费以钞计百五十二万,米三万八千七百石,木十六万三千八百章,铜铁二十万斤,灰油藁称是。八月经始,三十年七月毕事,以便公私。

至治二年[14]七月,石丽正门南之第一、又南第二桥,以壮郊祀御道。盖京师桥闸,旧皆木,宰相谓不可以久,尝奏,命监渐易以石。今闸之石者已九,桥之石者六十又九,余将次第及之。役之用洎劳[15],盖可臆度,兹略不书。

泰定元年七月[16],扣积水潭之南岸[17],以石衺千二百五十尺,缭以赤阑,风雨湍浪,不崩不淖,以利往来。至治元年七月大霖雨,卢沟决金口,势俯王城。补筑堤百七十步,崇四十尺,水以不及天邑[18]。此其事功。

呜呼!明典掌,建事功,在位者事也。若曹署之废置,属之众寡,则亦当究知。继官是监者,能惓惓于此[19],则无负数君子意矣。

我世祖以上圣膺开物之运[20],建邦设都,树官府国中。与列圣之文致太平,更植叠立。使佩印绶,食奉钱廪稍,秩三品,及过而上者,将数十百所,讵皆无沿革典掌与属与事功哉?未闻出意见求搢绅先生纪之者[21],则数君子敬事以近文,可知矣。矧徒有典掌[22]、有属而无事功,稽其沿革以不能道者哉?

抑水之利害在天下,可言者甚夥。姑论今王畿,古燕、赵之壤。吾尝行雄、莫、镇、定间[23],求所谓督亢陂者,则固已废。何承矩之塘堰,亦漫不可迹。渔汤、燕郡之庆陵诸堨[24],则又并其名未闻。豪桀之蒉,有作以兴废补弊者,恒慨惜之。或又谓潈之沽口田下,可塍以稻,亦未有举者。数君子能职思其忧若是,是殆济矣。故以是卒记之。

监者潭侧[25],北西皆水,厅事三楹,曰"善利堂"。东西屋以栖吏。堂右少退曰"双清亭",则幕官所集之地。堂后为大沼,渐[26]潭水以入,植芙渠荷芰[27]。夏春之际,天日融朗,无文书可治,罢食启窗牖,委蛇骋望,则水光千顷,西山如空青。环潭民居、佛屋、龙祠,金碧黝垩,横直如绘画。而宫垣之内,广寒、仪天、瀛洲诸殿,皆岿然得瞻仰,是又它府寺所无。

至顺二年[28]三月宋本记。

【注释】

[1]张子元:名仲仁。时任都水少监。其长官长飒八耳为都水监。至治元年(1321),都水丞张仲仁奉朝廷之命疏浚整修由临清至彭城(今江苏徐州)的700里河道,修建小桥98座、大桥58座,以通纤道。又沿河修石涵洞排两岸积水入河,并于河岸两旁种马蔺草以固溃沙,河两侧多植树木。这是对运河一次较大的维护浚修。

[2]泽衡:泽虞、水衡的并称。泽虞:古官名。负责管理沼泽地区。《周礼·地官·泽虞》:"泽虞,掌国泽之政令,为之厉禁,使其地之人守其财物,以时入之于玉府。"水衡:名称的由来有二说:一说古代山林之官叫衡,掌诸池苑,所以叫水衡;一说主管都水和上林苑,故称水衡。汉武帝时设水衡都尉,掌上林苑及铸钱等事。南朝宋置水衡令。唐代曾改都水监为水衡都尉。

[3]畀:音 bì,给予。

[4]官常:官员,官吏。

[5]最:聚合,聚集。

[6]完泽(1246—1303):土别燕氏。太宗伐金,命太弟睿宗由陕右进师,以击其不备,土薛为先锋,遂去武休关,越汉江,略方城而北,破金兵于阳翟。金亡,从攻兴元、阆、利诸州,拜都元帅。取宋成都,赐食邑五百户。中统四年(1263),拜中书右丞相,与诸儒臣论定朝制。至元三十一年(1294),世祖崩,完泽受遗诏,合宗戚大臣之议,启皇太后,迎成宗即位。卒,追封兴元王,谥忠宪。按:都水监并非设置于至元二十八年。至元元年(1264),郭守敬跟随张文谦治复西夏唐来、汉延等大渠。因功,二年,擢都水少监,掌河渠、堤防、水利、桥梁、闸堰等事。

[7]壕寨官:主持水利施工的官员。

[8]甃:井壁。此言闸壁。

[9]尚食:官名。掌帝王膳食。秦始置。东汉以后,并其职于太官署。北齐门下省有尚食局,置典御二人。隋改为奉御。唐宋因之,属殿中省。金元时尚食局属宣徽院。明设尚膳监,由宦官掌管。后用以指御膳。

[10]金水:即金水河。又名玉河,在今北京市。金始引玉泉水东注于三海。明萧洵《故宫遗录》:"自瀛洲西度飞桥上回阑,巡红墙而西,则为明仁宫,沿海子导金水河步邃河南行为西前苑。"亦省称"金水"。

[11]瓴甋:音 líng dì,砖,陶器。

[12]碾硙:音 niǎn wèi,利用水力启动的石磨。

[13]通惠河:通惠河是元代挖建的漕运河道,由郭守敬主持修建。至元二十九年(1292)开工,第二年完工,元世祖忽必烈命其名为"通惠河"。最早开挖的通惠河自昌平县白浮村神山泉经瓮山泊(今昆明湖)至积水潭、中南海,由文明门(今崇文门)外向东,在今天的朝阳区杨闸村向东南折,至通州高丽庄(今张家湾村)入潞河(今北运河故道),全长82千米。其中,瓮山泊至积水潭段在元代称"高梁河"。通惠河开挖后,漕运可达积水潭,因此,包括今

什刹海、后海一带的积水潭区域成为运河终点,商船百船聚泊、千帆竞泊,热闹繁华。元朝中后期,每年高达二三百万石粮食从南方经通惠河运至大都。这条河一直沿用到 20 世纪初叶。

[14] 至治二年:公元 1322 年。至治:元英宗硕迪八拉年号,公元 1321—1323 年。

[15] 泊:及,到。

[16] 泰定元年:公元 1323 年。

[17] 钿:音 kòu,指用石头等砌筑以护岸。

[18] 天邑:指王宫。

[19] 惓惓:念念不忘。

[20] 膺:接受。开物:通晓万物的道理。

[21] 搢绅:插笏于绅。搢:音 jìn,插。绅:古代仕宦者和儒者围于腰际的大带。

[22] 矧:音 shěn,况且。

[23] 雄:州名。今保定市雄县,位于河北省中部。莫:州名。唐景云中置,本郑州,旋改莫州。治莫县(今河北任丘北)。镇州:唐元和中改恒州置。治所真定(今河北正定)。辖境相当今河北石家庄市及井陉、行唐、正定、阜平、栾城、平山、灵寿、藁城等地。定州:帝尧始封唐国之地。后魏道武帝改为定州。隋初郡废,炀帝初置博陵郡,后改为高阳郡。唐为定州,元朝设中山府,府治安熹(今河北定州市),辖安熹、无极、新乐三县。

[24] 戾陵:戾陵堰。三国时,在湿水(今永定河)上修筑的引水工程。位于今北京石景山西麓,可灌溉农田百余万亩。三国魏嘉平二年(250)镇北将军刘靖镇守蓟城(今北京市),派军工造戾陵堰,水经车箱渠,入古高梁河道,向东经潞县(在今通县境)入鲍丘河。堰体用石笼砌成,高 1 丈、长 30 丈、宽 70 余步。洪水时,堰顶可溢流;平时可拦截河水入渠。设计合理,堰体又易于维修。元初郭守敬曾重开金口河,成功地使用了 30 年。至正二年(1342)又建金口新河,取水口上移至三家店,但以失败告终。堨:音 è,堰。

[25] 监者:指都水监衙门。潭:指积水潭。

[26] 渐:流入。此作动词,谓引入。

[27] 芙蕖:亦作"芙渠"。荷花的别名。荷芰:荷叶与菱叶。《楚辞·离骚》:"制芰荷以为衣兮,集芙蓉以为裳。"

[28] 至顺二年:公元 1331 年。至顺:元文宗图帖睦尔年号,公元 1330—1333 年。

工 狱

元·宋 本

【提要】

本文选自《国朝文类》卷二五(中华再造善本丛书)。

"京师小木局,木工数百人,官什伍其人,置长分领之。"宋本的《工狱》讲述了发生在小木局中的"工狱"案：一次，木工局中的一个木匠与工长（院当长）吵架，从此不来往。半年后，旁人出面做工作，大家凑钱吃顿饭，撮合两人和好如初。哪知吃饭的当天夜里，木匠失踪了。于是，工长成了最大的嫌疑犯而被捕。木匠之妻咬定工长报复杀人。遭受一番严刑逼供以后，工长承认了罪行。然而，尸体没有找到。两名作作（旧时官府中检验命案死尸的人，工作性质如现代的法医）找了几十天，挨了多次板子，仍然没找到尸体。于是，两人杀了一个骑驴的老头，把他推在水里。过了几天，估计面目已被水沤得辨认不清，这才拿老头的尸体去交了差。木匠妻子放声痛哭，埋葬了尸体。工长被判死刑，上报待批。

骑驴老头家人在寻找老头时，发现一个人所扛驴皮很像自家那头驴的皮，且驴皮上血迹未干，于是扭送官府。一番拷打后，"负皮人"也认了罪。但是还没找到尸体。几番折腾后，案件尚未完全了结，扛驴皮的人已在狱中病死。一年以后，工长也被执行了死刑。

又是一年以后，一个小偷在木匠家听到了木匠之妻与一个男人口角，才知是匠妻与仵作奸夫合谋杀夫。小偷引人找到木匠的尸体。至此，木匠之死真相大白。但是，骑驴老者和"负皮"之人的死，官府不再查究，就此隐瞒下来。一起冤案搭上 6 条人命，都死于审判官吏的昏聩上。

京师小木局[1]，木工数百人，官什伍其人，置长分领之。一工与其长争，长曲不下[2]，工遂绝不往来。半岁，众工谓口语非大嫌，酿酒肉[3]，强工造长居和解之，乃欢如初，暮醉散去。工妇淫，素与所私者谋戕良人，不得间。是日，以其醉于仇而返也，杀之。仓卒藏尸无所，室有土榻，榻中空，盖寒则以措火者。乃启榻砖，真尸空中。空陜[4]，割为四五始容焉，复砖故所。

明日，妇往长家哭曰："吾夫昨不归，必而杀之。"讼诸警巡院[5]。院以长仇也，逮至，榜掠不胜毒，自诬服[6]。妇发丧成服[7]，召比丘修佛事，哭尽哀。院语长尸处，曰："弃壕中。"责仵作二人索之壕[8]，弗得。仵作本治丧者，民不得良死而讼者主之，是故常也。刑部御史、京尹交促具狱甚急，二人者期十日得尸，不得，笞。既乃竟不得，笞。期七日，又不得。期五日、期三日，四被笞，终不得，而期益近。二人叹惋，循壕相语，笞无已时，因谋别杀人应命。

暮坐水傍，一翁骑驴渡桥，搞角挤堕水中[9]，纵驴去。惧状不类，不敢辄出，又数受笞。涉旬余，度翁烂不可识，举以闻院。召妇审视，妇抚而大号，曰："是矣，吾夫死乃尔若耶？"取夫衣招魂壕上，脱笄珥[10]，具棺葬之。

狱遂成，院当长死。案上，未报可。骑驴翁之族物色翁不得，一人负驴皮道中过，宛然其所畜，夺而披视，皮血未燥。执诉于邑，亦以鞫讯憯酷[11]，自诬劫翁驴，翁拒而杀之，尸藏某地。求之不见，辄更曰某地。辞数更，卒不见。负皮者瘐死狱中[12]。岁余，前长奏下，缚出狴犴[13]。众工随而噪若雷，虽皆愤其冤，而不能为之明，环视无可奈何。长竟斩，众工愈哀叹不置，遍访其事无所得，不知为计。乃聚议哀交钞百定[14]，处处置衢路，有得某工死状者酬以是，亦寂然无应者。

初,妇每修佛事,则丐者坌至[15],求供饭,一故偷常从丐往乞。一日,偷将盗它人家,尚早不可。既熟妇门户,乃暗中依其垣屋以须。迨钟时,忽醉者踉跄而入,酗而怒妇,詈之拳之且蹴之,妇不敢出声。醉者睡,妇微谇烛下[16],曰:"缘而杀吾夫,体骸异处土榻下,二岁余矣。榻既不可火,又不敢填治,吾夫尚不知腐尽以否,今乃虐我。"叹息饮泣。偷立牖外,悉得之,默自贺曰:"奚偷为!"明发入局中,号于众:"吾已得某工死状,速付我钱。"众以其故偷,不肯,曰:"必暴著乃可[17]。"遂书合分支与偷,且俾众遥随我往。偷阳被酒,入妇舍挑之,妇大骂:"丐敢尔?"邻居皆不平偷,将殴之。偷遽去土榻席扳砖,作欲击斗状,则尸见矣。众工突入,偿偷购[18],反接妇送官。妇吐实,醉者则所私也。官复穷壕中死人何从来,仵作欸,挤何物骑驴翁堕水。仵作诛,妇泊所私者磔于市。先主长死吏,皆废终身。官知水中翁即乡瘠死者事,然以发之,则吏又有得罪者数人,遂寝,负皮者冤竟不白。

此延祐初事也[19]。校官文谦甫以语宋子,宋子曰:"工之死,当坐者妇与所私者止耳,乃牵联杀四五人,此事变之殷也。解仇而伏欧刀[20],逃笞而得刃,仵作杀而工妇窆,负皮道中而死桎梏,赴盗而获购,此又缪辒而不可知者也[22]。悲夫!"

【注释】

[1]小木局:主要从事桌椅等小件木工修造。设于元朝的小木局置提领二员,同提领一员,副提领三员,管勾二员,提控四员。属修内司。北宋、金、元皆置修内司。宋属将作监,掌宫殿、太庙修缮事务。北宋设勾当官。以大内内侍充任。元时隶大都留守司,秩从五品。设于元世祖中统二年(1261)。领大、小木局及泥厦、车、桩钉、铜、竹作、绳等局工匠。置提点、大使、副大使各一员。

[2]曲:使弯曲,使屈服。

[3]醵:音jù,凑钱买(酒肉)。

[4]空陿:谓空间狭小。

[5]警巡院:官署名。辽始置五京警巡院,有使及副使。金沿置。掌京城治安,平理狱讼。元置大都左、右警巡院及上都(今内蒙古多伦西北)警巡院,各置达鲁花赤、使及副使、判官等官。

[6]搒掠:笞击,拷打。诬服:谓无辜而服罪。搒:音péng。

[7]成服:旧时丧礼大殓之后,亲属按照与死者关系的亲疏穿上不同的丧服,称之。

[8]仵作:中国古代官府中专门负责检验尸体的人员。旧时官府检验命案死尸的人,因验尸既辛苦且难以对人启齿,一般验尸工作都由贱民或奴隶执行并向官员报告,约当现代之法医。清末改称检验吏。《清会典·刑部》:"凡斗殴伤重不能重履之人,不得扛抬赴验,该管官即带领仵作亲往验看。"

[9]掎:音jǐ,抓住,拖住。

[10]笄珥:古代妇女常用以装饰发耳的饰件。笄:音jī,古代的一种簪子,用来插住挽起的头发,或插住帽子。珥:用珠子或玉石做的耳环。

[11]鞫讯:审讯。鞫,音jū,通"鞠"。憯酷:残酷。憯:音cǎn,古同"惨"。万分悲怜,

凄惨。

  [12] 瘐死：囚犯在狱中病死。瘐：音 yǔ。

  [13] 犴狴：音 bì àn，监狱。

  [14] 裒：音 póu，聚集。

  [15] 坋：音 bèn，灰尘，尘土。此作动词。

  [16] 诼：音 suì，埋怨，责备。

  [17] 暴著：昭著。

  [18] 购：赏金。

  [19] 延祐：元仁宗年号，公元 1314—1320 年。

  [20] 欧刀：古欧冶子所作之剑。后泛指刑人之刀或良剑。

  [21] 窆：音 biǎn，(动)〈书〉埋葬。

  [22] 摎辂：音 jiāo gé，亦作"摎辐""摎葛"。交错，杂乱。引申为纠缠不清。

明·朱棣 等

【提要】

  文献选自《武当山志》（新华出版社 1994 年版），参校乾隆《襄阳府志》《弇州山人四部稿》（两江总督采进本）。

  武当山受到皇帝眷顾历程是这样的：宋真宗天禧二年（1018），因为"真武之灵""尹京邑之上腴，有龟蛇之见象……资中国之利泽，奏民疾以蠲除"，所以加封"镇天真武灵应祐圣真君"。此时，真武尚未与武当山连在一起。

  元朝，元成帝铁穆耳于大德八年（1304）加封诰就将武当山与真武连在一起了。诰文说："武当福地久属职方，灵应玄天宜崇封典。眷言真武，昔护先朝，定都人马之宫，尝现龟蛇之瑞。"加封号"玄天元圣仁威上帝"。

  明朝朱棣把武当建设推向极致。"朕敬慕真仙张三丰老师，道德崇高，灵化玄妙，超越万有，冠绝古今。愿见之心，愈久愈切。"终于打听到张三丰就在武当山，"朕闻武当遇真，实真仙张三丰老师修炼福地"。于是为了表达景仰钦慕之诚，决心"审度其地，相其广狭，定其规制……卜日营建"。

  朱棣真的是为了张三丰而大建武当吗？朱棣在武当山大兴土木，仿北京皇宫紫禁城的模样修建道观供奉真武大帝，有人甚至说这是另一座紫禁城。关于原因，今人多有谈及。南怀瑾的《中国道教史略》："究其动机最初因闻其侄建文帝逃匿为僧，隐于房县，房县原位于武当山脉，故兴建道观供奉真武，作为压胜的象征。"（复旦大学出版社，1996 年版，第 123 页）中央一套《世界文化遗产之武当山》纪录片中，湖北社会科学院一位研究员认为朱棣在武当山建观主要有两个目的：一是裁兵，因为他刚从建文帝手中夺得皇权，原属于建文帝手下的士兵多多少少对他有些意见，而在武当山兴建大规模的宫观，费时日久费力众多（朱棣用了 12 年去营建），需要大量兵士参与其中，这样达到裁兵的目的；二是借神权巩固自己的皇权，传说工匠建造的真武大帝塑像开始朱棣总是不满意，后来一位聪明的工匠模仿朱棣浴后端坐的样子塑造真武的形象，总算是获得了他的认可。他这样做是为了告诉世人自己就是真武大帝的人间化身，自己的统治是上承天意，合法的。还有论者称，朱棣在攻陷京城后，建文帝随宫中的一把大火消失得无影无踪，这成了朱棣后半生的心病。于是，郑和下西洋、武当大兴土木（传说建文帝逃入这一带的深山里），造就了气势、规模超过五岳的武当辉煌建筑群。

  永乐十四年（1416）九月，武当金殿成，金殿将被安放到武当山天柱峰顶。这是一座鎏金铜亭，高 5.54 米、宽 4.4 米、深 3.15 米，整个大殿均为铜铸鎏金，造型壮观华丽，纹饰繁缛，光彩夺目，殿内宝座、香案和陈设器物，均为金饰。内悬鎏金明珠,设计精巧,犹如木雕。殿内尤以重达 10 吨之着袍衬铠的真武帝君铜像最为珍贵,是武当铜铸造像艺术中的珍品。殿前还陈设有金钟、玉磬,亦为不可多得的艺术品。由于金殿在铸造时似已考虑到构件的膨胀系数,构件装配比较严密,而且成吨重的铸件用失蜡铸造法铸造,然后运至峰顶进行装配。因此,金殿不仅反映了当时社会宗教昌盛的现实,而且在很多方面显示出明代科学技术已具有相当高的水准。因为十分珍贵,所以朱棣专门敕谕都督何浚格外小心,一再叮嘱"船上要十分整洁""不许做饭"。

与此形成鲜明对比的是,永乐十四年(1416)四月,礼部奏请封泰山,永乐不准。他对吕震说:现在天下虽无事,然水旱疾疫亦间有之。朕每每听说郡县上奏,未尝不惕然于心,岂敢谓太平之世。魏征常以尧舜之事劝谏太宗,太宗乃不为封禅。你们欲使我居于唐太宗之下,与魏征爱君之道迥异。你们应以古人自勉,不负宗伯之责任。

明朝嘉靖年间,武当宫观大修。

武当山宫阙庙宇集中体现了中国元、明、清三代汉族世俗和宗教建筑的建筑学和艺术成就,明代臻于辉煌。明朝永乐皇帝亲自主持修建,动用数十万民工,在武当山大兴土木,历时 12 年,建成了 9 宫、9 观、36 庵堂、72 岩庙的宏大道教建筑群。武当山古建筑群总体规划严密,主次有序。选择建筑位置,注重周围环境,讲究山形水脉,聚气藏风,达到了建筑与自然的高度和谐。现存的有太和宫、南岩宫、紫霄宫、遇真宫四座宫殿和玉虚宫、玉龙宫遗址以及大量庵堂、祠堂、岩庙等,共有古建筑200 余栋,面积约 5 万平方千米。其中紫霄宫高 18 米、宽30 米、进深 12 米,面积 350 多平方米。众多的建筑中,用材广泛,有木构、铜铸、石雕等,都达到了极高的技艺水平。武当山古建筑群规模之大、规格之高、构造之严谨、装饰之精美,在中国道教建筑中是绝无仅有的,世界上也难觅其匹者。

武当山建筑最初的目标可能只是建造一个模拟真武修仙的神国空间,影射天子"天地与我并在,神仙与我为一"。可是几百里的山野,在哪里寻找天人为一的天机?老子留下的法宝就是"道"和"数":"道生一,一生二,二生三,三生万物""人法地,地法天,天法道,道法自然"。从古均州到天柱峰全长 120 华里。古建筑群规划均州至玄岳门 60 华里为"人间"、玄岳门至南岩 40 华里为"仙山"、南岩至天柱峰 20 华里为"天国",这样就形成了人间、仙山、天国这种各占三、二、一分的比例。武当山古建筑群这种以"道""数"为指导的规划,不但巧妙利用数字关系解决建筑中比例、适度、秩序与和谐,而且其中蕴含的神话意味着一种把握生活方式的超现实主义性质,是一种对人的永恒理想的积极肯定。

庞大而宏丽的古建筑群,遍布从古均州到武当方圆八百余里范围里。据初步统计有 572 处,其中现存保存较好的有 129 处、殿宇 1182 间,建筑面积 43 332 平方米,遗址 187 处,丹江口水库淹没 256 处。

武当山古建筑群分布在以天柱峰为中心的群山之中,总体规划严密,主次分明,大小有序,布局合理。建筑位置选择,注重环境,讲究山形水脉,布置疏密有致。建筑设计的规划或宏伟壮观,或小巧精致,或深藏山坳,或濒临险崖,达到了建筑与自然的高度和谐,具有浓郁的建筑韵律和天才的创造力。

建筑技术高超,艺术成就杰出,武当山建筑全面地反映了中国古代科技的综合水平。这里的古建筑群类型多样,用材广泛,各项设计、构造、装饰、陈设,不论木构宫观、铜铸殿堂、石作岩庙,以及铜铸、木雕、石雕、泥塑等各类神像都是技术与艺术精品。武当山金殿及殿内神像、供桌等全为铜铸鎏金,铸件体量巨大,采用失蜡法(蜡模)翻铸,代表了中国明代初年(15世纪)科学技术和铸造工业的高超水平。

武当山古建筑群是当时的国家标准建筑。中国古建筑虽然具有八千年历史,遗憾的是只留下了两个国家标准,一个是宋《营造法式》,一个是清《工程做法》,明代国家标准也许随着《永乐大典》被毁而永远消失,所幸的是能够看到按照这个标准修建的建筑,即武当山古建筑群——明代建筑的国家样本。用这个体系,还可以发现从宋代《营造法式》到清代《工程做法》之间的过渡和空白。

武当山古建筑群是中国古代建筑的巅峰杰作。然而,在武当山古建筑群列入世界遗产之前(武当山古建筑群1994年12月被列入《世界遗产名录》),《中国建筑史》极少提及武当山,偶尔提到也是语焉不详,毫不夸张地说,武当山古建筑群的出现改写了中国建筑史。古建筑中留存的智慧还给我们带来了无法比拟的愉悦,留住这种智慧是我们对历史和祖先的尊重,对后代子孙的责任。

永乐皇帝大修武当山道宫之后,这里成为了明代文人倾心向往的名山仙境,顾璘、崔桐、陆铨、许宗鲁、汪道昆、王世贞、袁宏道、谭元春等纷至沓来,留下了大量优美的文字。其中,王世贞留下的诗文最多,而且,他对武当山历史的分析也最深刻。

王世贞文集中有大量歌咏武当山的诗赋游记。仅以收入万历五年(1577)他自己编定刻印的《弇州山人四部稿》就有120余篇,这些诗文大都成于他在郧阳督抚任上。王世贞以都察院右副都御史抚治郧阳提督军务为万历二年(1574)九月至四年(1576)六月。辖境内名山——武当山,又是皇室家庙,当然要登临,写诗作赋。再者,其父王忬嘉靖二十八年(1549)巡按湖广时也曾游武当山,并撰有题咏七律四首。万历四年,其弟王世懋上武当山,将这四首诗追书刻石,置于南岩宫两仪殿前:王世贞一家对武当山有着特殊的感情。

王世贞数次游武当(太和)山,写下了包括《自均州由玉虚宫宿紫霄宫记》《由紫霄登太和顶记》《自太和下宿南岩记》《自南岩历五龙出玉虚记》等游记,作《过龙泉观冒雨行即景》《遇雨投紫霄宫宿》《武当五龙歌》《太和即事》《净乐宫》《游武当五龙宫》《回龙观》《独阳岩》《试剑石》《天柱峰》《皇崖峰》等诗歌。他的这些诗文或状景写物,咏颂武当山的奇峰峻峦、险壑幽洞和雄伟宫观;或旁征博引,论述武当山历史地位的发展变化。有的从历史的角度评述了明成祖大修武当山道宫的原因和经过,并对其和利用宗教的政治权术有所披露和讽谕,所谓"人间大小七十战,一胜业已归神功";并表达对明成祖大建武当宫观的不同看法:"十年二百万人力,一一舍置空山傍。"

元朝时,武当山大顶什么摸样? 元人朱思本游记中记录了铜殿情形:"中冶铜为殿,凡栋梁窗户靡不备,方广七尺五寸,高亦如之。"规模比明朝铜殿小多了。

历代帝王诏敕文献选

北宋·真宗 等

宋真宗于天禧二年七月七日加封真武诰[1]:伏以丕显聪明,聿求孚佑,旌赍殊号,率循旧章[2]。恭惟真武之灵;茂著阴方之位,妙功不测,冲用潜通[3]。尹京邑之上腴,有龟蛇之见象,允升宝地,毖涌神泉[4];自然清冷,饮之甘美,资中国之利泽,奏民疾以蠲除[5]。倍庆济时,虔思报德,就其胜壤,建以珍祠。既修奉于威容,合登隆于称赞,爰稽懿实,永耀鸿祯[6]。真武将军宜加号曰:"镇天真武灵应祐圣真君。"当体寅恭[7],咸从布告,故兹昭示,想宜知悉。

【注释】

[1]宋真宗:赵恒(968—1022),宋太宗第三子,登基前曾被封为韩王、襄王和寿王,曾任开封府尹。公元 997 年继位,以王钦若、丁谓为相,二人常鼓以天书符瑞之说。景德元年(1004),辽国入侵,寇准劝帝亲征,宋辽会战于澶渊(古湖泊名,也叫繁渊)。故址在今河南濮阳县西),宋战胜辽国,但定下"宋每年送给辽岁币银 10 万两、绢 20 万匹"的澶渊之盟,此后百余年间两国礼尚往来,通使殷勤,辽朝边地发生饥荒,宋朝也会派人在边境赈济,宋真宗崩逝消息传来,辽圣宗"集蕃汉大臣举哀,后妃以下皆为沾涕"。赵恒在位二十五年,北宋渐渐进入繁荣期。天禧:宋真宗年号,公元 1017—1021 年。真武:又称玄天上帝、玄武大帝、佑圣真君玄天上帝、无量祖师,全称真武荡魔大帝,是汉族神话传说中的北方之神,为道教神仙中的玉京尊神。在汉族民间信仰中占有重要地位。湖北武当山信奉的主神就是真武大帝,道经中称他为"镇天真武灵应佑圣帝君",简称"真武帝君"。

[2]丕显:大显。聿:音 yù,文言助词,无义,用于句首或句中。孚佑:庇佑,保佑。

[3]茂著:亦作"茂着"。犹卓著。冲用:《老子》:"道冲,而用之久不盈。"后以"冲用"指谦和,中和。潜通:暗通。

[4]毖:古同"泌",泉水冒出流淌的样子。

[5]蠲除:清除。蠲:音 juān,除去,免除。

[6]鸿祯:极大的祥瑞。

[7]寅恭:恭敬。

元成帝于大德八年三月加封诰[1]:上帝眷命。皇帝圣旨,武当福地,久属职方[2]。灵应玄天,宜崇封典。眷言真武,昔护先朝,定都人马之宫,尝现龟蛇之瑞。虽昭应已修于明祀,而仙源未表于徽称,爰命太常议行褒礼。谓元者善之长,圣德合于一元;圣则化而神,元功同于三圣[3],拯济民生而仁周宇宙,廓清世运而威畅风霆[4]。订鸿名而既嘉,宣宠光而何忝。于戏,天道主宰谓之帝,四季永镇于山川。帝室眷念受于天,万年永安乎宗社。思皇多祉[5],祐我无疆。特加号曰"玄天元圣仁威上帝"。

【注释】

[1]元成帝:即元成宗。名特穆尔(1265—1307)。元世祖忽必烈孙、太子真金之子。其父死后,他受皇太子宝,总兵镇守漠北。至元三十一年(1294),即皇帝位。停止对外战争,专力整顿国内军政。采取限制诸王势力、减免部分赋税、新编律令等措施,使社会矛盾暂时有所缓和。在位期间基本维持守成局面,但滥增赏赐,入不敷出,国库资财匮乏,钞币贬值。曾发兵征讨八百媳妇(在今泰国北部),引起云、贵地区动乱。晚年朝政日渐衰败。死后谥钦明广孝皇帝,庙号成宗。大德:元成宗年号,公元 1297—1307 年。

［2］职方：犹版图。

［3］三圣：多种说法。一般指尧、舜、禹。

［4］风霆：狂风和暴雷。

［5］祉：福。

明永乐十年二月初十日敕右正一虚玄子孙碧云[1]：朕敬慕真仙张三丰老师[2]，道德崇高，灵化玄妙，超越万有，冠绝古今。愿见之心，愈久愈切。遣使祗奉香书[3]，求之四方，积有年岁，迨今未至。朕闻武当遇真，实真仙张三丰老师修炼福地。朕虽未见真仙老师，然于真仙老师鹤驭所游之处，不可不加敬。今欲创建道场，以伸景仰钦慕之诚。尔往审度其地，相其广狭，定其规制，悉以来闻，朕将卜日营建。尔宜深体朕怀，致宜尽力，以成协相之功[4]。钦哉！故敕。

【注释】

［1］右正：道录司官员名。明洪武十五年（1382）置道录司，属礼部。清沿置。掌有关道教徒事务。其主官称正印、副印，下设左右正二人、左右演法二人、左右至灵二人、左右玄义二人等。孙碧云（1345—1417）：号虚玄子，陕西冯翊（今大荔县）人。幼即慕道，年十三入华山为道士。继承陈希夷、张三丰一派薪传。曾与朱元璋论三教合一，曰："于道言之，则无优劣之辩，教虽分三，道乃一也。"朱元璋大悦："朕便是轩辕，尔便是广成。"赞美之语，溢于言表。朱元璋先后召见七次。后奉永乐帝朱棣命，卜居武当山。受帝命办两件事：一是张三丰在武当鹤驭之处，建筑道场；另一是为在靖难中有显佑功劳的北极真武大帝修建宫殿。云："尔往审度其地，相其广狭，定其规制，悉以来闻，朕特卜日营建。"同年七月十一日，就悬挂《黄榜》，诏告军民人等，正式营建武当宫观，在未动工之前，孙碧云作初步规划，奏闻于永乐皇帝，是为武当山大规模营建之滥觞。

［2］张三丰：传生于南宋理宗淳祐年间（1241—1252），逝于明英宗（1435—1449年，1457—1464年两次在位）时。名通，又名全一，字君实（亦作"君宝"），号玄玄子，是武当拳和太极拳等道教武术的创始人。"宋代技击家，全真派道人，武当丹士，被奉为全真武当派创立者，精拳法，其法主御敌，非遇困危不发，发则必胜。"（见《辞源》修订本，第1050页）道教界推测，其活动时期约由元延祐（1314—1320）年间到明永乐十五年（1417）。传说其丰姿魁伟，大耳圆目，须髯如戟。无论寒暑，只一衲一蓑，一餐能食升斗，或数日一食，或数月不食，事能前知，游止无恒。居宝鸡金台观时，曾死而复活，道徒称其为"阳神出游"。入明，自称"大元遗老"。时隐时现，行踪莫测。洪武二十四年（1391）朝廷觅之不得。永乐年间，成祖遣使屡访皆不遇。年200余岁逝，明英宗赐号"通微显化真人"，明宪宗特封号为"韬光尚志真仙"，明世宗赠封"清虚元妙真君"。

［3］祗奉：恭敬地献上。

［4］协相：协助。

明永乐十年二月初十日成祖与张三丰书：皇帝敬奉书真仙张三丰先生足下：朕久仰真仙，思亲承仪范[1]。尝遣使致香奉书，遍诣名山虔请。真仙道德崇高，超乎万有，体合自然，神明莫测。朕才质疏庸，德行菲薄，而至诚愿见之心，夙夜不忘。敬再遣使，谨致香奉书虔请，拱俟云车凤驾[2]，惠然降临，以副朕拳拳仰慕之怀。敬奉书。

【注释】

[1]仪范:仪容,风范。

[2]拱俟:谓拱手等待。

明永乐十年三月初六日敕右正一孙碧云:朕仰惟皇考太祖高皇帝、皇妣孝慈高皇后,劬劳大恩,如天如地;惓惓夙夜[1],欲报未能。重惟奉天靖难之初,北极真武玄帝显彰圣灵,始终佑助,感应之妙,难尽形容,怀报之心,孜孜未已。又以天下之大,生齿之繁[2],欲为祈福于天,使得咸臻康遂[3],同乐太平。朕闻武当紫霄宫、五龙宫、南岩宫道场,皆真武显圣之灵境。今欲重建,以伸报本祈福之诚。尔往审度其地,相其广狭,定其规制,悉以来闻。朕将卜日营建,以体朕至怀。故敕。

【注释】

[1]惓惓:音 quán quán,深切思念,念念不忘。夙夜:朝夕,日夜。指天天、时时。

[2]生齿:人口,人民。

[3]康遂:犹康乐。

明永乐十年七月十一日黄榜[1]:皇帝谕官员军民夫匠人等:武当天下名山,是北极真武玄天上帝,修真得道显化去处,历代都有宫观,元末被乱兵焚尽。至我朝真武阐扬灵化,阴佑国家,福被生民,十分显应。我自奉天靖难之初,神明显助威灵,感应至多,言说不尽。那时节已发诚心,要就北京建立宫观。因为内难未平,未曾满得我心愿。及即位之初,思想武当正是真武显化去处[2],即欲兴工创造,缘军民方得休息,是以延缓到今,而今起倩些军民[3],去那里创建宫观,报答神惠。上资荐扬皇考、皇妣[4],下为天下生灵祈福。用功夫不多,至容易不难。特命隆平侯张信、驸马都尉沐昕等[5],把总提调管工官员人等,务在抚恤军民夫匠。用工之时,要爱惜他气力,体念他的勤劳,关与粮食[6],休着他受饥寒,有病着官医每[7]用心调治,都不许生事扰害。违了的,都拿将来重罪不饶。军民夫匠人等,都要听约束,不许奸懒。若是肯齐心出气力呵,神明也护佑,工程也易得完成。这件事不是因人说了才兴工,也不是因人说便住了工。若自己从来无诚心呵,虽有人劝着,片瓦工夫,也不去做。若从来有诚心,要做呵一年竖一根栋,起一条梁,逐些儿积累也务要做了。恁官员军民人等[8],好生遵守着我的言语,勤谨用工,不许怠惰。早完成了回家休息。故谕。

【注释】

[1]黄榜:亦作"黄牓"。皇帝的公告。因用黄纸书写,故名。

[2]思想:想法,心里打算。

[3]倩:请求,央求。

[4]荐扬:推荐赞扬。

[5]张信(?—1442)：临淮(今属安徽凤阳)人,明成祖朱棣宠臣。早期奉朱允炆之命去攻取朱棣,但却密报朱棣,朱棣十分感激。朱棣进入京城后,论功行赏,张信晋升为都督佥事,被封为隆平侯,食禄千石,世代承袭。正统七年(1442)卒,追赠郧国公,谥号恭僖。沐昕(?—1453)：西平侯沐英第四子,永乐元年(1403)尚朱棣之女常宁公主,封驸马都尉。永乐十年(1412)七月,沐昕奉命营建武当山宫观。沐昕把总提调武当山工程历时九年(1412—1420),朝夕经营,勤于其事,受到明成祖及时人肯定。杨荣说："……昔在永乐中,诏营缮太岳太和山宫观,已尝命公督其役,绩用有成。"沐昕和张信在武当山期间发现的"黑云感应""榔梅呈实"、真武神"显像"等奇异现象,更是明成祖津津乐道的"天真瑞应",他在《御制大岳太和山道宫宫之碑》中专门记述此类瑞应,并感叹说："神之响应,有如此者"。正因为沐昕在武当山的所作所为深得明成祖之心,他始终受到成祖的宠信。沐昕经历永乐、洪熙、宣德、正统、景泰五朝,为明代的勋臣贵戚。

[6]关与：犹给予。

[7]每：犹们

[8]恁：音nèn,如此,这样。

明永乐十四年九月初九日敕都督何浚护送金殿船只：今命尔护送金殿船只至南京,沿途船只务要小心谨慎,遇天道晴朗、风水顺利即行。船上要十分整理清洁。故敕。

续一件：船上务要清洁,不许做饭。

明永乐十五年敕隆平侯张信等：武当山古名太和山又名大岳,今名为大岳太和山。大顶金殿,名大岳太和宫。钦此。

明永乐十五年二月十九日准张信奏：隆平侯张信早于奉天门奏：大岳太和山附近湖广襄阳府均州,合无将那本州该管军民人户,与免科差,分派轮流前去玄天玉虚宫等处,守护山场,洒扫宫观[1]。奉圣旨是。税粮依旧着办[2],其余科差都免了。钦此。

【注释】

[1]该管：掌管。科差：官府向民户征收财物或派劳役。

[2]着办：犹交纳。着：(动)公文用语。表示命令的口气。

明永乐十五年三月二十一日圣旨：大岳太和山玄天玉虚宫那几处大宫观,不许无度牒的道士每混杂居住[1]。只着他去其余小宫观里修行、差去采药。道士如今在山做提点的[2],原领香书,不要销缴。钦此。

【注释】

[1]度牒：旧时官府发给僧尼的证明身份的文件。也叫"戒牒"。每：用在人称代词或名词后,表示复数。犹们。

[2]提点：官名。明洪武十一年(1378)置神乐观,属太常寺,掌祭祀天地、神祇及宗庙、社稷时乐舞。太常寺由提点、知观等官主管。

明永乐十七年四月二十七日敕张信等创建紫云亭:净乐国之东有紫云亭,乃玄帝降生之福地。敕至即于旧址,仍创紫云亭,务要弘壮坚固,以称瞻仰。其太子岩及太子坡二处,各要童身真像,尔即照依长短阔狭,备细画图进来。故敕。

明永乐十七年五月敕建紫金城:敕隆平侯张信、驸马都尉沐昕:今大岳太和山顶砌造四周墙垣,其山本身分毫不要修动。其墙务在随地势,高则不论丈尺,但人过不去为止。务要坚固壮实,万万年与天地同其久远。故敕。

明永乐二十年八月十九日准胡濙奏:钦差礼部左侍郎胡濙沙城驻跸所口奏[1]:敕建大岳太和山宫观大小三十三处,殿堂房宇一千八百余间,山高雾重,砖瓦木植日久不免损坏。合无就令附近均州守御千户所旗军[2],常川烧造砖瓦,采办木植,遇有损坏时,随即修理,庶得永久坚完。奉圣旨,……若有损坏时,许那各处好善肯作福的人都来修理,不要只着他一处修。钦此。

【注释】

[1]胡濙(1375—1463),字源洁,谥忠安,武进(今江苏常州)人。建文二年(1400)进士,授兵科给事中。明成祖即位,派遣胡濙四处访查建文帝的下落。永乐十六年六月,成祖又遣胡濙巡江浙。永乐二十一年,胡濙似已知建文下落,史载:"帝已就寝,闻濙至,急起召入。濙悉以所闻对,漏下四鼓乃出。先濙未至,传言建文帝蹈海去,帝分遣内臣郑和数辈浮海下西洋,至是疑始释。"擢礼部尚书。明宣宗卒后,与杨士奇、杨荣、杨溥、张辅同为顾命大臣。英宗复辟,以老致仕。卒,赠太保,谥忠安。有《芝轩集》。沙城:在今河北张北北。永乐二十年(1422)二月,朱棣率大军第三次北征蒙古。永乐八年(1410)至永乐二十二年(1424),朱棣前后五次亲征有效地打击了蒙古贵族势力的侵扰破坏,保障了边境的安宁。

[2]旗军:明朝四卫营的官军。《明史》卷八九《兵志一》:"武骧、腾骧左右卫,称四卫军,选本卫官四员,为坐营指挥,督以太监,别营开操,称禁兵。"习称"四卫营"。

明永乐二十二年二月十九日敕右参议诸葛平[1]:朕创建大岳太和山宫观,上资荐扬皇考、皇妣二圣在天之灵;下为四海苍生祈迓福祉[2]。用期绵远,以敷利于无穷。然工作浩繁,实皆天下军民之力,辛勤劳苦,涉历寒暑,久而后成。凡所费粮钱,难以数计。今工已告完成,特用敕尔,常川用心巡视[3],遇宫观有渗漏透湿之处,随即修理;沟渠路道有淤塞不通之处,即便整治。合用人工,就于均州千户所官军内拨用,务使宫观常年完美,沟渠路道永远通利。庶不隳废前工,以虔祀于悠久。如此则神明昭鉴,必使尔等享有无穷之福。尔若玩法偷安,不行用心巡视,以致宫观损湿,沟渠路道淤塞不通者,则罚及尔身,将不可悔。故敕。

【注释】

[1]诸葛平:生卒年月不详,广西阳朔人。明朝洪武二十九年(1396)解元。初任应城

知县,后调任乐会知县。因治绩,进吏部主事,升为郎中。永乐十七年(1419),圣旨命湖广布政司右参议诸葛平"不管布政司事,专在大岳太和山提调事务"。

[2]祈迓:祈祷迎接。迓:音 yà。

[3]常川:连续不断,如川流不息。

明成化十二年敕保护山场[1]:敕谕官员军民诸色人等:朕惟大岳太和山兴圣五龙宫自然庵,乃羽士栖真之所。上为国家祝厘下为生民祈福者也。其地东至青羊涧,西至行宫,南至桃源涧,北至明真庵为庵中永业。恐年久被人侵毁,特赐护持。凡官员诸色人等,毋得欺凌侵占,以阻其教,敢有不遵朕命者,论之以法。其本庵道士张复心所居之处,赐名长生岩,故谕[2]。

【注释】

[1]成化:明宪宗朱见深年号,公元 1465—1487 年。

[2]长生岩:在距五龙宫约两公里的五龙峰悬崖峭壁之上。

明成化十六年五月初七日敕谕:皇帝敕谕内官监太监韦贵[1],迩者新设湖广行都司[2],荆州、襄阳、郧阳三府所属州县并卫所,及河南南阳府之淅川、内乡县,陕西汉中府之白河县,西安府之商州及洛南、商南、山阳县与郧阳接界者四十余处,先年流民编入版籍者,尝令加意抚禁,但恐又有潜来趁食者[3],难保不复啸聚为患。今特命尔,不妨原管事务,分守前项地方与大理寺右少卿吴道宏用心协力,悉照节次禁约事例,斟酌随宜而行。常川督令三司分守抚民等官,严督所在军卫有司及各该山场巡司,操练官军民壮,修理城池,抚恤军民,禁防流逋[4],缉捕盗贼,保障地方,倘有草寇窃发,即便公同吴道宏,量调所属官军民快[5],作急扑灭,无令滋蔓。若有应与各该连界镇守总兵巡抚等官计议者,亦须从长计议而行。应奏请者,具奏定夺。不许偏执己见,互相矛盾,致坏地方。尔为朝廷内臣,受兹委托,尤须持廉禀公,输忠殚虑[6],务俾事妥人安,盗贼屏息,地方宁靖,保无他虑,斯为尔能,尔其钦承毋怠。故谕。

【注释】

[1]韦贵(1413—1493):号崇勋,广西武源人,自幼努力攻读,长成出类拔萃。22 岁入朝侍奉,后选入司礼监,掌管皇帝圣旨诏书印鉴,明成化年奉旨提督武当山三省九郡(包括湖北、湖南、陕西、河南、四川大部)军民事。期间,他对年久失修的武当宫殿、亭台和桥梁,一一按原设计维修。成化十七年(1481),他个人出资创建了八大宫之一的迎恩宫。是明代提督武当山的五朝元老。

[2]行都司:为辅助都司而增设的军镇机构。

[3]趁食:谋饭吃,谋生。

[4]流逋:流亡的人。

[5]民快:旧时官府专管缉捕的差役。

[6]殚虑:"殚精竭虑"的缩语。用尽精力,费尽心思。

明成化二十年六月初六日钦定武当山保护范围:钦奉皇帝敕谕官员军

民诸色人等。朕惟大岳太和山乃玄帝显灵之所也。形胜盘据八百余里,东至冠子山,西至鸦鹕寨,南至麦场凹,北至白庙儿。其中峰岩滩涧、宫殿祠观、庙宇河桥并峙横跨非一,盖神妙莫测,冲用潜通。上以默佑国家,下以福庇生民。故历代以来崇之不替,而我祖宗尤为重焉。兹者提督太监韦贵以近年流民潜于界内砍伐竹木住种田地,虑恐日久愈加侵毁,乞敕护持。特允所请。继今一往,一应官员军民诸色人等,毋得侮慢亵渎,砍伐侵种[1],生事扰害,敢有不遵朕命者,治之以法。故谕。

【注释】

[1]侵种:谓侵入保护区耕种。

明 嘉靖二十六年十一月初十日敕谕保护山场:钦奉皇帝敕谕官员军民诸色人等,朕惟大岳太和山乃朝廷崇奉玄帝香火之所,显迹灵应,赫然降临,上以佑护国家,下以福庇生民,历代以来,率加崇奉。我祖宗鼎建庙宇,典礼加隆。兹山盘薄八百余里[1]。中间宫殿祠宇,远近错列,俱当卫护。先年已尝降敕,立有重禁,奈阅岁既久,人多玩愒[2]。近该提督太监王佐奏称,迩来各处流民潜住本山及附籍军民擅伐竹木,起盖房屋,开挖山场,任情住种。往往触犯禁例,好生不畏法度。

除有先朝明旨俱在,兹特申明敕谕,凡一应附近军民诸色人等,敢有仍前肆行砍伐住种樵采,及有司官员敢有偏徇故纵奸人歹行扰害的,许提督官具实奏来,重治不饶。仍令有司查照先朝山场四至置立石碑,开列明白,永为遵守,其提督官务要严饬下人巡逻护守,虔洁香火,以称朕崇玄事神之意,亦不许怠恣生扰[3]。故谕。

【注释】

[1]盘薄:常作"盘礴"。广大,雄伟。

[2]玩愒:"玩岁愒日"的略语。谓贪图安逸,旷废时日。愒:音 kài。

[3]怠恣:谓因怠惰而放纵。

嘉 靖三十一年四月十五日敕谕:这银两便差官送赴玄帝太和山,候提督官到,工用如不敷,所司急处用。本山香钱已经奏闻不多,不许动支[1]。钦此。钦降银一十万六十六两六钱六分五厘。

【注释】

[1]动支:动用,提用。

明 嘉靖三十一年六月敕原任工部右侍郎陆杰[1]:朕惟我成祖大建玄帝太和山福境,安镇华夷,显灵赫奕[2],计今百数十余年,宫观祠宇等处,不无损坏,若不及时修理,虑恐日就倾颓,其何以栖真妥神,祝厘保国[3]。已令湖广抚按官勘视回奏。

兹据各官备将应合修理处所,并估计工费等项前来,今特命尔前去提督工程,尔宜查照该部题准事理,会同抚按官,将应修宫观祠宇处所,会勘明白,即便兴工修理。合用物料,于见颁去官银及有司动支,处办听用。其一切应行事务,尔等须酌议停当,随宜增损,事完通将办过工程,用过物料,银两数目,造册奏缴朝廷。以尔素有才望,特兹简任,尔宜敬慎从事。体朕崇奉玄圣至意,不可纤毫怠忽[4],务期工作坚固壮实。用副我皇祖功烈万万年同其久远。钦哉,故敕。

【注释】

[1] 陆杰:生卒年月不详。字符望,一字石泾。平湖(今浙江平湖)人。正德九年(1514)进士,曾任兵部主事,员外郎中、广东左布政、右副都御史巡抚湖广,官至工部右侍郎。刚直不阿。为郎时,武宗南巡,伏阙极谏,廷杖几绝而苏,直声震天下。入仕四十年,历五省十三任,皆积劳序迁,所至有声。

[2] 赫奕:光辉炫耀貌。

[3] 祝釐:祈求福佑,祝福。

[4] 怠忽:怠惰玩忽。

清 乾隆元年四月十三日谕:山东泰安州香税,朕已降旨豁免,近闻太和山凡远近进香者,亦有香税一项,小民虔谒神明,止应听其自便,不宜征收香税,以滋扰累[1]。所有太和山香税,着照泰安州之例永行豁免,该督抚即饬令地方官实力奉行,毋使奸胥土棍滋弊[2]。钦此。

【注释】

[1] 扰累:犹扰害。

[2] 奸胥:旧指官府中巧于舞弊的小吏、衙役。

大元敕赐武当大天一真庆万寿宫碑

元·程钜夫

皇 庆元年春三月[1],京师不雨,遍走群望,诏武当道士张守清祷雨而雨[2]。明年春不雨,祷而雨;夏又不雨,又祷又雨。既沾既渥,两宫大悦。

初,均、房之间有山曰太和[3],又曰仙室,以玄武神居之名武当。蹲地八百里,峰七十有二,最高曰紫霄之峰。峰之最胜者曰南岩。岩前有洞天二,曰太安皇崖天,曰显定极风天。上出浮云,下临绝涧,猿啼鸟噪,豺虎所家。人可投足者,仅寻丈许。道家言龙汉之年,虚危之精降而为人,修道此山,道成乘龙天飞,是为玄武之神。至唐贞观益显,天下尊祀。宋理宗时,诏道士刘真人住宫南岩,不克。

汉东异人鲁大宥隐居是山[4],草衣菲食四十余年,救灾捍患,预知祸福,时人神之。天兵破襄汉去,渡河访道全真,西绝上汧陇[5],北逾阴山。至元十二年归[6]，与道士汪真常等修复五龙、紫霄坛宇，独结茅南岩。或请作宫庭，曰："非尔所及也，其人将至矣。"二十一年秋九月，师自峡州来[7]，年三十有一，愿为弟子。大宥欣然曰："吾迟子久矣"，即授道要。

明年春正月，大宥仙去，师躬执耕爨，垦山凿谷，种粟为食。继帅其徒剪荟翳[8]，驱鸟兽，通道东自山趾绞口七十里至紫霄宫，五里至南岩；北下三十里五龙宫，又四十里抵山趾蒿口。三月三日，相传神始降之辰，士女会者数万，金帛之施，云委川赴[9]。乃构虚夷峻，挺木穷谷，刊石穷崖，即岩为宫，广殿大庭，高堂飞阁，庖库寮次，既严且备。炫晃丹碧，缪辖云汉[10]，像设端伟，钟鼓壮亮。引以石径，荫以杉松。积工累资巨万计，历二十余载乃成。垦田数百顷，养众万指[11]。

至大三年[12]，今上皇帝，仪天兴圣慈仁昭懿寿元皇太后，闻师道行，遣使命建金箓醮[13]，征至阙。及祷雨，辄应。赐宫额曰："天一真庆万寿宫"，置提点甲乙住持。制加神父号"启元隆庆天君明真大帝"、神母号"慈宁毓德天后琼真上仙"，赐师号"体玄妙应太和真人"。延祐春二月[14]，大司徒臣罗原奉皇太后旨，命师乘骑奉香币还山致祭。冬十月，集贤大学士臣陈颢请加赐宫额曰："大天一真庆万寿宫"。

窃惟圣天子源净之本，躬垂拱之化，父天母地，怀柔百神，陶成万类，子育化姓，宵衣旰食，可谓至德也已[15]。师以云栖霞举之侣，而能振道濯德，焦心苦志，奋树堂坛，以承天休[16]，亦可谓豪杰之士矣。师闾疏果毅，方严质茂，虽大祠祭不待沐浴更衣，所感必应[17]。虽身被显宠，如始入山，其有道者耶！若神之德广大，混茫变化无方，谓列宿所钟，讵不信然！

臣钜夫谨拜首稽首而献诗曰：

翼轸[18]之墟均、房间，白云峨峨武当山；根盘千里阻且艰，七十二峰罗烟鬟[19]。帝遣玄武驱神奸，披发仗剑衣髭髭[20]。穹龟修蛇猛且闲，垂云而来御风还。跂余望之杳莫攀[21]，真人学道镌坚顽；飞上千仞诛榛菅[22]，斡旋天枢启天关。琼楼珠宫翠回环，霞披雾映黄金镮。湛恩大兮帝所颁，神来居之珮珊珊[23]。寒松萧飕水潺湲[24]，飞香满空馥蕙兰。愿神永永哀民艰，汛扫[25]秽浊无恫瘝[26]。我皇万岁御九还，兴圣怡愉长朱颜。

翰林学士承旨荣禄大夫知制诰兼修国史臣程钜夫奉敕撰，集贤学士资德大夫臣赵孟頫奉敕书，正奉大夫中书参知政事臣赵世延奉敕篆额。

【作者简介】

程钜夫(1249—1318)，初名文海，以字行。郢州京山(今属湖北)人。元代文学家。吴澄同学。宋亡入大都(今北京)，留宿卫。元世祖试以笔札，改授应奉翰林文字，累官翰林学士承旨。历仕四朝，号为名臣。追封楚国公，谥文宪。文章雍容大雅，其诗亦磊落俊伟。有《雪楼集》三十卷。

【注释】

[1]皇庆：元仁宗爱育黎拔力八达年号，公元1312—1313年。

〔2〕张守清(1253—?)：名洞渊,号月峡叟。峡州宜都(今属湖北宜昌)人。幼习儒业,长入吏员。至元二十一年(1284)入武当山拜鲁洞云为师,修炼金丹大道。后又拜叶云莱、刘道明、张道安为师,尽得秘传。自至元二十二年(1285)开始,苦心经营二十余年,创建南岩天一真庆宫,开辟下山道路,垦田数百顷,度众数千人。至大三年(1310)及皇庆年间,多次奉诏入京祈雨。延祐元年(1314)朝廷授为"体玄妙应太和真人",命其管领教门公事。后退隐清微妙化岩。

〔3〕均、房：均州、房县。

〔4〕鲁大宥(?—1285)：元代武当道士。号洞云子。湖北应山县人。出生宦族世家。他自幼入武当山学道,是元代武当山本山派道教的中兴人物之一。

〔5〕汧陇：指汧水、陇山地带。在今甘肃境内。汧：音 qiān,今千河的古称,源出中国甘肃省,流经陕西省入渭河。

〔6〕至元：元世祖忽必烈年号,公元 1264—1294 年。

〔7〕师：指张守清。

〔8〕荟翳：指丛生的杂草。

〔9〕云委川赴：谓如云聚集,如河水趋海,纷至沓来。

〔10〕廖辖：音 jiāo gé,空旷深远貌。

〔11〕万指：一万个手指。古代以手指来计算奴隶的人数,万指即千人。常用以形容奴仆之众多。

〔12〕至大：元武宗孛儿只斤海山年号,1308—1311 年。

〔13〕金箓醮：是"太上金箓罗天大醮"的简称。道教祭祀仪式之一,也是最高级别的祭祀仪式。大醮按照祭祀规模,有普天大醮,供奉 3600 醮位(即神位);周天大醮,供奉 2400 醮位;罗天大醮,供奉 1200 醮位。金箓大醮由皇帝主持仪式。还有玉箓大醮,官员主持;黄箓大醮,民间人士主持。

〔14〕延祐：元仁宗年号,公元 1314—1320 年。

〔15〕垂拱之化：旧时形容无为而治,天下太平。垂拱：垂衣拱手,比喻无所事事,不费力气。陶成：陶冶使成就。子育化姓：犹抚育百姓,爱民如子。宵衣旰食：天不亮就穿衣起身,天黑了才吃饭。形容非常勤劳,多用以称颂帝王勤于政事。

〔16〕天休：指天子的恩泽。

〔17〕闿疏：开朗通达。方严质茂：谓方正严肃、禀赋美盛。

〔18〕翼轸：二十八宿中的翼宿和轸宿。古为楚之分野。

〔19〕烟鬟：喻云雾缭绕的峰峦。

〔20〕黰黰：音 yān yān,黑黑的样子。

〔21〕跂：古通"企",踮起。

〔22〕榛菅：音 zhēn jiān,丛生的茅草。

〔23〕珊珊：形容衣裙玉珮的声音。

〔24〕萧飕：形容风吹树木的声音。飕：音 sōu。潺湲：音 chán yuán,水慢慢流动的样子。

〔25〕汛扫：洒扫。

〔26〕恫瘝：音 tōng guān,病痛,疾苦。

御制大岳太和山道宫之碑

明·朱 棣

盖闻大而无迹之谓圣,充周无穷、妙不可测之谓神。是故行乎天地,统乎阴阳;出有入无,恍惚翕张[1];骖日驭月[2],鼓风驾霆;倏而为雨,忽而为云;御灾捍患,驱沴致祥[3];调运四时,橐籥万汇,陶铸群品[4],以成化工者,若北极玄天上帝真武之神是已。

按道书,神本先天始气五灵玄老太阴天乙之化。生而神灵,聪以知远,明以察微,潜心念道,志契太虚[5],乃入武当山修真内炼。心一志凝,遂感玉清元君授以无极上道[6]。功满道备,乘龙天飞,归根复位,显名亿劫[7],与天地悠久,日月齐并。

武当旧名太和,谓非玄武不足以当之,故名曰武当。蟠踞八百余里,高列七十二峰、三十六岩之奇峭,二十四涧之幽邃。峰之最高曰天柱,境之最胜曰紫霄、南岩,上出游氛[8],下临绝壑,跨洞天之清虚,凌福地之深窅[9]。紫霄、南岩皆有宫。又自南岩北下三十里有五龙宫,又四十里抵山趾有真庆宫,俱为祀神祝厘之所,元末毁于兵燹,荆榛瓦砾废而不举[10]。

天启我国家隆盛之基,朕皇考太祖高皇帝,以一旅定天下,神阴翊显佑,灵明赫奕[11]。肆朕起义兵靖内乱[12],神辅相左右,风行霆击,其迹甚著。暨即位之初,茂锡景贶[13],益加炫耀。至若榔梅再实,岁功屡成,嘉生骈臻,灼有异征[14]。朕夙夜祗念[15],罔以报神之休。仰惟皇考皇妣劬劳恩深[16],昊天罔极,以尽其报。

惟武当神之攸栖,肃命臣工,即五龙之东数十里,得胜地焉,创建玄天玉虚宫;于紫霄、南岩、五龙创建太玄紫霄宫、大圣南岩宫、兴圣五龙宫;又即天柱之顶,冶铜为殿,饰以黄金,范神之像,享祀无极。神宫仙馆,焕然维新。

经营之始至于告成之日,神屡显像,祥光烛霄;山峰腾辉,草木增色;灵气聚散,变化万状,众目咸睹,踉拜喈喈[17]。榔梅垂实加前数倍,九地启秘[18],金杵跃出,阴阳储精,玄质流润,灵异纷员[19],莫能殚纪。神之响应有如此者。遂命道士为提点,主领各宫,饬严祀事,昭答神贶[20]。上以资荐扬皇考太祖高皇帝、皇妣慈孝高皇后在天之灵,下为天下臣庶祈迓繁祉[21]。虽然神之浮游混沌,变化无方,此感彼应,无往不之然。非此无以达朕之诚,与系天下虔敬之心也。又况山川冲和之气融结于斯,与神相为表里。神之陟降往来,飘飘挥霍[22],顾瞻旧游,岂不徘徊于斯者乎。则是宫观之建,有不可无。

谨书为文刻碑山中,以彰神功,永永无穷焉。永乐十六年十二月初三日[23]。

作者简介

明成祖朱棣(1360—1424),生于应天府(今南京),明朝建国后被封燕王,建文帝即位后开始削藩。朱棣发动靖难之役,起兵攻打建文帝。1402 年在南京称帝,改元永乐。在位时,政治上改革机构,设置内阁制度;对外五次亲征蒙古,收复安南,维护了中国版图的完整。多次派郑和下西洋,命人编修《永乐大典》,疏浚大运河;1421 年迁都北京,他统治期间明朝经济繁荣、国力强盛,史称永乐盛世。

【注释】

[1] 翕张:敛缩舒张。

[2] 骖驭:亦作"骖御"。即骖乘。又作"参乘",陪乘或陪乘的人。古时乘车,尊者在左,御者在中,又一人在右,称车右或骖乘。由武士充任,负责警卫。此谓日月作为陪乘。

[3] 驱沴:驱除灾害。沴:音 lì,灾害。

[4] 橐籥:音 tuó yuè,亦作"橐龠"。古代冶炼时用以鼓风吹火的装置,犹今之风箱。陶铸:制作陶范并用以铸造金属器物。比喻造就、培育。

[5] 契:合,相合。

[6] 玉清元君:道教传说为真武大帝的恩师,全称"玉清圣祖紫气元君",简称紫元君。

[7] 亿劫:谓极长久的时间。佛经言天地的形成到毁灭为一劫。

[8] 游氛:指游动的云气。

[9] 深窅:深邃貌。窅:音 yǎo,眼睛眍进去,喻深远。

[10] 祝厘:祈求福佑,祝福。兵燹:因战乱而造成的焚烧破坏等灾害。燹:音 xiǎn。

[11] 翊佑:护卫,辅助。赫奕:光辉炫耀貌。

[12] 肆:句首助词。

[13] 茂锡景贶:谓丰厚地嘉赏。锡、贶:赐。景:大。

[14] 榔梅:亦作"棚梅"。木名。明·李时珍《本草纲目·榔梅》:"榔梅出均州太和山。相传真武折梅枝插于榔树,誓曰:'吾道若成,花开果结。'后果如其言。今树尚在五龙宫北,榔木梅实,杏形桃核。"骈臻:并至,一起到来。

[15] 祗念:恭敬地念想。祗:音 zhī,恭敬。

[16] 劬劳:劳累,劳苦。劬:音 qú,过分劳苦,勤劳。

[17] 跽拜:跪拜。喈喈:音 jiè jiè,赞叹声。

[18] 九地:犹言遍地,大地。

[19] 纷员:犹纷纭。多盛貌。

[20] 昭答:谓诚敬地向上天表示酬答。神贶:神灵的恩赐。

[21] 荐扬:推荐赞扬。祈迓:祈祷迎接。

[22] 挥霍:轻捷迅疾貌。

[23] 永乐十六年:公元 1418 年。

世宗御制重修大岳太和山玄殿纪成之碑

明·朱厚熜

朕惟大岳太和山,乃北极玄天上帝修真显化成道之所。帝以天一之精降灵人世,感召天神授无极上道,丹成上升,归司玄冥之位,琼台受册,功德巍巍,莫可殚述[1]。历代崇封,罔不辟神栖,严祀事。

肆我成祖文皇帝,惟帝阴翊皇度[2],赫有显征,特敕隆平侯张信、驸马都尉沐昕等,率领官员军夫人匠二十余万,建宫观凡三十三处,天柱峰冶铜为殿,黄金饰之,范金为像[3],置设精严,落成赐名为"大岳太和山"。

其地之形胜与神之灵迹,宫宇之宏壮,载于成祖御制碑文,可考也。朕皇考封藩郢邸[4],实当太和灵脉蜿蜒之胜,岁时崇祀惟谨。肆朕入承大统以来,仰荷垂佑,洊锡庥祥[5],祗念帝功,报称莫罄[6],深虑岁久,宫殿圮坏,宜加修饰。爰发内帑,申命部臣往督其役。以嘉靖壬子年六月肇功,于凡宫殿门庑斋堂,藉以妥灵而供祀者,悉鼎新之,仍揭以坊额曰"治世玄岳"。经营之始,即蒙真光显现,瑞气氤氲,变化不一,岂帝昭灵贶以嘉答予诚,故所应若斯之伟异欤!

大工告成,部臣具奏请文勒碑,用垂永久。惟书有之,类于上帝,禋于六宗[7],望于山川,遍于群神。故岳镇海渎,在祀典有常秩,奉妥有常宇。维此大岳,特起中土,峰岭峻拔,亘天关而盘地维,信为仙圣所都,而帝护国翊运,威灵显彰,致祖宗建丕丕业[8]。既而定都幽燕,位应玄冥,是以扫犁腥膻[9],廓清华夏,惟神阴助,风行霆击,天戈所临,无往弗继。二百年来,民安国阜,媲隆三五,虽或一二气数不齐,边疆小惊,旋即殄逐[10]。至如庚戌内之大奸[11],每即褫殛[12],岂寻常山川之神,能出云雨,捍患灾一节之功,所可并者欤!

此神宇之修严不可少懈也。书曰:"鬼神无恒,享于克诚"。朕仰法祖宗,祗若明祀,神之佑之,庶其益加隆盛,薰蒸和气,覆育群生,宗社灵长,山河巩固,则神其永永无疆。惟朕躬亦荷无疆,惟庆矣。是用勒文于碑,与天地而同其悠久云。

作者简介

明世宗朱厚熜(1507—1567),明朝第十一位皇帝,公元 1521—1566 年在位,年号嘉靖,后世称嘉靖帝。在位早期英明苛察,严以驭官,宽以治民,整顿朝纲、减轻赋役,对外抗击倭寇,重振国政,开创嘉靖中兴的局面。后期虽然好道教,然依然牢牢掌控朝政。庙号世宗,谥号钦天履道英毅神圣宣文广武洪仁大孝肃皇帝。

【注释】

[1]天一:神名。《史记·封禅书》:"其后人有上书,言'古者天子三年壹用太牢祠神三一:天一、地一、太一'。"司马贞索隐引宋均曰:"天一、太一,北极神之别名。"玄冥:指北方。琼台:华丽的楼台。

[2]皇度:皇帝的品德和气量。

[3]范金:用模子浇铸金属品。

[4]郢邸:明世宗朱厚熜的父亲朱祐杬(1476—1519)成化二十三年(1487)受封兴王,弘治七年(1494)到封地湖广安陆州(今湖北钟祥市)就藩。故云。

[5]洊锡庥祥:谓屡屡获得吉祥福佑。洊:音 jiàn,古同"荐",再;屡次,接连。庥:音 xiū,古同"休"。吉祥。

[6]罄:尽。

[7]禋:音 yīn,诚心祭祀。

[8] 丕丕：盛大貌。

[9] 扫犁：亦作"犁扫"。"犁庭扫穴"的缩语。犁平敌人的大本营，扫荡他的巢穴。比喻彻底摧毁敌方。庭：龙庭，古代匈奴祭祀天神的处所，也是匈奴统治者的军政中心。《汉书·匈奴传下》："固已犁其庭，扫其闾，郡县而置之。"此谓其祖朱棣五征蒙古。

[10] 三五：三皇五帝。殄逐：尽逐。

[11] 庚戌：指庚戌之变。明嘉靖二十九年(1550)六月，蒙古土默特部首领俺答汗因"贡市"不遂而率军犯大同。大同总兵仇鸾重赂俺答，请求勿攻大同，移攻他处。八月，俺答遂引兵东去，自古北口入犯，长驱至通州，直抵北京城下。时勤王兵四集，仇鸾也领兵来。明世宗即拜仇鸾为大将军，节制诸路兵马。兵部尚书丁汝夔请问严嵩如何战守。严嵩说俺答不过是掠食贼，饱了自然便去。丁汝夔会意，戒诸将勿轻举。诸将皆坚壁不战，不发一矢。于是俺答兵在城外自由焚掠，凡骚扰八日，饱掠后仍由古北口退去。事后，严嵩又杀执行他的命令的丁汝夔以塞责。史称"庚戌之变"。

[12] 褫殛：音 chǐ jí，革职处死。此指丁汝夔。

武当山赋

元·朱思本

仆以大德癸卯，至大己酉，一再游武当[1]。其山水之胜，仙灵之迹，闻见虽习而赋咏莫传。往来于怀，益增兹叹。盖懒与拙并，无以发其兴[2]；境与神会，斯能属其辞，理则然也。

延祐四年春夏之交[3]，由梅溪趋五龙，过南岩，登大顶，下玄圣宫，经福地桥，出九度涧，宿留久之。周览旧游，遂为之赋，赋曰：

余尝穷江淮之奇观兮，以溯游于汉沔[4]。朝驰余马兮鹿门，夕以跨夫三峡[5]。相羊乎邓谷之墟[6]，容与乎均房之间。商于阨其北户，巫峡屏其南面。天作高山，实为武当。矗立万仞，亏蔽三光[7]。盘薄千里[8]，鸿洞回遑[9]。其为状也，崆峍嵁嶙，嶚巢崒崋，崴崔礧嶵，寋嶛岌岊，背峣岸崪，嶕峣屹岏，崴嵬崛岉，岊峴巀嶭，崵嶷硾砐，嵯嶮嶔崟，嶻巁隓间，嵾跰嶊嵼[10]。拖蚩尤之云旗，历康回之天柱[11]。忽飞盖以相追，乍峨冠而独步[12]。矫龙马之腾骧，眤猰貐之蹲踞[13]。吻啥呀兮欲噬，翩联翩兮未举[14]。变怪百出，瑰诡万状，应接不暇，心目惝恍[15]。

乃经北麓，陟卷阿[16]。振衣兮先登，乘风兮浩歌。俯梅溪之清驶，瞻五龙之嵯峨。长松郁以交错，巨石戛其磊砢[17]。既冒险以徐行，亦逢夷而屡憩。美麋鹿之优游，喜猨猱之儇利[18]。羌吾行之塞拙，眩嵌石而惊悸[19]。彼荷篠之丈人，何乘危而掉臂[20]。尔其出幽谷，临飞桥，笮风磴，凌山椒[21]。豁蒙蔽，空沈寥，驱屏翳，乘招摇[22]。山灵肃以前驱，雨师纷而清道。振鼓钟之铿锽[23]，耀旌幡之纷倒。朱门豁兮洞启，金碧辉其相冒[24]。厥有至灵，尊临大庭，镇北配水，虚危之精[25]。披苍发兮偞服，隐玄旄兮翠旄[26]。龟蛇盘蜒以著垂，风霆挥霍以流形。仁存不杀，功极扞御[27]。时旸而旸，日雨而雨。忠者致于君王，孝者尽于父母。斯作休于邦家，亶聪明曰玄武[28]。玄为天之正色，武有止戈之文。三月三日,为神降生,于赫元后[29],同符兹辰。爰封香币,岁致明禋。开圣寿于无疆,与兹山而匹伦。播玄风于广宇,溥[30]嘉惠于生民。纪盛事于穹碑,有吴君之所云。

若乃循山而东,穷极荒远。探黑虎之幽岩,逐青羊之芳硐。纷藤萝于木杪,强跻攀于分寸。类太白之危途,殊王阳之峻坂[31]。歌竹枝之到退,甚木皮之流汗[32]。阴木蔽日,玄蝉噪风[33]。名花异石,错落其中。珍禽奇草,时跃时从。方瞳绿毛,白叟黄童,餐霞之侣[34],采药之翁,亦往往而相逢。何南岩之奇诡,隐灵踪之烜赫[35]。耸层楼之十二,列威神之五百。岩崖炳其相辉,丹青黯以无色。下临不测之渊,上有试心之石。欻冉冉兮上徂,抚曾台之遗迹[36]。敞洞府之幽深,閟雷声之渊默[37]。鬼怪潜藏,阴阳着灵。紫霄展旗,三公九卿。金锁狮子,叠字大明,缭以崇墉,簇以画屏。昼则祥云隐空,天风流铃,万籁并作,宫商和鸣;夜则素月交暎[38],天灯荧荧,迸若飞电,飘如流星,亦时显而时冥。

尔其众峰之尊,粤有大顶,中启洞天,迥绝尘境。皇崖极风,群帝所领,下包浑沦,上彻溟涬[39]。转岩限而仰视,极霄汉以弥高。梯绝壁之峻嶒,凛方壶之巨鳌[40]。抱琪树以远顾[41],淙赴壑之惊涛。恨羽翰之无从[42],约飞仙以游遨。历天门之九重,乃平平而荡荡。谅无阶而不升,砥瑶坛之寻丈。俯烟峦之万叠,竞奔腾而趋向。擢金茎与玉笋[43],尽殊形而异状。谓天盖高于兹,逼焉;有仙则名于兹,息焉。于是,徙倚徬徨,俯仰周旋。感云轺之来下[44],冷风驭之翩翩。授以长生之诀,畀以青瑶之编[45]。慨尘缘之未息,乃稽首而言还。

遵彼故途,载行载止。飞泉泠泙,蘋草霍靡[46]。飘飖兮襟裾,逶迤兮崎峗[47]。曾昼景之未移,已届乎南山之趾。徒观其希夷故隐[48],丹灶苔封,标名福地,楼殿玲珑。宝奎文之璀璨,表元圣之新宫。蓄泓泓之明镜,卧沉沉之雄虹。涧曲折兮九度,云晻暖兮千重[49]。若乃异人之所庐,神物之攸处;裂石室之髓,垂瑶珠之露。风雷之变化,山君之呵护,盖未得穷探而悉举也。高情渺然,苍山相摩,呼吸之气,想通帝座。遐风援笔[50],而为武当之歌。歌曰:

蓬瀛虽异辽海隔兮,昆仑虽大邈西极兮。

未若兹山峙中国兮,敛福锡民昭圣德兮。

繄神之都于皇赫兮[51],祚我皇元千万亿兮。

【作者简介】

朱思本(1273—1333),字本初,号贞一,江西临川人。出生于小吏之家,尤爱地理书。尝学道于龙虎山,后随正一真人入朝,居大都(今北京)。曾奉诏代祀名山大川,得以周游南北考察地理。集十年之力绘成《地图》二卷。元延祐丁巳(1317)四月,思本来武当山。撰有《武当赋》《登武当山大顶记》等。他在登上"绝顶"时感慨万千,写道:"四望豁然,汉水环均若衣带,其余数百里间,山川城廓仿佛可辨。俯视群山,尽鳞比在山足,千态万状,如赴如抱,如所停顿侍役焉者。天宇晃朗,风景凌历"云云。

【注释】

[1]大德癸卯:公元1303年。大德:元成宗年号,公元1297—1307年。至大己酉:公

元 1309 年。至大：元武宗孛儿只斤海山年号，公元 1308—1311 年。

[2] 发兴：激发意兴。

[3] 延祐：元仁宗年号，公元 1314—1320 年。

[4] 汉沔：汉水和沔水。长江最大支流汉水发源于陕西省宁强县，到武汉进入长江。沔水，汉水的上游。今湖北仙桃旧称沔阳。

[5] 鹿门、三岘：山名，均在今湖北襄阳。

[6] 羊邓：指羊祜、邓遐。羊祜(221—278)，字叔子，西晋泰山郡南城县(今山东平邑)人。羊祜任荆州都督，镇襄阳，颇多善政。祜逝后，襄阳命城南一山名"羊祜山"。邓遐：字应远，东晋猛将，陈郡(今河南淮阳)人。勇力绝人，气盖当时，时人方之樊哙。数从桓温征伐，号为名将。襄阳城北沔水中有蛟，常为人害。邓遐遂拔剑入水，蛟绕其足，邓遐挥剑截蛟数段而出。海西公司马奕太和四年(369)，桓温北伐大败于枋头。事后，桓温怀耻忿，且忌惮邓遐之勇果，免邓遐官。不久，邓遐卒。邓遐为二郎神原型之一。

[7] 亏蔽：遮掩。三光：指日月星。

[8] 盘薄：常作"盘礴"。广大，雄伟。

[9] 鸿洞：虚空混沌，漫无涯际。

[10] 崆峒：山峻貌。峒：音 yáng。崐嶙：音 qūn lín，山相连貌。嶚嶢：音 liáo qiáo，山高峻貌。崒嵂：音 zú lù，高峻貌。崣崔：山高峻参差貌。礧嵬：音 lěi zuì，山貌。礧：大石貌。蹇嵼：音 jiǎn chǎn，形容高而盘曲。岌嶪：音 jí yè，高峻貌。背嵬：古代大将的亲随军。此谓山宛如亲兵般威风凛凛。嵬：音 wéi。岝崿：音 zuò è，山势不齐貌。嶕峣：音 jiāo yáo，峻峭，高耸。屹屼：音 yì wù，亦作"屹兀"。峭拔，险峻。崴嵬：音 wēi wéi，山势高峻的样子。崛岉：音 jué wù，高耸貌。垤嵲：音 dié yáng，高峻貌。巀嶭：音 jié niè，高峻貌。崱嶷：音 zè nì，交错不齐貌，纵横貌。犖矹：音 lù wù，亦作"犖兀"。高耸，突出。嵰崄：音 qiǎn xiǎn，山高峻貌。嶔崟：音 qīn yín，高大，险峻。嶅嵟：音 ào kuí，高耸貌。嶞岢：音 tuǒ kě，狭长而重叠倚靠的样子。嵾嶒：音 cēn bèng，参差奔跑状。嵽嵲：音 dié niè，形容山高峻。

[11] 蚩尤：中国上古时代九黎族部落酋长，中国神话中的战神。曾与炎帝大战，后把炎帝打败，于是炎帝与黄帝联合起来战蚩尤，双方在涿鹿展开激战。传说蚩尤有八只脚，三头六臂，铜头铁额，刀枪不入。善于使用刀、斧、戈作战，不死不休，勇猛无比。黄帝不能力敌，请天神助其破之。蚩尤被黄帝所杀，帝斩其首葬之，首级化为血枫林。后黄帝尊蚩尤为"兵主"，即战争之神，黄帝把他的形象画在军旗上，用来鼓励自己的军队勇敢作战，诸侯见蚩尤像不战而降。康回：古代传说中的人物共工名康回。《淮南子·坠形训》："昔者共工与颛顼争为帝，怒而触不周之山，天柱折，地维绝。"

[12] 飞盖：谓驱车。峨冠：高冠。

[13] 腾骧：飞腾，奔腾。睨：音 nì，斜着眼睛看。狻猊：音 suān ní，传说中龙生九子之一，形如狮，喜烟好坐，所以形象一般出现在香炉上，随之吞烟吐雾。

[14] 啥呀：音 hán yā，张口貌。翮：音 hé，翅膀。联翮：指鸟飞的样子，形容连续不断。

[15] 瑰诡：奇异。惝恍：模糊不清，恍惚。

[16] 卷阿：《诗经·大雅·卷阿》："有卷者阿，飘风自南。岂弟君子，来游来歌，以矢其音。"《郑笺》："大陵曰阿，有大陵卷然而曲。"卷：音 quán，曲。阿：音 ē，大丘。

[17] 戛：音 jiá，谓(石)如剑戟般站立。磊砢：众多委积貌。

[18] 猨猱：猿猴。儇利：敏捷灵巧。儇：音 xuān。

[19] 蹇拙：艰难困拙，不顺利。蹇：音 jiǎn。眩：眼睛昏花看不清楚。此谓隐约瞅见。

嵌石：指大石宛如嵌在山崖,摇摇欲坠。

[20] 荷篠丈人：指隐士。乘危：指行走于危险的山路之上。掉臂：自在行游貌。

[21] 跻：音 niè,古通"蹑",踏。风磴：指山岩上的石级。岩高多风,故称。凌：升。山椒：山顶。

[22] 沉寥：亦作"沉漻"。音 jué liáo,清朗空旷貌。屏翳：古代传说中的神名。指云神。招摇：古星名,即北斗第七星摇光。亦借指北斗。《礼记·曲礼上》："行,前朱雀而后玄武,左青龙而右白虎,招摇在上,急缮其怒。"郑玄注："招摇星在北斗杓端,主指者。"孔颖达疏："招摇,北斗七星也。"

[23] 铿鍧：音 kēng hōng,形容声音洪亮。

[24] 相冒：犹熠熠生辉。

[25] 虚危之精：指北方之神玄武大帝。《史记·天官书》："北宫玄武,虚危,危为盖屋。"

[26] 俨服：谓装束严整。玄旄：黑色的旗帜。旄：音 máo。翠旌：亦作"翠旌"。用翡翠鸟羽毛制成的旌旗。旌：音 jīng。

[27] 扞御：防御;抵抗。扞：音 gǎn。

[28] 亶：音 dǎn,实在,诚然,信然。

[29] 于赫：音 wū hè,叹美之词。元后：天子。

[30] 溥：音 pǔ,本义为水之大。泛指广大。

[31] 太白：山名,位于陕西省眉县东南。李白《蜀道难》："西当太白有鸟道,可以横绝峨眉巅。"王阳：指王阳道。《汉书·王尊传》："琅琊王阳为益州刺史,行部至邛郲九折阪,叹曰:'奉先人遗体,奈何数乘此险!'"后以"王阳道"形容艰险的道路。

[32] 竹枝：指竹枝词,由古代巴蜀间的民歌演变而来的一种诗歌体裁。语言流畅,通俗易懂,便于吟唱。木皮：树皮。句谓登山时自己口中歌唱以缓释畏难疲劳,身上的汗比树皮上的水还多。

[33] 玄蝉：秋蝉,寒蝉。

[34] 餐霞：餐食日霞。指修仙学道。

[35] 烜赫：音 xuǎn hè,昭著,显赫。声势很盛的意思。

[36] 欻：音 xū,快速。冉冉：渐进地,徐徐地。徂：音 cú,往。曾台：犹层台。

[37] 閟：音 bì,关闭,深闭。

[38] 交暎：交相辉映。暎：音 yìng。

[39] 浑沦：亦作"浑仑"。言万物相浑沦而未相离也。溟滓：音 míng zǐ,寒冷幽暗之苍穹。

[40] 崚嶒：音 líng céng,高耸突兀。方壶：传说中神山名。

[41] 琪树：仙境中的玉树。

[42] 羽翰：飞翔,飞升。

[43] 金茎：用以擎承露盘的铜柱。

[44] 云軿：神仙所乘之车。以云为之,故云。軿：音 pēng。

[45] 畀：音 bì,给与。青瑶：青玉。谓以青玉片所编之册书。

[46] 蘋草：古书上说的一种似莎而比莎大的草。霍靡：音 huò mí,草木细弱,随风披拂貌。

[47] 逶迤：蜿蜒曲折。崺迤：音 lǐ yǐ,迤迤。连绵不断貌。

[48] 希夷:指希夷先生陈抟(871—989)。字图南,自号扶摇子,宋太宗赐号希夷先生。唐末五代隐士。亳州真源人,参加科举考试未取,遂以山水为乐,后归隐湖北武当山、陕西华山等地。

[49] 晻暧:音 ǎn ài,盛貌。

[50] 遡风:谓对着风。遡:音 sù。

[51] 繄:音 yī,句首语气词。皇赫:煌煌显耀貌。祚:音 zuò,福,赐福。

附:大岳太和山赋

明·杨 琚

维大岳之为山兮,形肇奠于鸿荒。乃浑沦而磅礴兮,钟秀气于玄黄。顾发源于嶓冢兮,拥翠浪于武当。肆连峰而接岫兮,复积岭而重冈。峙汉水之南隅兮,跨均、房之两疆。控翼轸之分野兮,应列宿于上苍。羌回旋乎地轴兮,扼天关于古襄。衍脉络于荆山兮,析支派于内方。

七十有二峰,根盘八百里,崔嵬巉岏,嵳峨峛崺,厥厥如对,森列如俟。若回而驰,似行而止。若豁而衒,似立而跂。或俯焉而复昂,或仰焉而崛起。或蜿蜒兮如龙如蛇,或蹲踞兮如虎如兕,或尖锐兮如笔如锋,或正直兮如屏如几。若乃三十六岩之幽虚,二十四涧之迤逦,五台五井之悠悠,三泉二潭之渶渶。厥石则有金星、银星。厥产则有地髓、石髓、尧韭、禹粮杂沓而并美;秦桧、汉柏偃蹇而长清。木实则有橌、楸、柒、樀、棉、槭、椑、樗、模、样、楸、樱;野蔌则有菌、蕡、笋、蓝、薯、菜、蕨、葵、萱、蒜、蒟、菁以至救穷草、交让木、灵寿杖、石灯心、榔梅、赭、葛乳、蒌英、天花、云林、芳芷、徽藓、枝柑、房李、邓桔、襄橙,无物不有,虽茅亦馨。万年松、千岁艾、九仙子、天南星、白何首乌、紫花、地丁、苦参、百合、甘菊、黄精,采之可以疗诸疾,服之可以治颓龄。

又有石如火焰之红,树如龙爪之貌。飞泉滴溜,漱乎琼瑶;松风响籁,鸣于远迩。四季常见灵鸦双双绕林垧;五更或闻天鸡喔喔号云岫。白鹇、锦鸡同饮啄夫岩头;神虎、仙麋迭巡乎山趾。紫芝瑞卉千百其名,珍禽怪兽不可殚纪。

又如龙宫雷洞深窅虚明,风穴星膆沉寥哆呀。表以禹迹步云之桥,带以太一天池之水。日出则岚飞霭收,苍翠满前;月明则鹤唳猿号,清幽无比。兼有洞天福地之靓深,孰谓蓬莱方丈之不在是也!

有若大顶之峰端然正位,处乎其中,吾不知其几千万仞? 但见形威峻极,与天而为柱,气象巍峨,杖地而撑空。其高无并,其旁靡从。匪衡、匪岱、匪华、匪嵩,既匪医闾之可拟,亦匪恒霍之可同。前有五老,后有五龙,右有撏筊、九卿,左有手扒、三公,东有始老、展旗、九渡、金锁,西有隐仙、叠字、千丈、鸡笼,北有皇崖、显定、贪狼、狮子,南有隐士、伏魔、降龙,又有聚云、香炉、大明、蜡烛、大莲、小莲、文曲、武曲、天马、玉笋之重重,丹皂、灶门之矗矗,千峦万嶂各献幽奇。四面群峰,互相倚伏,乃独孕秀居奠,盱眙骇目。上接青云,下临深谷。其视众山之周遭回绕,拱向环簇,有如王者之临诸候。大宗之俯族属,是乃五岳之长兄,四镇之伯叔。远若苍梧之九疑,巫山十二峰并呼为家督;近则赤龙、宝炮、横黄、方界皆目为干仆。

此我皇明所以表章,谓之大岳太和,而咸五为六也耶!是宜玉台高叠,石槛玲珑,辟以门阙,缭以垣墉。金殿之据乎其上,焕栋宇之穹隆;天帝宅乎其内,蹑龟蛇之玄踪。捧剑兮玉女,执旗兮青童,侍从兮灵官,导引兮先锋,照日月兮层构,映上下兮天宫,耀金光兮灿烂,洞遐瞩兮昭融,飞复槛兮霄际,缥云灵兮瞳眬,信贞仙兮所栖,岂尘俗兮可容。外有天门三重,云梯万级,自卑视高,曼延壁立。挂悬空之霓虹,逼霄汉于咫尺。历参井之钩连,讵跬步之可即。跻欲半而悸惊,凭危栏而上陟。慨登望之多艰,梦徒兆于生翼。

及夫天门之外,则随山通道,跨涧架屺。剪除榛莽,辨域定规。或耸琳宫而开宝殿,或兴古庙而建神祠,或敞珠宠于岩畔,或创桂观于山陴。筑石室以藏仙服,峨彩亭以贮御碑。弥东南而亘西北,仿间阖而广梦楣。雕墙横截乎山谷,仙庐盘郁乎坤维。炽丹艧于林杪,鸣钟鼓于厘巘。

境之最胜者无如紫霄,峰之最高者莫逾天柱。南岩、五龙兮,幽雅瑰奇。玉虚、净乐兮,轮奂规矩。清微、真庆兮,非不霄峥。遇真、朝天兮,俱号紫府。似兹宫观兮,三十六所。其余庭院兮,更仆莫数。丹房石室兮,虽寒不寒。雪窝凉亭兮,当暑不暑。甚至万松一泓,各有轩亭;钵堂方丈,亦为峻宇。隘四冲而腾八达,张千门而启万户,宗大岳而朝玄穹,翼太和而壮今古。人皆疑其天造而地设,或出于幽赞而阴辅。不然何以楹柱林林,梁栋楚楚,而有此廓度宏模,福地玄圃,壮神仙之窟宅,耸人世之瞻睹。

吾想夫永乐之初,内乱既夷,四海宁谧,民物熙熙。是以,奉委之臣,以谓圣君有作,我仪图之,敢不尽瘁忘疲,董督指挥。朝斯而夕斯,由是,智者售技而无所隐,壮者效力而不敢欺,虽山林溪谷亦不爱其材,孰谓我朝长府之积,皆在所供亿,而其用不赀?又况工咸勩勚,匠赛轮倕。万指挥斤而呵气为雾,六军荷锸而瞬息为墀。庶民子来,若有神司,经之营之,倏而成之。……

嵾山赋

清·钟岳灵

惟嵾之山,界在麇国,荆南钟秀,天壤名特,磅礴盘踞,八百余里,崒峍深隐,七十二峰。自谢罗幽栖,奇还太古。文皇建号,神教居今。遂觉声赫海岳,灵播华陲。故尔奕奕舟车,咸愒心于襄汜;殷殷荐祷,祗合志于祝釐。尝有幽人野客,逸士名流,沥翰墨于烟霞,高衲笠于崖壑。

若夫金检玉牒之文,嘉兽黄龙之颂,俱可悬而弗详,存而弗论。第以山称太岳,兼嵩华恒岱之奇,水著沧浪,首汝泗江淮之粹。名流绕甸,映翠嶂于清波,骏嵓插天,涵澄澜于灏气。自麇城至嵾,百里有余,迨及锦屏,路居其半,山虽平列,地则跻升。集诸庵之壮丽,亦能点缀山容;睹列树之蓊翳,自可曲通天路。

仙关特启,山口初开,木石丛阴,烟云过峡。历此则桥分歧路,任所探寻,或陟云岭之峻嶒,或步玉宫之虚阔,殊非一致,各有奇观。松杉葱郁,黛翠袭衣;葩卉缤纷,嫣红燃履。惊飞台观,缘崖隙以置堠,溪叠津梁,驾泉流而走瀑。涧名九渡,径折千盘。云锁峣危兮虎穴,崖溜颒洞兮龙湫。地折紫霄,峰标蓝笋。竖横空之旗帜,殿倚丹崖,喷绕址之琼液。台通碧瓮,乃若林梢架屋,索渡飞桥,峋嵝悬梯,云归卧榻,则又乌道高翀,猿巢峭结者也。

至于径转峰回,南岩之嵯峨忽起;石崩嶂裂,帝城之缥缈当前。绝岑楼阁,俨鹏翮之劈空;俯涧亭轩,等舟樯之溯浪。使人累足而立,凭槛犹惊。钧音飘递,锼天上之笙簧;镫影连辉,焕云间之星斗。心目迥异,体魄欲仙。因思天汉乘槎,霓裳步月,想当然尔,岂尽幻欤!

晨起而沐浴振衣,肃恭策杖,仰天门之壁立,恍若上雾虬龙;绝地轴以阶升,宛尔穿云鸿雁。层峦耸翠,攒冥漠之松篁;纤道矗青,荷苍穹之衢路。登绝巘兮雯气冲,参危城兮帝座屹。名香霏袅,集万国以朝宗;金碧辉煌,合八纮而腾祝。俯临下界,分野毕呈,遥瞩诸峰,邱陵隐伏。慨尘寰之物类,若蠕动与螺飞;听洞壑之风雪,比江鸣而海啸。绕汉流于百里,白如匹练吴门;列郡邑于四封,绣则错壤禹甸。真昊天之柱础、北极之元都也。

然而人踪杂沓,世境喧阗。徒驰骛于轮蹄,亦流览其郊郭。赫弈者山灵,匪止夸于鸿图宝篆;奥窈乎岳降,必有贵于吸秀采真。探琪花,寻瑶草,不殊香饭胡麻;采青榔,折丹梅,差胜金茎玉屑。涧回蜡烛,来天上之漾流;观筑琼台,隐人间之别墅。石寒冰雪,以苍苔绿藓为衣;树老风霜,有古干怪藤作杖。异鸟鸣春,传新响而送奇字;断猿啸夜,动悲歌而助苦吟。非栖迟既久,安能光影传心。必时序阅深,始可峙流辨性。书何须征瑞享社,惟雅事以摛词;颂不必宝鼎芝房,但清言而写志。

聊以代谱,敢冀遗文。

登武当山大顶记

元·朱思本

延祐丁巳四月壬寅[1],早起,自武当山真庆宫登大顶。初穿林莽,寻微径,可五里所,碎石峣确[2],坏木纵横,迤逦湮芜,乍升乍降。万木交错,叶或大如箕,或小如蒙茸[3],或直上数百尺,或樛轕扶疏[4],皆昔所未见。质诸野人,亦莫能尽名也。复多花蛇土蝮,闻人声辄趋避。惟山蛭尤病人[5],藏败叶沙土中,看履则暖蚂而上,初如毛发,既饫人血,彭亨径寸[6],长倍之。故行者每数步必自视其足,见亟抉去,否则,流毒为疮痏[7],非旬月可瘳[8]。盖山蛭多集巨蛇鳞甲中,螫人非水蛭比也。

又七里所,缘青壁藤蔓而匍匐登。返顾嵌岩幽深,草木菁倩[9],惟闻水声淙淙,莫能窥其底也。咳唾笑语,山谷响应。怪禽飞翔,大如鸡鹜[10],小如雀鸽,光彩绚烂,鸣声清越,非所尝闻。强以其声之似人言者名之,则有"不空中空",尤为异马。灵草敷荣,多黄精、芎䓖[11]、草乌、大黄之属。

又七里所,至下天门。峭壁如削,辫竹系其巅,缒而下,经可六丈。余则侧足石磴间,援竹而上。始则惧而颤,中也勇而奋,既至也则恬而嬉。天门砥平可寻丈,两石对立,上合而中通,谓之门亦宜。至此,山蛭、蛇虺皆无所见矣。《山志》云是为太安皇崖、显定极风二天,帝所治。

复上五里所,为三天门。其势视下天门,差平夷[12],而从广倍之。乔松怪石,天风冷然,长萝卷舒,芬芳袭人。过此以往,无复甚峻,亦缭绕百转又数里,乃至绝顶。砻石为方坛,东西三十有尺,南北半之。中冶铜为殿,凡栋梁窗户靡不备,方广七尺五寸,高亦如之。内奉铜像九,中为元武,左右为神父母,又左右为二天帝,侍卫者四。前设铜缸一、铜炉二。缸可成油一斛,燃灯长明;炉一置殿内,一置坛前。四望豁然,汉水环均若衣带,其余数百里间,山川城郭仿佛可辨。俯视群山,尽鳞比在山足,千态万状,如赴如抱,如听命侍役焉者。天宇晃朗,风景凌历[13]。或云率以五鼓东望日出,尤为奇观,则又知非徒泰山、天坛、衡岳之为然,昔怯露宿,未暇验其说也。盘桓久之,乃逡巡而返[14]。至真庆,午阴微转,大率为里仅三十,而真庆下至分道口,平地又二十有五里云。

【注释】

[1] 延祐丁巳:公元 1317 年。延祐:元仁宗年号,公元 1314—1320 年。

[2] 硗确:常作"硗峭"。土地瘠薄。

[3] 蒙茸:蓬松、杂乱的样子。

[4] 缪辕:音 jiāo gé,交错,杂乱。扶疏:亦作"扶疎""扶踈"。枝叶繁茂分披貌。

[5] 山蛭:山蚂蟥,喜吸血。

[6] 彭亨:鼓胀,胀大貌。

[7] 疮痏:疮疡,伤痕。痏:音 wěi。

[8] 瘳:音 chōu,病愈。

[9] 菁倩:谓葱茏漂亮。

[10] 鹜:音 wù,野鸭。

[11] 芎䓖:音 xiōng qióng,植物名。多年生草本,叶似芹,秋开白花,有香气。或谓嫩苗未结根时名曰蘼芜,既结根后乃名芎䓖。根茎皆可入药。以产于四川者为佳,故又名川芎。

[12] 差平夷:谓还算平坦。

[13] 晃朗:明亮貌。凌历:形容气势雄伟。

[14] 逡巡:拖延,迁延。

游太和山记

明·王在晋

始余有慕乎宇内名山，而欲探参上诸峰胜也[1]，期与武当君一遇焉。丙午，滥竽荆楚，秋七月供事棘围中[2]，时大中丞使者黄公建节郧阳[3]，例当以属吏之礼见。试事竣，余乃从省会轻车往谒郧台提督太和分守。郧襄者为含虚王君，君撰所为太和游记，并诗章以授余。余跃然喜，王君授我以游券也，还至均，州守方君亦为余趣行[4]，先期治游具，且告余当从僻道至太和顶，归从三天门直下，为捷径。余心识之，而舆人苦僻路坎坷，弗应也。方君又谓谒太和，例当先谒净乐宫行香。余乃晨兴盥沐，至宫门步行，道士焚香前导。宫制闳丽轩敞，朱甍碧棂，凌霄映日，俨然祈年[5]，望仙不啻也。

瞻拜毕，即揽辔出均阳城。南门外甬道周行，悉砥以石，平坦亘延，直接太和，而民居亦鲜整络绎，无复楚地之蓬垒不饰者[6]，行四十里而为迎恩宫。宫外石桥蜿蜒跨涧，水声潺潺，如叩丝滴溜。羽士笙箫列队，引车以过。四望周遭黄山团团，童而不木，如域垣包裹。而大岳天柱诸峰，挺然森秀，岈嵽回丛[7]，紫云万片，一涌塞地，旷野招摇，妍丽更绝。踊距向前，将落村市，则林条幼靡[8]，莽气唵曃[9]，忽杳然不知其所向。由草店折而西，径益修广纡斥[10]，两旁杉榆松桧，摩云翳日，蓊荟郁葱，道中无点尘，潇洒逸神。南部洲有此极乐境，其于阎浮世界，恐不可数数得之。是时秋高木脱，霜筱吹籁[11]，败叶吟风，四野廖索，而此境中犹重阴广翠，交眉映睫，不知秋之遒[12]、寒之届也。

五里，过"治世玄岳"坊[13]，盖肃皇帝颜之，以冠五岳，棹楔于皇灿烂[14]。已折而北为会仙桥。于路勒石标题，嵩祝圣寿者以万万计[15]。桥之阴则宫殿嵯峨，广厦千落，是为遇真宫。仙人张三丰，结庐黄土修真处也。宫负鸦鹊诸岭，左望仙台，右黑虎洞，成祖革命，数使都给事中浰访张仙人[16]，而仙人不可致，今御书宛然在焉。入山诸宫以遇真为托始，予入宫，饭于丈室，乃登环舆而行。石街逶迤，浓阴黝霭[17]，辇可适，马可驰，仰首瞰空，不知亭午。

已过一岭，层峦嶒嶝[18]，山势回复。凭高而盼，岭崛辇拥[19]，如六军排列，未得瑕隙可攻。峭石崚嶒[20]，增崿重崒。初无平田旷野，为寥天域外之观，布势列图，亦大奇已。由是辟山为路，一面悬岩崷崪[21]，一面偪侧万仞之渊，小木扶苏，大木虬结，杂以莎萝藤葛。临渊不知其深，第闻响流潺湲[22]。鹘鹫狎人[23]，或自上下下，或自下上上。云来谷空，沾衣拂袖。睇目视之，阳乌西坠，而高峰已衔其半矣[24]。

趾高下行，过斜垣曲道，舆人指为太子坡，是为元帝修真处。殿前有圣母滴泪池，以日暮不及观。趋跄而行，舁者请将乘舆转键[25]，以昂其前。予问何为？曰：过十八盘皆石磴，转折而下，不知几百级，高之不可胜，卑之不可俯，手指把握不敢释，而从者亦踏踏如有循[26]。于时，沉瀯暗濡[27]，岚烟渐合，山色如蒙，林稍滴露。悄然寒袭，呼童益之衣。回翔鸟道，千峰万岊[28]，目睹之而怡愉，与幽崖邃谷,心悸之而错愕者,俱为眼光收舍去矣。

顷之,野燎出林莽间,乃紫霄宫。道士前为向导,予乃就紫霄宫而宿焉。诘旦,期登太和,嘱从者早兴[29]。夜半山鸡喔喔,月照绮窗,云璈石磬[30],从半空中点滴。道士炊黄粱已熟,余乃披衣而起,以为天光将曙,不知其犹未彻丙也[31]。饭毕乃隐几卧,久之。

乘月出步庭除[32],残星依稀,若明若灭。翘首望天,见黑云压屋,讶其欲雨,道士谓此展旗峰也。峰铁色,崖岩累峣,不翅百丈[33],如军中旗纛,隤然落半空中。紫霄背负展旗峰,崔嵬岸耸,高出诸宫。予乘月踏峰头,披云吸露,苍焉莽焉。依微辨色。行至南岩,曙雾忽开,紫霞红霰[34],旭轮涌出珊瑚堆,如绘如缕,金光闪倏,烛龙荧照,暖旸渐收[35],而飞鸟嘈嘈,声出林丛间。徙倚南岩宫门,凭高望之,恍惚身在阊阖[36];目瞬八极,羲和之鞭可执也[37]。

过南岩宫不入,随日脚渐走,两山陡绝,惟中有一线通路,逾岭为榔梅祠,循祠以往,则三天门路径也。行过里许,而方君所命使急足先至,候于岐路。自此以前,间道登顶,舆人苦之,然无敢违守君命,则蹭蹬崎岖[38],一步一跬[39],扳肩援手,相与呼应,声振空谷。道口有古松数株,劲干参天,青荫婆娑,其盘石穿峤,轮囷雍肿者,不可胜数[40]。背崖而驰,环峰密匝,如在瓮罂中。钻隙窥穴,他无所见,转折数百武,乃从山根绕上度岭,俗谓之欢喜坡,夫予方惴惴汗浃以虞跌蹶[41],而恶在其可喜也。

过欢喜坡,而太和金顶乃灿然在目。又折二三里过飞峻,曰六十塔。蛇行委曲,悉从石堑挽越,竭蹶攀跻[42],而太和道士已斑斑伏谒道左矣。余乃宿神厨,少憩而加饭焉。初,余先于十九日命吏太和宫设醮,至则菊秋之念日也[43]。饭已,整衣朝谒圣殿,复折而左为太和宫。宫如帝寝,环以金城,重云拥护,以象天阙。宫之左盘旋而上,傍列历朝御制碑。石梯经几转,重累而度之,足摇摇不胜战栗,而始陟天柱之巅。四维石脊如金银色。飞鸟不集,间生异草,细叶蔓延,秋冬弗凋。怪松数株,盘桓如结,高不满丈。绝顶甃以花石,金殿兀突,供案皆铜质,液金为之,殿制精巧浑成,疑为鬼工。因思明初,物力甚饶,乃能为之。圣像庄严,肃颙瞻叩[44],万虑屏息。

告虔礼毕,复循故道而下,观元时铜殿,至神厨少憩焉。是日寒云四布,阴霾障天,悲飔忽起[45],山木叫号,小雨蒙蒙,群峰若失,余谓来朝观日色东升,其不可凤约。是夜伏枕就寝,户外雨声且歇,而山风咆哮未已。晨起,冒寒登顶欲观日出,而时已过卯,扶桑吐丸,跃然三竿上矣[46]。因伏谒载拜,步入金殿,展拭圣容,光明润泽,而道士并发金柜之藏,出所为上赐丹书玉像。游者往来万亿,此不可得而窥其元扃也[47]。

出殿门,汛闳野望[48],群峰万蛰,偃伏蹲息,如尊帝高居,上罗三阙,下列九门。冠盖云合,四海八荒[49],献珍贡琛,俯伏辇下,不敢仰视。童山四绕[50],如惊涛泪浪,如奔赴雷门,排空震荡,其青紫分行,黛绿成队,则又似翡翠画屏,芙蓉纲褥[51],倩秀艳冶,美丽闲都,光彩眩目。香炉显定诸峰,予向以为峉嶲插天,高不可及者,今始貌乎其小矣。是日天风虽峭,然步趋岌岦[52],汗背沾衣,不甚怯冷。

比下山而风且渐息,余乃步朝圣门,从者请登舆,而石级逼窄,曲诘峻峭如泻[53],铁纽石槛动多窒厄,环舆不可行。舍车而徒步出三天门。四方朝礼者,蚁度鱼贯,扳援而上[54],到处狂呼,荷荷声闻,健夫喘息。即轩冕贵人,与村媪俗子肩相摩也。如是者数里,而始达一天门。予恃其壮勖[55],不用扶曳,趱步直下[56]。初不甚苦疲,至三日而两腿犹木疆如,始知足力倦矣。

出朝天门,循入山故道,回视皇崖、三公、五老、玉笋、天马诸峰,簪盖透露,得以自雄。过崖陟陂,辄见林稍、石角悬筐篮,以乞布金,仰瞰有人巢居穴岭,虎皮张修道处,亭亭孤悬。无何,复经榔梅祠,即昨所分歧处,过此为乌鸦庙、雷神洞,朱垣绀宫[57],指不胜曲,余亦不能笔其详。

路从几折而经南岩宫,则王君已走,使邀入客堂,庀供馔矣[58]。余乃登殿礼谒,从大殿左折过元君殿,为南熏亭。亭外有石枰,纵横十八道,复从元君殿折而下,过独阳岩石室,岩前刻龙头横槛外,下临不测深渊。朝礼者辄步虚踏石龙进香,以白至诚。道士遥指舍身台,孤危若坠,而太和金顶正当岩前,缥缈金光,灿烁欲射[59]。岩旁有石壁穹窿高起,如堆云积雪,层层停压,用片石刻五百灵官像[60],仅可半尺,乱置石窍间。又东为风月双清亭,上有石枰,亭倚岩窟,如筑成。踞亭嚼茗,横襟流览,百岫森叠,翠微骈映,此嵾上一大观也。

坐久,日已过中,王君使者请游五龙宫,舆人谓五龙道险,距兹三十里,至五龙须来日,返遇真。余以出署两月,敷滞日积[61],亟欲下山,遂不果往,然出南岩而五龙宫殿高出灌漭,且神遇之矣。乃循故道过紫霄宫,宫前所为日月池、禹迹池,乘篮一寓目焉。

路出回龙观,从者曰:"玉虚为八宫之首,当一游。"于是,悉屏骖从归遇真[62],而以单车往玉虚,周回龙观五里许,千峦收敛,眼前块磊尽去[63],惟荒山旋绕,脉络未断,皆崆峻耳[64]。透出原田旷野,景色渐舒。忽有层宫广宇千间,兀落平畴,如郡城都市然。询之,知其为玉虚宫也。玉虚广辟雄峙,甲于诸宫,与王者离宫别苑相埒。西坞西山下曰仙衣亭,亭后有张仙洞,壁有铜碑;西坞北山下曰望仙楼,楼有纯阳祖师像。下楼入后庑观石鱼,敲之铿然有声,殿有铜鼓,曰:此开山时物也。览毕,出东天门,流水湾湾,苍松古桧,倏然数里,神闲意广,由此以达遇真宫,皆非人间境也。

遇真宫道士出张仙人之铜杖、铜笠示余,皆上所赐,仙人不受,蹴然而去[65],不知其所适云。至遇真日已晡,余促装治行,而会有巴东张令来坐,语少选。王君复遗书问余,兹游也,当有谢朓惊人句。余出诗十章应之。是晚遂之清微公馆宿焉。有雷电自西北来,微雨随之,季秋之念有一日也。王子曰:"余之有慨乎兹山,而竟不暇为五龙游也。山之奥窔幽遐[66],即未能一一以穷缕视[67],然亦得山之大都矣。"

说者曰:"禅主七十二,柴望称岳称镇[68],而独遗于此山,岂山灵有时晦耶?夫以祖龙之雄,周行海上,金泥玉检[69],遍灵山洞府之藏,而海上三神仙山卒可望而不可至,彼可至者,非其至者也。盖造物灵源圣迹不显然外露,必钩深致远乃能阐极秘藏。兹山不遇主,辟土衍胜[70],土木被文绣,当为豺虎之区,探求所不到,故不登太和绝顶,不知天柱之高也。不得金城玉阙,翠宇璚宫[71],凭虚度空,天柱不可得而登也。"

【作者简介】

王在晋(1570—1643年),明代官员、学者。字明初,号岵云,江苏太仓人。万历二十年(1592)进士。历官中书舍人、江西布政使、右副都御史、兵部侍郎、南京兵部尚书、兵部尚书。天启二年(1622),王在晋为兵部尚书兼右副都御史,经略辽东、蓟镇、天津、登、莱,帝特赐蟒玉、衣带和尚方宝剑。他的《题关门形势疏》道:"画地筑墙,建台结寨,造营房,设公馆,分兵列燧,守望相助。"朝廷未采纳其建议,天启五年,改任南京吏部尚书,不久改兵部。因事削籍归乡。有《三朝辽事实录》。撰《海防纂要》,乾隆四十四年(1779)禁毁。

【注释】

[1]参上:武当山别名参上山。

[2]棘围:指科举时代的考场。

[3]建节:执持符节。古代使臣受命,必建节以为凭信。唐时,节度使或经略使受任,皆赐旌节。后亦以指大将出镇。

[4]趣行:犹饯行。

[5]祈年:指祈年殿。建于明永乐十八年(1420),初名"大祈殿",原为矩形大殿,用于合祀天、地。嘉靖时改为今式。

[6]蓬垒:指蓬屋,茅草屋。

[7]岎崟:音 fén yín,山峻险貌。

[8]幼靡:柔嫩细密。

[9]唵畹:音 ǎn duì,谓浓厚繁茂。

[10]纡斥:宽缓平坦。

[11]霜筱:即竹。

[12]逋:音 bū,逃遁。

[13]治世玄岳:"治世玄岳"牌坊在进武当山的第一重大门——玄岳门。建于明嘉靖三十一年(1552),是一座四柱、三间、五楼的石坊,全以石凿的榫卯构成。宽 12.81 米,正中坊额上刻"治世玄岳"四字。卢重华《大岳太和山志》卷一"大岳总图"载:"嘉靖三十一年,特颁内帑,敕工部侍郎陆杰等重加修葺。神宫仙馆,焕然维新。仍于入山初道鼎建石坊,赐额'治世玄岳'"。同卷"遇真宫图"亦云:"嘉靖三十一年,世宗肃皇帝遣官修葺本山,乃于是宫东二里许入山初道,鼎建石坊,赐额'治世玄岳'云"。牌坊的额、枋、阑、柱分别用浮雕、镂雕和圆雕等各种手法,刻有仙鹤游云和八仙人物故事。枋的下面有鳌鱼相对,卷尾支撑。顶饰鸱吻吞脊,檐下枋间缀以各种花卉图案,题材丰富,镂镂精巧,造型优美。

[14]棹楔:音 zhào xiē,门旁表宅树坊的木柱。于皇:叹词。用于赞美。

[15]嵩祝:常作"嵩呼"。典出《史记·孝武本纪》:汉元封元年(前 110)春,武帝登嵩山,从祀吏卒皆闻三次高呼万岁之声。后臣下祝颂帝王,高呼万岁,亦谓之"嵩呼"。

[16]濙:指胡濙(1375—1463)。字源洁,号洁庵,武进(今江苏武进)人。明代重臣、文学家、医学家。生而发白,弥月乃黑。建文二年(1400)进士,授兵科给事中。永乐元年迁户科都给事中。曾奉明成祖朱棣之命前往各地追寻建文帝朱允炆下落。胡濙历仕六朝,前后

近六十年,他为人节俭宽厚,喜怒不形于色,是宣宗的"托孤五大臣"之一。任礼部尚书三十二年,累加至太子太师,天顺七年(1463)卒,年八十九,赠太保,谥号忠安。

[17] 黝儵:音 yǒu shū,茂盛貌。

[18] 嶒嶝:音 céng dèng,高起。

[19] 岭崛辏拥:谓山耸峰立,如车辐凑聚向车轴。

[20] 崚峏:音 líng lì。同"崚嶒"。高而险峻貌,不平貌。

[21] 崷峍:按,查无此词。疑为"崷崒"。同"嵸崒"。高峻貌。

[22] 潺湲:音 chán yuán,水慢慢流动的样子。

[23] 鸧鹙:音 cāng qiū,即秃鹙。狎人:谓扰人。

[24] 睊目:纵目,谓放眼而观。阳乌:神话传说中在太阳里的三足乌。借指太阳。

[25] 舁:音 yú,轿子。

[26] 蹜蹜:音 sù sù,形容小步快走。

[27] 沆瀣:音 hàng xiè,夜间的水气,露水。

[28] 崿:音 è,山崖。

[29] 早兴:谓早早起床。

[30] 云璈:即云锣。打击乐器。璈:音 áo。

[31] 丙:指丙夜。三更时候,晚上十一时至翌日凌晨一时。

[32] 庭除:庭前阶下,庭院。

[33] 不翅:同"不啻"。不止。

[34] 红霡:红色的云气。

[35] 暖昒:音 ài wù,谓暗隐昏暝。

[36] 阊阖:音 chāng hé,传说中的天门。

[37] 羲和:传说中驾着太阳车的神。

[38] 躡蹻:音 niè jué,穿草鞋行走。

[39] 跲:音 jié,绊倒。

[40] 峤:音 jiào,山道。轮囷:盘曲貌。囷:音 qūn。

[41] 浃:湿透。跿跱:音 tuò zhì,谓因疏忽而被绊倒。

[42] 竭蹷:颠仆倾跌,行步匆遽貌。

[43] 念日:当指七月十五。

[44] 肃颙:肃敬貌。颙:音 yóng。

[45] 悲飔:悲风。飔:音 sī,凉风。

[46] 卯:卯时。上午5时至上午7时。太阳刚刚露脸,冉冉初升。扶桑:传说日出的地方。代指太阳。

[47] 元扃:指打开柜子,礼瞻皇家所赐之物。元:通"玄"。黑色;扃:古同"扃"。音 jiōng,箱箧上的关锁。

[48] 汛闶:犹言漫无目的。

[49] 八荒:八方荒远的地方。

[50] 童山:不生草木的山。

[51] 絪褥:常作"茵蓐"。床垫子。

[52] 岌岆:音 jí yè,高峻貌。

[53] 曲诘:常作"诘曲"。屈曲,屈折。

[54] 扳援：攀附。

[55] 壮勍：指身强力壮。勍：音 qíng，强有力。

[56] 趱：音 zǎn，赶，快走。

[57] 绀宫：即绀园。借指道教宫观。

[58] 庀：音 pǐ，具备。

[59] 灿炻：犹灿烂。炻：音 lì，火的样子。

[60] 灵官：仙官。道教奉祀的诸神。

[61] 焚滞：指日常公务案牍。

[62] 驺从：古代贵族、官员出行时的骑马侍从。

[63] 块垒：泛指大石头等郁积物。

[64] 培嵝：音 péi lǒu，小山丘。

[65] 蹩：音 bié，躲躲闪闪地走动。犹言飘忽倏然而去。

[66] 奥窔：指隐蔽深曲之处，奥妙精微之处。窔：音 yào。

[67] 觇：音 zhěn，古同"诊"。察看。

[68] 柴望：古代两种祭礼。柴，谓烧柴祭天；望，谓祭国中山川。亦泛指祭祀。

[69] 金泥玉检：以水银和金为泥作饰、用玉制成的检。古代天子封禅所用。《太平御览》卷五三六引晋·司马彪《续汉书·祭志》："有玉牒十枚列于方石旁，东西南北各三，皆长三尺，广一尺，厚七寸。检中刻三处，深四寸，方五寸，有盖；检用金缕五周，以水银和金为泥。"因指封禅所用的告天书函。

[70] 辟土：指武当山的构筑道宫。衍胜：指衍生出胜迹。

[71] 璚宫：常作"琼宫"。玉饰之宫。多指天宫或道院。璚：音 jué。古同"玦"，古代环形有缺口的佩玉。

武当山游记

明·王世贞

自均州由玉虚宿紫霄宫记

规均州城而半之，皆真武宫也，宫曰净乐，谓真武尝为净乐国太子也，延衮不下帝者居矣[1]。真武者玄武神也。自文皇帝尊崇之，而道家神其说，以为修道于武当之山，而宫其巅。山之胜既以甲天下，而神亦遂赫奕，为世所慕趣[2]。

春三月望，余晨过净乐，憩紫云亭少时。出南门，二里许，乃行田间，两山翼之，平绿被垄。时积燠颇困人[3]，少女风袭肌为之一快，不知其媒雨也[4]。已一舍饭迎恩宫，杀净乐之半[5]。又数里，稍稍入山，然渐为驰道。山口垂阁，棹楔跨之，榜曰"治世玄岳"，世宗朝所建也[6]。

山初不以岳名。按郦道元《水经注》云：武当山一曰太和山，一曰参上，又曰仙室；《荆州图副记》：晋咸和中[7]，历阳谢允弃罗令，隐遁兹山，曰谢罗山；文皇帝为特赐名"太岳"，至世宗乃复尊称曰"玄岳"，以冠五岳云。谓武当者，非真武不得当也。自是,为修真、为元和、为遇真凡三观。桥间之驰道益辟,左右杉松万株,大者合抱。曰遇真者,为三丰道人名也,其东庑有道人像。道人姓张,当高皇帝时游人间,筑净室于兹地,曰"是不久当显",俄弃去。而文皇帝数使都给事中胡浚奉书招之,凡十余年弗得,则为之像,又赠以真人诰。今所奉书及诰犹在。

由遇真宫五里为玉虚宫。曰玉虚者,谓真武为玉虚师相也,大可包净乐之二,壮丽屣之[8]。已饭玉虚。出,取右道,逶迤而上,稍有涧壑之属,微雨时时将风来,衣辄益辄单。乃稍有峭壁,折而龙泉观。其阳为大壑绾口[9],相距三丈许为桥,桥下水流潺湲不绝,怪石坟起若斗。四壁无所不造天,杉松衣之。吾向所记,洞庭资庆、包山之胜,蔑如也。

度桥,径已绝。前旌类破壁而出[10],自是,皆行巉岩间。而雨益甚,异者强自力前所,指问道人掌故,气勃窣不暇答[11]。山之胜亦若驰而舍我,独峰顶苍白云冒之,倏忽数千百变。乔天得雨[12],秀蒨扑眉睫,以此自愉,适忘其湿之侵也。

度日景已下舂[13],始抵紫霄宫。宫前为池,曰"禹迹"。有亭居其右,池合宫之溜而汇焉,潺湲潀沄[14]。所受汇已众,又暴得雨,上奋若有蛰。藉以起者,浮鸭数头,绿净可玩。既入门,雨益急,衣湿透,袒服顾左右[15]。分谢候吏,齿击不能句。乃入道士室,构火燎衣,探案头得黄庭一卷[16],读之,命酒三爵。时雨声不可耐,且为次日道路虞,而倦甚,目不胜睫也,乃就枕。

【注释】

[1]净乐国:有论者称,净乐国即古麇[jūn]国。在今武当域内。其国都在锡穴山(今湖北五峰的牛峰包)之上。《敕建大岳太和山志》载:"玄帝降生于静乐之国(净乐),名招摇童光,号云潜氏。玄天禀天一之精,惟务静应,不乐南面,志复本根。"真武大帝修炼功德未圆满之前是神话传说中的净乐国王太子,《太和山志》记载"武当"的含义源于"非真武不足当之",意谓武当乃中国道教敬奉的"玄天真武大帝"的道场圣地。今已沉入丹江湖底的古均州城内北面有净乐宫。延袤:绵亘,绵延伸展。

[2]赫奕:显赫貌,美盛貌。慕趣:犹神往。

[3]燠:音 yù,暖,热。

[4]媒雨:谓(其风)为雨之信号。

[5]杀:消减。

[6]垂阓:犹言牌坊如门。棹楔:音 zhào xiē,门旁表宅树坊的木柱。此指牌坊。

[7]咸和:东晋成帝司马衍年号,公元 326—334 年。

[8]屣:音 xǐ,履。犹言超过。

[9]绾:音 wǎn,结挽处。

[10]前旌:帝王官吏仪仗中前行的旗帜。

[11]勃窣:谓呼吸困难。窣:音 sū。

[12]乔天:常作"天乔"。指草木。

[13]下舂:指太阳快下山。

[14]潺湲:音 chán yuán,指水流。潀沄:音 cóng hóng,谓(水)量大流广。

[15] 衵服：内衣。衵：音 rì。
[16] 黄庭：指《黄庭经》。道教的经典著作。

由紫霄登太和顶记

雨潺潺不已，若梦中度三峡也，比五鼓醒而绝不闻雨声。质明起礼前殿[1]，其后壁铁色横上千仞若屏，曰"展旗峰"。出，憩禹迹池，泉声益怒，飞流缥碧可爱[2]。仰视雨脚下垂，而堰若阁者，甚畏之。然已决策，则励舆人前。池之右为福地，古七十二之一也。宫其上，弗及访。

俄而渐开雾，所入皆狭径，两壁直上无尽，而三公、五老诸峰以次见。乃更因濯雨，故蒨润葱蔚，因咏唐人"群峭碧摩天"语，叹其指意之妙。久之，崖忽辟其阳，丹碧出没杳霭中[3]，稍迫而视宫之额，则南岩也。舍弗止，乃度宫西岭，下视大壑若孟诸[4]，席以古松长杉之属。自是度榔梅祠，地益高，壑益深，仰而睇，俯而瞰，无非以奇售者。所历宫观，羽众亦笙管导之，出没云气中，时亦为风所续断，或前薄崖，为回风调穿，入洼幽则若瓮呼者。

度半舍许，得一涧，舆人来请曰："从此峡中穿，则故道也，当步上三天门，此而下趣涧，则改径，可以舆，亡苦。"乃听其所之。以得雨稍走沮洳[5]，怪石错道，古木偃蹇[6]，其右仰诸峰之高，以为亡逾矣；左仰而峰势益峻，遂失其右所在。久之，蛇行争鸟道，凡数千级而跻太和之西岭。又折而下，泥滑益甚，舁人[7]足前趾恒蹈空，又数失，而顾其身乃空悬数千仞，悔不若步之小安也。

已上太和，憩旁室。顾视诸道人舍，其趾半附崖，则重累而度之，多者至七层，若蜂蛎之为房[8]。罡风蓬蓬[9]，势欲堕不堕，甚危之而竟无恙也。改服礼真武，遂登绝顶曰天柱峰，由太和而望天柱，高仅百丈耳，而行若数里者。左挽悬而右肩息[10]，不能得悬之十一，辄喘定乃复上，遂礼金殿。殿以铜为之，而涂以黄金，中为真武像者一，为列将像者四，凡几座供御，皆金饰也。

已出，而顾所谓七十二峰者，其香炉最高，然犹之乎榻前物耳。《荆州图副记》云：峰首状博山香炉[11]，亭亭远出。又郭仲产《南雍州记》云："有三磴道，上磴道名香炉峰，然则后人易香炉为天柱，而以其从峰称香炉耶。"余峰夥不能胪述，而其大都皆罗列四起，若趋谒者，又若侍卫者。时乍晴，蒙气犹重，不能得汉江，而三方之山，若大海挟银涛，层涌叠至，使人目眩不暇接。古语云："参山轻霄盖其上，白云当其前。"有味乎言哉！诸山皆岩嵝[12]，独东南一山最高，意不肯为天柱下者，而又外向。问其名，曰外朝峰，乃在房陵官道也。凡山所有峰涧岩泉之属，不可指数，而其名即道流辈，剿他志被之[13]。又举以传真武，为真武称者不可指数，而皆无据。

时分守李君元庄从焉，为饭神库之后院，谢去。客有言范丫髻者，居二十余年，冬夏一衲，食一饭，亡盐酪，所栖止一石窦。试迹之，则已至矣。貌瘠而神腴，双眸炯然。即一衲鹑悬[14]，历寒暑亡秒也。与之语，不能为虚而能为不虚者，亦杂用儒家言，顾谓得道可以遗身，然渠何能外身以求道耶[15]？为作白汤饭供，尽两瓯而别。

【注释】

[1] 质明：天刚亮的时候。质：正。

[2] 缥碧：浅青色。

[3] 杳霭：云雾缥缈貌。

[4] 孟诸：亦作“孟猪”“孟潴”。古泽薮名。在今河南商丘东北、虞城西北。

[5] 沮洳：音 jù rù，低湿之地。

[6] 偃蹇：音 yǎn jiǎn，形容委曲婉转的样子。

[7] 舁人：轿夫。舁：音 yú。

[8] 蜂蛎：谓蜜蜂牡蛎所构之房，层累而上。

[9] 罡风：道教谓高空之风。后亦泛指劲风。

[10] 左挽悬而右肩息：谓一手扶着悬系的栏杆绳索，一边大口喘息。肩息：指呼吸困难，抬肩以助呼吸的状态。

[11] 博山香炉：又称“博山炉”。南朝·宋·鲍照《拟行路难》诗之二：“洛阳名工铸为金博山，千斫復万镂，上刻秦女携手仙。”

[12] 碚堘：音 péi lǒu，小土丘。

[13] 道流辈：犹言道士们。被：音 pī，古同“披”。命名。

[14] 鹑：音 chún，指鹑衣。指破烂不堪、补丁很多的衣服。

[15] 渠：音 jù。疑问代词。通“讵”。岂，哪里，怎么。

自太和下宿南岩记

余将以天明起，作泰山日出观，而二傔欲寐[1]，呼之不应。旋有罄欬者[2]，则已辨色矣。然亦以足不谋，凭栏徙倚，久之，乃就篮舆而下百余武[3]，不可舆，舍之。绕出天柱峰后为三天门。降之，易屐于陟[4]，而用陡绝，故数踸踔[5]，腰臂不相摄，累息股战[6]。赖道士时时奉酒脯，纾其困。顾视中笏、七星、三公、千丈、万丈诸峰，差池颉颃[7]，色若可餐，数步一回首，不忍失之。

下二天门为摘星桥。有文昌祠，读汪司马伯玉所为文[8]，甚丽。中谓国家创述，右文盛高孝庙，而以刘、王两文成当之。夫伯玉殆自命哉！乃不佞所不敢知也。

稍数百折，得昨所取道，晴日献丽，原谷诡瑰异状[9]，触目若新，亦忘其所睹记矣。亡何，抵南岩宫。新蔡张助甫[10]，约以望后一日登太和，而所遣候人不得报，乃憩以俟之。饭后，有举僧不二所休岩告者，即伯玉记佛子岩也。欣然许之，复以篮舆往，从宫门傍左折逶迤，上行百步，有岩曰歘火。石文若焰起，树作龙爪，其中洼深，而旁有灵池，水甚甘，传以为雷师邓君修真地也。道流辈饰像蒙之。后若为寝室者，其美遂为袭矣。

乃复行岭间，回穴纡磴[11]，足相啮者十余里，而始抵岩。岩居岭之腹，岩空若室者三，中最宽凿大士像，虚左席客以地，而庋其右以榻[12]。不二发毵毵白覆额[13]，而状甚腴。出肃曰：“公贵人乃羸服耶[14]？”坐余榻，屏人耳语，谓：“公自此中来，将毋不从此中去乎！奈何自失之。”予为悚然。第其所称握拳闭龈，流羡入丹田法[15]，与一切空所有，皆予素闻者。已乃引余左邪而上，至顶有池，延袤不二丈,而水旱不溢涸,莲叶田田其中[16]。前后为一池,仅半之。亦有杂花木之属,蓬室方广当身,一木榻匡坐,嗒然久之[17]。其岭左右皆大壑,壑尽皆为绝壁,四周靡所不际天,其色以三春奏异。

已,乃却引穿美箭下,临前涧,磐石若峡,水潺潺流其下,小为堤捍之,汇为一池。茂草沿络,傍巨石题作梵字,刻丹填之。仍为余释其义,予笑不答。寻又为予言所以结构之详,皆手任之。予曰:"是空有耶?"曰:"吾空有而时有有,而空空毋害空也。"已又饭予于室,蔬豉皆香美,寻又饭予从者,数十人皆遍,毋畸赢[18]。乃谬谓余曰:"适襄邸涓人来[19],授餐耳。"临别握手不能释,且曰:"毋望兜率会也[20]。"予顾谢师自爱,度我不能得师境,而师或随我趣[21],奈何!?

还南岩时,返照犹未敛,乃入谒真武殿。从殿后历元君殿、南薰亭、独阳、紫霄诸岩室徘徊顾望,诸峰争雄,而趣太和,若游龙。天柱金殿色煜煜射目[22]。所谓礼斗、飞升台、舍身岩,其奇壮诡卓,无论道流鼓掌玄帝事若觌也[23]。予语之,若晓僧不二耶,是欲空一切有不得,而予乃有一切空乎!因大笑,命洒数行而罢。

【注释】

[1]傔:音 qiàn,侍从。

[2]磬欬:本指咳嗽。引申为谈笑。磬,通"謦"。欬:音 kài。亦作"咳"。咳嗽。

[3]篮舆:古代供人乘坐的交通工具,形制不一,一般以人力抬着行走,类似后世的轿子。

[4]屣:音 xǐ,此指平地走路。

[5]踸踔:音 chěn chuō,亦作"趻踔"。指跳跃貌,跛行貌。语出《庄子·秋水》:"夔谓蚿曰:'吾以一足趻踔而行,予无如矣!'"

[6]累息:"重足累息"的缩语,同"重足屏气"。谓畏惧之甚。

[7]差池:参差不齐貌。颉颃:音 xié háng,泛指不相上下,相抗衡。

[8]汪司马:指汪道昆(1525—1593)。字伯玉,号南溟,又号太函。歙县西溪南松明山(今属安徽黄山市徽州区)人。嘉靖二十六年(1547)进士,初任义乌知县,历官武选司署郎中事员外郎,襄阳知府,福建按察使,福建、郧阳、湖广巡抚等职,终兵部左侍郎。他是明代著名戏曲家,传世戏曲有《高唐梦》《五湖游》《远山戏》《洛水悲》《唐明皇七夕长生殿》。有《太函集》120 卷。

[9]诡瑰:奇异。

[10]张助甫:张九一(1534—1599)。字助甫,号周田,新蔡县(今属河南)人。嘉靖三十二年(1553)进士。官湖广参议。累至右金都御史,巡抚宁夏。与王世贞志同道合,相处甚欢。王父因得罪权相严嵩,关入死牢。许多门徒旧友因而不敢再同王世贞接近,独张九一依然如故。世贞多次劝阻,恐怕连累了他。他却说:"士为知己者死,死且不避,还在乎官职吗!"王世贞称其为"笃行君子"。

[11]磴:石阶路。

[12]庋:音 guǐ,置放,收藏。《玉篇》:"庋,阁也。"

[13]不二:姓孙。王世贞到南岩时,他是其中的道士。王世贞的《由南岩寻北岩谒不二和尚》:"降陟虽疲迹,眺览用怡心。心怡体旦调,支策探道林。是时春初暮,遥绿结屯阴。

一幡风空表,双树吐绿寻。初窥但绝壁,缓步得蓝精。开士人杜机,眄睐不能禁。延我坐芙蓉,啖我以林禽。清梵如流泉,曾闷海潮音。忽者西岫景,圆规已半侵。归来愧禽鱼,自得忘高深。"毶毶:音 sān sān,头发、枝条等细长的样子。

[14] 赢服:谓穿着严整。

[15] 流羡:充溢。

[16] 田田:荷叶相连貌。

[17] 匡坐:正坐。嗒然:形容身心俱遣、物我两忘的神态。嗒:音 tà。

[18] 畸赢:谓不够吃。

[19] 涓人:古代宫中担任洒扫清洁的人。亦泛指亲近的内侍。

[20] 兜率:常作"兜率天"。梵语音译。佛教谓天分许多层,第四层叫兜率天。它的内院是弥勒菩萨的净土,外院是天上众生所居之处。"唐·白居易《祭中书韦相公文》:"灵鹫山中,既同前会;兜率天上,岂无后期?"

[21] 趣:趋向。犹言往。

[22] 煜煜:音 yù yù,明亮貌,炽盛貌。

[23] 觌:音 dí,相见。

自南岩历五龙出玉虚记

由南岩右折而下,半里许为北天门。出北天门稍折而上,曰滴水岩。若肺覆,时时一滴,下小池承之,即不以雨旱缓速。有涧,傍亦饶奇石。泉濊濊下流[1],桥度之。颇盛而名不雅,曰竹笆,然亦未有易也。自是壑益深旷,树益老,高者径百尺,大可数抱,而根皆露交纵道上,数百千万条,其粗者若虬蟒,次为蛇、为蟪、为虺,且树得风簌簌鸣[2],则根皆应而鳞起,若啮人趾者。岩巅怪石俯下欲堕,亡所附丽。其涧石又突起,若象、若狮、若龙、若雕鹗之属[3],意似欲攫人。令晦之夕、冥之昼,过之不憭栗缩足耶[4]!有仙龟岩衡纵数百尺,作绿玭色[5]。

沿而下至青羊桥,石益奇诡百状,水益壮,嘈嘈若笙镛之乍奏而自律也[6]。下流方崖,陡上无际,水乃从其趾穿度矣。呼酒尽三爵,酌水复尽一爵。自是舍涧旁道,颇行谷间,迷阳莾郁[7],不可以捷,可数里乃复攀援而上。其岗岭故已皆土,忽复石,石遂多奇,而怪杉松柏之属,忽尽伟蔚整丽,余谓是且得五龙宫乎?而道转上,转不可尽,舆人喘而嘘,数息数奋乃抵焉。

入门为九曲道,丹垣夹之,若羊肠蟠屈,其垣之外,则皆神祠道士庐也。美木覆之,阴森综错,笼以微日,犹人之步水藻中。其台殿因山独峻,出宫表,紫盖、金锁诸峰仿佛栏槛间物矣。庭左右有池二,以螭口出泉。旁复有井五,所谓五龙者也。庑之西复有池二,若连环,名曰日月池,日池黛,月池赭,云其色亦以时变,不可知也。饭已,道士奉真武玉像来观,已又出文皇帝所敕道士李素希二衲,被之正与予体适,因笑谓此衲出尚方,而复不偕鸾鹤逝者[8],亦胡异中丞紫耶!

所闻凌虚岩、自然庵尤胜,而意不欲往,乃出。自是稍坦迤,而嘉树美箭益夥,鸟声雍和。会所使上事人还,发尚玺弟书,稍问燕中事,不觉至仁威观[9]。观前石梁曰普福桥。桥之胜,下静深伏泉窦焉,上顾四山若瓴口而微缺[10],从缺之所而得日,草木皆媚。

自是复蛇行,下数里至五龙行宫,距其前门小憩。山忽左右辟,多为平畴,青碧布垅,除道益广,而所留羽仪亦至。乃改服,度华阳亭,蹑石梁,挹莲花池,骤喜其脱险艰,而忘诸山尽去我已。寻抵玉虚宫,而分守君复来候,觞余望仙楼,酒数行则骤晦,冒雨至迎恩宫宿焉。

王子曰:夫余山宿者四,而历不能得十之三也,然亦足以雄生平游矣。夫物显晦则有时哉!彼夫禅主络绎者七十二,柴望之礼称岳称镇者各五,而兹山固泯泯也[11]。一旦遇真主以疑似惟重之迹,而膺特拜遂超五岳而帝之。宫殿大者拟建章,小者凌祈年、望仙。道流非耕蚕而衣食者以万计,奔走四海之士女,争先而恐失,号泣鼓舞,望之若慕,即之若素,彼何所取由来哉!?谬矣夫太史公言也,曰恶睹所谓昆仑哉?夫近有一武当而不能举,彼将以为无之也,无之恶在其无昆仑也。

【注释】

[1]濊濊:音 miè miè,(水)急速流动貌。

[2]簌簌:音 sù sù,颤动貌。犹呜呜。

[3]雕鸮:夜行猛禽,喙坚强而钩曲,嘴基蜡膜为硬须掩盖。我国除台湾、海南外,各省都有分布。

[4]憭栗:凄凉貌。

[5]绿玕:指绿色的玉。

[6]笙镛:亦作"笙庸"。古乐器名。《书·益稷》:"笙镛以间,鸟兽跄跄。"孔颖达疏:"吹笙击钟,更迭而作。"笙:管乐器名,一般用十三根长短不同的竹管制成,吹奏。镛:大钟。

[7]葪郁:曲折貌。

[8]尚方:古代制造帝王所用器物的官署。鸾鹤:鸾与鹤。相传为仙人所乘。借指神仙。

[9]上事:指向朝廷递交奏章。燕中:指京城。

[10]瓴:同"缶"。古代一种大肚子小口儿的盛酒瓦器。

[11]五岳:东岳泰山、南岳衡山、北岳恒山、西岳华山、中岳嵩山。五镇:山东东镇沂山、浙江绍兴南镇会稽山、陕西宝鸡西镇吴山、辽宁北镇医巫闾山、山西中镇霍山。泯泯:寂然。

[12]建章:汉武帝所建宫苑名。

[13]耕蚕:指耕种纺织。

附：武当山诗

唐·吕洞宾　等

题太和山
唐·吕洞宾

混沌初分有此岩，此岩高耸太和山。
面朝大顶峰千丈，背涌甘泉水一湾。
石缕状成飞凤势，龛纹绾就碧螺鬟。
灵源仙洞三方绕，古桧苍松四面环。
雨滴琼珠敲石栈，风吹玉笛响松关。
角鸡报晓东方曙，晚鹤归来月半湾。
谷口仙禽常唤语，山巅神兽任跻攀。
个中自是乾坤别，就里原来日月闲。
此是高真成道处，故留踪迹在人间。
古来多少神仙侣，为爱名山去复还。

太和山
元·虞集

雪树生香佩满巾，紫霄最上集仙真；苔荒鹤还浑无路，柳暗笙声不见人。
瑶圃月寒通白晓，丹台云暖驻长春。莫叫流水山前去，恐似桃源客问津。

武当图本
元·罗霆震

步九层霄阅太和，盘旋八百里山河。千章锦绣诗难尽，一幅丹青画了么。
风月好怀时更别，烟云变态处如何。看图看透图之外，方见山间景趣多。

武当歌
明·王世贞

黑帝不卧元冥宫，再佐真人燕蓟中。
乾坤道尽出壬午，日月重朗开屯蒙。
人间大小七十战，一胜业已归神功。
久从北极受尊号，却向西方称寓公。
武当万古郁未吐，得吐居然压华嵩。
是时岂独疲荆襄，雍豫梁益皆为忙。
少府如流下白撰，蜀江截流排豫章。

太和绝顶化城似,玉虚仿佛秦阿房。
南岩雄奇紫霄丽,甘泉九成差可当。
十年二百万人力,一一舍置空山旁。
英雄御世故多术,卜鬼探符皆恍惚。
不闻成祖帝王须,曾借玄天师相发。
呜呼!汉王空邀王母过,高真不显宋宣和。
功名虽盛毋乃晚,混沌时来当若何!

武当道中杂咏

明·洪翼圣

五里一庵十里宫,丹墙翠瓦望玲珑。
楼台隐映金银气,林岫回环画镜中。
门裂双岩容马度,天开一径许人通。
当年丹灶传犹在,羽翮何由蠹碧空。

题太和山

明·白　悦

秦关初转汉江东,荇藻灵岩问楚风。
蜿蜒玉梯跻上界,嵯峨金阙列遥空。
重林蔽壑深藏豹,峻岭千云半落鸿。
西掖华嵩迟远照,南襟巴陇伏长虹。
琼檐入夜星辰灿,贝树含春岁序同。
香拂彩霞龙女度,旗翻赤电鬼神通。
冈峦交秘乾坤秀,鼎灶常烹日月红。
定有天仙留逸驾,欲辞尘鞅入玄宫。
飞凫历览万山小,盘礴今看此地雄。

紫霄宫

明·苏　浚

藜杖探仙域,峰峦映客星。
云横三楚紫,烟接五龙青。
翡翠依丹府,芙蓉削彩屏。
祥光时缥缈,大道总元冥。
宝箓轩辕纪,清流禹迹亭。
寒松青依涧,疏磬静幡经。
悟到忘筌处,潜龙入夜听。

紫霄宫
明·汪大绶

峭壁山中展翠峰,琼台垒垒紫虹霓。
金光殿阁明霞烂,瑞气峰峦远汉移。
六月杉松深带雪,千年芝草净依池。
忽闻仙乐从空下,恍觉身游玉帝墀。

宿太和宫道房即事
明·彭凌霄

小窗空翠入沾裳,爽气凝秋枕簟凉。
阊阖天边开蜃楼,芙蓉嶂杪插蜂房。
疏星近宿依前殿,飞电回看落下方。
身在此间难稳卧,惊心已到白云乡。

朝天宫
明·王镕

峻极封山岳,凌空响佩珧。
云开金阙迥,蹬转玉台遥。
紫翠群峰抱,香灯万国朝。
星辰疑可摘,羽翼上烟霄。

遇真宫
明·沈晖

缥缈珠宫映翠微,灵风长日满龙旗。
函关伊昔青年去,华表何年白鹤归。
落花石坛春不扫,露零仙掌晓还晞。
楼船海外无消息,山下闲云万古飞。

仙关
明·胡宗宪

一入桃源路转艰,天风吹我渡仙关。
千层楼阁空中起,万叠云山足下环。
搅辔自知王命重,杖藜聊与道心闲。
元房寂寂春宵冷,月上疏帘手可攀。

答永乐皇帝

明·张三丰

天地交泰化成功,朝野咸安治道亨。皇极殿中龙虎静,武当云外钟鼓清。臣居草莽原无用,帝问刍荛苦有情。敢把微言劳圣听,澄心寡欲是长生。

壬子中秋登太和山

清·党居易

大岳崚嶒立汉东,虚皇正位太和宫。松间明月巢丹凤,天际真人御晓风。尊居荆襄千嶂上,光连雍豫二州中,登峰此日秋思迥,寥廓金城帝座通。

武当歌用王凤洲先生韵

清·潘宗洛

君不见,秦王伏甲争储宫,求取贝叶来华中。又不见,燕王渡江号靖难,遍访躝蹋披茸蒙。英雄失德思忏悔,每假幻怪彰神功。古来典礼重牲币,五岳望祀如三公。黑社奋起践神极,参山胡不凌恒嵩?当时物力萃荆襄,赭肩流汗丁男忙。金顶一峰仿承露,玉虚千门规建章。层城极目见云海,阁道盘空缀洞房。秋风夜月猿鹤静,但闻铃语声丁当。时移物换几兴废,游人叹息林泉旁。呜呼!神君伏剑信有术,听我一言请无忽。方家十族铁家女,愿令世世生穷发。乌飞兔走岁月过,饥餐渴饮阴阳和。苍海桑田无改变,神君于意当云何。

和太史潘书源先生武当歌王凤洲原韵

清·聂 琦

君不见,甘泉建章秦汉宫,徐市栾大往海中。贪取蓬莱长生药,特假鼋鼍乱鸿蒙。封禅柴望萃玉帛,赭山伐树竟何功!文皇倾听僧道衍,武当侈祀专壬公。太岳元岳崇尊号,山灵仿佛效呼嵩。内使中丞摄郧襄,穷役极巧日月忙。砳石深镌荒唐语,苔锁尘封护天章。瑶台时见白云在,辟谷有无汉子房,馥馥奇葩来洞壑,掀髯临风一笑当。但从此意探山势,松肪石芝满道旁。呜呼!丹炼寅申果有术,戊癸相将讵可忽。读尽黄庭内外经,谁识轩辕气冲发。洞水潺潺猿鸟过,行人撰杖趋太和。铁杵依然磨针涧,榔梅花发待若何。

迎恩宫

清·王钦命

危垣残宇策征轺,望阙迎恩事已遥。雨暗垂杨迷古道,沙回断岸锁荒桥。画栏空舞巢新燕,老衲闲归恋旧瓢。日暮天涯问往事,几声啼鸟杂悲箫。

创置郧阳府记

明·周洪谟

【提要】

本文选自《同治〈郧阳府志〉校注》（长江出版社 2012 年版）。

郧阳府为处置鄂、豫、陕三省流民而建，设于明成化十二年（1476），一直延续到 1912 年民国建立而被废止，历时约四百三十年之久。治所一直在今湖北郧县，其辖境属县屡有变更。成化十二年（1476）辖郧县、上津、竹山、房县、竹溪、郧西等县。

为何明代中期要设立一个郧阳府？明中期以后，政治腐败，皇帝昏庸、宦官专权、吏治败坏，土地兼并剧烈，又逢连年灾害：水灾、旱灾、蝗灾等灾害频繁发生。种种恶劣的生存环境，造成明朝中期以后大批农民失田失业沦至无法维持生计的地步，一批批农民背井离乡，四处逃亡，流民遍及全国。流民问题成为明朝中期以后一个严重的社会问题。

荆襄地区是当时最大的一个流民聚集区，破产的农民如潮水般从四面八方涌入，流民人数骤增到一百五十多万。今之十堰市地处荆襄地区西北部，元朝至正年间这一带就已有流民集聚，当时官府将这一带作为封禁区，是不许百姓迁入的，但是直到元朝灭亡也莫能遏止。明朝建国初，朱元璋延续元制，对荆襄地区仍实行封禁政策，曾派遣卫国公邓愈到房县清剿，"空其地，禁流民不得入"。明朝最大的封禁山区就是以今之十堰市为中心的荆襄地区。荆襄地区泛指湖广、河南、四川三省结合之地，大约西起终南山东端，东南到桐柏山、大别山，东北到伏牛山，南到荆山，这里山峦连绵，川回林深。

流民为何选择荆襄地区？这是由于当时该地区人烟稀少，容易获得垦地。同时这里的气候介于南北方之间，比较温和，雨水适中，既可以种水田，也可以种旱地。这样的自然环境，南北方人在生活上、劳作上都易适应，因此流民把这里当作理想的归宿地。

明丘浚《大学衍义补》说：荆州、襄阳、南阳三府兼有水路之利，"南人利于水耕，北人利于陆种，而南北流民侨寓于此者比他郡为多"。但是，统治者"恐流民聚众闹事"，便采取强令驱赶和强制遣散流民还乡的政策，结果导致朝廷封山与流民反封山的矛盾空前激化，终于酿成历史上有名的两次荆襄流民大起义。

《明史》《明通鉴》《明史纪事本末》等载：明成化元年（1465）春，首次荆襄流民起义在今十堰市房县大木厂爆发，头领名刘通。起义后，刘通自称"汉王"，义军从数万人迅速发展壮大到数十万人，以湖广西北部为根据地，攻略河南南阳，西抵陕西汉水西岸，东及湖广蕲黄之境，声势之大为明朝建立以来前所未有。成化二年（1466）急派湖广总兵李震、王恕等率军进山围剿。义军采取诱敌深入的战术,在房县梅溪等处多次大败官军。后来,义军失利,刘通被俘,第一次荆襄流民起义就这样被血腥地镇压下去。成化六年(1470),又发生第二次流民起义。

两次声势浩大、惊心动魄的起义被朝廷武力残酷镇压下去之后,荆襄流民问题并未得到根本解决。成化十二年(1476),河南歉收,饥民又潮水般涌进荆襄地区,"入山就食,势不可止",流民复聚如故。采取强硬的封禁政策与措施,朝廷担心又会激发强烈地反抗,因而被迫寻求武力镇压以外的策略与措施来治理流民问题。祭酒周洪谟曾著《流民图说》:"东晋时庐江、松滋之民流至荆州,乃侨设松滋县于荆江之间;陕西雍州之民流聚襄阳,乃置南雍州于襄水之侧。其后,松滋隶于荆州,南雍州隶于襄阳,垂千余年静谧如故。以前代处置流民者,甚得其道。今若听其近诸县者附籍,远诸县者设州县以抚之,置官吏,宽徭役,使安生理,则流民皆齐民矣,何以逐为?"可惜这一见识未及时疏奏于上,后来辗转被大理寺正王君轼、监察御史薛为学、右都御史李廷用知悉,认为"斯说甚善",遂撮其大意上奏,宪宗从其议。

成化十二年(1476)五月,朝廷任命左副都御史原杰以抚治荆襄等处名义前往襄阳处理流民问题。原杰到任后经调查走访认为,应该采取怀柔安抚政策以处置该地区流民问题。主张撤除禁令,允许流民在山区附籍为民,开垦荒地,永为己业,设立专府,把流民纳入版籍,征收赋税。随后拟议:因原襄阳府辖之郧县地接河、陕,路通水陆,居竹山、房县、上津、商洛诸县之中,为四通八达要地,奏请开拓郧县城,置郧阳府,即其地设湖广行都司,立郧阳卫,以"控制其地,以永保无虞"。疏奏呈达朝廷,宪宗诏示"如议行之"。

于是,当年十二月朝廷决定将郧县从襄阳府之均州划出,升为府,定名"郧阳"。郧阳府正式开设,湖广割竹山县之尹店新置竹溪县,割郧县的武阳、上津县的津阳新置郧西县。郧阳府统领郧、房、竹山、竹溪、郧西、上津六县,以后又增辖保康县。成化十三年,建都察院,为都御史履职的衙门。原杰由襄阳移驻于郧阳,并推荐邓州知州吴远为郧阳府首任知府。

郧阳府的设立,可谓专为安置荆襄流民,也可以说是荆襄流民为争取生存权而进行长期生死斗争的成果。郧阳府的设立对当时社会的稳定、经济的开发起到了一定的积极作用,流民因而在一定程度上得以安置、抚治,该地区以后再未出现过大规模的流民举事、起义。

可见,郧阳府是在荆襄流民起义的风暴中孕育,是荆襄流民起义风暴的产物。至于郧阳府名,有论者称:"郧"应该来自古郧国之"郧","阳"乃因府治所在地郧县城地处汉水之北而得名。此说较为可信。

郧阳新设府,要做的事情太多,从创建城池,到设置府学,到保厘堂建设,都得一一解决。除了府城,下属各县也要筑城池、建学校,工作当然要持续很长时间。

郧阳府学,弘治六年(1493)设置,嘉靖甲申(1524)迁址至府治西北高明之所;镇郧楼、提督军务行台,还有治理百姓的保厘堂、养读书人的书院等等;再加上属县修筑城池、兴办学校,挺忙的。

成化七年[1],荆、襄流民百余万,有司逐之。当盛暑,暍死[2]、疫死者过半,予闻之恻然。乃著说曰:"昔同修天下《地理志》,见东晋时庐江松滋之民流至荆州,乃侨设松滋县于荆江之间;陕西雍州之民流聚襄阳,乃置南雍州于襄水之侧。其后,松滋遂隶于荆州,南雍遂隶于襄阳,垂千余年,静谧如故。此前代处置流民者甚得其道。今若听其近诸县者附籍,远诸县者设州县以抚之,置官吏,编里甲,宽徭役,使安生理,则流民皆齐民矣,何以逐为[3]?"

一日,大理寺正王君轼得予之说,以示监察御史薛君为学。为学献于左都御史李廷用,用谓曰:"斯说甚善,惜未之行。"适流民既逐复聚,用乃撮其大意以疏于朝,天子可其意,以副都御史原子英往莅其事[4]。英乃大会镇守太监韦公贵及河、陕等官,合谋签议,籍流民十二万五千余户[5]。遂割竹山之地置竹溪,割郧、津之地置郧西,割汉中洵阳置白河,升西安商县为商州,而析其地为商南、山阳二县,析南阳唐县、汝州为桐柏、南召、伊阳。使流寓土著参错而居[6],即郧县升郧阳府,以统六县。荐邓州知州吴远以知郧阳府事,荐河南监察御史吴文博以留守其地;置湖广行都司郧阳卫以保障,委都指挥柴政辈城而堑之。处置既定,升子英右都御史,寻进南京兵部尚书。未之任,疾卒于南阳。吴文博继之,抚治有方,军民忻戴[7]。及代,奔走京师,交章恳留[8],朝廷从之。特晋大理寺右少卿,抚治如旧。

文博与远,自被荐以来,益并力协心,其抚新集[9],如慈母之保赤子。民既安业,乃当府治前为厅,后为堂,左为经历司[10],右为照磨所[11],东西为诸吏案牍房[12]。前为重门,以及廨舍、仓库、图圄[13],靡不毕具。府治东为行都司及卫所;治南稍东为大理公署,为布政分司;南为儒学;西为按察分司;北为唐德观、城隍庙;庙西树原公祠,以祀子英。百废既举,远乃寓书,属记其经营之事。

予惟流民若流水也,在顺其性而导之耳。使或逆之,则泛滥而壅溃矣[14]!往岁刘千斤啸聚襄阳,固当剿之,而其后,有司虑有效尤者[15],乃又逐之。然剿之者,不可剿及其无辜,而逐之者,岂能永杜其不再至?是皆失于初,而逆其性者也。惟今日原公、吴公,为保厘之政[16],顺其性而导之。昔之逋逃者,今皆为编氓矣[17],昔之反侧者[18],今皆为良善矣。予故为次之,以为后之处置流民者法。

【作者简介】

周洪谟(1421—1492),字尧弼。四川长宁县人。正统十年(1445),进士及第,殿试榜眼,授翰林院编修一职,后修《寰宇通志》。景泰元年,周洪谟上疏劝皇帝亲临经筵(经筵是指中国古代皇帝研读经史而举行的御前讲席),勤于听政,因陈时务十二事,不久升为侍读。周洪谟预修《英宗实录》《宪宗实录》。明宪宗继位以后,周洪谟在皇帝面前直言时务,并提出"君主保国之道有三:曰力圣学,曰修内治,曰攘外侮"。皇帝为之赞赏,并采纳其建言。卒,谥文安。有《疑辩录》。

【注释】

[1]成化七年:公元1471年。

[2]暍:音 yē,中暑。

[3]甲里:古代基层组织单位。十户为甲,百户为里。齐民:犹平民。

[4]原子英:原杰(1417—1477),字子英,山西阳城人。正统十年(1445)进士,授御史,

巡按广西,奸宄绝迹。擢江西按察使,迁山东左布政使,拜右副都御史巡抚山东,后召为户部左侍郎,改左副都御史理院事。荆襄流民复聚,宪宗乃命原杰出抚,原杰令流民附籍,另设郧阳府、湖广行都司,困扰多年的流民问题得以解决,以功进右都御史,再任为南京兵部尚书。卒,赠太子太保,谥襄敏。郧阳、襄阳民念其功而为之立祠。

[5] 籍:指登记(流民)户籍。

[6] 流寓:在异乡日久而定居。

[7] 吴道宏:字文博,四川宜宾人,天顺丁丑(1457)进士,任大理寺少卿。经原杰推荐,巡按湖广,驻郧阳府,巡察奸贪,抚按人民,修理城池,禁防盗贼,兴建学校,清理狱讼,俱不负王命。原杰逝后,郧阳抚治曾先后命湖广巡抚、河南巡抚兼理,皆称不便。成化十五年(1479年)三月,命吴道宏巡按抚治郧阳,他俱循原杰规矩,深得流民景仰。后升官别任,民不舍,交章恳留,于是朝廷"升道宏为大理寺右少卿,专一抚治郧阳等处流民。"从此郧阳抚治格局成为定制。世谓:"原杰有为于始,而吴公以能成于终。"忻戴:欣喜感戴。

[8] 交章:谓官员交互向皇帝上书奏事。此谓当地赴京轮流上书。

[9] 新集:指新近流入的流民。

[10] 经历司:掌管收发公文的衙署。

[11] 照磨所:掌管宗卷、钱谷的衙署。照磨:"照刷磨勘"的简称,元朝建立后,在中书省下设立照磨一员,正八品,掌管磨勘和审计工作。

[12] 案牍:官府文书。

[13] 囹圄:音 líng yǔ,监狱。

[14] 壅溃:指因堵塞而散乱。

[15] 效尤:仿效坏的行为。

[16] 保厘:治理百姓,保护扶持使之安定。

[17] 编氓:编入户籍的平民。氓:音 méng,古代称民(特指外来的)。

[18] 反侧:不安分,不顺服。

郧阳府迁学记

明·鲁铎

郧自昔为县,有学矣。既为府,随以升焉。旧在城南门之东隅,前蔽后隘,顾望无所见。市声、流尘,耳目混昧[1],士子藏修游息未云获所[2];而岩氓、野庶过其门,而欣慕者莫厌听观,是故才彦未振,政化未洽也[3]。

嘉靖甲申[4],大中丞兰溪章公奉命抚治[5],始谒庙,顾谓郧守四会李君津曰[6]:"于是而宫墙圣贤[7],居养俊秀以作新郧俗,一非所称。"乃相府治西北,得隙地治之[8],谋迁焉。次与抚襄副使南充王君佩共图之,分守陆君杰、金华卢君煦后先协力，而都指挥谢君实敦工作[9]。猎木于封内诸山，采滞材于竹溪，水涨，若神助之者。鬻旧址以给泛费[10]。

群工既合，庙与制无乎不备，学与庑舍视旧有加[11]，凡为间百七十有奇。戟门方竖[12]，彩云东升；像设欲迁，淫雨顿霁，皆文明象也。事始六月之朔[13]，尽冬十一月而讫。由卑隘即高明，甍栋、山川相与辉映[14]。况汉来自西北，冲其后，绕西以东而始复；天马、龙门诸峰，拱掖回合[15]，后若负屏，前如卓笔，若天发所盖，地出所藏也。仁智并临，各足所乐。

公谓诸生曰[16]："若属亦即出谷迁乔[17]，得无因地兴怀脱凡[18]，近以自广，身先善俗[19]，而后用于世！"茂绩垂成，公乃以总理河务被命北迁，而李君亦自郡擢使两淮盐运，乃寇公继受抚治之命，方锐意兴教，已复被甘肃之旨矣[20]。今抚治全州蒋公曙[21]，由本藩受命，即付今守临潼杨君淳以完美之任[22]。于是，两庑贤像、垣墉、级甃、黝垩、髹丹以次卒成[23]。

时提学咸宁许君宗鲁按试[24]，公谓[25]：其不予赏罚，宜少异他郡，以示奖劝[26]。故咕哔之童亦获收录，溪壑之人亦裹缯负粟，相劳向往[27]。

前守李君尝以章公之命，命训导牟纯、诸生曾天爵来请记，余辞以疾；今守杨君复遣天爵偕聂武、从纯以至，则蒋公之命也，予勉而记之。夫古之为教育，皆所以明人伦也。化民、育才一道也，故以爱人之君子临易，使之小人，虽欲无治不可得也。国家既有乡社以教民，学校以育才，其卧碑所论，亦令以圣贤之道入告其亲[28]；而饮、射、读、法皆使观听于学宫，故由教致治与古同辙。然兴学固举世先务，远郡僻邑所系尤急。夫深山长谷，善人贤士所不至，使崇教之典不彰著，而斯人父子兄弟、宗族闾党之间[29]，诗书礼仪不相信尚[30]，何从以化？此可与庸心治体者言之耳。

郧在楚西北之偏，山谷深长，旧为逋逃渊薮，妨于土著，致烦金革[31]。自原中丞建府卫，令附隶占籍，亦稍为乐土[32]，生息日蕃，蔽垢隐刺[33]。儆履霜之渐者[34]，不容不置之意。此章、蒋二公所以大兴学校，思育才以化民，非于治体庸心能至是耶[35]！

余闻人以□产，道由教成。郧俗实近北方之强，御之良则民勇于善，士勇于道，必无熟软委靡之习[36]。虽蹈白刃死，忠孝非所难纯也。盍以此归语其僚爵与武也[37]，使教成俗善，用副二公之志[38]。他日闻楚人出建光大之业者，敢谓非郧士哉！劳于是役者，悉记诸碑阴。

【作者简介】

鲁铎(1461—1527)，字振之。景陵(今湖北天门)人。好学不倦，不喜交游。弘治十五年(1502)中进士高第，授翰林院庶吉士。太子少师李东阳爱其才，任编修，预修《孝宗实录》。正德五年(1510)，奉命出使安南，赐一品服以行。谢绝一切馈赠，深得安南人称赞。次年，迁任国子监司业，旋又提升为南京祭酒，不久改调北京。有《戒菴文集》二十卷、《鲁文恪公文集》十卷。

【注释】

[1] 混昧：浑蒙昏暗。

[2] 藏修：《礼记·学记》："君子之于学也，藏焉，修焉，息焉，游焉。"郑玄注："藏，谓怀抱之；修，习也。"后以"藏修"指专心学习。

[3] 岩氓、野庶：指那些乡野粗鄙之人。才彦：才子贤士。洽：融洽，周遍。

[4] 嘉靖甲申：公元 1524 年。

[5] 章拯(1479—1548)：字以道，号朴庵，兰溪人。弘治十五年(1502)进士，授工部主事，忤刘瑾，谪抚州通判。刘瑾伏诛，擢南京兵部郎中。嘉靖中累官至工部尚书。卒，赠太子少保，谥恭惠。有《朴庵文集》。

[6] 李津：字济之，四会县(今属广东肇庆)人。明弘治十五(1502)进士。初任山东宁海知州，防盗有功，擢升刑部员外郎，旋晋升郎中。历任广西南宁、湖广郧阳知府。每到一地，兴学救荒，俱有政绩。任两淮盐运使时，发现一些污吏销毁单据，侵吞公款，便搜集材料，慎加考证核实，对劣吏一一绳之以法。后被罢官，淡泊自守，年七十二卒。

[7] 宫墙圣贤：犹言作宫墙大屋以奉养圣贤。

[8] 隙地：空地。

[9] 敦：敦促。

[10] 泛费：犹言预算外的支出。

[11] 庑舍：廊屋。此谓宿舍。

[12] 戟门：立戟为门。古代帝王外出，在止宿处插戟为门。《周礼·天官·掌舍》："为坛壝宫棘门。"郑玄注曰："棘门，以戟为门。"后指立戟之门。

[13] 朔：农历每月初一。

[14] 甍栋：屋梁。甍：音 méng。

[15] 拱掖：犹拱护。

[16] 公：指章拯。

[17] 出谷迁乔：常作"迁乔出谷"。比喻人的地位上升。语出《诗·小雅·伐木》："出自幽谷，迁于乔木。"本谓鸟从低处迁往高处。

[18] 兴怀：此谓受到美好府学的触动而产生高尚的情怀。

[19] 善俗：改良风俗。

[20] 李君：指郧阳知府李津。寇公：指寇天叙(1480—1533)。字子惇，号涂水，山西榆次人。正德三年(1508)进士，授南京大理寺评事，迁应天府丞。武宗南巡，江彬等恃宠为虐，天叙力与抗争，民得不困。因功，嘉靖二年(1523)迁都察院右佥都御史巡抚宣府，未赴任改抚郧阳。两月后，改任甘肃巡抚。以功迁刑部右侍郎，改兵部右侍郎。有《涂水文集》。

[21] 蒋曙(？—1527)：广西全州县人。明弘治丙辰(1496)进士。始任赣县知县，累官南京户部主事、浙江道监察御史、保定知府、山东按察司副使兼天津兵备。任满调广东按察副使，升布政司左参政、江西右布政使，晋都察院右副都御史督抚治郧阳等处地方，以工部右侍郎兼佥都御史，卒于任上。有《竹塘文集》，已佚。

[22] 杨淳：生卒年月不详。字重夫。先世居华阳(今陕西勉县西北)。明初，迁居临潼县。正德三年(1508)登进士，授为御史。后升任宝庆(今属湖南)知府，兴学校，毁淫祠，悍烈崇鬼之风气大为改观。调郧阳知府，升山西副使、四川参政，后升任陕西按察使。所历政声隆盛。完美：犹言完美收官。

[23] 黝垩：音 yǒu è，涂以黑色和白色。髹丹：常作"髹彤"。丹漆。此谓涂以丹漆。

鬃：音 xiū。

[24] 许宗鲁(1490—1559)：字东候，号少华，陕西咸宁县人。正德十二年(1517)进士，改庶吉士，升监察御史。嘉靖初年，巡视湖广学政，以义训士，省中风气为之一变。其后，以右金都御史巡抚保定，再移抚辽东，甚得辽人信赖。嘉靖三十一年(1552)被劾致仕归里。有《许少华集》《辽海集》《归田集》《玉坡奏议》《少华山人诗文集》等。按试：巡视考试事宜。

[25] 公：指蒋曙。

[26] 奖劝：奖励劝勉。句谓郧阳偏远，教化未开，学校的取予赏罚制度要稍微不同于其他地方，入学适当放宽要求，以示鼓励。

[27] 占哗：亦作"佔毕"。谓经师不解经义，但视简上文字诵读以教人。此谓哇哇诵读不解经意之学童。溪壑之人：指大山里僻远处百姓。相劳：犹言帮工，帮忙劳作。

[28] 乡社：乡学和社学。卧碑：明洪武二年(1369)诏境内立学，十五年礼部颁学校禁例十二条，禁生员不得干涉词讼及妄言军民大事等，刻石置于学宫明伦堂之侧，称为卧碑。《明史·选举志一》："(洪武)十五年颁学规于国子监，又颁禁例十二条于天下，镌立卧碑，置明伦堂之左。其不遵者，以违制论。"

[29] 闾党：犹乡里，邻里。

[30] 信尚：相信而尊崇。

[31] 渊薮：渊：深水，鱼住的地方；薮：音 sǒu，水边的草地，兽住的地方。比喻人或事物集中的地方。金革：指战事，兵戈之事。

[32] 稍：渐。

[33] 生息日蕃：人口一天天增多。生息：指人口繁殖。蕃：茂盛。蔽垢隐刺：遮蔽的污垢，隐藏的芒刺。喻流民中的不法者。

[34] 儆：同"警"，戒备。履霜：谓踏霜而知寒冬将至。用以喻事态发展已有产生严重后果的预兆。《新唐书·高宗纪》："高宗溺爱衽席，不戒履霜之渐，而毒流天下，贻祸邦家。"

[35] 庸心：犹良苦用心。

[36] 熟软委靡之习：软弱颓废不思进取的不良习气。委靡：同"萎靡"。

[37] 爵与武：指曾天爵和聂武。

[38] 副：符合。

附：修建郧阳府学孔子庙记

明·李东阳

郧阳儒学孔子庙，盖因郧县之旧，弘治十六年所建。郧本襄阳属地，成化十三年，都御史原公抚荆、襄，以其民多流聚，因籍而居，始请拓郧县城及襄阳、汉中土地，为七县，置府及学，而庙未改作。至弘治十四年，都御史王鉴之抚其地，瞻顾之余，惕然曰："是何以妥神灵而示令仪也！"顾政令未孚，财力未裕，稍宽俟之。

越二年，官有赢蓄，民有余财，庶不赖于民，乃上下其事。知府胡君伦为殿九间，深加其二，广三倍之，栋梁耸峻，轮奂辉煌，帘陛轩级，层起垒见，渊乎神明之居！入而观之，像貌温厉，配位壮严，申申闾闾，各极其致，俨然圣贤之容！左右而观,庑舍环列制杀,而数有加冠裳佩黻,若侍坐而拱立者,先儒哲士之遗风恍乎若未泯也。为戟门,为棂星,宰牲之厨,藏器之库。而金石、千翟、笾豆、洗罍之器,旧所未具者,则学于襄阳庙之所有事者备矣。

予闻而叹曰:孔子之道在天下,则天下祀之;在万世,则万世祀之。非徒尊其道,将为依归,视法以求进其道也。故宫室以为居,粢牲醴币以为仪,钟鼓、玉帛升降旋折以为文者,皆神而事之,庶几其神恒在天下左右也。数者,一不备则于祭有缺,而于道茫乎无所入也。故能备而后能祭,能祭而后能学。古之学必祭先圣先师,孔子之道兼之者也,庙之在天下者,乌可阙哉!虽然圣人远矣,道之可求者,在于六经,而散见于日用之间,苟不尽其实,徒于文焉求之。则所谓经者,亦糟粕耳,况于土木之间乎?《书》曰:"惟食丧祭。"祭,固教所有事也,且道之在天下,无远近之间。

郧虽僻地,而群分类聚,大抵皆天下之民。然则学之,政固不可缺,而祭之义又不可以不备,如兹庙是矣。

王公举进士,初提学南畿,兴学立教,乃其所志,修废举坠,具有成绩。而其于学舍修饬尤谨,盖庙其重且大者也。教授林典辈,走使京师,请记成事以俟来者,是为记。

改建郧阳府儒学记

明·吴桂芳

郧郡,其先郧乡县也。其升为郡,自御史大夫开府始也。

郡之有学,自升郡时始也。御史大夫奉天子玺书,自内台出总三藩诸道抚事。凡提封[1]之内钱、谷、甲、兵、师、田、学校,盖罔不问。其所属若荆若襄若汉、沔、商、洛军民利病,亦罔不注念,而于郧为独详者,其势亲其道便也[2]。

学宫旧居督抚之东,嘉靖甲申中丞兰溪朴庵章公始移建于郡治之北[3]。其后,郡守黎尧勋改于郡治之西[4]。合祀弗称[5],越丙辰,吴郡阳华章公来抚是邦[6],乃更卜吉于郡城东门之外。拓城基而入宅焉,面震址坤[7],左襟右带,规模形势,视昔益恢以闳,益光以大。青衿之士,喁喁欣奋以为山川之胜,若有待于今日非偶然者[8]。郧自开府以来,诸凡经制规画,大都一遵旧章,按成宪,鲜有所大革。而独于学宫一迁再迁,至累三四迁而始定者,首善之地,不得不详且慎也。嗟夫!观于此而诸君子计安地方之志,殆汲汲矣[9]。

考昔古者出师,于学受成[10]。其反也,必释奠焉[11]。其反而克敌也,必告讯告馘焉[12]。故《泮水》之章曰："矫矫虎臣,在泮献馘。淑问如皋陶[13],在泮献囚。"夫菁莪半璧[14],以长育人才;干盾戈矛,以威不轨,惩弗恪[15],文武异用,厥道犁然二矣[16]。若之何师行武成而必于泮哉?盖刑罚以易其面,而教化乃所以易民之心;威武以维其暂,而礼义乃所以维民于远。故君子有勇而无义,乱矣;小人有勇而无义,盗矣。夫欲民之敦礼义,驯教化,以毋乱且盗,舍学校其奚以哉?

郧介在湖、陕之间,据荆、襄、南、汉上游,万山亘盘,其民力耕火种,易动难戢[17]。盖楚之剽轻[18],秦之强悍,其俗实兼有之。自御史大夫开府以来,遭逢列圣熙明,勤宣德意,仁渐义磨,风移俗革。昔时穴居野处之民,今渐成礼让衣冠之域。兹者黉序聿新[19],川原改色,郡诸子弟,褒衣大绅,聚业其中。所诵法者,先王礼乐教化之言,先圣贤仁义道德之训;所究绎者[20],君臣父子孝忠之规,长幼卑尊事使之节;所目接者,大夫师长揖逊之容,冠裳冕佩等威之饬[21];所耳聆者,钟、磬、管、箫清越之音,琴瑟雅颂和平之奏;所游而衍者,六书五驭九数之文,大射宾射序贤序能之等[22]。习而久焉,久而安焉。归以告其父兄,语其长上及其乡人,以歆动其亲上[23]成长之良,潜消其骄悍难使之气。其士之秀且迈者[24],有司又将次第上之南宫[25],登之天府,显其身且逮其亲,以大侈于宗闾党闬[26]。彼穷岩深谷稍知礼义者,举将欣欣然,嘉诗书而慕礼乐。风声所召,远迩攸同。虽强之为不善,彼且耻而不屑从矣。尼父有言:"远人不服,则修文德以来之。"诸君子所以仆仆迁学之意[27],其在兹乎!其在兹乎!

工始于丁巳四月[28],落成于是冬十月。其外为王道坊,为棂星门。其次为戟门。前为文庙,为两庑。文庙之后为启圣祠,祠之后为明伦堂,为尊经阁,最后为敬一亭。其左为杏坛亭,为博士衙,为名宦乡贤祠。其右为洙泗亭,为五贤祠,为时雨堂。凡广若干丈,深若干丈,为间者三百九十有奇,为楹者一千六百八十有奇。协襄是役者[29],其先为夏守子开,为通判纪经纶、江健,为知县黄宏若。增其未备,辑其未固,则今张守循、通判赵应丰、推官刘秉礼,亦咸厥劳。

余纪其事于石,以诏多士[30],则工既迄功之后六年也。

【作者简介】

吴桂芳(?—1578),字子实,号自湖。江西新建人,嘉靖二十三年(1544)进士。授刑部主事,迁扬州知府,历浙江左布政使,进金都御史,巡抚福建。父丧归。起故官,抚治郧阳。擢兵部右侍郎兼右金都御史,提督两广军务兼理巡抚。倭寇连岁为患,皆次第讨平。累官兵部左侍郎、总督漕运兼巡抚凤阳,工部尚书兼右副都御史。卒,赠太子少保。有《师暇哀言》十二卷。

【注释】

[1]提封:犹版图,疆域。

[2]军氓:军民。注念:思虑。

[3]嘉靖甲申:公元1524年。章公:指章拯。

[4]黎尧勋:四川乐至人。进士。嘉靖三十一年(1552)任郧阳知府。

[５]合祀：指将诸贤圣合于一处祭祀。

[６]章公：指章焕。生卒年不详,字懋宪。吴县(今属苏州)人。嘉靖进士。三十五年(1556),抚治郧阳及襄阳。

[７]面震：指面朝东。坤：南。

[８]青衿：青色交领的长衫。古代学子和明清秀才的常服。喁喁：音 yóng yóng,仰望期待貌。

[９]汲汲：心情急切貌。

[10]受成：指依主管者的计划而行事,不自作主张。

[11]释奠：古代在学校设置酒食以奠祭先圣先师的一种典礼。《礼记·王制》："出征执有罪,反释奠于学,以讯馘告。"《礼记·文王世子》："凡学,春官释奠于其先师,秋冬亦如之。凡始立学者,必释奠于先圣先师。"

[12]讯馘：指古代战争中的俘虏和已毙之敌。讯：鞠询所获生俘;馘：音 guó,割取死敌左耳以计功。

[13]淑：善。皋陶(yáo)：相传尧时负责刑狱的官。

[14]菁莪：《诗·小雅·菁菁者莪序》："菁菁者莪,乐育材也,君子能长育人材,则天下喜乐之矣。"后因以"菁莪"指育材。

[15]不恪：指那些不恭敬的人。

[16]犁然：明察,明辨貌。

[17]戢：音 jí,止,停止。

[18]剽轻：亦作"轻剽"。轻浮,躁急。

[19]黉序：古代的学校。黉：音 hóng。聿新：犹一新。聿：音 yù,文言助词,无义,用于句首或句中。

[20]究绎：推究演绎。

[21]饬：修整,整治。

[22]游衍：犹畅游。六书：亦称"六体"。指古文、奇字、篆书、左书、缪篆、鸟虫书六种字体。五驭：五种驾车技术。九数：古算法名。《周礼·地官·保氏》："养国子以道,乃教之六艺：一曰五礼、二曰六乐、三曰五射、四曰五驭、五曰六书、六曰九数。"郑玄注引郑众云："九数：方田、粟米、差分、少广、商功、均输、方程、赢不足、旁要。"大射：为祭祀择士而举行的射礼。宾射：古射礼之一。周天子与故旧朋友行燕饮之礼,而后与之射。

[23]歆动：谓打动,让其欣喜动心。

[24]秀迈：俊秀超逸。

[25]南宫：皇室及王侯子弟的学宫。

[26]大侈：大加褒扬。宗闾党闬：犹言宗族乡里。闬：音 hàn,里巷的门,又泛指门。

[27]仆仆：奔走劳顿貌。

[28]丁已：嘉靖三十六年(1557)。

[29]协襄：协助。

[30]诏：告诉。多士：众多的贤士。

镇郧楼记

明·吕　楠

邢台人王君震,太守郧阳四年矣。胥吏奉法,百姓安堵,盗寝无事。乃正德甲戌春正月[1],以郧中谯楼先火[2],乃筑基如阁[3],甃以瓴[4],洞门横达,门途方轨,基广七筵[5],五分筵之三,深以五筵,崇二仞[6],五分筵之三。旋楹其上[7],二十有八个。崇四寻,三分寻之二,复檐连甍,垂枊累节,丹楣朱槛,高轩翚桷[8]。爰处钟鼓,以告人晨昏。夏六月落成。

初,抚治郧阳都御史刘公琬[9],肇举斯楼也,名以“镇郧”。后合肥人张公淳、东平人王公宪[10],相绍抚治,咸符刘志。抚民宪副张公琮,分守少参张公瀚,二公提督其上,太守克成其下,斯楼乃考。

高陵人吕楠曰:“夫斯楼,木石积也,恶能镇郧哉?诸公托言耳!”往年赵燧诸寇劫掠竹山[11],鸮丑西侵竹溪、房县也,郧虽东有方城、黎子、矾石,南有龙门、天马,西有石门、九室、黄竹之险,亦尔枭兀不镇,矧兹楼邪[12]?当是时也,微太守守于下[13],诸公续来抚于上,郧几不有矣。镇郧者其在诸大夫乎!楼何居?故以慈惠镇郧,则郧如弟子之戴父兄;以纲纪镇郧,则郧理而不乱;以忠信镇郧,则郧诚悫[14];以礼俗镇郧,则郧雍睦;以什伍镇郧,则郧有勇。内不虞变,外不怵寇,斯郧人瞻诸大夫若斯楼之巍巍矣。不然,楼百丈高,奚为?

夫郧,昔麇国也[15]。昔者楚子商臣灭江六[16],灭庸,尔横也。麇子帅百濮次于选,楚人谋徙阪高以避,若麇子亦知镇矣。按,我明之舆图,郧岂惟昔日之麇哉?其为郡也,虽始于近世,然南隶荆,东距越,西通川、陕,北达豫。四省之交,万山之会,江汉之津,金锡之穴[17],流离之必聚,风尘之必争也,我宪庙固以其要地而郡矣。诸大夫之在斯也,其上者则克斯抚,其下者则克斯牧,岂惟镇一郧哉!斯皇图之大赖也。若是,则斯楼也,疑镇郧又不足以尽名之。不然,百姓闻楼钟鼓之声,固有蹙额者矣。于是介者持以告太守[18],镌诸石,又以告嗣治郧者之诸大夫。

时正德九年也[19]。

【作者简介】

吕楠(1479—1542),字仲木,号泾野,高陵(属今陕西西安)人。正德三年(1508)举进士第一,授翰林编修。累官礼部侍郎,持正敢言。学宗程朱,与湛若水、邹守益共主讲席三十余年。及卒,高陵人罢市三日,学者多设位志哀。谥曰文简。有《泾野集》等。

【注释】

[1] 正德甲戌：公元 1514 年。正德：明武宗朱厚照年号，公元 1505—1521 年。

[2] 谯楼：城门上的望楼。

[3] 闍：音 dū，城门上的平台。

[4] 甃：音 zhòu，砌，垒。瓴：音 líng，砖瓦砌的通水沟。

[5] 筵：竹席。此作度量单位。《周礼·考工记·匠人》："周人明堂，度九尺之筵、东西九筵、南北七筵。"筵，竹席，长九尺。七筵：即六十三尺。明代一尺约今日 31.1 厘米。

[6] 仞：古代长度单位。周制八尺，汉制七尺。

[7] 楹：堂屋前部的柱子。楼在城墙之上，四周立柱，故云"旋楹"。

[8] 栭：音 ér，柱顶上支承梁的方木。翚桷：谓振振欲飞的椽子。

[9] 刘公琬：刘琬，字德贤，江西宜春人。成化年间进士。正德六年(1511)十一月衔命抚治郧阳等处。

[10] 张公淳：指张淳。字宗厚，合肥人。正德七年(1512)十二月任郧抚。王宪(? —1537)：字维纲，东平州(今山东东平)人。弘治三年(1490 年)，登进士。历任阜平县、滑县知县。正德初年，升任大理寺丞、右佥都御史。后晋右副都御史，辽东巡抚、郧阳巡抚、大同巡抚。官至兵部尚书。卒，赠少保，谥康毅。

[11] 赵燧：农民起义军刘六、刘七的谋士，别号赵疯子。明廷遣人招降，他复书曰："今权奸在朝，舞弄神器，诛戮臣，摒弃元老，乞陛下睿谋独断，枭群奸之首以谢天下，即枭臣首以谢群奸。"后被捕送京师伏诛。

[12] 臬兀：动摇不安貌。矧：音 shěn，何况。

[13] 微：犹若不是。

[14] 诚悫：诚朴，真诚。悫：音 què，诚实，谨慎。

[15] 麇：音 jūn。

[16] 商臣：指楚穆王(? —前 614)。熊氏，名商臣。春秋时楚国国君，前 625—前 614 年在位。前 266 年，得知其父楚成王欲改立王子职为太子，以宫甲包围王宫，逼成王上吊而死，自立为楚君。即位后尽力改变楚在城濮之战后的劣势，先后灭江、六、蓼、舒、宗等国，进一步控制了淮南、江北(今安徽中西部)地域。

[17] 金钖：犹金饰。钖：音 yáng，马额头上的金属装饰物，马走动时发出声响。

[18] 介者：谓信使。

[19] 正德元年：公元 1514 年。

重建提督军务行台记

明·王世贞

明万历之二载，都御史臣应鰲言[1]："臣幸得奉玺书，领大藩，以时布天子威德,吏民貌共寝[2],事事少间,然实不胜卒逖之虑[3]。臣所领郧镇,北抵华阳,南跨江汉,西逾嶓冢而遥,东尽湋水,实割秦楚三藩之垂而又间错[4]。蜀以不时縻属[5],兵事罢则已。所领名为提督抚治,而不恒受符节,不得从军兴法以便宜从事[6]。虽亦用考功计吏,顾三方之抚臣实共之。而其黠桀者,阳受束而阴挠以左支右吾,甚或借躯椎埋奸铸亡命之徒,出一探丸而繁丑麇至蚋附,距弘治于今未百年[7],而叛者十三。一杀倅,二杀令,三杀尉,而祸未已竟也,则岂其先臣之咸弗事事,毋亦县官之所以委任之者未尽欤[8]?臣不胜过计[9],窃以当武宗朝,赣实握江闽岭海要害,数困贼,而都御史守仁以提督军务请[10],诏许之,一切便宜从事。守仁用是得募卒搜伍,缮甲庀訾[11],三载而夷环赣之险,以千里计,诸盗穴若洗。至以其余,劲扫窃号之强王,而国家无亡镞之费[12]。臣不佞,不敢望守仁,请郧一切得比赣制。”下尚书兵部议,尚书兵部议如都御史言。

请更玺书为提督军务兼抚治者,请给军令,为旗,为牌,若节钺者十制[13]。曰:“可。”于是都御史拜受命,乃为檄。檄诸道曰:“荆、襄,汝以楚之被甲组练左右广六卒长来[14]。”曰:“南阳,汝以韩之少府、溪子、龙渊,革抉其劲士若长来[15]。”曰:“金、商,汝以秦之厹矛鋈镎、虎韔镂膺、绲縢之骑步若长来[16]。”曰:“汉中,汝以巴賨叟兵自发黄头若长来[17]。”既集,则为之饬前茅,虑无中权后劲,为之置鱼丽、鹳鹅之阵,而亲鼓之[18]。又三令五申之,俾各受约束以归勒部士。乃咸叹曰:“吾郧自是有帅哉!”

盖是孙公以抚治节来镇郧,率厉文武士,西刘巨憝[19],欲申是请。会念其二尊疾去,去而使院有不傋于灾者[20],属新之。凡更三使者,院告新,而公复至,始拜命名之曰提督行台,有司砻石以记请。而公用治行第一,卿大理[21],顾谓其代者世贞曰:“志之毋忘所由更也。”世贞谢不敏,不可。

退而思之,当成化时,国家尽西南之兵力,以仅胜诸流人,而始服崇郡。侨邑居之,而犹不足,为置闿,闿不足,为置台[22]。然其指乃在抚而不在督,何也?今天下方治平,荒服来宾[23]。郧四履之地皆大镇,其民逮曾、玄以至耳孙[24],不复知所由创。顾抚不足,而又以督请,又何也?当成化时,其人犹困兽饥鸟然,思一就栖食之地而无其道,苟有以籍之,则笠耳[25]。是谓无治形有治端,其用不得不抚。今天下号为平,而文恬武嬉[26],蘖芽之萌,益日夜其间,是谓无乱形有乱端,其用不得不改而督。是故晋武之镇兵,巨源进而陈讽[27];颍考退而谕食[28],有以也。孙公不以且得代,谆谆言地方大箓,手成事而授之不佞,乃犹狥治人治法说云[29]。即不佞,焉能使是官重书,曰“知之非艰,行之维艰”,以俟后之君子相与悚然,顾名图践哉[30]?

【注释】

[1]孙应鳌(1527—1586):字山甫,号淮海,谥文恭。贵州清平卫(今凯里)人。三十二年(1553)登癸丑科进士,选庶吉士,改户科给事中,出为江西按察司佥事。历官陕西提学副使、四川右参政、佥都御史。隆庆元年(1567)以佥都御史巡抚郧阳,三年(1569)遭谤,辞官归里。万历元年(1573)至二年再任郧阳巡抚。官至工部尚书。卒,赐祭葬,赠太子太保,谥文恭,学者称之为淮海先生。他是明朝中晚期著名的思想家、心学大师,明代四大理学家之一。

[2] 共寝：谓和睦相处。

[3] 卒逖：犹终远，长远。逖：音 tì。

[4] 华阳：华山之阳，即华山的南边。嶓冢：山名。在今陕西宁强县西北。潩水：古水名。今豫西鲁山、叶县境内的沙河。

[5] 縻属：系联归属。

[6] 便宜：谓斟酌事宜，不拘陈规，自行决断处理。

[7] 黠桀：音 xiá jié，狡诈凶险之徒。左支右吾：谓左右抵拒。椎埋：劫杀人而埋之。亦泛指杀人。奸铸：伪铸。指作假。《汉书·食货志下》："郡国铸钱，民多奸铸，钱多轻。"颜师古注："谓巧铸之，杂铅锡。"探丸：同"探丸借客"。《汉书·酷吏传·尹赏》："长安中奸猾浸多，闾里少年群辈杀吏，受赇报仇，相与探丸为弹，得赤丸者斫武吏，得黑丸者斫文吏，白者主治丧。"后以"探丸借客"喻游侠杀人报仇。蚋：音 ruì，昆虫。成虫形似蝇而小，黑色，俗称"黑蝇"。喜群集。弘治：明孝宗朱祐樘年号，公元 1488—1505 年。

[8] 倅：音 cuì，副。祻：音 gù，同"祸"。

[9] 过计：谓过多的考虑。

[10] 守仁：指王守仁。明武宗正德十四年(1519)，宁王朱宸濠在南昌发动叛乱，波及江西北部及南直隶西南一带(今江西省北部及安徽省南部)，最后由南赣巡抚王守仁、吉安太守伍文定平定。

[11] 庀赀：聚集钱财。赀：通"赀"。钱财。

[12] 亡镞：同"亡矢遗镞"。损失箭和箭头。比喻军事上的细微损失。

[13] 节钺：符节与斧钺。古代授予将帅，作为加重权力的标志。

[14] 组练：《左传·襄公三年》："(楚子重)使邓廖帅组甲三百，被练三千以侵吴。"孔颖达疏引贾逵曰："组甲，以组缀甲，车士服之；被练，帛也，以帛缀甲，步卒服之。"组甲、被练皆指将士的衣甲服装。后因以"组练"借指精锐的部队或军士的武装军容。卒长：古代军队百人为卒，其长官称卒长。

[15] 少府、溪子、龙渊：皆战国时韩之厉害兵器。《战国策》卷二十六《韩一·苏秦为楚合从说韩王》：苏秦为楚合从说韩王曰："天下之强弓劲弩，皆自韩出。溪子、少府时力、距来，皆射六百步之外。……韩卒之剑戟，皆出于冥山、棠溪、墨阳、合伯膊。邓师、宛冯、龙渊、大阿，皆陆断马牛，水击鹄雁，当敌即斩坚。"革抉：古代弓箭手戴在右手大拇指上用以钩弦的工具。以革为之，故称。

[16] "秦之"句：语出《诗·秦风·小戎》："俴驷孔群，厹矛鋈錞。蒙伐有苑，虎韔镂膺。交韔二弓，竹闭绲縢。"厹矛：有三棱锋刃的长矛。厹：音 qiú。鋈錞：音 wù duì，给矛柄下端饰以白色金属的平底金属套。虎韔：虎皮制的弓袋。韔：音 chàng。镂膺：马胸前的雕花金属饰品带子。绲縢：音 gǔn téng，犹盛装。绲：通"衮"。帝王及公侯的礼服。縢：缠束。

[17] 巴賨：指关中一带。賨：音 cóng。

[18] 前茅、中权、后劲：皆为部队训练之阵型术语。鱼丽：古代战阵名。《左传·桓公五年》："为鱼丽之陈。"晋·杜预注："《司马法》：'车战二十五乘为偏。'以车居前，以伍次之，承偏之隙而弥缝阙漏也。五人为伍。此盖鱼丽陈法。"此阵形特点：大将位于阵形中后，主要兵力在中央集结，分作若干鱼鳞状的小方阵，按梯次配置，前端微凸，属于进攻阵形，攻击力高，防御偏弱。鹳鹅：《左传·昭公二十一年》："丙戌，与华氏战于赭丘。郑翩愿为鹳，其御愿为鹅。"杜预注："鹳、鹅皆陈名。"

[19] 刘：断，杀。巨憝：指反叛起事者。

[20] 不儆于灾：指失火。

[21] 大理：指孙此时因"治行"考核成绩第一而升任大理寺。

[22] 阃：谓统领一方军事。犹今之军分区。台：犹今之省军区。

[23] 荒服：古"五服"之一。称离京师二千到二千五百里的边远地方。亦泛指边远地区。

[24] 逮：及，到。曾、玄、耳孙：指曾孙、玄孙、重重孙。

[25] 笠：此犹立。指合法化。

[26] 恬嬉：嬉戏逸乐。此指天下太平，文武官员便松懈怠慢。

[27] 晋武：晋武帝司马炎(236—290)。司马炎统一中国，结束了汉末以来的纷争局面，于是大封宗室，使居要地，又尽去州郡的守备，于是就有了以后的八王及五胡十六国之乱。巨源：山涛(205—283)，字巨源，晋初人。涛曾论用兵之本，以为不宜去州郡武备，晋武帝认为是天下名言。

[28] 颍考：颍考叔，春秋时郑国大夫，执掌颍谷(今河南登封西)。《左传·隐公元年》：颍考叔为颍谷封人，闻之，有献于公，公赐之食，食舍肉。公问之，对曰："小人有母，皆尝小人之食矣，未尝君之羹，请以遗之。"公曰："尔有母遗，繄我独无！"颍考叔："敢问何谓也？"公语之故，且告之悔。对曰："君何患焉？ 若阙地及泉，隧而相见，其谁曰不然？"公从之。公入而赋："大隧之中，其乐也融融！"姜出而赋："大隧之外，其乐也泄泄！"遂为母子如初。媮：同"偷"。

[29] 笑：同"策"。不佞：不才。作者自称。狥：音 xùn 同"徇"。依从，顺从。

[30] 知之非艰，行之惟艰：懂得道理并不难，实际做起来就难了。语出《尚书·说命中》。悚然：形容害怕的样子。顾名图践：谓看到提督行台之名，便明白自己的职守，力图尽到自己的责任。

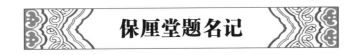

保厘堂题名记

明·湛若水

惟郧跨于四省：其东，则自永济、尖岩以达于河南嵩、卢、淅川[1]；其南，则自浕洲、远河、均州以达于襄、荆、武昌[2]；其西，则由房、竹以达陕西平利之境；其北，则由武阳、盛水、马昌、上津以达山阳、白河之境。

稽古，宪皇廷臣集议[3]，若曰："惟郧实四省之冲，厥隶湖省，其程月余，政令难及。荆、襄、安、沔、南阳、汉中诸府，流民啸聚深峒穷谷[4]，古称悍慓健斗，喜则人，怒则兽，厥患惟剧，如人之身长大痈肿，血气难周，手足爬搔所不及，易生虮虱、疮疡，惟身之困徂[5]。兹刘、石、王、李作难，杀略我人民，虏刘我官军，如兔之有三穴，此捕之则彼出，虽有智勇莫克济[6]。其议立抚治，都御史居中，以制四方,承以府、卫、州、县,为久安图。"制曰:"可"。

于是凡所割隶,悉属抚治,凡诸狱讼斯理,钱谷斯计,兵甲斯饬,土宇斯戢,乱略斯遏,边防斯备,城郭斯修,流离斯安,悉听抚治,毋夺于诸路之巡抚[7]。越自原公杰,肇治于兹,继者凡三十二公,爰及方冈胡公东皋[8],士民戴之。胥与造于府庭而告曰:"惟我胡公,爰甫下车,不遑朝食,安我士民,励我廉能,作我德业,兴我水利,完我城池,足我兵食,阅我武艺,宽我逋负。虽毕公保厘东郊,彰善瘅恶,申郊圻、固封守何逾焉[9]?"

然自原以及戴、王诸公[10],迄今未有题名,则何以扬前烈懋励于无疆乎[11]?太守陈君云松以告甘泉子于京师[12],请纪诸保厘堂之石以垂远。甘泉子曰:"保厘之旨,册命不云乎?道有升降,政由俗革,故周公、陈君、毕公相继治。"惟其时,周公毖殷,克慎厥始,其原公之时乎[13]?陈君有容,克和厥中,其戴、王诸公之时乎?毕公保厘,刚柔合德,克成厥中,其胡公之时乎?时之用大哉!继诸公者,而与时上下之,虽百世可行也。《书》曰:"三后协心,同底于道[14]。道洽政治,泽润生民。"此固圣天子今日南顾之望也。后之君子,将列于石者,得无同此心乎?

【作者简介】

湛若水(1466—1560),字元明,号甘泉,增城(今广东增城县)人。弘治十八年(1505)进士,选庶吉士,擢编修。累官南京祭酒、礼部侍郎,迁南京礼、吏、兵三部尚书。少师事陈献章,后与王守仁同时讲学,各立门户。王主讲"致良知",湛主讲"随处体认天理",强调以主敬为格物功夫。有《湛甘泉集》。

【注释】

[1]永济:桥名。尖岩:地名。

[2]沄洲:即瀛洲渡,在郧阳旧城东十五里处。远河:即远河渡,在郧阳旧城东九十里。

[3]宪皇:指明宪宗朱见深(1447—1487)。在位23年(1465—1487),年号成化。

[4]峒:音dòng,山洞。深峒:指深山。

[5]困徂:指因生疾而周身不畅通。徂:音cú,往。

[6]刘、石、王、李:指当时的起事头领六通、石龙、小王洪、李原。虔刘:杀戮。克济:谓能成就。

[7]狱讼斯理:谓狱讼案件都得到妥善处理。戢:指修缮,修理。

[8]胡东皋:生卒年月不详。字汝登,号方冈,浙江慈溪人。弘治十八年(1505)进士,授南京刑部主事,历郎中,终都察院右金都御史。与宋冕、胡铎并称"姚江三廉"。

[9]保厘:治理百姓,保护扶持使之安定。保厘堂:指府衙公堂。彰善瘅恶:表扬善的,斥责恶的。瘅:音dàn。郊圻:都邑的疆界,边境。圻:音qí。

[10]戴、王:指戴珊、王鉴之。戴珊(1437—1505)字廷珍,号松厓。江西浮梁人。天顺八年(1464)进士。历官御史,督南畿学政;陕西副使,督学政,正身率教。历浙江按察使、福建左右布政使、右副都御史、南京刑部尚书、左都御史。卒,赠太子太保,谥恭简。王鉴之(1440—1519),字明仲,号远斋,浙江山阴人。成化十四年(1478)进士,授元氏知县,擢监察

御史,提督南都学校。迁大理丞,转少卿,进金都御史、南京刑部右侍郎,迁刑部左侍郎。正德三年(1508)迁刑部尚书。刘瑾专权,鉴之与之抗。弘治十四年(1501),王鉴之任第13任郧阳巡抚,在任期间重视地方建设,批准郧阳郡守重修武阳堰和盛水堰,并给予全力支持。两堰修成后,他撰文《重修武阳、盛水二堰》;重视教育,大兴学校。

[11] 懋:音 mào,古同"茂",盛大。

[12] 甘泉子:作者自称。湛若水号甘泉。

[13] 毖:谓警鉴。克慎:谓小心谨慎。

[14] 三后:指三位君主。所指不一。

郧山书院记

明·马 理

郧阳旧无书院,今有之,盖巡抚于公下教于府而创建之也[1]。书院在府治坤隅城下,远市廛也[2]。城开,门如灵宝[3],学面澄澄之汉江及幽幽之南山。避面墙也,前竖坊门一座,以书"郧山书院",榜示学者知依归也。坊门内为宫墙,门三间,扁曰"富美",示以圣人之道也。圣人之道,犹百宫之富,宗庙之美也,学者得其门而入则见之,示学者至是,期有见也。由富美而入,有屏焉。屏,物交也,盖取诸大蓄。大蓄之初[4],外交斯励,利于己焉。故童牛之梏[5],存其诚也;豮豕牙吉[6],闲其邪也。夫然后左右逢源,而天衢之亨臻焉[7]。故设屏于门,示学者至是,所以畜也。由屏而入,有泮池焉,命曰"汲育",示君子之教也。盖池之所容,有清浊之流高下之物焉,犹夫人也。君子海汲而春育之,则有教无类二功化成矣。池有桥以达于二门,扁曰"恭敬",示教学之道也。夫恭者,容之敬;敬者,心之恭:盖内外合一之道也。师至乎此,将继往开来;弟子至此,将升堂入室,可不敬乎? 诚敬而不替,则内外无间始终如一,而教学之道毕矣。

由恭敬而入,为"讲习轩",为"精一堂",各三间。扁曰"然者",谓讲习无他,在精一之道耳。精一者,何知人心之危而安于义,明道心之微而显诸仁,不杂不贰,以由乎中道耳。是故人之有心,虚灵知觉为一身之主者[8],一而已矣。但以发于形气,言谓之人。人心惟危,以情之动,临物交之害也。离乎道,则堕落陷溺而非人。以原于性命,言谓之道。道心惟危,以性之静,即上天之载也。离乎人,则玄虚空寂而非道。人心离道,灾于其身;道心离人,害及万世。此皆不及大过者之弊不精之咎,二其心之故也。是故先王先圣有精一执中之学传心之道焉。示以率其道者,即诗书六艺之文,致学问思辨之力。求一本于万殊,而择之精;会万殊于一本,而守之约。由是吾身之主,由形气而发兴,即率乎降衷秉彝之理[9]，则人不离道，形之践即性之尽也。诗曰：周道如砥[10]，君子所属。是已危云乎哉？由性命而发兴，即施诸三纲五常之间，则道不离人，性之尽即形之践也。记曰：君子之道，察乎天地[11]。是已微云乎哉？是故君子之道无大过无不及，信能执中庸之道，为天下万世法矣。奈何圣王既没，异端迭兴，学者往往以经籍为糠尘，以学问为丐子[12]，以良知为至知，为梦醒。呜呼，亦惑矣！使斯言大行，则遗患斯世不浅，可不惧哉！孟子所谓异端邪说，甚于洪水之灾，夷狄猛兽之祸，为是故耳。是堂之扁，其训学之意渊矣哉！

由是而入为"尊经堂"，亦三间。盖公尝购书于南都[13]，积储于此，便讲习焉。所储多矣。曰尊经者，示大道之文在此不在彼也。由尊经而入曰"考旋堂"，亦三间，盖君子退居于此，所以视履而考其旋也。考旋则不倦之教，不厌之学，其在是矣。

三堂之左为学舍，十有五间。凡三间为一院，厨二。右如之。左曰"明善"甲舍，次以丙、戊、庚、壬扁之；右曰"诚身"乙舍，次以丁、己、辛、癸扁之。盖以精一之学，进受于师，退而习于此，发于此也。

公建学之猷远矣哉，宁有艾耶[14]？遂文诸石，用光不朽。

【作者简介】

马理(1474—1556)，字伯循，号溪田，三原人(今陕西三原县)。正德甲戌年(1514)进士。曾任吏部稽勋主事、稽勋员外郎、南京通政司右通政、稽考功郎中、光禄卿等职。为官时，曾多次直面劝谏武宗、世宗，多次遭廷杖处罚，并入狱。嘉靖辛丑年(1541)，受邀总纂《陕西通志》。时人认为他真正继承了关学、洛学的思想精髓，有《四书注疏》《周易赞义》《尚书疏义》《诗经删义》《周礼注解》《春秋修义》等。

【注释】

[1] 于公：指于湛(1480—1555)。字莹中，金坛(今属江苏)人，明正德六年(1511)进士。入仕途为兵部主事，后任职方郎中。任满改陕西参议，调江西布政使司右参议。嘉靖元年(1522)，因战功越升，任贵州布政使司右参政。嘉靖年任郧阳巡抚，修建郧山书院(今为郧阳中学)。后以母老求改南方，任职江西。

[2] 坤隅：指东南角。市廛：市场、集市。

[3] 灵宝：剑名。古代十大名剑之一。宋·沈括《梦溪笔谈》："钱塘闻人绍，一剑削十大钉皆截，剑无纤迹；用力屈之如钩，纵之铿铮有声，复直如弦。古之所谓灵宝剑也。"

[4] 大蓄：《周易》第二六卦名。其卦曰："大畜。利贞，不家食，吉。利涉大川。""象曰：天在山中，大畜。君子以多识前言往行，以畜其德。"北宋·邵雍曰："以阳畜阴，制止欲进；坚守正道，先凶后吉。得此卦者，宜坚守正道，脚踏实地，务实行事，方可成就大业。切勿骄傲自满，目空一切。"

[5] 童牛之牯：常作"童牛之牿"。语出《周易·大畜》六四爻辞。曰："童牛之牿，元吉。"解释不一。有称训导、驯化牛犊者，亦有称小牛出生在羊圈里。故云吉祥。"牿"，有圈禁、驯化之意。

[6] "豮豕"句：《周易》大畜卦："六五，豮豕之牙，吉。"说法不一。豮：音fén，未发情或被阉割过的猪。卦义，有人解释：大畜后要养猪，把小猪劁(qiāo)了赶到猪圈里养起来，

吉祥。

　　[7]天衢:谓道路广阔。亨臻:指顺利到达,畅行无阻。

　　[8]虚灵:心灵。

　　[9]降衷:施善,降福。秉彝:持执常道。

　　[10]周道如砥:典出自《诗经·小雅·大东》:"周道如砥,其直如矢。"指大道平坦似磨石,笔直像箭杆。后又用来形容周朝的政治清明,平均如一。砥:磨刀石。

　　[11]"君子之道"句:语出《中庸》:"君子之道,造端乎夫妇,及其至也,察乎天地。"

　　[12]丐子:讨饭的人。

　　[13]南都:指南京。

　　[14]猷:谋划;功业,功绩。艾:停止。

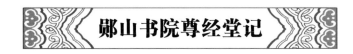

郧山书院尊经堂记

明·徐　桂

　　维天地职始[1],维帝王职终,维六经职天地、帝王之道。是故,翊世运[2],扶皇极,莫大乎六经。经以致治,曰维纯王之政[3];经以垂教,曰维纯王之学。是道也,灿于日星,以久其明;流于江河,以绵其运[4];播于元气,以神其化。是故,惟博厚,惟高明,惟悠且久,莫大于唐虞三代[5]。秦汉而下,治不逮古[6],道不纯王,盖经术弗尊,曷由以济我明?稽古法天,崇儒尊经,百八十年,王道休明,海宇熙洽[7]。今学校遍天下,尊经阁雄峙神京[8],文教超越古今,与天地并。

　　惟郧古麇国,声教文物为全楚诸郡殿[9]。由民窳于政,士偷于教,鼓舞无其人尔[10]。岁丁未,大中丞素翁于老先生[11],膺简命抚治兹土,贞宪肃度[12],揆文经武,治且岳岳起[13]。由是明作风行,淳大春盎[14],乃进桂于庭曰:"惟饬治以经术,弗惟吏事;惟华国以文章,弗惟刑名。余承乏保厘江汉,当丕振文教,以仰答休命[15]。"桂曰:"唯唯,大雅之政也,敢不拜教。"维时圭测天马,臬表金鱼,得隙地数百武,建郧山书院[16]。鸠材伐石,数月而就,费不耗民,役不防时[17]。院成,门曰"富美",堂曰"尊经"。翁又进桂而诏曰[18]:"维孔壁藏经[19],铿金石之遗音;维天禄校书,烨藜火之宵明[20]。今兹丕构其幽[21],赞乎神明。"

　　桂曰:"休哉,大雅之道也。桂何与力焉。"于是率诸生,登富美门,歌朴械之雅[22];莅明道堂,诵采芹之诗[23];寓尊经堂,玩大圣之编帙[24]。洋洋乎,沨沨乎,江汉之间,邹鲁同风矣[25]。

　　则又酌而谓桂曰:"维天之文,云汉为章;维地之文,江汉是纪;维人之文,述作是责[26]。子曷记之,以昭无极[27]。"桂拜教曰:"休哉,大君子之德之功也。"

桂也寸莛,曷发洪钟[28]？然亦不敢以弗敏辞也。呜呼,六经之道,圣人之学,唐虞三代之治,胥此焉[29],出兹堂也。吾翁之功德,炳炳麟麟[30],流溢布获于天地间,宁有文耶？遂文诸石[31],用光不朽。

【作者简介】

徐桂,字子芳,号秋亭,安徽潜山人。嘉靖十四年(1535)进士。初任东昌府司理,擢刑部主事,后历官员外郎。因政绩显著,升郧阳知府。因办僧人糟蹋良家妇女案,查明实情后,处死作恶僧人,焚毁该寺庙,遭谗罢官。罢官后,归隐潜山白云崖筑室著书,有《丹台集》《郧台志略》等。

【注释】

[1]职:掌管。

[2]翊:音 yì,辅佐,帮助。

[3]纯王:犹言纯粹之王,圣王。

[4]绵:像丝绵那样延续不断。

[5]唐虞:唐尧、虞舜。三代:夏、商、周三代。

[6]逮:赶上,及,到。

[7]休明:美好,清明。熙洽:清明和乐,安乐和睦。

[8]神京:帝都,首都。

[9]殿:在最后。

[10]窳:音 yǔ,粗劣,恶劣。偷:窃取。

[11]于湛(1480—1555):字莹中,号素斋。金坛人,明正德六年(1511)进士。累官兵部主事、职方郎中、陕西参议,又调江西布政使司右参议。嘉靖元年(1522)九月,于湛因立战功越升,任贵州布政使司右参政。后升山西右布政使、河南左布政使,转任巡抚陕西。十五年(1536)十月廷命以原职总理河道。嘉靖二十六年(1547)四月,抚治郧阳。首兴学校,令郧阳知府徐桂在府治坤隅城下建立郧山书院,广招郧属士子肄业其中,且自捐廉以供虀纴褚墨,于是来学者众。书院学额为之满,于湛亦讲学其间之尊经堂。其时,礼部侍郎马理特为之作《郧山书院记》,申述创兹书院之至义,其文刻诸石。郧阳知府徐桂亦作有《郧山书院尊经堂记》,表彰其功德,赞为"大雅之政",文亦刻诸石。后升任户部侍郎。花甲之年,即辞官回乡,撰《素斋政书》6 卷。

[12]贞宪肃度:端方正直,敏捷恭敬,严正有度。

[13]岳岳:挺立貌,耸立貌。

[14]春盎:酒盎。亦代指酒。

[15]保厘:治理百姓,保护扶持使之安定。丕振:大力振兴。休命:美善的命令。多指天子或神明的旨意。

[16]圭测天马:谓测方位形势。天马:犹日影。圭表:测量日影的仪器。圭是平卧的尺,表是直立的标竿。表放在圭的南、北端,与圭垂直。

[17]防时:犹妨时。句谓役作不妨害农事。

[18]诏:告诉,告诫。

[19]孔壁藏经:指西汉景帝刘启末年,鲁恭王刘余拆毁孔子旧宅来扩建其宫室,在孔氏墙壁中发现了古文《尚书》《礼记》等经典。

[20] 天禄:汉代国家图书馆。烨:火光。藜火:晋王嘉《拾遗记·后汉》载:汉刘向校书天禄阁,夜默诵,有老父杖藜以进,吹杖端,烛燃火明。后因以"藜火"为夜读或勤奋学习之典。

[21] 丕构:大构。

[22] 朴械:常作"械朴"。《诗·大雅》中的篇名。该篇诗序称是咏"文王能官人也",故多以喻贤材众多。

[23] 采芹:语出《诗经·鲁颂·泮水》:"思乐泮水,薄采其芹。"古代诸侯的学宫,称为"泮宫",学宫之水池为"泮水"。采集泮水的芹菜,意谓入学。

[24] 编帙:书籍卷册。

[25] 洋洋:形容众多或兴盛。汹汹:象声词,宏大的声音。邹鲁:谓孔孟之乡。

[26] 贲:音bì,文饰,装饰得很好。

[27] 曷:何不。无极:犹后世,后人。

[28] 寸梃:犹言才情低陋。梃:棒槌。洪钟:犹言宏亮的钟声。

[29] 胥:全,都。

[30] 炳炳麟麟:形容十分光辉显赫。

[31] 文:同"纹"。指镌刻。

春雪楼记

明·徐学谟

环郧而山者,以千万计。离列差互,萦亘绵络,目尽不知其所之[1]。土之人方斫其岨以耕,以故,草木罕翳,而峻色肺赭,望之童如也,燎如也[2]。汉江自嶓冢蜿蜒西来[3],经其下以达三澨[4],两崖束之,流无连舻縻舰之浸[5],以其山穷而水蹙[6],即井庐稍属[7],而荒憬廖阒,若不足以当游居者之观。

然自余而观,宇宙之观宜无过于流峙[8],二者乃郧之表里,襟带控阨,险塞巍拱,而森翼何尝不足于观?而四时泆溱之气[9],勃发于烟云霞雾日月之交,乍有倏无,光怪闪忽,即与诸名岩大泽之变幻亦何以异?而其观又未始不胜。顾其胜,常伏于荒憬寥阒之中,往往为人所鄙弃。而余之游于郧也久,或乘而鹜[10],或楫而浮,山巅水涯靡不历也。盖若有得于观,而自以其羁旅之臣,常不淹宿而去之[11],而复绌于文章之力,竟莫能抒发其所以观,而用以为嗛者垂二十年[12]。

至是被命填郧,再登其城,以延睇四隅[13],则山川如故。比陟其北阊之丽谯[14],有前开府王公所题春雪楼三字,并缀诗二章,悬炳栋楹,墨色如新。盖公以是岁谷之日登,适雾雪始霁,触景娱臆,一时命笔,深思飞动。今读其词,铺叙

213

玉壶银海之奇[15],揽结秦天梁苑之秀[16],飘飘乎若置其身于琼台瑶圃间[17],而举郧之荒憬寥阒,尽驱而混于无垠之界,晃焉茫焉,若不知其山之为穷而水之为蹙者,则为之慨然叹曰[18]:孰令郧之为规也,而公竟先余以观之哉?

夫山川以雪胜,雪以山川尤胜。当是时,公岂不知山川恒有而雪不恒有,故以其不恒有者被于所恒有者,而楼以是名,盖名乎其所不得不名。而所以名者,已隐然自缔其妙于无穷,以其无穷者而泛览于四时之变幻,绡烟縠雾[19],绚云霞而烂日月,潋滟绮错,所见无非雪者。人之观束于山之内,而公之观能自纵于山川之外,盖同其观而不同其所以观。昔人所谓辟大昏为光明者,不在是耶?

然独怪夫郧隶鬻熊之区[20],自春秋麇庸而降,历二千余年,其山川未之有改也,而羊叔子、杜元凯、山季伦、陶士衡之徒[21],固相继而节镇之也,亦相继而观于郧矣。篇咏缺如,文献卒无征焉。岂风气之锢,抒发有时,而掞天之美,抉地之秒[22];兼前之弃,开后之丽,郧之观不独先余以观之也,而恃公以千古之者,固于是乎!在文章之于地灵,力盖竞哉。或曰武昌盖有明月楼云,夫武昌故名都,山水之会,非荒憬寥阒埒也[23]。疑无俟庾征西以为观焉[24],然亦一夕之致尔。若夫清涔廓禊[25],祈年福国,令士嬉于伍,农歌于野,则章之乱备矣[26]。兹又公所以为理直,偕佐史留连谈咏己哉!

公既去,以书来索赓其章[27],而属为之记。余为勉赓如其章之数,刻置公后,而并纪其事于石,以告夫来者。公名世贞[28],字元美,吴之太仓人,嘉靖丁未进士。

【作者简介】

徐学谟(1521—1593),字叔明,一字子言,号太室山人。原名学时,字思重。南直隶苏州府嘉定(今属上海)人。嘉靖二十九年(1550)进士,授兵部主事,历荆州知府。神宗即位,任湖广按察使,升副都御史,巡抚郧阳。官至礼部尚书。解职归里后,于演武场(今嘉定体育场)西南侧建归有园,王世贞撰《归有园记》。有《世庙识馀录》《万历湖广总志》。

【注释】

[1]差互:交错,错杂。萦亘绵络:绵延伸展。

[2]岨:音 jū,上面有土的石山。峐:音 gāi,没有草木的山。赭:音 zhě,红褐色。童如:孩童乳发,稀疏,远望如无。燨如:指如火烤一般。燨:音 xié。

[3]嶓冢:山名。在陕西省宁羌县北,东汉水的发源地。或称为"嶓山"。

[4]三澨:古河名。在今湖北京山一带。

[5]縻:音 mí,牛缰绳。(动)牵引。

[6]井庐:泛指乡里,邻里。

[7]廖阒:空旷寂静。阒:音 qù,形容寂静。

[8]流峙:指水流山耸。

[9]泱漭:弥漫貌。

[10]骛:奔驰。

[11]淹宿:隔夜。

[12]嗛:音 xián,谓念念不忘。

[13] 延睇：指环视。

[14] 闉：音 yīn，古指瓮城的门。丽谯：华丽的高楼。

[15] 玉壶银海：指倾银泻玉的浩大气势。

[16] 梁苑：西汉梁孝王所建的东苑。故址在今河南省开封市东南。园林规模宏大，方三百余里，宫室相连属，供游赏驰猎。梁孝王在其中广纳宾客，当时名士司马相如、枚乘、邹阳等均为座上客。也称兔园。事见《史记·梁孝王世家》。

[17] 琼台：玉饰的楼台，亦泛指华丽的楼台。瑶圃：产玉的园圃，指仙境。

[18] 悚然：怅惘茫然貌。悚：音 shuǎng。

[19] 绡烟縠雾：常作"雾绡烟縠"，同"雾绡云縠"。指轻纱似的薄雾。

[20] 鬻熊：本名熊蚤，又称鬻熊子、鬻子。玄帝颛顼的后裔。商朝末年，鬻熊协助周文王起兵灭商，并成为周文王的老师和火师。周成王时，成王感念鬻熊的功劳，封鬻熊的曾孙熊绎为子爵，楚始建国。

[21] 羊祜(221—278)：字叔子，泰山南城(今山东费县西南)人。为荆州诸军都督，休养生息，百姓多被其利。杜预(222—285)：字元凯，京兆杜陵(今陕西西安东南)人。受羊祜荐治荆。后为灭吴统帅之一。山季伦：即山简(253—312)，字季伦，河内怀人。都督荆州时，经常出游畅饮。每游习家园，置酒池上辄醉，名之曰高阳池。陶士行：即陶侃(259—334)。东晋鄱阳郡(今江西都昌县)人，字士行(一作士衡)。两度出镇荆州。勤于吏职，不喜饮酒赌博，为人所称道。他治下的荆州，史称"路不拾遗"。

[22] 掞：音 shàn，舒展，铺张。抉：剔出。

[23] 埒：音 liè，等同。

[24] 庾征西：即庾翼(305 年—345 年)。字稚恭，颍川鄢陵(今河南鄢陵)人。东晋将领、书法家，权臣庾亮之弟，官至征西将军、荆州刺史，世称小庾、庾征西、庾小征西。

[25] 渗：音 lì，渚，引申为阻水的高地。祲：音 jìn，精气感祥也。

[26] 乱：古代乐曲的最后一章或辞赋末尾总括全篇要旨的部分。

[27] 赓：音 gēng，偿。指索要。

[28] 世贞：指王世贞。

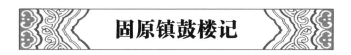

固原镇鼓楼记

明·康 海

【提要】

本文选自《嘉靖固原州志》(宁夏人民出版社 1985 年版)。

"固原者，陕西西北大镇城也。"这是明朝状元康海记中的开篇文字。

三边重镇固原自古以来就是各朝代的设防重地，自唐至明莫不如此。明代，固原是明王朝九边重镇之一，同时还是延绥、甘肃、宁夏三个边防指挥部——"三边总制"府的所在地。固原一跃而成为西北规格最高的军事重镇,成为西北军事指挥中心,自然要修钟鼓楼。据《嘉靖固原州志》载:固原钟鼓楼在州城大街中,正德八年(1513),总制右督御史张泰、金事杨英、兵备副使景佐本着"作军威,明节制,广教习之道",城中一切坏敝者"咸务聿新"。"钟楼岁久颓敝,不可独废勿理",于是又让指挥施范"因旧而增其基,去坏以新其制",重修的钟楼"重楼七楹,东悬鼓,西悬钟,规模扩然大矣"。

康海说,"楼崇二丈七尺,台如之而广二十三丈,厚五丈六尺,皆以砖石围砌。"工程始于正德壬申(1512)秋,历时一年落成。建成后的钟鼓楼,不但是陕西三边总督总制军事地位的象征,也成为宁夏南部固原城市建筑的一大人文景观。

钟楼所悬大钟为宋靖康元年(1126)制,《嘉靖固原州志》载此钟原为安定县古寺巨钟。钟铸造年月为北宋钦宗赵恒靖康元年(1126)八月,铸造地点是秦州甘泉堡(今甘肃会宁县境内),铁钟高2.36米、口径1.7米,重约7吨。1996年8月,此钟被国家文物鉴定委员会鉴定为国家一级文物。大钟现存固原博物馆。

钟楼建成后,迅速成为文人官员登临处。最著名的要数固原陕西三边总督明代杨一清所作的一首《固原重建钟鼓楼》诗。嘉靖三年(1524),杨一清第三次总制陕西三边军务,重修固原镇鼓楼,竣工后登临四望,写下这首《固原重建钟鼓楼》。杨一清是康海、吕楠(均为状元)的老师。

固原者,陕西西北大镇城也。唐为故原州,宋为镇戎军,元氏废军不制。国朝景泰中[1],始设守御千户所,以为苑牧。成化初,满四乱[2],因升为固原卫。后累置文武重臣守备,故又设固原州,而总制大臣居此以镇,凡榆、夏、甘肃诸镇,皆听命焉。

正德庚午[3],总制右都御史张公来,不数年,兵练事宁,军多暇日,因便览城雉及文武之署,慨然兴怀曰:"敝者不便,则来者毋眠,非所以作军威、明节制、广教习之道也。"于是与总兵官具位[4],杨公英谋诸文武将佐,咸务聿新,不侈近欲,不废后观,而兵备按察司副使景君实任其事。诸既即绪,乃又以钟楼岁久颓敝,不可独废勿理,属指挥施范因旧而增其基,去坏以新其制,作为重楼七楹,东悬鼓,西悬钟,规模扩然大矣。公曰:"斯不以利民望、壮镇城耶!"于是士大夫军民父兄以学生徐尚文将币来,请记其事,刻之坚石,将贻永久。

夫军府大事,非愚所及知也。其钟鼓之节,凡陈皆统之司马,以告候省期[5],盖所当至急而无缓者。州县之吏能使更鼓分明,尚验其善治,况雄军大镇枢辖要击之地乎[6]!景君恢弘拓广,不劳力费财而又兴其所宜兴;张公以经略大臣,凡所可为者,巨细皆至。由其微以觇其著,则所以安静边隅,克张戎服,固非偶然也,愚又安以辞为哉!

楼崇二丈七尺,台如之而广二十三丈,厚五丈六尺,皆以砖石围砌。其悬者又靖康时故钟焉。工起于正德壬申秋[7],至此才一年,已落成矣,亦不足以视民乎! 张公名泰字世厚,肃宁人;景君名佐字良弼,蒲州人。

【作者简介】

康海(1475—1540),字德涵,号对山、沜东渔父,陕西武功人。孝宗弘治七年(1494)入县学,时提学副使杨一清督学陕西,见海文,盛赞其才,言必中状元。弘治十五年(1502)状元,任翰林院修撰。武宗正德三年(1508)李梦阳入狱,为救文友,海往见同乡刘瑾,通宵畅饮,不日梦阳获释。武宗时宦官刘瑾败,因名列瑾党而免官,遂绝仕途。以诗文名列"前七子"。有《对山集》《中山狼》《沜东乐府》等。史称其"主盟艺苑,垂四十年",创"康王腔",壮秦腔之基。

【注释】

[1]景泰:明代宗朱祁钰年号,公元1450—1456年。

[2]满四(?—1469),本名满俊,因在家中排行老四,俗称"满四",明朝陕西固原开城的土官,蒙古族。明宪宗成化三年(1467)六月,满四聚众数万起事,自称"招贤王"。官军讨伐失利,满四占领石城。十一月,官军断绝城中水源,诱俘了满四。成化五年,在北京被凌迟处死。

[3]正德庚午:公元1510年。正德:明武宗朱厚照年号,公元1505—1521年。

[4]具位:犹共同倡议。唐宋以后,官吏在奏疏、函牍或其他应酬文字上,常把应写明的官职爵位写作"具位",表示谦敬。

[5]告候省期:指告知时辰。

[6]枢辖:关键,重要。

[7]正德壬申:公元1512年。

附:固原重建钟鼓楼

明·杨一清

一

西阁风高鼓角雄,南来形胜依崆峒。
青围晬睨诸山绕,绿引潺湲一水通。
击壤有歌农事足,折冲多暇虏尘空。
登楼不尽筹边意,渺渺龙沙一望中。

二

设险真成虎豹关,层楼百尺枕高寒。
重城列戌通三镇,万堞缘云俯六盘。
弦诵早闻周礼乐,羌胡今著汉衣冠。
分符授钺知多少,谁有勋名后代看。

三

千里关河入望微,四山烟雨翠成围。
蒹葭浅水孤鸿尽,苜蓿秋风万马肥。
圣主不教勤远略,书生敢谓知戎机。
狂胡已撤穹庐道,体国初心幸不违。

217

【作者简介】

　　杨一清(1454—1530),字应宁,号邃庵,别号石淙,南直隶镇江府丹徒(今属江苏)人,祖籍云南安宁。成化八年(1472)进士,曾任陕西按察副使兼督学。弘治十五年(1502),以左副都御史督理陕西马政,后又三任三边总制。历成化、弘治、正德、嘉靖四朝,为官五十余年,官至内阁首辅,"出将入相,文德武功"。后受诬,病卒。世宗追复其官,赠太保,谥文襄。杨一清一生智诛刘瑾,宽刑薄赋,督边二十年保境安民;识才育才荐才,经他之手而名扬天下的就有王守仁、李梦阳、乔宇、杨慎等。有《关中奏议》《督府奏议》《文襄石淙集》《石淙诗稿》等。

固原州行水记

明·吕　楠

　　正德乙亥,镇守陕西等处右军都督府都督佥事平凉赵公文,祇奉制敕驻札于固原州。州井苦咸,不可啖醊,汲河而炊,水价浮薪。

　　朝那湫双出于都卢山:左流州曰东海,右流州曰西海。西海大于东海,湛澄且甘。公及兵备副使景佐议导入州。乃使都指挥陶文、指挥施范帅卒作渠,期月而成。襟街带巷,出达南河;过入州学,汇为泮池。池以石甃,面起三梁。于是农作于野,卒振于伍,商贾奔藏于肆,士诵于庠。

　　学正李佐暨生员史玮诸人走状谒记。楠惟《易》称:井养无穷,先王以劳民劝相。夫慈深者策远,见高者谋实,几明者敦本,蔑敌者重守,流风者植芳。昔赵充国屯田隍中,先零罕开,坐困俱降。耿恭际危拜井,而解疎勒之围。公斯之举,何可无之!

　　今天下大镇五,陕西有三。然榆林依紫塞,宁夏负贺兰,甘肃盘合黎而据祁连。总兵各作一边,长城自坚万里。惟此固原,虽里受敌实众,矧八郡咸维,诸道攸通,三边一隙,西寇豨突,漠漠平原,莫可扼遏,三辅为之震惊。故元载议城于至德,曹玮筑军于咸平,忙可刺立路于至元。故将不作士,遭敌必溃;士不恋上,作之弗起;士靡嘉宾,驱之不恋。公兹之举,可谓授干戈于卒食,纳忠勇于士腹。若夫海孝弟,视衣粮,闲韬略,杜侵渔,简什伍,严法选,器可由知也。寝朝廷西顾之忧,谁云不然!

　　公初为平凉卫指挥使,受委都御史杨公,募籍牧卒,八百惟羡,遂置武安苑。兼其敌功,乃升陕西都指挥佥事,已而守备岷州,羌酋帖服。乃充左参将,协守延绥中路,匈奴知名。乃充游击将军,截杀花马池,滋树勋绩。乃驻札河州、洮、岷,既多墩台,亦讲风俗,威德自近,绥此番夷。

　　固原之业,岂徒公耳。初,楠筮仕史氏,识厥兄斌于御史,宇岸洪远,心窃雅重。已而擢二京兆,赋政益新。由公视之,当谁兄弟也。昔汉张涣、段颎、皇甫规、嵩叔侄皆此西北人物,建功当时,史策高之。由公兄弟视之,诸君子难专美矣,公滋懋哉。

【作者简介】

吕楠(1479—1543),一作吕柟,字仲木,号泾野。陕西高陵人。幼年志大好学,无论寒冬酷暑。正德三年(1508)状元。入仕途为翰林院编撰、国史馆编修,因正直遭刘瑾谗言入狱,贬为解州判官,迁国子监祭酒,进南京礼部右侍郎,署吏部事。所历有政绩,兴学不已,曾兴办东林书院、解梁书院等。他是关学代表之一,有《四书因问》《尚书说要》《周易说翼》《春秋说志》《宋四子抄释》《诗集》《泾野文集》《高陵志》《解州志》等。

安庆府营造记(二十一篇)

【提要】

文选自康熙《安庆府志》(中华书局 2009 年版),参校光绪《重修安徽通志》。

古代,一个府需要多少营造才能与其建制相称? 首先当然是建城,一府数县都要建城;除此之外还有城隍神庙、桥梁渠堰、亭台楼阁、社仓义仓,当然还有先圣庙府学书院、先贤忠烈等建筑,这些都是生民教化乃至游观等等不可缺少的建设。

安庆府的城池建设有史可考者始于南宋嘉定十年(1217)。康熙《安庆府志》载:"宋嘉定十年丁丑夏四月,金人犯光州,宁宗以黄斡知安庆。……乃请诸朝,建城于盛唐湾宜城渡之阴。其城北负大龙,东阻湖,西限河,南瞰大江,周九里一十三步,设门五:东曰枞阳,东南曰康济,南曰盛唐(今改镇海),西曰正观,北曰集贤,遂为府治。"元朝时,守帅余阙重修,"增高至二丈有六,浚重濠三,引江水环绕"。

明朝洪武庚午年(1390),城池再次重修,"浚池深至一丈"。嘉靖辛丑(1541),知府吴麟"于城内周围加甃以礜",安庆城从此成为砖城。天启癸亥年(1623),明朝进入晚期,社会动荡不安,知府陈镳、通判欧阳腾霄大修城池,腾霄甚至因为"董治勤瘁"献出生命。崇祯乙亥年(1635),知府支应举"补其倾圮",知县黄配玄"续砌周城","马道北关一带,增高雉堞,建敌台四,深浚旧濠,为功最巨"。但还是在顺治乙酉年(1645)被清兵攻破,"五城楼尽烬"。清顺治乙酉年夏,知府桑开第重建五座城楼,后来,操江巡抚李日芃、知府王廷宾、知县贾壮重修;顺治庚子(1661),操江巡抚宜永贵"甃砌女墙,将旧城三千余垛。周城敌台四、城楼五、炮台十六座、火药房六所、窝铺十六所、城房二百三十八间,以备守御"。到了康熙庚寅(1710),城颓圮,巡抚叶九思"发俸工银委知县张懋诚修筑",叶九思拿出自己的工资修城。

从安庆修城史至少可以发现以下信息:首先,城池的功能主要是战备需要;其二,夯土城的历史很长;其三,官府是没有专门的修城资金的。

除了安庆府城,属县宿松、望江、太湖、桐城都先后修城。宿松修城始于明崇祯乙亥(1635),知县苟天麟筑城,开六门:东寅宾、东偏集贤、南薰阜、西鳌奠、西偏永济、北拱辰。后被兵燹。望江建城始于万历乙亥(1575),同知塞达开始建设。城开四门:东清城、西嘉泽、北孝感、东北翔凤,每座城门上都有楼。全城周长六百二十六丈。崇祯乙亥(1635),知县黄配玄增高城墙,后屡圮屡修。太湖县土城为知县王良卿修,城周长七里,环城有池,深广各丈余,有门六。崇祯丙子(1636),知县杨卓然建砖城。不仅如此,清康熙年间,县令王崇曾为振太湖学子之文运,还重建大观楼以效"地灵"。

除了建城,当然还要建桥修渠。安庆府治西南二里许,商人李龙等人捐资修成弘济桥;皖城西去约半舍,安庆府别驾郑禧首捐俸,僚属百姓纷纷响应,终于建成镇皖桥;府城往西顺江十五里,是皖河入江之口,"为七省必经之孔道",知府张楷修成彩虹如画的长桥,费金三千有奇;桐城县的东门桥被毁二十七年后,在顺治年间重又长虹卧波了;不仅如此,为朝廷尽忠的余阙死难地——尽忠池,因为有渠也需要修桥,万历时知府修桥:虽改朝换代,但旌节表忠则是永恒的。

安庆在大江边,筑堤建庙那是必须要做的,龙王庙就修在安庆城南门外的江边,"为殿三楹,门三楹,缭以垣墙,饰像辉煌";望江城南三里许,为了保护吉水镇稠密的人居、繁盛的人文,县令集资并修成三里多的长堤,"堤身当激流冲啮处,甃石以捍之,左右插柳以护之"。潜山地处山区,很多农田都得蓄水灌溉,吴塘堰就可以溉田三千七百余顷,但堰堤因为土疏极容易坏。贤守胡缵宗凿山石修筑石渠"凡二百余尺,广十有六尺,深加广四之一",从此"石坚渠深水平趋"。

水边龙王庙,山脚山神庙。安庆龙山在府治北三十里,一年大旱,知府徐杰祈雨于龙山,雨立至,侯感叹:"予惟守兹土,赖兹山泽兹民,予其敢忘报?"于是"捐俸余,节浮费",有了资金,庙便焕然一新。还有社仓,是为了保障荒年百姓不至于饿肚子。所以,桐城县令胡必选按照上面要求:"凡遇镇所,各建仓一。乡村或三保,或五保,共建仓一。"还有,安庆临江,江上往来常有不测,知府刘坛带头捐献银子一百两,造救生船。

道宫佛寺、学校书院,一府之中的营造之事实在繁杂,可是却没有专门资金,也没有专门机构,全靠长官带头捐俸节支,百姓捐资出力,且还受年成丰歉制约,所以他们常常找那些廉洁奉公、年长望隆之人掌管营造之事。

谯楼记

明·王宗克

史记门上见谯楼曰"丽谯",谓"华嶕",峣为一城之壮观[1]。后代因之,制壶漏更鼓于中[2],昼则悬木牌于阑,书时辰刻数以视之;夜则击铿鼓于中槛,持严更明点以警之[3],所以测日晷,定晨昏,耸观听也。

同安府治之前,砖台数级,辟门圭首[4],门上重屋,经兵革而灰烬。丁未春三月[5],上蔡赵侯好德来守是郡[6],剪荆棘以葺台基,芟蒿莱而通衢路。时因卒乏,黎庶仅数十余家,侯乃嘘枯润朽[7],招流移来负戴结茅而蔽风雨者,岁增多矣。越明年冬,信孚人和[8],百废具举。乃议于通判哈散、经历王隆祖,鼎新斯府。西百里,有山叠翠,秀木奇材,中梁栋之选。民悦供役,若子趋父事。台之上,面阳建六楹,深四丈,广十有二步,崇十有四版余。颂篦之半减崇五版,攘题突起卑题七尺[9]。重檐高卓,不两月而告成。弗炫彩色,敦尚朴素,既无侈于前人,亦无废于后观。邦之耆老来征余文。

夫更鼓所以警众也。置平地矮屋之下,低拥四壁,虽获萌石以桐材鱼形[10],扣之,其韵亦不宏矣。当半空楼阁之中,高虚豁敞,虽无白鹤之来似越之雷门,其响亦铿若矣[11]。况壶漏乃所以准更鼓也[12]。先注水于夜天池,饮渴乌于中[13]。钓曲倚于池垠,引水而出,细若一丝,飞注于日天池之银河,不滑不涩,下注于平壶。又其下,入水海焉。海水渐添,金乌微升,擎筹而出。斯时也,清露初零,严霜欲结,天鸡首唱,启明已升。操挝者[14],始迟而终骤。迟若春雷隐隐,骤如银潢倾泻[15]。此昧爽之声[16],随气而转阳,而清辟,而开,于以警闾阎之晨兴也[17]。及其羲鞭驰驭,骤入昧谷,长庚出见,列宿呈辉[18]。司击者,亦初缓而渐急。缓若鼍音逢逢[19],急如海门潮涌。此昏暮之音,随气而变阴,而浊翕[20],而收,于以示群生之夜息也。且晨兴夜息,人事之常;壶漏更鼓,天时之验。

按:安庆谯楼有600多年的历史,历经4次修葺。史料记载,元朝至正十一年(1351)安庆就建有谯楼,后在朱元璋与陈友谅两军交战时被毁;明朝洪武元年(1368)王延宾重建,并将其作为知府衙署的望楼;乾隆年间,安徽布政使司由江宁(今南京)移至安庆,谯楼又大规模修葺扩建。现存的双檐楼阁式谯楼,是清同治六年(1867)由安徽布政使吴坤修牵头修建的。下为深约20余米的拱形门洞,上为双檐楼阁,气势颇雄伟。

【作者简介】
王宗克,生平不详。撰此文时为明朝太子宾客。

【注释】
[1]峣:音 yáo,山险高。此谓高矗云端。
[2]壶漏更鼓:皆为古时计时器具。
[3]严更:警夜行的更鼓。明点:指照明的灯火,以便检查(夜行之人)。
[4]圭首:谓碑首凹处供刻字的部分。此谓城墙凹处。
[5]丁未:公元 1367 年。是年称吴元年。
[6]赵好德(1334—1395):字秉彝,汝阳(今河南汝南)人。元至正十一年(1351),乡试中获隽。元朝末年,社会动荡,拜见吴王朱元璋于金陵(今江苏南京),颇受赏识,留军中供职。洪武元年(1368),授赵好德为陕州(今河南陕县)同知,不久迁安庆知府。迁户部侍郎、吏部尚书,诰封三代爵号。洪武二十三年(1390)迁官陕西行中书省参知政事。卒于任上。有司护丧归汝,检点其遗物,箧中仅诰敕 11 通及书籍数十卷,别无他物。世人无不崇敬。
[7]嘘枯润朽:谓呵护润泽饥寒贫苦之人。
[8]信孚:信任。犹百姓归心(官府)。

[9]箎:音 chí,古代一种类似笛子的吹奏乐器。竹管上刻有吹奏的圆孔。"颂箎"当指城门。攘题:指重檐楼顶下面的屋檐比上面的突出七尺(明代一尺约今 32.7 厘米)。卑题:稍后(上面的屋檐)的檐头。

[10]桐材鱼形:一种用桐木制成的鱼形击鼓用具。南朝宋·刘敬叔《异苑》卷二:"晋武帝时,吴郡临平岸崩,出一石鼓,打之无声,以问张华。华云:'可取蜀中桐材刻作鱼形,打之,则鸣矣。'于是如言,音闻数十里。"

[11]雷门:古代会稽城门。《会稽记》云:"雷门上有大鼓,围二丈八尺,声闻洛阳。"《郡国志》:"白鹤山者,昔有白鹤飞入会稽雷门鼓中,击之声震洛阳。"镗:音 tāng,钟鼓的声音或敲锣的声音。

[12]壶漏:古代计时器的一种。周代时已有漏壶。初期的漏壶只有一只壶,人们在壶中装上一枝有刻度的木箭。当水从壶底的小孔漏出时,壶中水位下降,木箭会随之下沉,观测刻箭上的水位,便知道是什么时间了。单只泄水型或受水型漏壶使用虽方便,但随着壶中水的减少,流水速度也在变慢,直接影响到计时的稳定性和精确度。后来人们在漏水壶上另加一只漏水壶,用上面流出的水来补充下面壶的水量,就可以提高下面壶流水的稳定性,这就是补给壶。在补给壶之上再加补给壶,形成了多级漏壶的计时方法。多级漏壶的构造是用两个以上漏壶,自上而下放置,使最上一个壶中的水流入第二壶,再由第二壶流入第三壶……,由最后一壶(称泄水壶)流入箭壶,箭壶中的水连同浮舟慢慢升起。由于得到上面几级漏壶的补给,最后一级壶中的水位可大体保持稳定不变。唐麟德二年(665),吕才制造的漏壶,从上至下分四个水框,依次为"一夜天池,二日天池,三平壶,四万分壶",其间以水管相连,水管采用"渴乌"(虹吸)原理,便于调整和修理。最下为水海(受水壶),其中有铜人执浮箭。水从夜天池依次注入日天池、平壶、万分壶,最后到水海,水海中的浮箭"而上每以箭浮为刻分也"。正是这种四级补给系统的采用,使最后泄水壶的水位基本保持稳定,很好地提高了漏壶计时的精确度。

[13]渴乌:古代吸水用的曲筒。

[14]挝:敲打。句谓打更之人先缓后急地敲击(钟鼓)。

[15]银潢:天河,银河。

[16]昧爽:拂晓,黎明。

[17]闾阎:古代里巷内外的门。泛指平民百姓。

[18]羲鞭:羲和之鞭。羲和:神话中太阳神之母的名字。传说她是帝俊的妻子,与帝俊生了十个儿子,都是太阳(金乌),住在东方大海的扶桑树上,轮流在天上值日。《尚书·尧典》有"乃命羲和,钦若昊天,历象日月星辰,敬授民时"。昧谷:古代汉族传说中西方日入之处。《书·尧典》:"分命和仲,宅西,曰昧谷。"孔传:"昧,冥也。日入于谷而天下冥,故曰昧谷。"长庚:黄昏时出现在西方天空之金星的名称,亦称"太白";当它出现在东方时,称"启明"。

[19]逄逄:音 páng páng,象声词。鼓声。

[20]翕:音 xī,合,聚。

宋安庆故府记

明·吴 非

从汉立枞阳县,厥后称庐江、舒、同安者不一,至今复仍唐称桐城。今枞阳镇临江,汉旧治所也。曹氏《名胜志》曰:"宋末,桐城徙治枞阳镇,又徙治池之李阳河。元初,还旧治云。"夫李阳河之于枞阳镇,隔江相对,而割地隶之,且以县徙治,此沿革建置之大者。岂惟是,即安庆府尝徙治罗刹洲矣[1]。

《宋史》绍兴三年[2],舒、黄、蕲三州,仍听江南西路安抚司节制。十七年,改安庆军。庆元[3],升为府。以端平三年[4],徙治罗刹洲,又徙杨槎洲。景定元年[5],改筑宜城。以宋事考之,舒州隶淮南西路。仁宗末年,周湛为江淮制置发运使[6],谓"大江历舒州长风沙,其地最险者石牌湾。役三十万工,凿河十里以避之,人以为利。除度支副使。"神宗初元,晁仲参以通判舒州[7],摄州事。上言折池口,征合于铜陵;并及马当山、罗刹石之险,请凿秋浦口、枞阳渠以避之。人称幸甚。徽宗宣和六年[8],前太平州判官卢宗原复言:"池州大江,乃上流纲运所经。其东岸皆暗石,折船。有车轴河口,若开通入杜湖,池口可避风涛折船之险。"从之。盖马当远矣,长风沙处枞阳上流。今新河隔江南,即周湛所凿。车轴河口,亦此是也。晁为避险,兼秋浦、枞阳以请,言方投而身徂[9],其行与否不可知。周为避石牌险,不云凿河于江南,此史氏略词尔。周、晁领事,职在舒州,而宗原独以池为言。

陆游《入蜀记》称罗刹矶地属舒州,岂李阳、罗刹在宋故属舒州,中间或割隶池,未久而复还与?则舒州之以南渡不属淮南而属江南,安庆之以端平移治,史有明据。或安庆去而桐城来,罗刹与李阳河不十里而近,《名胜志》之附载有由矣。

新河既开,江面日阔,支流所引,浸溢民田。明正德时,郡守何公绍正复塞之[10]。而罗刹洲之为安庆故治,桐城之旧治李阳河,则知之者少也。是不可以不记。

【作者简介】

吴非,生平不详。明末贵池(今属安徽池州)人。

【注释】

[1]罗刹洲:在今池州乌沙境内。

[2]绍兴三年:公元1133年。绍兴:南宋高宗赵构年号,公元1131—1162年。

[3]庆元:宋宁宗赵扩年号,公元1195—1201年。

[4]端平:南宋理宗赵昀年号,公元1237—1240年。

[5]景定:南宋理宗赵昀年号,公元1260—1264年。

[6]周湛:生卒年不详。字文渊,武攸紫阳(今属湖南邵阳)人。宋真宗天禧三年(1019)甲科进士。同年授四川开县推官。迁中身言书判,改秘书省著作佐郎,通判戎州(今四川宜宾)。迁尚书都官员外郎、知虔州(江西赣州)、江南西路(治所在今南昌)转运使。后为江、淮制置发运使,续度支副使,拜右谏议大夫。知襄州。每在一任,政绩显著。

[7]晁:音cháo,同"晁"。

[8]宣和:宋徽宗赵佶年号,公元1119—1125年。

[9]"言方投"句：谓话说出不久人就别处任职了。

[10]何绍正：生卒年月不详。字继宗，号裕斋，淳安（今属浙江）人。弘治十五年（1502）登进士，授行人。正德三年（1508），升吏科给事中，海州判官，迁池州知府。筑铜陵五十余堤坝以备农。时，朱宸濠谋反，攻安庆。池州府人震恐，何绍正则登城坚守。宸濠之乱平息后，增俸一级，迁江西参政，致仕。池州人为其立祠，与宋包拯同祀。

镇皖楼记

清·李振裕

皖，滨江重地也。上控洞庭、彭蠡，下扼石城、京口[1]。分疆则锁钥南北，坐镇则呼吸东西。中流天堑，万里长城于是乎在。从来形胜之地，必有巍峨雄杰之观，以收揽其风气，而吐纳其江山。然非有壮猷伟略[2]、博大深沉之人为之经营而措置焉，则其功必不成；即成矣，亦不能规模壮丽，极一时之盛，而副形胜之奇，是为难也。

皖城东门外，向有楼名"中江"，屋废而址存非一日矣。方中丞薛公观察兹方[4]，时时命车来憩，徘徊瞻眺，欲有所经营，会席未煖[3]，擢南楚方伯去。未几，复来抚，整纲饬纪，布德宣风，所谓驾轻车就熟路者。盖公于此方利害，知之也有素，而为之也无遗。于是出游刃之暇，面势鸠工，捐俸以集事，而苞、茂、芊、宁之象遂成之，不日如涌地而出也。公素精形家言，其建此也，非第为游观宴集之计，盖谓长江东下，与海通波，有皖城以巩门户，而不有所为皖城笞束乎门户之地者[5]，则其势不止，而其气亦不聚。公既为全江画善策，奠磐石于无形，而复于斯地，创巍峨雄杰之观，以补形势之所不及。公之为皖民计，深且远也如此。楼既成，署曰"镇皖"。

余适以校士来过[6]，公为余倾盖登此楼[7]，则长江万里，所谓锁钥南北而呼吸东西者，吴、楚山川坐而毕揽焉。而其规模壮丽，又极一时之盛，而足以副形胜之奇，真目中所仅觏也。余乡洪都滕王阁，负郭面江，亦千秋胜概，而数经兴废，屡建而不永于观。若斯楼之成，揆地势而协人心，事与时偕，功与道俱，当必为神灵所扶持，与我公之惠爱声名，历久而不敝，岂徒甘棠之树"勿剪勿伐"而已哉[8]。

诗曰："恺悌君子，神所劳矣[9]。"敢以是为薛公颂。

按：镇皖楼，"长江东下，与海通波，有皖城以巩门户，而不有所为皖城笞束乎门户之地者，则其势不止，而其气亦不聚。"李振裕说。镇皖楼最早建于何时，记述不详，无从查考。李振裕《镇皖楼》："皖城东门外，向有楼名'中江'，屋废而址存，非一日矣。"李振裕说的就是清康熙二十四年（1685），安徽巡抚薛柱斗"捐俸以集事"，于旧址再建之楼，并额以"镇皖"，自此镇皖楼声名鹊起，在沿江一带，与振风塔齐名。咸丰三年（1853），太平军驻守安庆，镇皖楼被毁。到光绪十九年（1893），安庆知府请款于原址复建，新镇皖楼为三层建筑，当街而立，底层为拱券门洞,前后两道大门,晨启暮闭,为安庆城第一道防守要塞。

民国时期,巡按使韩国钧拨银元900两,怀宁县知事朱之英牵头再次重修镇皖楼。上世纪50年代初,迎江寺主持月海,以镇皖楼年久失修,梁柱倾斜、木构朽毁为由,呈请安庆市政府批准,将镇皖楼拆除。

古来题写镇皖楼的诗联颇多,如张英"树色岚光千岭月,渔歌帆影一江烟";孟命世"霓裳舞罢江天暮,看弄鱼舟兴未阑";钱选"迢迢江上楼,结构飞参错";李振裕"夕阳斜对千帆影,晓雾平分万井烟",等等。

【作者简介】

李振裕(1641—1707),字维饶,号醒斋。江西吉水人。康熙九年(1670)进士。由庶吉士历官刑、工、户、礼四部尚书。尝督学江南,负责选拔贡士。由于他秉公选人,所拔均为真才实学之人,成为朝廷栋梁者众。

【注释】

〔1〕彭蠡:指鄱阳湖。古代,该湖有彭蠡泽、彭泽湖等称呼。石城:南京旧称之一,常称"石头城"。京口:镇江旧称。

〔2〕壮猷:犹高远的谋略。

〔3〕煖:音 nuǎn,古同"暖"。

〔4〕薛公:指薛柱斗。延安(今属陕西)人。时任安徽巡抚。

〔5〕筦:同"管"。

〔6〕校士:考评士子。校士有馆,民间称考棚,是科举考试的童试之地。

〔7〕倾盖:指途中相遇,停车交谈,双方车盖往一起倾斜。形容一见如故或偶然的接触。

〔8〕勿剪勿伐:《诗经·召南·甘棠》:"蔽芾(fèi)甘棠,勿剪勿伐,召(shào)伯所茇(bá)。"诗歌为怀念召伯惠政之作。

〔9〕岂弟君子:和乐平易而厚道的人。《诗经·大雅·旱麓》:"瑟彼柞棫,民所燎矣。岂弟君子,神所劳矣。"为赞颂周文王的乐歌。岂弟:音 kǎi tì,和乐平易。

大观亭碑记

明·李钦昊

江山历世不变,而风景之奇,则有时而显,其势数固出于天,亦由夫人之为之也。舒州自古有名山大川,而大观之景,则以今时出;舒州自古多名贤、良守,而大观之人,则以今时会,是岂偶然之故哉?

四明陆公,大观之人也[1]。滨江新构大观之景也,公莅舒将三岁。始至,值民经大军凶年之后,疮痏悉苦弗胜[2],公如慈父母然,力为民息肩[3]。钦昊次年来推是郡,公即示以"简易阜民"之言,钦昊信之奉之以佐公不敢易也。今再逾岁,观之风土,钦昊不敢谀公为饰词,有识君子,视吾民之日裕,可以知公之政矣。始公不暇于登览,惟急务焉是图,公需有余,次第以葺废坏。近思元余青阳之祠不可以不饰,亲尝相度,因得隙地于祠之西山。慨然叹曰:"是足以览一方之胜,何蔽于此耶?今民少康,而一郡游观之所,亦不可无也。"乃役官徒,作屏蒙翳,攘别佳木。因其宜,中立一台,旁起一亭。随势低昂,缭以短垣。因山高下,甃以曲道。然后人之至其上者,恍然观其地之高,皖中风景俱若踊跃奋迅而出现也[4]。公曰是亭宜名以"大观",而命钦昊纪之。

钦昊复于公曰:君子观盥而荐[5],既立已矣。次之,以观我生进退。次之,以尚宾观光[6]。又次之,以省方观民[7]。终之,以观民设教,而天下服。其童观、阙观,不屑也。夫是之谓"大观"。今公以世德雄才起家,登进士,历署部,而出守名郡。又将进以公辅,以佐圣明天子成大化。凡前之所谓"大观",公有之矣。乃托意于斯亭,其义则钦昊窃取之矣。若夫同守魏公、别驾李公,佐公善政之弗及。

一时士大夫,从公游于斯亭之上,俯瞰长江,一泻千里;名山对峙,宛然画屏;风帆短楫,瞬息过目。至于阴晴昏晓,景色万态;人品殊别,感发异情。转首西盼,则樯舳迷津,闾阎夹岸[8]。远山近阜,浓淡分明。湖水塘坳,波光间映。虽王维善画,恐一笔之弗能尽也。北面云物,遥见龙山。极目天高,紫宸隔越[9]。江湖之客,惕然惊心。来临青阳之墓,吊英雄之既往。风概凛凛,可以太息。此皆亭之"大观"也。公之"大观",则不在此而托意于此者也。

夫以是大观之人,而适与是大观之景,以时而会,则公与客来饮于此,既醉既醒,岂无欧阳子之乐乎[10]?魏公、李公与钦昊,常分公之忧,今见公之政成,故亦得以预公之乐也。后有豪杰继公以守此郡,若或闻,而知钦昊之不为谀词。登斯堂,玩斯景物,观斯《记》,想公之丰神,亦可以知公之为人,而叹斯景斯人之不偶值也。公其以予言为有合于心乎?

公笑而不答。予遂书而记之。

按:大观亭,现存遗址位于安庆市大观亭街中段(今大观亭街56号)。位踞山上,背倚大龙山,前临长江,境界开阔,气象雄伟,故有"大观"之名。

大观亭景区位于安庆城西门(正观门)外二里许,是在元末余忠宣公(余阙)墓的基础上发展而来。余阙字廷心,祖籍河西武威,因其父在庐州做官,余阙出生于庐州(今合肥)。元统元年(1333)赐进士及第,授同知泗县事,后朝廷修辽、金、宋三史召入翰林。至正十三年(1353),余阙任淮西宣慰副使,分兵守安庆。当是时,天下兵动,通信断绝,粮草匮乏,安庆周边皆为起义军所占,余阙"抵官十日而寇至"。危急关头,余阙"集有司与诸将议屯田战守计,环境筑堡,砦选精甲,外扞而耕稼于中。属县潜山八社土壤沃饶,悉以为屯……"经过屯田战守等措施,安庆危局得以缓解,从至正十三年到十七年的四五年间,余阙多次击退农民起义军的进攻,也因战功官拜淮南行省右丞。

至正十八年初,赵普胜、陈友谅、祝寇三支起义军从东、南、西三面围攻安庆城。余阙身先士卒,与最强悍的陈友谅战于安庆城西门外,杀敌无数,身亦受创伤十余处。然此时敌军却从其它城门攻入安庆城,余阙见大势已去,引刀自刎,坠清水塘中。余阙妻室子女闻讯,投井自尽,部下士卒随其投水赴死者亦不计其数。

余阙阵亡后,被追封为"豳国公",谥号"忠宣"。"议者谓兵兴以来,死节之臣阙与褚不华为第一。"故后人称余阙为元代第一忠臣。起义军也敬佩余阙的大义,为其具棺敛葬于安庆西门外(即在后来的大观亭下)。明朝建立后,朱元璋为余阙在安庆城内、外均建碑立庙,命有司岁时致祭。

正德末年,胡缵宗为安庆知府,在他主政的数年里,对余阙墓园进行了扩建。其中最主要的营造是在余阙墓侧建"青阳书院"(余阙早年耕读于家乡庐州府巢湖边的青阳山下,故号"青阳先生")。胡缵宗纂修的正德《安庆府志》载:"青阳书院即青阳余先生祠,祠之前为正气楼,楼之东为感恩亭,亭之北为仰高亭,南为求是堂,堂之东为书舍,舍之北为烈夫人祠。缵宗以余先生立朝以文学鸣,而又以忠义终,可以观感人士矣。故即其祠改而为此,使诸生与书院邻近者咸读书其中焉。"又载:"正气楼,在余公墓前,旧名'景忠',知府缵宗易以此。仰高亭,弘治间同知禄寿立,感恩亭,弘治间知府茂元立。具在青阳书院。"从这些记述可以推断,余阙墓园里有正气楼(原名景忠楼)、仰高亭、感恩亭及胡缵宗在"余阙祠"的基础上改建的青阳书院。

胡缵宗的继任者是陆钶(1488—1554)。陆为正德九年(1514)甲戌科进士。累官广西按察使、江西右布政使、福建左布政使、都察院右副都御史等。在安庆,他"作屏蒙翳,攘别嘉木,因其宜,中立一台,旁起一亭。随势低昂,缭以短垣。因山高下,贽以曲道"。然后,人至亭上,"皖中风景俱若踊跃奋迅而出现也",于是名为"大观",时为嘉靖四年(1525)。

清康熙二十三年(1684),安徽巡抚徐国相见大观亭已是榛莽瓦砾,深感惋惜,于是相西北隅"治亭其上,仍其旧名"。之后,大观亭又在康熙四十九年(1710)、道光元年(1821)两次缮修,后毁于太平军的炮火之中。同治五年(1866),安徽布政使吴坤修及彭玉麟动议复建大观亭,经过两年的努力,耗资万两,大观亭再次耸立于城西八卦门外。新建的大观亭为两层建筑,亭两侧建有一轩一榭,东为镜舫,西为云舫,之间花木竹石辉映,曲道回廊相接。

大观亭,因其立于长江边兀出之小山之上,为观瞻绝佳处,乃至有"皖省第一名胜之区"的称誉,亭上长联:"樽前帆影,槛外岚光,数胜迹重重,都向江头开画本;楼上仙人,阁中帝子,溯游踪历历,由来亭畔吊忠魂。"故历来游观之诗极富,姚鼐、刘大櫆、邓石如、王士桢、袁枚等都有题咏,现代郁达夫也对它情有独钟。日寇侵华,大观亭毁于战火。

【作者简介】

李钦昊,生卒年月不详。明直隶东安(今河北安次)人。正德八年(1513)进士。任安庆府推官,多平反冤狱,性刚峻,得罪当道者。

【注释】

[1]陆公:指陆钶。

227

[2]疮痏：凋敝困苦。

[3]息肩：指让肩头得到休息。比喻卸除责任或免除劳役。

[4]奋迅：指精神振奋，行动迅速。句谓人登亭上，风景奔涌入目而来。

[5]荐：似应作"鉴"。句谓君子照盆中水而鉴省。亭立，观人风，犹水鉴。

[6]尚宾：《易·观》象曰："观国之光，尚宾也"。李鼎祚《集解》引唐·崔憬曰："得位比尊，承于王者，职在搜扬国俊，宾荐王庭，故以进贤为尚宾也。"

[7]省方：巡视四方。《易·观》："先王以省方观民设教。"孔颖达疏："省视万方，观看民之风俗。"

[8]樯舳：帆船，船只。闾阎：谓民居聚落、村舍房屋。

[9]紫宸：指朝廷。

[10]欧阳子：指欧阳修。有《醉翁亭记》。

重建大观亭记

清·徐国相

出西门二里而近，是为忠节坊，元忠臣余公廷心之祠墓在焉。其地负山面江，踞一郡之胜。祠后旧有亭，名曰"大观"，为往来登眺之所，后毁于兵。

夫皖固江淮形胜之区，而用武之地也。自元失其政，汝、颍先鸣，蕲、黄向应，鱼书狐鸣之徒[1]，云集雾会。公以一介书生[2]，提一旅之师，蔽遮江淮，阻遏敌势，六年之间，大小二百余战。当其破双港，复枞阳，屡败赵普胜、陈友谅之兵于危城之下，何其壮也！既而孤军无援，粮绝城陷，合门殉节，为有元忠臣之首，又何烈也！岂从来贞臣义士所遇，亦有幸有不幸欤？抑千古成败之迹，皆自于天而不自于人欤？

今天下太平久矣。圣人在御，神武布昭，梯航万里，尉堠无警，载戢干戈，楼船下濑，征南横海之军，还诸宿卫[3]。凡至幢棨之宫[4]，刍荛之庑[5]，尽斥以归之于民。而民于其间，出作入息，歌咏太平。仰前哲之遗风，忆登临之乐事，未尝不诵圣泽之入人深，而思古制之复也。

予公余之暇，偶来斯祠，爱其地之高朗，又恐往迹之久而湮没也。于是疏榛莽，辟瓦砾，相西北隅而增筑之。治亭于上，仍其旧名。毋废前人，毋侈后观，复敞亭之四隅以眺望焉。见夫岩城翼翼，烟火万家，江流如练，奔腾澹沲[6]。山之连者、峰者、岫者，络绎绵亘，卑则相俯，高则相攀；亭然而起，崒然而止[7]；倾崖怪壑，若奔若蹲，若隐若现。凡龙山、百子、天柱、九华诸胜，皆可坐而数之，将古所谓仰观俯察，处高见大者，其在于斯欤？夫表扬前贤，修举废坠，守土者责也，况余公之忠烈，百代不泯者乎？

亭成，而合僚属以落之。其时襄厥事者，署江南安徽等处提刑按察使司分巡凤庐道副使加一级孙君兰，协镇江南安庆等处地方左都督管副总兵事仍带记功六次军功二次郭君文魁，知安庆府事加一级刘君坅，知凤阳府事耿君继志，同知安庆府事田君时芳,通判安庆府事王君国宝,怀宁县知县崔维衡,例得并书。

谨记。

【作者简介】

徐国相(1634—?),辽阳(今辽宁灯塔)人。康熙十五年(1676)以兵部尚书兼右副都御史巡抚安徽,有政声。修葺学宫,兴复书院,定征收之法。不久升任湖广总督。一生励精图治、忠于职守,为清初的政权巩固和大局稳定作出了重要贡献。

【注释】

[1]鱼书狐鸣:《史记·陈涉世家》:"乃丹书帛曰'陈胜王',置人所罾鱼腹中。卒买鱼烹食,得鱼腹中书,固以怪之矣。又间令吴广之次所旁丛祠中,夜篝火,狐鸣呼曰'大楚兴,陈胜王'。"后因以"狐鸣鱼书"指起事者动员群众的措施。

[2]公:指余阙。

[3]布昭:犹播撒光明。梯航:水陆交通。尉堠:犹敌台。秦汉设有尉堠官,负责报警事务。堠:古代望敌情的土堡。戢:音jí,收藏,收敛。

[4]幢棨:旌旗和棨戟。古代大将之车建矛戟幢麾。用以泛指仪仗。棨:音qǐ,古代用木头做的一种仪仗。

[5]刍茭:干草。牛马的饲料。此谓廊庑长满荒草。

[6]澹沱:荡漾貌。

[7]崒然:突兀,高耸貌。崒:音zú,险峻貌。

附:尽忠池碑记

清·张 楷

在昔余忠宣之殉难也,相传毕命于尽忠池。夫池曰"尽忠",乃后人重其节而名之,按旧称则清水塘也。元贾良《记》云公死于郭西"清水湾",塘与湾疑有别。郡旧有三志,其说亦小异。事距今垂四百年,宜其以疑传也。又,郡西北隅地藏庵前有池一泓,阔且深,人谓公当死于此。前怀宁令张君懋诚,曾筑亭其处,盖仰公节而表之者。惟是公当日与贼巷战,不克,遂引刀自裁,以坠于水。是公以刎死,非以溺死,度不必择水之阔且深者而始毕命也。

顷余有事郡志,意在传信,适国子生万迪亦上书详公死事,云其死所在郭西,不在西北,去墓不甚远。余乃简从亲勘其地,有闸、有桥、有渠一线,南通于江,闸废而址与石固在也。当有明嘉靖间,官以池为渔利,是时,郡守苔溪吴公曾草书勒石以示禁。顾事久滋玩,环附之居民,觊架屋其上,因缘岸培土,渠塞而闸不流,每霾雨暴涨,苦于沉灶者有之。迨万历间,襟寰胡公来守郡,偕僚属力清旧址,不避嫌怨,卒使壅者疏、涨者平。郡绅容公若玉特纪其事,而镌之石。迄今两碑并峙于桥次,陈迹固不可磨灭矣。

夫即殉难之地不得其真,于公之节固无损于毫末。维公虽骑箕天上,而精英当复来往于此池,坐视停污积秽以亵忠魂,于礼为不敬,于义则大乖,而况欲载之郡乘,以传信于千载耶?再考公死于伪汉之难,时贼有义公者,为具衣冠以葬。脱公果沉于地藏庵之塘,近塘故多崇冈,事在偬倥,胡不就咫尺而瘗之,反异而移之江滨哉?又有谓贼为公卜吉阡,故葬于今墓。试问彼何时也,而尚徐俟之青鸟家言乎?公死于此,而葬即在数弓之近,断断如也。

顷民有隐占而以墙蔽其渠者,亟命毁之,而清流乃在,望亦一快也。用是复锓八尺,与吴、容两碣并列而三之,俾凭吊者过而有考焉,则是池与公均千古矣。万子年逾大耋,闻其蓬户萧然,而留心遗迹若此,盖天鉴忠宣之死,而愁遗一老于数百年后为公表于有征,且俾于郡乘不复传疑也。皖亦尚有人哉!

【作者简介】

张楷(1670—1744),字瞻式,号嵩亭,汉军正蓝旗,直隶长垣(今河南长垣)人。自幼沈毅端悫,无俗嗜,康熙壬午(1702)科领乡荐,选授山东东阿县令。上任伊始,便勒石自誓:"词讼不受一钱,亲友不徇一情。"在东阿六年,始终处己以敬,待人以礼,抚民以惠,三载考绩,每称"卓异",东阿人以"名宦"视之。康熙五十二年(1713),晋朔州知州,未及履任,简升安庆知府。迁江西按察司副使分巡饶九南道,改浙江督粮道。雍正二年正月,升为江苏按察使,累江西布政使、江苏巡抚。乾隆时为湖北巡抚、安徽巡抚,官至户部尚书。

望江建城记

明·张佳胤

望江,城矣!宪副冯公械币抵不佞[1],书曰:"是役也,受笑于台使者[2],实惟二三贤有司勖勤是赖[3]。小子无良,幸睹成事,敢以记请。"不佞孙不文[4],而卒不获孙也。遂记之。

夫望江者,为皖郡西南邑。大江之水啮其南,土即不腴[5],而称十室三户。然上受浔阳之九派,而下扼金陵、吴、扬之吭[6],固重地也。昔在正德,霸盗蹒突,而民庐亡。何宁藩逆命,燹卤通于境之内外[7],守令抱印窜山谷间。使有城,然乎哉?嘉靖之季,岛夷内讧,征土司兵[8],所过骚动,而邑蒙害独甚。且也江上无赖,轻艋片帆,日夜伺公私之家。使有城,然乎哉?

今天子改元,首发明诏,其急在四方之城守。维时不佞待罪抚臣,属邑之不城者五,以语诸大夫曰:"萑苻之泽,探丸而起,陆犹可为,水何以御[9]?今之濒江而邑,承楚引吴为故都左辅如望江、东流者,孰与他邑重?曷先城之?"顾望江长吏缩纳不任事[10],卒城东流。

会不佞去之明年,盗入芜湖,刃人而取篘库之金[11]。事闻,天子震怒,中丞而下降罚革斥有差[12]。已乃诸司兢兢,恒以不能奉德音是惧,诸不城者,次第举之。望江于是乎仡仡言言[13],与长江相雄矣。

夫城,大役也。《春秋》之所慎,藉令非时驱农以舍锱基,而从事于约椓之间,是谓之"诗"[14]。无所注措而会头以敛诸民者[15],至尽膏髓,是谓之"虐"。非其要而辄兴,又徒以穷力于无所缓急之区,是谓之"愚"。有一于此,宁无城也。

乃望江地重矣,而用民不妨其业,一切鸠工庀材,官为之发帑藏,而下不以为劳。宪副君从中度地宜,计赢绌[16],详经画,盖以全城贮胸中,而择郡丞蹇君达之材,以授其全城之策,至所为任人程工,稽实杜弊,明于烛照,精于石画,宜成城若承蜩然掇之矣[17]。是役也,上奉天子之威灵,下赖诸贤之同德,不佞不终之事,卒藉手以答二三之民,抑又幸矣。不佞闻之《孟子》曰:"地利不如人和。"又曰:"效死而民弗去。"夫使民至于"和""不忍去",其为德茂矣。不然,为金为漆,其谁与守?即此岁,皖军登埤鼓噪[18],四键其门,令有司计无所出,是城徒以委人尔。殷鉴岂远哉!

城工经始于乙亥四月[19],告成于十月。下石上甓,周环六百二十六丈。基入深水者高二丈三尺;浅水者、因山者、无尺地平者,省尺之二。为门有五:南曰廉恭,东曰清诚,西曰嘉泽,北曰孝感,东北曰翔凤。楼有五,铺有九,堞有一千一百一十,水洞有四。用金计一万一千九百两有奇,什六出郡帑,什四出邑差赋中[20]。

先是,以城请而保障是急者,抚院永丰宋公仪望,操院临海何公宽,巡按上党鲍公希颜。相与乐成大役者,漕院马平张公翀,江院南海陈公堂,仓院中阳胡公秉,经纪始终,规画财力;安庆守遂昌吴公孔性,若夙夜勤劳,以鼓舞吏民。

所谓宪副冯公者,讳叔吉,四明人[21]。郡丞蹇公者,讳达,巴郡人。二君劳烈,前语具矣。他佐尉而下,各效功能记不悉者,宜著之碑阴云。

按:望江老城,今已荡然无存。但历史上望江不但有城,还请名臣张佳胤为之作《城记》。"今天子改元,首发明诏,其急在四方之城守。"于是,望江县在万历乙亥(1575)年开始建城,上下同心,官民协力,半年多就建成了"下石上甓,周环六百二十六丈。基入深水者高二丈三尺;浅水者、因山者、无尺地平者,省尺之二。为门有五:南曰廉恭,东曰清诚,西曰嘉泽,北曰孝感,东北曰翔凤。楼有五,铺有九,堞有一千一百一十,水洞有四。"总花费"金一万一千九百两有奇,什六出郡帑,什四出邑差赋中"。修城,可以从府帑中开支的。

不仅如此,望江城内还建谯楼"奉天儆民"。

【作者简介】

张佳胤(1526—1588),避清雍正帝讳,又作佳印、佳允,字肖甫,初号泸山,号崌崍山人(一作居来山人),铜梁(今重庆铜梁)人。嘉靖二十九年(1550)进士。入仕途为滑县令(今河南滑县)。穆宗隆庆五年(1571)升右佥都御史,巡抚应天十府。万历元年(1573),至九江,平定安庆兵变。万历二年(1574),坐安庆兵变勘狱辞不合,迁南京鸿胪卿。万历三年,擢右副都御史,巡抚真、保诸郡。官至兵部尚书,授太子太保衔。卒赠少保。天启初,追谥襄宪。工诗文,为嘉靖后五子、后七子之一。有《崌崍集》。

【注释】

［1］械：音 jiān，箱子一类的器具。古同"缄"。

［2］笑：同"策"。

［3］劻勷：音 kuāng xiāng，辅佐，帮助。

［4］孙：通"逊"。退避，退让。

［5］腴：丰厚，肥沃。

［6］吭：喉咙。

［7］燹卤：指起而叛逆、烧杀纵火的人。

［8］土司：犹部落。

［9］萑苻：音 huán fú，泽名。《左传·昭公二十年》："郑国多盗，取人于萑苻之泽。"探丸：常作"探丸借客"。《汉书·尹赏传》："长安中奸猾浸多，闾里少年群辈杀吏，受赇报仇，相与探丸为弹，得赤丸者斫武吏，得黑丸者斫文吏，白者主治丧。"后以"探丸借客"比喻游侠杀人报仇。亦省作"探丸""探黑白"。

［10］缩纳：谓缩手收脚，不敢任事。

［11］筦库：仓库。筦：音 guǎn。

［12］革斥：革除、斥退。

［13］仡仡：音 yì yì，高耸貌。《诗·大雅·皇矣》："崇墉仡仡。"高亨注："仡仡，同屹屹，高耸貌。"言言：高大貌，茂盛貌。《诗·大雅·皇矣》："临冲闲闲，崇墉言言。"毛传："言言，高大也。"孔颖达疏："言言是城之状，故为高大。"

［14］镃基：农具名。大锄。约椓：指筑城墙。《诗·小雅·斯干》："约之阁阁，椓之橐橐。"椓：音 zhuó。《说文》："椓，椎也。"诤：音 bèi，乖谬，昏惑，糊涂。

［15］注错：亦作"注措"。措置，安排处置。《荀子·荣辱》："君子注错之当，而小人注错之过也。"会头：会首。带头起事者。

［16］赢绌：指盈馀和亏损。用于财货等。

［17］承蜩：常作"痀偻承蜩"或"承蜩之巧"。比喻做事情专注，全神贯注，方能成功。《庄子》："仲尼适楚，出于林中，见痀偻者承蜩，犹掇之也。仲尼曰：'子巧乎！有道邪？'曰：'我有道也。五六月，累丸二而不坠，财失者锱铢；累三而不坠，则失者十一；累五而不坠，犹掇之也。吾处身也，若厥株拘；吾执臂也，若槁木之枝。虽天地之大，万物之多，而唯蜩翼之知。吾不反不侧，不以万物易蜩之翼，何为而不得？'孔子倾谓弟子曰：'用志不分，乃凝于神，其痀偻丈人之谓乎！'"

［18］陴：音 pí，城上女墙，上有孔穴，可以窥望。

［19］乙亥：万历三年(1575)。

［20］差赋：差役赋税。

［21］冯叔吉(1532—?)：字汝迪。嘉靖三十二年(1553)进士。除泰和令，未几入礼部主事，再迁两淮运判，擢徽州丞，迁池州守，进江西按察副使，左迁山西参议。会盗掠芜湖，遂移江南备兵，历湖广右布政使，随即转为左。仕进遂意，为人倜傥，经济大略，出自天授，筹划兵务尤其所长。修筑望江城同时，他还与池州知府王颐一起加筑池州城墙，城楼设警铺 27 处。

附：望江谯楼记

明·吴　翱

谯楼之建,有司奉天儆民之先务也。古之王者,颁正朔于诸侯,诸侯告朔,而颁诸民庶。后世郡邑之谯楼,亦古诸侯告朔之遗意,司候节气于高明之地也。晋、隋、唐、宋而下,创铜壶刻漏之器,制度尤精密。盖节气之序既定,于焉而分更漏以司夜,声钟鼓以戒旦。耸斯民之观听,知作息之有候,俾耕获之有日。上以奉天时正朔之不爽,下以儆民事庶绩之不可缓也。

望江,安庆属县。旧治罹兵炬,鞠为莽阒之墟。我国家奄有江、汉之明年癸卯,邑令徐焕、丞柯日新、簿王纯、典史董琦,率吏民薙丰草以辟通衢,剪荆棘以立治署,官始有廨,而吏有曹。诛茅接屋,而民粗有居。岁丙午冬,临濠定远吴建忠宰兹邑。越明年,兴弊起废之有次,典史黄理谋协计从捐己俸,为鸠工抢材瓦甓之赀,于民无秋毫取。因故址而崇其基,不期月而楼成于上。据地势之清高,面江山之形胜。翼然于翠飞羽革之华丽,峛然焕然若鲁灵光之独存。

若夫登兹楼以远眺,北拥潜峰之天柱,东环江左诸山之层峦秀巘,西南匡庐之五老奇峰,皆之妙境天趣,苍屏四列于栏槛之外。大江西来,注百川、汇巨浸于彭蠡之潴。障狂澜于小孤、彭郎之矶峡。出矶峡而一泻千里,溶漾演溢于几席之下。顾斯楼之景态万状,亦淮、江列邑之奇观也。

嗟夫!今而后长民之多士,公退而登眺之际,匪徒居高明而消遣世虑,俯仰今昔,其必有所思乎?思三孝之立卓行于千古,思贤麹令之施仁政于一邑,思致君泽民为己任,思承流宣化、政平讼理、田里无愁叹之声为己忧。若是,则葺斯楼于不朽,享久安长治之乐于无穷者,功又相迈也。是为记。

吴元年丁未十一月吉日。

太湖大观楼记

清·王崇曾

盖闻古者建邦设都,每相泉观原,列以左祖右社,前朝后市,环统周布,非直为观美,求其形势便而风土宜也。下至开郡改邑,莫不皆然。

太邑枕山带河,峰峦葱郁,陂池清涟。而市城之内,观宇森列,台榭停峙,崔崔嵬嵬,真殷富之名区,而礼教之严邑也。故其先不特土厚而民醇,亦且文兴而才蔚,簪缨珠累,甲第蝉联,或鸣珂于帝里,或分采于外台,指不胜屈。猗欤盛哉!不期明季兵燹之后,城郭望若丘墟,室庐几于灰烬,民气雕残,人文寥落。熙朝鼎革,抚绥安集垂三十年,政教聿兴,百废具举。时乃既庶且富,俾乐而康,而独登甲乙榜者不数见。

今年壬子秋,予以闱事归,不胜为湖人士悼惜,而亦自愧振兴之无术耳。适诸乡先生,揖而言曰:"城之东旧有大观楼者,与西真乘寺之浮屠相参峙,创自邑侯邢公。登其上如岳立云停,万象在目。堪舆家以地在邑之巽方,大有裨于文运,故其时科名蔚起。今者士多家修,而不获廷献,亦以人杰既已挺生,而地灵犹未效顺耶？吾邑人共谋以营建焉。"

余因造其遗地，相其形胜，而于所言益信。曰："是余之责也夫？当捐橐以为诸公先。倘工役之费既烦，材木之赀不继，缙绅先生与都人文士，值此时和岁稔，省东阁西园之费，造凌云百尺之观，众用克襄，功成不日，是其素愿也，又何待余言赘为？"

按：安庆的太湖县也有大观楼，为康熙癸丑(1673)知县王崇曾重修。王崇曾，生平不详。开州人(今河南濮阳)。顺治十六年(1659)进士。曾任太湖令。他在太湖令任上不但修了大观楼，还修了《太湖县志》。他率先捐俸，并节省县衙之东阁西园之费，造凌云百尺之楼。

弘济桥碑记

明·吴 麟

桥梁道路，有司首务，其惠民为至切。有司漫不加意，姑置勿论。其有事于此者，往往派椿木，罚石米，期于必成，是欲以利民，先使民苦者也。又有置立簿籍，责闲散无藉，或有力势家，劝令各出所有，其意则善，是不以公平正大之体率乎民者也。皆予之所不能。

予莅安庆之明年，商人李龙等持牒趋告予于庭曰："去府治西南二里许，地名张家港，旧有桥一座，皆束木为之，岁久朽坏，往来恒病之。龙等欲出所余，易之以石，令可久远，乞数言以约人心。"予劳之曰："未有上好仁，而下不好义者也。予未能立桥济民，而复汝商人，强非予心也。"复申告曰："龙等数世盐货于此，食此土之利久矣，非此无以表地利。近年以来，又蒙弛禁宽商，民不敢奸以私，龙等若不知有官府者，非此无以报恩泽。"予复劳如前。李龙等唯唯且退。予未尝一言及之，矧催督耶？

予癸卯冬入觐，迨甲辰夏复莅此土，偶经此地，桥则成矣。古人曰："禹之行水，行其所无事也。"上非有心于必其成，下非有心以要其上。致之以渐成之，不劳其于行所无事之义，殆庶几焉矣。桥凡袤二十丈、高三尺、阔二丈。上为亭，下为三洪。桥之东西各树以石坊，题其额曰"弘济桥"。用银约千两余。嘉靖二十三年正月兴工，越二年八月落成。行者恃以无恐，自此始矣。

斯役也，上无心以督成之，是不敢劳吾民，且伤其财也，可以观仁。李龙等率作兴事，绩用有成，率如其期，可以观义。民不告劳，而行不病危，可以观化。一举事而众善备焉，君子观于此，可以知为政之体矣，是不可以不记。

按：嘉靖年间，安庆知府吴麟因商人李龙等自发建桥，心生感慨"未有上好仁，而下不好义者也"。李龙等修好了府治西南约二里处张家港的桥，易木为石，建起"长二十丈、高三尺、宽二丈"的桥梁，桥面上修了亭子，下面留有三孔以行水泄洪。修桥用去银子千余两，嘉靖二十三年(1544)正月动工，建了两年，名为"弘济桥"。

【作者简介】

吴麟,孝丰人(今属浙江湖州)。嘉靖丙戌(1526)进士。授刑部福建司主事,迁监察御史,历任南京兵部郎中知安庆府事。因"抚按交荐,推江南北行第一,晋山东提刑按察司副使"。有才识,勤政事,持法严厉,吏胥畏服。

重建皖镇桥碑记

明·郑　禧

距皖城西半舍许,有地曰山口镇,怀宁旧治在焉。镇有湖,通大江,春夏涨漫不可渡,霜降水落,则又病于泞。古为皖西诸属邑要津,匪桥莫济也。颓圮既久,建置罔考,而定名"皖镇",则自今伊始。

前令尹王子,尝略基址,度财用,会入朝为侍御史而寝。嘉靖乙未仲秋,愚山熊子同守于皖,下车省视于兹,慨然曰:"吾长民者责也。"首捐俸入为向义者倡,余亦从助之。董以耆民王宠辈。址仍其旧,佣给以日。属阻饥,未讫成功。明年春,郡伯石公至,大有年,阖境民大和会,而节推郑子亦继至,以冬十月十有九日落成焉。桥广三寻,高倍之,袤十倍高之数。宠复筑穿堤桥西,以达于镇。

愚山年逾强仕,而艰于嗣,适是日嫡子生焉。越旬日,仲子又生。行道颂之,以为"公济于民,而天赉于公不爽也。"无何,擢守永州去。民思之不置,相率树石于桥上,请余记之。

余惟《周礼》,"司险掌九州之图,用周知山林川泽之阻,而达于道涂",民未病涉也。后世司险无官,而桥梁之治独称于诸葛。厥后韩昌黎、苏子瞻用是见德于潮、惠,然则君子之济天下也,容可以此为末务而漫不省忧也哉!观斯役也,倡于上而利于下也若此,而民之归德于上也又若此,可以知政矣。《易》曰:"有孚惠心。""有孚惠我德。"《书》曰:"议事以制,政乃不迷。"

熊子名汲,字引之,南昌钜族。昆季竞爽,以家学起进士,官兵曹,谪台推,迁今官。王子名朝用,字行甫。政绩相成,法宜并书。诸乐助者,具列于碑阴。

按:山口镇的镇皖桥是湖口架桥。"镇有湖,通大江,春夏涨漫不可渡,霜降水落,则又病于泞。"于是,嘉靖乙未(1535)熊子同为安庆知府,带头捐献薪俸倡议修桥,终于在第二年修成"广三寻,高倍之,袤十倍高之数",即桥面宽24尺(明代一尺约今32厘米)、高48尺、长480尺的桥梁。

【作者简介】

郑禧,生平不详。明括苍(今属浙江)人。时为安庆别驾。

重建官豸桥碑记

清·张 楷

由宜城环江而西十五里,为皖口,上通楚豫,下达江淮,七省必经之孔道,向有桥以利行者。按郡志,筑于明怀令王公璟,工未竣,王擢御史去,皖人遂成之,即名官豸桥。志首事,且怀胜泽也。阅今二百余年,江涛湍激,湖水浸漫,日就倾圮。

癸巳秋,余来守郡,簿书之暇,巡行郊野,因舣棹石门湖畔,见夫待渡者、褰裳者,连环骈接。询诸父老,为余言:每当春霖秋潦,轻舠恒遭覆溺。余恻然有感,急思复王公之旧而永其泽。顾此桥临河跨湖,艰兴易废。相度久之,较故基稍迁而南,畚壤测臬,经体面势,厥址尤良。然为费不赀,爰请命梁、李两大中丞,前后倡捐。方伯张公,观察朱公,同心一体,慨然力赞其议,与监司州郡,各出清俸,俾余综理,务竟乃事。绝苛扰,禁糜滥。采石庀材,约费金三千有畸。经始于乙未冬十月,迄今庚子春三月,乃得告厥成功焉。

盖以春夏江湖泛溢,必俟水涸,又值晴和,工不病作,始可甃石,故竣事若斯之难也。今者,长桥卧波,彩虹如画。行旅有安驱之乐,负戴无病涉之虞;车骑之往来如织,东南之泉货长流。其亦知各宪恩施,与前贤盛举辉暎后先,庸问皖人之余德也耶?

桥既成,郡人士请于余,谓不可无记。余谓举事乐观成,而恒情畏更始。是役也,得明经杨锦悉心襄事,六易寒暑,始终无间,费有不给,辄解囊以应,庶几勇于为义者欤? 于例得书。

按:官豸桥位于安庆—潜山古道要冲,在今怀宁县山口乡境内。桥"筑于明怀宁令王公璟,工未竣,王擢御史去,皖人遂成之,即名官豸桥。"到张楷康熙五十二年(1713)来任安庆知府,桥已经二百岁了。公务之余,张楷四方观察民情,发现桥附近"待渡者,连环骈接",桥坏了。于是,他带头捐俸,开始修桥;费用不够了,又请求上级倡捐。康熙乙未(1715)开建,终于在康熙庚子(1720)年建成了,花费金三千多。桥自然是"彩虹如画",而此时作者早已离去,但郡人依然请他为记:念民之事者民常念之。

【作者简介】

张楷(1670—1744),字瞻式,号嵩亭,汉军正蓝旗,直隶长垣(今河南长垣)人。康熙壬午(1702)科领乡荐,选授山东东阿令。康熙五十二年(1713),晋朔州知州,未及履任旋特简升安庆知府。雍正元年,迁江西按察司副使分巡饶九南道,升江苏按察使、江西布政使、江苏巡抚。乾隆六年(1741),任安徽巡抚,驻节安庆。前任知府今又来,郡人"塞道欢迎,声动城郭"(《墓志》)。后以年高,迁内阁学士、礼部侍郎、户部右侍郎、总督仓场。升户部尚书,未及赴任,以积劳卒。安庆知府任上,他捐俸编成(康熙)《安庆府志》。

桐城县重造东门桥记

清·陈　焯

顺治十八年子月甲申，明府邹侯重建邑治之谯楼成，焯既登而乐，乐而赋之。嘉平己未，东门桥上复竣。是日也，青阳适至，土牛告新，侯乃率僚佐迎春于东郊，远近聚观可数万。趾輶轳桥上，相与扣址石，凭翼栏而叹曰："是桥之毁，二十七年矣。行者苦瘁，负者苦蹟，每忆长虹卧波，渺焉有隔世之感。兹一日复之，其天造吾民耶！"则又曰："昔之使君，曾营是桥矣。上有会而下有赋，署以'子来'，志趋事之勤也。今之使君，廪禄是资，流佣是役，吾民无丝粟之助、公旬之劳，履砥视矢，坚好辉灼，较昔有加，其何以报使君耶？"乡大夫闻而匙之，谓此富津之遗轨、湟水之先声也。舆颂既作，不有以永之，胡子弟之能为？乃仍授简于焯，俾书其事。弗辞黯浅，遂为之记曰：

古者关梁之制，先王盖谨之，故蹯尾旦星有其期，要塞磎径有其地。方伯连帅各勤于境内者，习为当然，无可纪之绩，亦无可名之胜也。后世吏道日繁，簿书期会之中，伥伥焉捄过不给，而郡邑之建置营设，复无画一之令甲以绳于后，则或举或废，存乎其人，势使之然矣。苟能奋有为之才，起当兴之利，职掌既尽，而余泽犹有以济民，岂不屹然称盛事哉？

若夫缘成梁之役，形于讴颂，又详见诸文章，唐宋以来始稍稍可考。而其中最著者，无如蔡忠惠万安一桥。尝读公之自为文，与有明王道思之记，辄慨然遐想其风烈。乃今则又得吾明府邹侯。侯之于忠惠，文采风流，雅堪伯仲。至于兹桥之在吾邑，虽横跨山溪，无凌涛御风之势，然九省通道，车骑行李，于焉取达，视万安之僻处闽海，惠济广隘，固已不同。且皇祐之初，天下无事，八闽殷富甲海表，故忠惠糜帑金钜万，奔走编户者六年，未尝告劳。今日之东南，可谓平定安戢矣，而山城抚敝未起，侯又首惜民财力，如珍手足而护肌肤，撄之则痛，其咄嗟倚办，皆出乎俸入撙节之余。惟遴一二朴勤赴公者，俾之往视厥事。事溃于成，竟以不日。古今人所处之易难，所就之迟速，又何若是其相远也？矧一年之中，两有兴作，帑余弗藉，科敛无闻，令信工敏，风霆疾而云汉昭，此固忠惠之所不能，亦载记之所罕见者。呜呼！可不谓尤盛哉。

按： 东门桥，现名紫来桥。元末，邑人方德益，捐建甃石桥。明嘉靖末易为木桥。天启间，桐城知县陈赞化倡捐集资，修复石桥，始名紫来桥，袭"紫气东来"之意。清初，桥基毁圮，顺治十八年（1661），知县邹汝楫倡议重造，请邑人内阁中书陈焯作《桐城县重造东门桥记》，勒石立碑（今已毁），以纪其事。

康熙四年（1665），桥毁于洪水，继建木桥。七年，知县胡必选重加修葺，更名"子来桥"。乾隆初，再度被洪水冲塌，保和殿大学士张廷玉以谕祭其父张英的结余银款重建石桥。乡人颂其德，名曰"良弼桥"。后屡毁屡建。1984年，当地政府拨款维修。现桥长48米、宽4.5米、高4.5米，五孔四墩，桥面条石铺设，桥墩为麻石嵌砌，迎上流部位，砌成箭头三角形，以减小水流的阻力。1985

年9月,桥列为县级重点文物保护单位。

【作者简介】

陈焯(1631—1704),字默公,号越楼,晚号瞀叟,桐城(今属枞阳陈州乡)人。顺治九年(1652)进士,官历兵部主事、内阁中书。有《涤岑诗文前后集》,预修《安庆府志》《江南通志》,编《古今诗会》《古今赋会》《宋元诗会》等。

长堤碑记

明·龙子甲

望邑城南三里许,曰吉水镇。镇之民居稠密,人文焕发,视昔逾盛。且沿近大江,艘舣日聚如蝟,以故鱼盐辐辏,商贾丛集。凡熙熙攘攘者,靡不望镇为归市,邑之藉镇,不啻瓶之藉罍。城之业贸易者,无一日不肩相摩,趾相错,走镇如鹜。故所称三里许者,衍隰湫湿,当冬春之交,少一潦,化为潴泽,泥淖没胫,浅弗能舟,深弗能屐,行者苦之。甚而由夏之秋,百川灌河,遂成巨浸,从邑门以视镇,不胜望洋之叹哉。或操一叶之舟,十百争渡;或鼓中流之楫,风涛乍惊,往往俾民下从鱼鳖游者,莫可指数。

幸邑大夫方侯来令兹土,修废补坠,百务具举。每念兹患,民溺己溺,深抱纳沟之耻。且曰:"何哉!河伯与守土之吏争尺寸之地,梗我遵道之化?"遂慨然有筑堤之议。已顾非常之原,移民惧焉,更始之难,自古志之。侯乃捐俸以为民倡,特简乡民之贤如谢国典、胡尚濂等,令其家谕户晓,以为民劝。于是阖邑之民俱欣欣仰体侯意,各出金钱,鸠胥役,具畚锸,度寻尺,而厥工兴矣。

堤身之长,原就三里许。阔若干,而脚倍之。高视地势为差,洼者累三丈有奇,平者减其半。堤身当激流冲啮处,甃石以捍之,左右插柳以护之。倘非稽天之流,民咸得往来其间,安然坦途,既无舟楫风涛之危,并无濡足褰衣之病。众咸德侯,树碑于道旁曰"方公堤",志侯功也。顷国典等复征予言,以记其事。

予糊口四方,故园久旷。因其请,乃诣邑门南望。见兹堤翩翩蜒蜿,势若游龙;堤柳交翠,菁葱映日,旖旎涵风,又为我望增一佳境。昔人云:"曾日月之几何?江山不可复识!"盖此谓矣。予因是而论之,昔子舆氏之称王制曰:"岁十一月,徒杠成。十二月,舆梁成。"我国家令甲日修矣,桥梁道路,总之金钱出于官,工力藉之民。兹堤自侯捐俸外,毫不费公帑,悉出于本镇若民若商乐输囊资。聿底厥迹,犹足以见我侯爱民惠商之感,近悦远来之征也。于是乎记。

康熙二十二年,知县伊嶽重修,乡耆胡从儒等董工。

按:明清时期,安庆水旱灾害频发,当地政府带领百姓整治河湖水道,修筑渠堰引蓄水,这些水利工程遍及安庆所属的望江、怀宁、潜山、宿松、太湖、桐城等地。望江吉水镇"民居稠密,人文焕发",且近大江,商贸发达,但距邑城三里许,"衍隰秋湿,当冬春之交,少一潦,化为潴泽,泥淖没胫,浅弗能舟,深弗能屐,行者苦之"。到了夏秋时节,"百川灌河,遂成巨浸"。县令方侯带头捐俸以为民倡,百姓家家响应,各出银两,"鸠胥役,具畚锸,度寻尺,而厥工兴矣",三里长堤筑好了,大堤随形就势,"窪者累三丈有奇,平者减其半",面向激流的地方用石头砌成,堤两边多插柳树,大堤"翩翩蜿蜒,势若游龙;堤柳交翠,菁葱映日,猗旎涵风",成为望江邑一佳境。于是,当地百姓大堤上往来"既无舟楫风涛之危,并无濡足褰衣之病"。

明代,安庆府沿江绕湖修筑的大堤就有宿松康公堤、黎协堤、枫香堤,太湖翟公堤、万柳堤;清代,长堤勃兴。著名的同马大堤上起鄂皖交界的段窑,下至怀宁官坝头,联并同仁堤、丁家口堤、泾江长堤、马华堤等,长达175公里,保护着宿松、望江、怀宁、太湖四县141.5万亩耕地。

【作者简介】

汪伟,生卒年月不详。字器之,江西弋阳县(今江西弋阳)人。弘治九年(1496)进士,改庶吉士,授翰林院检讨。累官南京礼部主事、南京国子监祭酒、吏部右侍郎,转吏部左侍郎。因劾免官,卒于家。

新建龙王庙碑记

清·任 埈

稽古雩祭之典,天子雩于上帝,诸侯雩于境内之山川而已,未闻作宫而享龙者。夫龙之为物,可扰而驯也。《传》云:"龙以为畜,则鱼鳖不淰。"虽属"四灵"之尤,究未离于物类耳。然"潜见飞跃","云行雨施",《周易》详哉。其言之风既有伯,雨亦有师,意必有骖玄虬而驾赤骊者,肤寸而出云,顷刻而霖雨乎天下。虽国有水旱天行之灾也,而司牧者,为民祈命之至意,必肇称殷礼有加无已焉。

吾皖龙山有灵湫,每旱,祷辄应,明洪武间,勅封为"顺济龙王"。故其庙祀不一,在北关隍外者,以便于雩祭而设也。兵兴,鞠为茂草间者,魃崇孔炽,《云汉》之歌半于天乙。太守毅可李公,徒步虔祷,循土龙、泥人故事,拜起灵坛,砂砾销铄,而水旋流;草木焦卷,而泽滂沛,以故灾祲岁荐,民无捐瘠。今则天意降康,迄用丰年,田畯汴舞于道,妇子欢呼于室。谓"如坻如京,伊谁之力"?民曰:"太守!太守!"不有归之于神。于是谋建厥庙,以崇明祀。其龙山灵湫宫,业为修葺。而在关外者,因旧基僻隘,不足以昭显赫,更卜于南门外江滨,为殿三楹、门三楹,缭以垣墙,饰像辉煌,炉、瓶供奉之具咸备。

是役也,费悉取于内帑,力不假于子来,未浃旬而考成。适埈释褐归里,诸耆老相率来告,请为之记,以志不朽。

埈因思有道之世,其神不灵非不灵也,夫无所见其灵也。吾皖岁比不登,疑民之罔极,神之瘅怒未艾。李公令之,田赋有经,徭役不扰,农工商贾,各守尔典,以承天庥。用能反灾为祥,转祲为丰,视夫爪发之剪,圭璧之馨,焜耀史册,以方兹烈,不其恧乎? 公犹廉让未遑,既成民而复致力于神。

自是,皖人士奉牲以告,必曰:"博硕肥腯,昔胡以瘯蠡,而今胡以备腯咸有也?"奉酒醴以告,必曰:"嘉烈旨酒,昔胡以有违心,而今胡以多嘉德也?"奉盛以告,必曰:"洁粢丰盛,昔胡以三时有害,而今胡以绥邦屡丰也?"不宁唯是,大江之上,舟楫往来,耳而目之,曰:"巍巍而翼翼者,是谁为民祈命而建也?"即更历千百年,庙貌旁落,故老所流传,必曰:"此昔三载之旱,李公之所祷而辄应者也。"将见春秋享祀,岿然如灵光独存,始信神所凭依乃在德矣。惟公之德,难以备述,仅志其庙之废兴如此。

庙创于顺治乙未年之夏六月。公讳士桢,字毅可,山东昌邑人。

按:清朝顺治乙未(1655)年,时任安庆知府的李士桢(1619—1695)创建龙王庙,以备祈雨之需。他"更卜南门外江滨,为殿三楹,门三楹,缭以墙垣,饰像辉煌,炉、瓶供奉之具咸备"。李士桢,字毅可,山东昌邑人。曹雪芹祖母之父。顺治四年(1647),八旗抡才,李士桢以贡生资格参加廷对,中取第十六名,授长芦(沧州)盐运判官,累官河东运副、两淮运同,安庆、延安知府,历仕至浙江布政使、江西巡抚、广东巡抚,诰授光禄大夫。

【作者简介】

任埈,生平不详。怀宁人,撰此文时为广东副使。

龙山神庙碑记

明·王 鏊

安庆治龙舒,其镇龙山。山去治三十里,蜿蜒起伏,北崎而西首。有泉见山之巅,渊深澄洌,不竭不盈,自山而下,浸田几千顷。岁旱,舒人祷之,无不应者。或见云气显物怪为候云。民严事之,所从来久。洪武初,有敕封"天井顺济龙王"。

成化甲辰,云中徐侯杰来守安庆,治人惟公,事神惟慎。适岁旱,侯祷于兹山,雨立至。侯则叹曰:"予惟守兹土,赖兹山泽兹民,予其敢忘报?"乃与同知府事毕大经、通守卢旻、节推张训,相与捐俸余,节浮费,以新兹庙。寝庙靓深,貌像庄丽。已,复具其事来京师,介御史柯君忠、进士危君容,求鏊刻其事于碑。

鏊曰:龙山之食于舒,宜也。至其见神于先后,谁实尸之? 是亦理之所当辩也。或云:"其泉之深黑,若有神物潜焉,舒人尝或见之,盖龙云。"或曰:"非也。昔昭灵侯张公路斯尝为宣州,及六人郑祥远战于淮、淝之间,与九子皆化为龙,其遗迹有存乎是者。"其果然欤? 不可得而知也。闻之《礼》,"山林、川谷、丘陵,能出云为风雨"者,皆曰神,诸侯祭封内山川。然则龙山,固舒君之所当祀也。鏊是以纪其事于碑,复为诗以授庙工,使祀而歌之。诗曰:

有岩龙山,维舒之镇。有涓龙泉,维舒之润。山上出泉,其下维田。

谁锡舒人? 自古有年。维时愆阳,并走群望。有云蔚然,兹山之上。

灵怪乘之,顷刻异状。舒人奔走,则惟我神。睠焉新庙,万祀千春。

祀典有之,法施于民。

按: 龙王庙现在名叫龙山寺。民间传说云,元顺帝至正九年(1363),朱元璋鄱阳湖战败后藏于此庙避难,许愿如得脱,扩修此庙。登基后,很快扩建大龙山龙王庙,敕封此庙神为"天井顺济龙王"。

成化甲辰(1484),徐杰守安庆,碰上干旱,"祷于兹山,雨立至",于是,"捐俸禄,节浮费,以新兹庙"。清康熙朝,曾派员于此庙祈雨,雨后即封龙王庙为"护国都督老龙王";咸丰登基时,安徽遭蝗灾,为了灭蝗,敕令安庆府求此庙龙王降雨解安徽之难,果然天降大雨,蝗虫尽死,帝封龙王庙为"天井龙湫";光绪四年(1878),皇帝为龙王庙御笔题写"星云散润"四字;宣统二年(1910),重修龙王庙,赐金匾一副。1934 年,皖省大旱,安庆乡绅又在此求雨并应验。

【作者简介】

王鏊(1450—1524),字济之,别号守溪,学者称震泽先生。吴县(今江苏苏州)人。成化十一年(1475)进士。累官侍讲学士、少詹事,擢吏部右侍郎。武宗正德元年(1506),进吏部左侍郎兼学士,十二月,晋户部尚书兼文渊阁大学士,次年晋少傅兼太子太傅、武英殿大学士。卒,谥文恪。一生为人正直,居官清廉。致仕回乡至逝世,家居共 14 年,"不治生产,惟看书著作为娱,旁无所好,兴致古澹,有悠然物外之趣"。时称"天下穷阁老"。

奉修社仓记

清·胡必选

自古称有治人,无治法。法之弗讲,而徒恃人以振创之,利一害百,意见各殊,终纷更而不可为理,亦存乎人之善行其法而已。如积贮一事,原为救荒而设。其最著莫如"常平法",始于汉耿寿昌,今各县无漕值以为本。而籴运恐或扰民,如唐和籴之失,可鉴也。其继莫如"义仓法",始于隋长孙平,今其仓止设于县治,类便于市井奸冒之辈,而无补于山谷贫民。其继莫如"社仓法",始于宋朱熹,今府郡无平米,可请而行于一邑,与昔之行于一乡亦微有不同。

愚谓宜以社仓为主,义仓佐之,令上不损国,下足便民,乃为可久。向蒙抚宪垂念民瘼,甫涖治,首以社仓之法下询,当具文回覆。复蒙府宪酌赐详请,允令饬行。此正善政维新之会,而蕞尔下吏代上宣德之时也,敢不慎勉以供厥事?

兹与居民约:自邑垣外,凡遇镇所,各建仓一。乡村或三保、或五保,共建仓一。若本保有寺观弘厂者,亦可通融收积其谷,视有力之家量数捐输以为之本。每仓公议二人掌之,首名社正,次名社副。设置循环二簿,一存本县,一存该社。初年书某某输谷若干,共存谷若干。次年书某某领谷若干,息若干,共存谷若干。春夏计口以贷,秋冬按息以收。其息止以二分为率,歉取其半,饥蠲其全。至敛散既久,视本重倍,仍扣还原输谷石,嗣后称贷,息止一分,再多每石止收耗三升,更不起息。县岁终核其正副之廉能,而足额者赏之,侵牟而缺额者惩之。一遇岁荒,即以本社之谷食本社之人,永为定例。

窃思尧、汤水旱,圣世不免。此法一行,则就近领给,贫民无匍赴之苦;崔苻敛迹,富民无食粟之虞。且浩荡皇恩暨诸宪台德意洋溢远近,而捐助无烦,不诚公私两利哉?第愿后之君子,因时调剂,行之加善,庶先贤良法不令人目为陈言矣。

是为记。

按:社仓,救荒活民的仓储机构,区别于官仓。社仓首创于朱熹,因为在青黄不接时效用明显,历代仿效推广。桐城令胡必选认为,"宜以社仓为主,义仓佐之"。桐城县的社仓"凡遇镇所,各建一仓。乡村或三保、或五保,共建仓一。"社仓粮食如何运作?有粮食盈余的家庭捐输作为社仓的本粮;每仓公议二人掌管仓库钥匙;粮簿两本,一本存在县里,一本存在社里。头年存粮,次年计息。粮仓春夏之交向外借贷,并且"本社之谷食本社之人"。利息计算胡必选也说得清楚明白。

【作者简介】

胡必选,生卒年月不详。孝感(今属湖北)人。顺治十六年(1659)进士,康熙七年(1668),为桐城令。

皖江救生船记

清·刘 坛

善为政者,即一郡国而有利济天下之心,固非方隅之所得限也。使其限于方隅,则恩泽期周部民而止。以言远人,或姑置之;势所易及,及之而止;推暨稍难,或又遗之。嗟乎!其于吾心之不忍何哉?

自余承乏守皖,首以嘘枯吹生为务,于是溺女有禁,义冢有施,无非欲生者得脱于死,死者藉获所归尔。既而出郭登临,大江在目,吴头楚尾,帆樯鳞集,来往交驰。幸值顺风,顷刻千里,一为石尤所阻,则颠簸摇荡,咫尺难前。甚至惊飚乍扬,高浪拍天,柁折橹摧,措手弗及。又千万石大艑之载,立委波臣;百十口同舟之群,乞灵冥漠。嗟乎!此非必尽部民也,顾已出皖之途矣,忍听其叩龙宫而友渊客乎?则又恻然心动,谋诸三老,咸谓当此之时,得一二蚱蜢小艖夹舟援之,彼倾仄者,庶可复正。纵遭漂失,其生命必赖以幸全。

余深是其言,乃捐俸一百两,制为桨船,外坚中裕,运掉轻捷,如鸟张翎,饩其榜人。闲系江浒,每遇风起,周遭睇视,但逢危迫,飞櫂以从。自设此船,而上下海门罹于阳侯之厄者,盖亦鲜矣。名为"救生",昭其实也。

或曰:"江程悠缅,由岷源达金、焦,险溜危矶,不知其几,乌能一一而济之?"嗟乎!是何言也?凡吾之尽吾力者,慰吾心焉耳。且人怀利济,孰不如我?使沿江州郡闻风兴起,各设扁舟以待,又何澎湃之可虞,而飞廉之足惮乎?谚云:"中流失船,一壶千金。"同志者三复斯言,益信是举之不容已也。

遂漫为之记。

按:为官一任,造福一方,从安庆知府刘垲的行为再见其验。他到任后,"以嘘枯吹生为务",因此作为地方官当他看见大江在目,"帆樯鳞集,来往交驰",想到的是:万一"颠簸摇荡,咫尺难前"时,怎么办,更加上"惊飚乍扬,高浪拍天,柁折橹摧,措手弗及"时呢?这时,救人当然是官长第一位的事情。

于是,他带头捐俸一百两,制成桨船,"外坚中裕,运掉轻捷"。闲时放在江浒,"每遇风起,周遭睒视",自从有了救生船后,江上"罹与阳侯之厄者盖亦鲜矣"。

【作者简介】

刘垲,生卒年月不详。山西安邑(今山西运城)人,康熙十三年(1674)为松江知府,康熙二十二年(1683)为安庆知府。

重修建双莲寺碑记

明·汪若水

皖郡志载,怀宁县僧寺六十有六,双莲为第一寺,寺宇创建有宋末年。盖宋之殿,中帅范氏文虎者舍宅为寺,故规度宏敞,视今十倍。门内有天王殿、大雄殿。后有观音阁,有地藏殿。左右廊舍,周匝数十楹。因其地有沼,沼内曾产双莲,遂以名寺。建后数纪,范氏二女名金与银者,续父志,起塔于殿左,上下九级,高七八仞许,所费不赀,时则元之至元间矣。

夫皖为江表上游,屹为中流砥柱。是寺殿宇崔巍,浮屠耸矗,又为吾皖形胜之最。近世父老相传,犹有能道者。第遭红巾兵焚,不惟佛舍陵夷,兼九级浮屠亦摧其巅之二矣,所幸洪基之未艾耳。肆我圣明驭世,薄海皆春,私创僧寺庵院者有刑。惟因其旧有修辑之者,大率听民之便,故是寺复产双莲于景泰,而重修于天顺年间,在皖城尤表表也。

正德丁丑,有以私意致府,废塔取砖石以为别用,而寺日以荒敝不治。说者谓此寺在郡邑志东北隅,塔亦郡邑庠校左辅文笔也,其存与不存,不独系此寺之兴替,亦皖城盛衰之候,遽听撤去,岂得计邪?此言鄙俚,君子所不信。然撤后,己卯宁寇之变,城邑内外皆空。延至于今,科目亦鲜汇征之士,则市井之疑,未必不起于此。

嘉靖壬辰,郡伯姚公莅任。时惠通人和,百废具兴。斋人余万忠,方欲以修建是寺,请命于公,间有神语属修之梦,益尔踊跃,偕住持僧广容,以修寺募金簿计为请。公果韪之,出俸五两为施义倡。忠乃率募缘僧心朗,遍控府卫公私及四方宦商于兹土者。逾年,得白金千八百两有奇。爰集金木土石工徒,选戒僧之优于能者董其役,万忠分毫不与焉。于是,大雄殿落成于甲午冬十月,而天王殿、观音殿,相继建于戊戌、甲辰二岁。中值旱荒,财用靡赡,停工者数载,故门屏墙屋犹未暇及。且僧徒寥落,非今僧胜、僧明有志供奉,则亦其谁与守?

今年夏,万忠深为此虑,恐或坠阙重修之绪,乃取堪舆家说,立石塞屏于山门外十步,以步前路之冲突,与万亿之厰峰,觊可广集生徒,绍休古绩。并记府卫官司及缙绅士夫与民庶商旅捐资之尤者,仍请于官,择日以树,用垂不朽。予嘉其义足为此寺之中兴,且以俟修缉殿宇、创立浮屠者,于后日虽必复范氏鼎新之盛,亦足备皖城胜概于东偏,上以祝皇图于千百载也,遂为记其颠末如此云。

按:安庆双莲寺今已荡然无存,只剩下地名"双莲寺"了,但在明朝,此寺关乎"皖城兴衰之候"。嘉靖壬辰(1532)年,安庆知府姚正带头捐俸并鼓励热心人士齐心修寺,最终募得白金千八百两有奇,"集金木土石工徒,选戒僧之优于能者董其役",相继建成大雄宝殿、天王殿、观音殿。

重修遇到干旱之年,"财用靡赡,停工者数载",所以门屏墙屋尚未修好,掌管修寺之人余万忠深以为虑,采取"立石塞屏于山门外"的办法解决了"前路之冲突"的问题。

【作者简介】

汪若水,生平不详。明怀宁人。曾知山东费县。

真源万寿宫碑记

北宋·徐阂中

臣尝闻《礼经》曰:"有天下者,祭百神。"凡名山大川,能出云为风雨,皆谓之神,祀典记之,厥有常享。况天地钟灵气而为真圣之所居,社稷蒙休,斯民仰庇,则崇祀之礼可不度越常典而致其重哉!

龙舒直州治之北,万山环列,绵亘二百余里,以属于霍。巍峰叠嶂,嵘峭束立,凌厉霄汉之上,是为天柱一峰。巍然隐于天柱之前,其泉温厚,其地郁茂,幽岩邃谷,穷之益深,如高人节士,蓄德纯粹,韬光晦迹,而优游于山林之下,此潜山所以为潜者也。臣尝以前史考之,西汉武帝巡南郡,登礼潜之天柱山,号曰"南岳"。至宣帝,修武帝故事,岳渎之祀,皆有常礼,而祠南岳潜山于潜。盖天柱为潜之别峰,而潜为吴、楚之望,故群峰异名,总谓之潜焉。

《道经》云:"司命洞府在潜山。"唐阳琦曰:"司命,天官也,总真仙之俦。载生灵修短,五岳六曹,悉皆取则,犹地官之职天下之版图。"唐明皇帝尝梦与之接,于是发内库缯帛,遣使入山,创立庙貌。求就其址,弗协于卜,祷之累旬,乃有白鹿见于高冈,即其地建焉。我朝自艺祖受命,圣君继祚。太宗皇帝以神功雾烈,囊括宇内。天心眷顾,有开必先。乃发德音,焕新祠宇,命以"灵仙观"名之。真宗皇帝,妙道配天,洪灵来格。瞻粹容于密迩,宣皇绪之绵延。于是正其徽称,追严祖道,亲挥奎画,昭贲宸居。逮我神考,克遵常宪,易新冠冕,寅奉有格,真诚精禋,灵贶潜符,盖未可以概举也。

主上躬神明之资,乘熙洽之运,储思穆清,怡神昭旷,索琳赤水,访道崆峒。盖将踵羲皇之高躅,参乔松之逸驾;返淳风于邃古,阐元化于方来。且念蒙景祚者,不可以无报;奉真游者,不可以不严。粤政和七载,肆放明诏,以"真源万寿"名其宫,以"庆基"名其殿。揆日庀徒,载加营饰。于是工以心竞,民以悦来,役不逾时,而琳宫一新矣。其经费皆出于官,为钱三千万,合新旧屋三千六百余间。广殿鼎峙,修庙翼张,飞楼复阁,延袤无际。俨应门之八袭,陋璇台之五层。真圣中居,列仙环侍。珠贝犀象,陈供交错。祥烟凝飚,驭之至虚,籁发钧天之奏;灵山挺秀,嘉木冬荣,信乎真仙之宅也。虽然,臣窃以谓人见祠宇之壮丽,而未见严奉之因,未知圣神之虑。夫太上之道,微妙玄通,而缮性于俗者,去道为愈远。故必发明其道,以示天下,使一世而得淡漠焉。故严其礼,所以崇其道,所以化天下,此天王之用心也。

先是,太平兴国中,灵仙观既成,翰林学士贾黄中为之记。今尊崇之礼,视昔有加,而易以新号,未有记焉。臣于是宫,尝被诏总其事,且以为请丐御书与三朝所赐,共藏于阁,以镇福地。既赐可,并勑臣文而书之。臣愚昧寡闻,学不知道,位卑迹外,承命震恐,逊避靡遑,乃述所闻为之记。故前叙夫严奉之因,而终叙夫睿王立教明道以化成天下之意,俾后世考焉。谨拜手稽首,而为之颂曰:

> 天地奠位,品物流形。融结山河,岳为之尊。惟兹五岳,作镇中土。
> 潜居其南,为岳之附。势凌穹昊,根绝坤维。爰开洞府,有神居之。
> 曰神维何?玉清分职。实为我皇,祖绪所出。庆流有衍,神圣受命。
> 亿兆皈仁,方隅大定。清都敷佑,感应潜通。龙驾帝服,来临法宫。
> 申锡无疆,景命有仆。既答洪厘,以介景福。爰正徽号,载饰真祠。
> 宸翰昭贲,冕服是宜。世道交兴,真人嗣历。垂衣岩廊,化行绝域。
> 皇道炳焕,帝载缉熙。音神恬澹,观妙希夷。乃眷琳宫,肇基维旧。
> 我其新之,式崇丕构。庀徒虔事,百职骏奔。虞衡饬材,般梓挥斤。
> 役不淹时,大功克就。岩壑生辉,楼观延袤。瑶池焕采,化成匪遥。
> 蓬壶方丈,崛起灵鳌。煌煌列仙,垂绅委佩。中拱上灵,肃雍环侍。
> 累圣同道,旧物维新。百神受职,以莫不宁。真源其长,庆基其固。
> 于万斯年,受天之祐。维兹贲饰,匪曰弥文。崇礼明道,启迪群心。
> 譬彼宵人,冥行罔适。迷其东西,示之斗极。淳风大煽,玄化旁流。
> 俗同太古,端拱优游。维天高明,维地博厚。圣德作配,同其长久。

按: 本文选自康熙《安庆府志》(中华书局 2009 年版)。天柱山,又称皖山,汉武帝封之为南岳(亦有学者称《尚书》中"南岳"指此山)。天柱山在历史上被道教、佛教视为宝地。道家把天下名山洞府封为三十六洞天、七十二福地,称天柱山为第十四洞天、第五十七福地。庄名弼《游大龙山记》云:"道书所载,天下有八天柱,中国有三,潜其一也。"可见天柱山在道家眼里地位极其重要。东汉名道左慈就在此"炼丹得道"。南北朝起,道家先后在天柱山建过五岳祠、灵仙观(真源宫)、天祚宫等道观,其中真源宫曾拥有道房3 600多间。佛教的二祖、三祖、四祖,都曾把此山作为传授衣钵之所,先后建起山谷寺(三祖寺)、天柱寺、佛光寺等佛刹72座。鼎盛的唐宋时期曾有"三千道人八百僧"之说,方圆数百里的善男信女,来此朝仙调圣者络绎不绝。宋舒州太守陆修曾吟"碧瓦朱栏拥绛霄,紫云深绕宝风飘"诗句,状写当时天柱山殿宇辉煌、烟云缭绕的盛况。宋朝以后,寺观大多毁于兵火,或圮于废弃,虽有修复,前朝之盛终难再现矣。

徐闶中在《碑记》中说,天柱山的主神"九天司命真君""实为我皇,祖绪所出",因此熙宁八年(1076),神宗赐予"司命冕服"。到了政和七年(1117),徽宗下诏,"以'真源万寿'名其宫,以'庆基'名其殿",于是"琳宫一新"的万寿宫更是"合新旧屋三千六百余间,广殿鼎峙,修庙翼张,飞楼复阁,延袤无际"。

【作者简介】

徐闶中,生卒年月不详。和州历阳(今安徽和县)人。为吏有能名,官至直秘阁。

附:重修万寿宫三官殿碑记

清·张 楷

真源观,创自赵宋,明成化丁酉重修,见训导汪镐碑记。鼎革时,毁于兵火。国朝康熙丙午,大中丞张公讳朝珍重建,见邑人任埈碑记。然汪碑止记三清殿及廊庑、堂宇、山门并门外牌楼,任碑止记三清殿及回廊、复道。其前真武殿,后三官殿,俱未详增造岁月。近三殿俱以岁久剥落,而三官殿尤圮。

今大中丞李公,以三月中祝圣寿进庙,见待修甚急,爰捐俸资,先修三官殿。八月中告成,庙貌已一新。前二殿仗中丞倡始之力,行与俱新,宫之巍焕,比前更胜。余承乏兹土,得襄胜事,与有荣焉。

按三清为玉清、上清、太清,皆天宫之号,居之者,元始、灵宝、道德三天尊,真武则净乐国王太子,白日冲举,具载道书。独三官则一云天、地、水府三元;一云皆生人,兄弟同产,如汉茅盈之俦。人心诚,感必应,故无庙不灵,况大中丞精心默契?前年,捐创纯阳道观,备极庄严,非徒以资冥福,实以培元辅化。

兹缘嵩祝致戒,诚感尤至。维太清道德天尊即老君李氏,史称今犹在人间。而唐李邺侯以神仙兼宰相,稗史亦谓长生。今大中丞固李氏,自是盛世岁星,圣天子德兼两大,祚媲三皇,大中丞重寄保厘,长毂眷注,行见年年,万寿届期,率属僚办香虔祝于斯宫。斯宫亦与百庙群神共庆无疆之休也。

杭州诗两首

明·高孟升

【提要】

本文选自《古今图书集成》职方典卷九五四（巴蜀书社中华书局影印本）。

夜市作为城市经济社会繁荣的特征,唐宋渐渐发展盛行起来,到南宋已呈现盛况空前之情状,那时临安夜市衣帽扇帐、盆景花卉、鲜鱼猪羊、糕点蜜饯、时令果品,应有尽有。仅从风味小吃来看,就有孝仁坊卖团子,秦安坊卖十色汤团,市西坊卖泡螺滴酥,太平坊卖糖果等。临安夜市在江南颇负盛名,夜市接早市,通宵达旦,一年四季天天如此。

但论者称,夜市兴起与兴旺,先决条件是商品流通量,没有充裕的商品就没有必要开设夜市;其次还须有灯光照明设施;再次是交通、安全保障设施。不具备此三者就没有夜市。决定性条件仍是商品、商业、商贾的给力与否,因此夜市是衡量城市发展的重要标识。

明清杭州夜市是在南宋都城夜市基础上发展起来,但性质已有显著不同,即多属于生产性的经济活动(西湖游览等城内夜市与宋时基本相同)。夜市的分布与宋时也有不同,主要分布于城郊的湖墅、北新关等一带。而人口密集,交通畅达,商店林立的场所,亦多有夜市。汪珂玉在万历四十(1612)年来杭时记曰:"甫入城,灯火盈街,夜市如昼。"(《西子湖拾翠余谈》卷下,《武林掌故丛编》第17集)水陆要道及市区,"每至夕阳在山,则樯帆卸泊,百货登市,故市不于日中,而常至夜分。且在城阛之外,无金吾之禁,篝火烛照如同白日。凡自西湖归者多集于此,熙熙攘攘,人影杂沓,不减元宵灯市。"(雍正《西湖志》卷二○《物产》)这段记载已写明城内外的不同夜市,城内夜市多与文化生活相关,城外的则是货物流通为多。如云锦桥一带,"官商驰骛,舳舻相衔,昼夜不绝。"城内寿安坊一带,"百工技艺,蔬果鱼肉,百凡食用之物,皆于此聚易,夜则燃灯秉烛以货。"(成化《杭州府志》卷三,南京图书馆藏明刻本)餐饮业是夜市主要行业之一,"夜则燃灯秉烛以货,烧鹅煮羊,一应糖果面米市食。"(嘉靖《仁和县志》卷一、《武林掌故丛编》第17集)

明代杭州夜市最胜处是运河等河道边上,如湖墅、北新关一带,这里人来船往车驶,川流不息,参与夜市者多为城市商民、贩客、船夫、脚夫等。元代以来,"北关夜市"已是杭州一道亮丽的风景线。高得旸《北关夜市》:"北城晚集市如林,上国流传直至今。青苧受风摇月影,绛纱笼火照春阴。楼前饮伴联游袂,湖上归人散醉襟。阛阓喧阗如昼日,禁钟未动夜将深。"明代另一位无名氏诗人《北关夜市》道:"地远那闻禁鼓敲,依稀风景似元霄。绮罗香泛花间市,灯火光分柳外桥。行客醉窥沽酒幔,游童笑逐卖饧箫。太平景象今犹昔,喜听民间五袴谣"。

北关即北新关,在武林门外江涨桥北,明宣德四年(1429)设钞关收船料税。"上通闽广江西,下连苏松两京辽东河南山陕等处。"(雍正《北新关志》卷七《铃辖》,浙江图书馆藏本)"南通闽粤,西跨豫章,北连吴会,为往来孔道。"(朱葵《北新关行署碑记》)每当夜幕降临,关上灯火通明。"水陆辐辏之所,商贾云集,每至夕阳在山,则樯帆卸泊,百货登市。"(雍正《北新关志》卷三)"百货攸萃,舟楫聚焉"(谢岜《重修北新关记》,见崇祯《北新关志》,浙江图书馆藏绿格传钞本)"百物辐辏,商贾云集,千艘万舶,往返不绝,东南财赋之乡,所其征也,其名北新关也。"(【罗】尼古拉·斯帕塔鲁·米列斯库《中国漫记》卷首《北新关四境图说》,中华书局 1990 年版)从关税收入也可见证商品流通量增长。弘治元年(1488)收关税金 4 千两,康熙二十五年(1686)10 766 两。进出关的商品达 300 余种。

米列斯库还记载:"一个杂品海关,一个木材海关,征收大量关税。这个地区木材昂贵,造船造房和造各种用品都需木材,做木材生意很赚钱,木材商人十分富有,所以收他们的税也特别多。"(《中国漫记》,第 137 页)所谓两个海关实是南北新关,还不是近代意义的海关。南新关在候潮门外,成化七年(1471)设立,收取1/10的竹木税,属工部管辖。北新关规模大,属户部的钞关。黄士珣说:"北关镇商贾骈集,物货辐萃,公私出纳与城中相若,车驰毂击无间昼夜。"(黄士珣《北隅掌录》)

明清杭州的夜市分布很广,是生产性的丝绸锡箔手工业作坊或工场日夜生产,还有服务于夜作生产的餐饮业服务业运输业,大都在城内。明人翟宋吉诗描写杭州夜市情况:"销金小伞揭高标,江藉青梅满担挑。依旧承平风景在,街头吹彻卖场箫。"表明明清杭州城市经济水平已达相当的高度,也显示城市生活的丰富多彩。

除了夜市,还有风景,如六桥烟柳,至今仍为杭州胜景之一。

北关夜市

北城晚集市如林,上国流传直至今。
青苎受风摇月影[1],绛纱笼火照春阴。
楼前饮伴连游袂,湖上归人散醉襟。
阛阓喧阗如昼日[2],禁钟未动夜将深。

【作者简介】

高孟升,名得旸。生平不详。曾官宗人府经历。

【注释】

[1]苎:音 zhù,多年生草本植物。
[2]阛阓:音 huán huì,街市,街道。

六桥烟柳

画桥六曲绕湖顶,最爱晴烟柳上浮。

浅水笼烟横晻霭,微风薰煖弄轻柔。

金梭隐见闻黄鸟,锦才萦纡出彩舟[2]。

偏倚赤阑频注目,为怜张绪旧风流。

【注释】

[1]晻霭:音 ǎn ǎi,昏暗的云气。

[2]萦纡:盘旋环绕。

[3]张绪:张绪,字思曼,南朝齐吴郡吴县(今苏州)人。入仕途累迁至吏部尚书。永明元年(483),迁金紫光禄大夫,领太常。明年,领南郡王师,加给事中。三年,转太子詹事。绪少知名,清简寡欲;忘情荣禄,朝野皆贵其风;口不言利,有财辄散之;清言端坐,或竟日无食。卒,追赠散骑常侍、特进、金紫光禄大夫。谥简子。

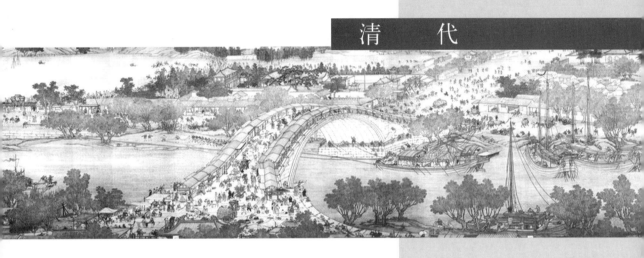

清　代

普陀山法雨寺文（十七篇）

【提要】

文选自《乾隆普陀山志》。

法雨禅寺又称后寺，在浙江省舟山市普陀山白华顶左、光熙峰下，距普济寺2.8公里，为普陀三大寺之一。2006年，法雨寺作为清代古建筑，被国务院批准列入第六批全国重点文物保护单位名单，寺院还是国务院确定的汉族地区佛教全国重点寺院。普陀山有大大小小的30个寺庙，仅有法雨寺为全国重点文物。

明万历八年(1580)，麻城僧大智（名真融）见此地泉石幽胜，结茅为庵，取"法海观音"之义，题名"海潮庵"。万历二十二年(1594)，郡守吴安国改其额为"海潮寺"。万历二十六年(1598)寺毁于火。万历三十三年(1605)增建殿宇，次年朝廷敕"护国镇海禅寺"匾额并《龙藏》一部。后几经兵燹，寺院遭毁。

康熙二十六年(1687)，别庵性统和尚前来住持，面对荒颓破败的寺院，他决心振兴。可是钱从哪里来？第一笔资金来自康熙皇帝。康熙二十八年，南巡的康熙听取海防汇报。据说皇帝前一夜刚好做了一个梦，梦见自己驾舟经过嘉兴的一个桥，对面来了只小舢板，上面有一个簪花老妇人。康熙问：船上有鱼吗？妇人反问：想买吗？但是小舢板并不停留，与自己擦边而过。康熙正在为梦中情景所不解，定海总兵黄大来趁此将普陀山的种种情况详细奏明，并暗示康熙梦中老妇人是观音化身，向皇上借钱修庙来了。康熙深信不疑，速命划拨帑金千两，重建法雨寺，并指示将南京明朝旧宫拆解到这里建成佛殿。

十年以后，康熙再次南巡到杭州。性统赴杭州汇报钱的种种用途，康熙很满意，御书赐了"天华法雨"和"法雨禅寺"的匾额，镇海寺更为今名"法雨禅寺"（原匾今已不知所踪），拨给普陀山"江南黄瓦"一十二万，帑金千两，"补全未竟之工"。康熙四十二年，帝驾又临杭州，命性统等赴杭陛见，随驾至苏州织造府。前后十八年里，性统先后八次受到康熙接见，九次进诗，性统与康熙结下深厚的友谊，康熙也成为普陀山佛教复兴的主要推动者和赞助者。与康乾盛世同步，普陀山也进入了历史上第二个全盛时期。

康熙去世后，雍正同样很支持佛国建设。普陀山最大规模的重兴工程，是在雍正九年至十一年，用三年时间，发帑金7万两，集工匠2000余人，由原任户部左侍郎王玑监督工程。《普陀山志》载："雍正九年三月，准浙江总督李卫奏请，赐帑金七万两，重建前后二寺殿宇。"当时的普陀山寺院建设实际上成了国家重点工程。

法雨寺最有价值的是圆通殿（九龙殿），它是从南京明故宫移建的，这是法雨寺成为"国保"的原因。九龙殿为重檐歇山顶，每条屋檐脊上各有6只吻兽；殿内立柱的柱礎都雕龙，发上冲，鼻隆起，眼斜点圆突，五爪锋利，尾三叉，是明代习用的风格；大殿顶部的九龙藻井按九龙戏珠图案雕刻而成，一条龙盘顶，八条龙环八根垂柱昂首飞舞而下,八根金柱的柱基是精致的雕龙砖,正中悬吊一盏琉璃灯,宛若一颗明珠,组成九龙戏珠的立体图案,造型优美,刀法粗犷,经过鉴定确为明代旧物,九龙殿之名便因此而得。

这种规格的大殿,在等级森严的封建社会没有康熙皇帝的批准谁敢"僭越"!

法雨寺占地 33 000 多平方米,共有殿宇楼阁厅堂计 294 间,建筑面积 9 300 平方米。建筑群的布局依山就势,依次安排天王殿、玉佛殿、九龙观音殿、御碑殿、大雄宝殿,直到方丈殿,逐渐升高,整个建筑群宏大高远,气象超凡。

天王殿,重檐歇山顶,檐间额题"天王殿",为两座五层石经幢塔。

玉佛殿,东西有钟楼和鼓楼,重檐歇山式建筑。玉佛殿原供有清光绪八年(1882)普陀山僧人慧根赴印度礼佛,途经缅甸时请得的玉释迦牟尼佛像一尊,像高 2 米,玉色皎洁,雕琢极工。十年动乱中被毁,现在供奉的玉佛高 1.3 米,是 1985 年从北京永乐宫移来的。

九龙殿,又称"圆通殿",为法雨寺主殿。殿高 22 米,重檐歇山,黄琉璃顶,斗拱承托。殿内八根金柱的柱础是精致的雕龙砖。藻井是按古朴典雅的九龙戏珠图案雕刻的,一条龙盘顶,八条龙环八根垂柱昂首飞舞而下,正中悬吊一盏琉璃灯,宛若一颗明珠,组成九龙戏珠的立体图案。正中供奉毗卢观音像。

方丈院为全寺最高处,二层檐楼房一排共 27 间,分隔为五个院。中间七间过去为印光法师方丈室,后改为纪念室。印光法师(1853—1941),俗名赵绍严。光绪十九年(1893),印光随僧人化闻来普陀山,遂在法雨寺研究佛经,长达四十余年。后人将其方丈室辟为纪念堂,以纪念这位高僧。

再赐藏经敕

明·朱翊钧

敕谕:

浙江南海普陀山镇海禅寺住持及僧众人等,朕发诚心,印造佛大藏经,颁赐在京及天下名山寺院供奉[1]。经首护敕,已谕其由。

尔住持及僧众人等,务要虔洁供安,朝夕礼诵。保安眇躬康泰,宫壶肃清[2]。忏已往愆尤[3],祈无疆寿福。民安国泰,天下太平。俾四海八方,同归仁慈善教,朕成恭己无为之治道焉。

今特差汉经厂阇黎[4]、御马监太监赍礼,赍请前去彼处供安。各宜仰体知识,钦哉故谕。大明万历三十九年九月日[5]。

【作者简介】

朱翊钧(1563—1620),明朝第十三位皇帝,年号万历。隆庆二年立为皇太子,隆庆六年,穆宗驾崩,10 岁的朱翊钧即位。登基初期,面临内忧外患,由内阁首辅张居正主持朝政。亲政初期,勤于政务。中期,发动"万历三大征",平定了哱拜叛乱和杨应龙叛乱,帮助藩国朝鲜击败入侵的日寇。此时资本主义萌芽出现,史称万历中兴。后期不理朝政,经常罢朝。女真在东北迅速崛起,在萨尔浒之战中击败明军。此后,明朝国势衰微。在位 48 年,是明朝在位时间最长的皇帝。庙号神宗,葬十三陵之定陵。

【注释】

[1]颁赐:续修四库本《普陀山志》作"颁施",据民国二十年《普陀洛迦新志》改。

[2]安眇:谓安远。宫壶:即宫漏。此借指时刻。肃清:谓整齐清洁。

[3]愆尤:过失,罪过。

[4]阇黎:亦作"阇梨"。梵语"阿阇梨"的省称。意谓高僧。亦泛指僧人。

[5]万历三十九年:公元1611年。

御制南海普陀山法雨禅寺碑文

清·康 熙

盖闻圆通妙象[1],般若真源。开觉路于金绳[2],大地证菩提之慧。闻潮音于碧海,恒沙诵普度之声[3]。绀殿维新,沧波永静。

惟兹法雨寺者,南海补陀山,大士之别院也。名山佛国,大海慈航。青嶂干霄[4],高逼梵天之上;洪涛浴日,祥开净土之场。一柱如擎,震旦指为名胜[5];三山可接,方舆记其神奇。值氛祲之震惊,致山川之阒寂[6]。僧徒云散,佛宇灰飞。比者,运值清宁,庆海波之不作。地连溟渤[7],望法界而知归[8]。特颁内府之金,重建空王之宅[9]。鸠工揆日,菇屋不劳[10],庀材筑基,鼛鼓弗作。珠宫贝阙,涵圣水以无边;鳌柱鼋梁,觉迷津之可渡[11]。坐青莲之宝像,圆满轮辉;艺紫竹于祇林,庄严毫相[12]。瞻慈云之普照,锡法雨之嘉名。海若效灵,天吴护法[13]。标霞高建,来万国之梯航[14];彼岸可登,作十方之津筏。

藉其广大,上以祝圣母之遐龄[15];假此慈悲,下以锡群黎之多福[16]。则栴檀香外,尽成仁寿之区。水月光中,悉是涵濡之泽[17]。勒诸琬琰[18],昭示来兹。

康熙四十三年[19],冬十一月十五日书。

【注释】

[1]圆通:佛教语。破除偏执,圆满融通。般若:音bō rě。梵语的译者。或译为"波若",意译"智慧"。智慧。佛教语。通过直觉的洞察所获得的先验智慧或最高的知识。

[2]觉路:佛教语。谓成佛的道路。金绳:佛经谓离垢国用以分别界限的金制绳索。

[3]恒沙:"恒河沙数"的缩语。像恒河里的沙粒一样,无法计算。形容数量很多。恒河:南亚大河。

[4]干霄:直逼云霄。

[5]震旦:古代印度称中国为"震旦"。

[6]氛祲:比喻战乱,叛乱。祲:音jìn,不祥之气,妖氛。阒寂:寂静无声。阒:音qù,(形)寂静;没有声音。此指康熙初年统一台湾的战争,持续13年。

[7]溟渤:溟海和渤海。多泛指大海。

[8]法界:佛教语。梵语意译。通常泛称各种事物的现象及其本质。

［9］空王：佛教语。佛的尊称。佛说世界一切皆空,故称"空王"。

［10］蔀屋：草席盖顶之屋。泛指贫家幽暗简陋之屋。此借指百姓。蔀：音 bù。搭棚用的席。

［11］鳌鼋：音 áo yuán,俱为水中体型圆大的鳖状动物,孔武有力。迷津：佛教语。指迷妄的境界。

［12］祇林：即祇园。"祇树给孤独园"的简称。梵文的意译。印度佛教圣地之一。相传释迦牟尼成道后,憍萨罗国的给孤独长者用大量黄金购置舍卫城南祇陀太子园地,建筑精舍,请释迦说法。祇陀太子也奉献了园内的树木,故以二人名字命名。后用为佛寺的代称。祇：音 qí。毫相：常写作"白毫相"。如来三十二相之一。佛教传说世尊眉间有白色毫毛,右旋宛转,如日正中,放之则有光明,故名。

［13］海若：传说中的海神。天吴：水神名。《山海经·海外东经》："朝阳之谷,神曰天吴,是为水伯。"

［14］标霞：常作"霞标"。语本晋·孙绰《游天台山赋》："赤城霞起以建标。"后因用以称浙江赤城山上立的标记。借指高峻的挺立之物。梯航：梯与船。登山渡水的工具。

［15］遐龄：高寿。

［16］群黎：百姓。

［17］涵濡：滋润;沉浸。

［18］琬琰：音 wǎn yǎn,碑石的美称。

［19］康熙四十三年：公元 1704 年。

御制普陀山法雨寺碑文

清·雍　正

法雨寺者,普陀山大士之别院也[1]。皇考圣祖仁皇帝[2],既修建普济寺,上为慈圣祝禧。复念兹寺为海氛所震荡[3],发帑重新,俾僧徒有所栖止。赐额立碑,增辉瀛峤[4]。历今已数十载,宜加崇饰。朕特遣专官,赍内帑,庀材鸠工,不劳民力。香林梵宇,丹腹焕然。与普济寺大工同时告竣,督臣请摛文勒石以纪[5]。

夫大士以慈缘普济,度尽众生为愿。朕尝绎法雨之义[6],为济物之普遍者莫如雨。当夫慈云布濩,甘澍滂沱,高下远近,一时沾足[7]。陵霄耸壑之乔柯,勾萌甲坼之微卉,华葩果蓏,无不濡被润泽,发荣滋长,畅茂条达,各遂其性而不自知[8]。假使物物而雨之,朝朝而溉之,将不胜其勤,而终不足以遍给。惟本大慈悲,现大神力,周遍一切,在在具足[9]。

所谓天降时雨,山川出云,肤寸而合,不崇朝而遍夫天下者,济物之功,莫大于是。神山宝刹,缁侣云集[10],自当有被时雨之化,证心印而传法乳,普利生之实用,以不负大士随缘接引之慈恩,而副朕宏振宗风、护持正觉之至意者,朕深有望焉。

雍正十二年正月十五日,和硕果亲王臣允礼奉敕敬书[11]。

【作者简介】

雍正(1678—1735),康熙第四子。太子被废后,胤禛继承皇位,改元雍正。胤禛诚信佛教,工于心计,性格刚毅,处事果断。在位仅十三年,但励精图治,力求改革,整顿吏治,清理钱粮,摊丁入地,扩大垦田,火耗归公,以银养廉,创设军机处,革除旗主,平定青海,安定西藏,改土归流,等等,促进了经济社会的快速发展。他在位时期国家经济繁荣,国库充盈,政局稳定,边疆巩固,统一增强,为乾隆创建"大清全盛之势",提供了极为有利的条件。

【注释】

[1]别院:正宅之外的宅院。

[2]皇考:指康熙帝。

[3]海氛:海上的云气。借指海疆动乱的形势。

[4]瀛峤:谓海岛。峤:音 qiáo,山尖而高。

[5]摛文:铺陈文采。谓撰文。摛:音 chī,铺陈。

[6]绎:音 yì,抽出,理出头绪。

[7]布濩:遍布,布散。濩:音 huò,屋檐水下流的样子。甘澍:甘雨。澍:音 shù,及时雨。

[8]勾萌:句萌。草木的嫩芽。句:拳曲者称为"句";萌:有芒而直者称为"萌",合称"句萌"。甲坼:谓草木发芽时种子外皮裂开。果窳:果中的败坏者。窳:音 yǔ,(事物)粗劣,质量很差者。条达:畅达,通达。

[9]在在:处处,到处。

[10]缁侣:僧侣。缁:音 zī,黑色。僧人缁服。

[11]雍正十二年:公元 1734 年。允礼:本名胤礼(1694—1738)。康熙帝第十七子。1723 年被封为多罗果郡王,1728 年晋升为和硕果亲王,先后掌管理藩院、户部三库。雍正评价他:"实心为国""尽心竭力""操守亦甚清廉"。

重兴普陀法雨寺圆通殿疏

清·蓝 理

余素不佞佛,亦未尝谤佛,盖为出世入世其道不谋故耳。今春奉命南下,历齐鲁、吴越、登泰岳、金山诸名胜,窃叹宇内山川形势最上者,悉为寺观占尽。且琼宫玉砌,珠络金装,极人世之观瞻而莫尚[1]。何其感人之深,能令舍金若恒河沙以成瑰丽若是耶?!又岂出世、入世其道果不相谋也耶?余知之矣,出世者虽脱缰锁于利名[2],高旷独善而祝升平,而祈丰稔,俾国祚绵长[3],士民干止[4],又无不与入世之婆心等耳。

夏杪[5],斋戒礼普陀,见古木森森,势尽虬龙状,而前后二寺殿阁灰烬,只构数楹。昔之巍峨轮奂者不可复睹,嗟嗟梵音,阒寂难闻[6]。花雨重垂,狮象欹颓。孰驾法王,再现所幸。

九重锡帑,并宣温蔼[7]。纶音有朕不难独建[8]。正欲为天下臣民共种福田之旨,则率土臣民,自必仰承至意,乐输恐后矣。第经营伊始,布告未周,借有一二信心创为捐助。其如千金之裘,非一腋之所能成;而百石之钟,又岂数文之所可铸也。

后寺住持别庵和尚者,学通三昧[9],道彻六如[10]。欲缵大智尊宿之芳规,力谋重建。用是芒鞋踏破,不辞宿雾餐风,莲钵擎穿,无吝喉干舌敝。道愿既坚,法缘自广。行看圆通宝殿,鳞鳞鸳瓦耸冲汉之,雕甍屹屹,鳌檐驾莲云之[11]。彩栋珠缨,同绛刹以齐辉,金壁映青猊而吐艳矣[12]。

惟叹宰官士庶,稍节一夕之华筵,便成千秋之胜事。即或片瓦只椽,为数无几,而积小实可成大。寸钉块石作缘,似寡而易举,良由众擎。

夫海内名刹不下数百千,居一方之胜尚能竭一方之力,以极其巍焕[13]。况普陀为四大名山之最,大士现身说法之场,登其地恍入方丈蓬莱,尘念顿却,故有数千里瞻拜投体者际兹[14]。劫灰重新,圣明首助,而天下贤士大夫犹以出世、入世,为道不相谋,固守身外物,坚甍永结,余未之信也。是为疏。

【作者简介】

蓝理(1648—1719),字义甫,号义山,福建漳浦人。自幼家道贫寒,有大志。少桀骜,以事下狱。康熙二十年(1681),诏命施琅为福建水师提督,出兵收复台湾,蓝理任前部先锋,练水师于厦门,备受施琅赞赏,誉为“虎将”。收复台湾一役,蓝理因功授参将,加左都督。康熙称他“血战破敌,功在首先”,陛见,授“神木副将”封号,御书“所向无敌”“忠勇简易”额,擢升河北省宣化镇总兵。康熙二十九年调镇定海,奉诏建复普陀山寺,时前、后两寺仅存残楼数楹,乃聘临济宗巨匠潮音和尚主持山事,自捐巨资赴福建采运大批嘉木,常驻工地,筹划尽善。工成,撰《重建普陀法雨寺圆通殿疏》。他又先后修复积善庵,重建智度庵,建复报本堂,大修清凉庵。三十七年聘慈溪名士裘琏重修《南海普陀山志》二十卷并亲自撰序;又撰《潮音和尚语录》序。与此同时,他为修复定海祖印禅寺积极筹资、策划土木,并亲作碑记立石以志。康熙四十年调任天津总兵官,四十五年调福建提督。后因贪婪酷虐诸状,被夺职。五十四年重赐总兵衔,从征策妄阿拉布坦,以病回京,卒于途。蓝理离定海时,留钢盔佩刀于普陀山作纪念,山僧建留衣堂贮之,并在前、后二寺建蓝公生祠,后改蓝公祠。其所留钢盔、佩刀今陈列于普陀山佛教文物馆。

【注释】

[1]莫尚:谓无出其右者。没有比它更好的了。

[2]锁缰:缰绳和枷锁。比喻名利的束缚。

[3]俾:音 bǐ,使。

[4]干止:犹作息。谓劳作和止息。

[5]夏杪:夏末。杪:音 miǎo,指年月或四季的末尾。

[6]阒寂:寂静;断绝,寂灭。阒:音 qù,形容寂静。

[7]温蔼:温柔,和蔼。

[8]纶音:犹纶言。帝王的诏令。

[9]三昧:佛教语。梵文音译。又译“三摩地”。意译为“正定”。谓屏除杂念,心不散

乱,专注一境。《大智度论》卷七:"何等为三昧?善心一处住不动,是名三昧。"

[10] 六如:也称六喻。佛教以梦、幻、泡、影、露、电,喻世事之空幻无常。

[11] 鸳瓦:即鸳鸯瓦。雕甍:雕镂文采的殿亭屋脊。甍:音 méng,屋脊。屹屹:高大挺立貌。

[12] 青猊:青色的狮子。

[13] 巍焕:亦作"巍奂"。盛大光明,高大辉煌。

[14] 际兹:谓来到这里。

法雨寺创建大雄宝殿记

清·裘 琏

洛伽为观音大士示现说法之区,遂以此山专归之大士,而他佛不与焉。盖溺于习见习闻,而以拘挛之胸隘广大之教[1],其学与识才、与力俱不足以创久任远也。

别公住持法雨十一年。法雨旧名镇海,为明大智禅师草创供奉大士之所。其后声光远被[2],愿力宏臻[3],扩而为海潮寺,又扩而赐金、赐额为镇海寺,今上御极之二十有八年,霈内帑之颁[4],首复名蓝于荒榛丛棘之中,其力可谓艰而功可谓巨矣。

三十二年建圆通大殿于光熙山之椒[5],阅两年又建大雄宝殿于圆通之后。夫大雄、圆通皆颂飏佛祖之词。初无分别,然自有桑门之教,则以大雄概属诸佛,以圆通专属观音,其来旧矣。别公则俯而思,仰而喟,曰:"夫人见不可以胶[6],常识必贵于达本。自释迦文佛成道以来,大士为之附贰[7],行化兹山。不专奉大士,不独建圆通则无以定此山之主。既建圆通,不兼奉诸佛,亦无以成吾教之广。嗟乎甚矣!别公之学深而识远,力大而才决也。第奉大士不奉诸佛[8],大士必歉然不安。夫子赞武王、周公之孝,而曰敬其所尊,爱其所亲,谓其善体文王之志云尔,兹何其善体大士也乎?大雄之设,诚不可已矣。"

戊寅秋[9],余以志事淹留山中,别公披情愫,导登临,与余讲,宾主之欢甚洽。殿成,属为记。余曰:"大雄宝殿可无记?兹山之大雄宝殿不可无记也。大雄为诸佛建,可无记?大雄为大士、为诸佛建,不可无记也。"于是乎括其大意,以著于篇,使后之览者知其用意,不得以胶常拘挛之胸,背达本广大之教,则亦余立言之旨也夫。

【作者简介】

裘琏(1644—1729),字殷玉,一字蔗村,号废莪子,学者称横山先生,慈溪人。有文才,早岁从黄宗羲学,以诗名。科场失意50余年,康熙二十六年(1687)得黄宗羲荐,参纂《大清一统志》,所纂《三楚志》,阅15日成,既工且速,总裁徐乾学览而称奇。康熙帝南巡,献《迎銮赋》;帝六十大寿,复献《升平乐府》,帝阅后命近侍记名。72岁终成进士,任翰林院庶吉士。

后告老归里,徜徉山水,著述不懈。善作传奇、杂剧,著有《昆明池》《集翠裘》《鉴湖隐》《旗亭馆》杂剧,合集《四韵事》;尚著有《复古堂集》《天尺楼古文》《述先录》《横山文集》《横山诗集》等。

【注释】

[1] 拘挛:拘谨,拘束。

[2] 声光:声誉和荣耀。

[3] 愿力:佛教语。誓愿的力量。多指善愿功德之力。

[4] 霈:犹拿出。颁:发下。

[5] 椒:土高四堕曰椒丘。大圆通殿为普济寺主殿,初建于南宋嘉定七年(1214),重建于清康熙三十二年(1693)。

[6] 胶:谓拘泥,固执。

[7] 附贰:犹随从。

[8] 第:犹但,只。

[9] 戊寅:康熙三十七年(1698)。

法雨寺新铸大铜镬铭

清·裘 琏

别公主法雨,十有二年,百废俱兴。戊寅仲秋前三日[1],铸铜镬一具[2],重万斤,可受米二十四石。计买铜千四百缗[3],工匠杂需复三四百缗,亦大役也。余时修志入山,乐观其成,且感夫百工小道[4],专精可观,于是为之详叙其事。

初买泥于慈溪之半浦,杂人牛踹踏[5],至极熟,抟质为范[6],俗称"塑子"云。一曰内塑,一曰外塑。内塑状覆釜而实,周有余土,规方架木[7],先置坎中,用火燎炙极干;外塑状仰盂而虚[8]。分三四层,以便移运,暴令坚好[9]。合两塑时,里藏于表,仰者亦覆。方其为内塑时,先以镬之深广,定泥之高钜[10];次乃准镬之数量,量其口底厚薄尺寸加泥。如干合而具离,又承湿刻划多股,以便燥时易去。此为假镬,此为真塑矣。及其坚好,可合内外适符,审无纤毫凹突,则层揭外塑,铲去内塑准镬之泥,去其假镬,而真塑出焉。然后合之,则内外塑空际,皆受铜处,而无形之镬先成矣。其内塑外土,外塑内土,皆铜相依附处,必治令腻润而后止。

欲成塑,则先营掘坑堑,深丈余,规方十丈,俨如一室。将治,塑合加木板盖焉。坑之旁,东西屹起二炉[11],亦治泥为之。高丈许,大两抱,用铁带钳束数道。两炉相去可四丈余,各距坑心二丈。

炉之外,筑土为短垣,长丈五尺,高等身,原尺许,谓之风墙。治墙时,于其外面,留两虚所若门,置板扉一扇,乍开乍阖,以为橐籥[12]。似门处其实亦墙板。扉内两侧垣近炉处,凿穴相通以受风。其风板重大,每板用三人挽之,两板共六人,东西相埒[13]。力稍疲,则更番迭休。半昼夜,大率百数十人云。风墙即风箱木者,土之横者竖之[14],此其所以异也。

炉之末,各穴一窦[15],呼为金门,泥封固之。窦口承以沟道,谓之溜沟。用板为干,外涂以泥,可运动。中阔五六寸,承窦处阔尺许,两沟相接,至塑顶。顶有三穴,中当脐处,空使泄气。而于沟将接处,复设歧沟,从两旁穴流铜入塑中。方其火炭纷投,鼓扇斯亟[16],风横火炽,炉红似锦。然后投铜其中,铜尽方入铅。盖铜质重凝,而铅性轻动,用以洋溢敷畅[17]。炉火上腾,皆作金光,透数十丈。铜气中人颇恶,皆饮甘草汤解之。良久,度炉内融浃[18],乃开金门。脱脱然,红波从炉注沟入穴,直透塑底。四周俱足,至无所往,然后涌而上腾,布濩满脐,坟起不受,则急塞金门。自开距塞,甫晷刻间[19],而镬已成。

呜呼!始何其难而后何其易也。贾太传云[20]:"天地为炉,阴阳为冶,万物为铜。"夫金质最坚也,鼓之以风,燎之以火,则销铄成液,方圆巨细,随范成形,不能自主,而况于人乎?别公言:曩者就铸武林,凡四次,而工不成。问所以然,则此事为者甚少,工值又昂,不成而亟铸,则利在工。遇工之奸者,故少其数以诱之,一不成至再,再不成至三四,而铸镬之资已耗其半矣。别公于是富铜裕器,优礼厚直[21],选工之良者,入山而为之,而镬卒成。铸之前一夕,设供施食,溥及幽冥。其诚如此!嗟乎,今世人为一事,少折即悔,安能愈挫愈勇,坚忍强毅如公耶!

余思释氏之教,兼爱忘身,其法公普不自私利[22],故一寺率至千百人同汲共爨[23],釜不得不大。又欲其久也,不得不变而为铜。夫一祖之孙、一父之子,多者十余人少者才数人,而斗米尺布之谣、煮豆燃其指痛[24],贻笑古今。虽有小釜,将无所用,因思张公艺家及江州陈氏义门,裘氏子孙,多者至六七百人,而不分居析箸,吾不知其当日者镬之大小异同何如矣。

别公又为余言:丛林中,今惟灵隐有之,他山尚不能。则此一役,在释氏,亦为极难矣。别公德厚而才长,量优而心细,规划庶务,井然粲然,吾目中所见,少有伦比。使其不逃于禅,为君父,负荷民物,其设施建立庸可量耶!吾是以感小道之可观,为详述其事于右而系之以铭曰:

造化大冶,翕张无际[25]。风火相激,金木交制。人也则之,利用成器。

万钧之钟,百斛之府。爱人济物,只手而举。禹鼎汤盘,何细何巨。

一饱胡求,而优而游。别公之德,不为己谋。山高海阔,永镇千秋。

【注释】

[1]戊寅:康熙三十七年(1698)。

[2]镬:音 huò,锅。古代通常称大锅。

[3]缗:音 mín,量词。本义为串铜钱的绳子。此谓钱的数量。清代每串一千文(等值一两银子,约合今 2 000 人民币元)。

[4]小道:指铸镬的技艺。相对"经济仕途"之大道而言。

[5]踹踏:犹踩踏。

[6]抟质:指把泥巴揉捏塑成镬范(模子)。

[7] 规方：规划方略。指测量范围体量大小。

[8] 盂：盛饮食或其他液体的圆口器皿。

[9] 暴令：犹坚决让其。

[10] 高钜：犹高宽。

[11] 屹起：谓耸起。

[12] 橐籥：音 tuó yuè，亦作"橐龠"。古代冶炼时用以鼓风吹火的装置，犹今之风箱。

[13] 埒：音 liè，等同。此谓等高。

[14] 土之横者竖之：谓土墙版筑的条纹横向，而风箱木做成的墙为竖向条纹。

[15] 窦：孔，洞。

[16] 亟：急切。

[17] 敷畅：谓促进(铜液)流动。

[18] 融浃：融通和洽。

[19] 甫晷刻间：谓眨眼功夫。晷刻：日晷与刻漏。古代的计时仪器。

[20] 贾太傅：指贾谊(前 200—前 168)。洛阳(今河南洛阳)人。西汉初年著名的政论家、文学家。18 岁即有才名，20 余岁被文帝召为博士。不到一年被破格提为太中大夫。但是在 23 岁时，因遭群臣忌恨，被贬为长沙王的太傅。后被召回长安，为梁怀王太傅。梁怀王坠马而死后，贾谊深自歉疚，至忧伤而死。其著作主要有散文和辞赋两类。《鹏鸟赋》："且夫天地为炉兮，造化为工；阴阳为炭兮，万物为铜。"

[21] 直：同"值"。工钱，酬劳。

[22] 公普：谓为了普度众生。

[23] 汲爨：指同吃同喝。爨：音 cuàn，烧火做饭。

[24] 尺布之谣：西汉初民谣。《史记·淮南衡山列传》：汉文帝之弟淮南厉王刘长谋反事败，被徙蜀郡，途中"乃不食死"。孝文十二年，民有作歌曰："一尺布，尚可缝；一斗粟，尚可舂。兄弟二人不能相容。"煮豆燃萁：出自三国魏曹植《七步诗》："煮豆持作羹，漉菽以为汁。其在釜下燃，豆在釜中泣。本是同根生，相煎何太急？"原比喻弟兄间互相残害。今比喻自家人闹不团结，自相伤害。

[25] 翕张：敛缩舒张。

法雨寺新建万寿御碑亭记

清·屠粹忠

今上御极之四十有一年，普陀法雨寺住持性统创建万寿御碑亭于圆通大殿之前，表恩荣，展祝厘[1]，而垂久远于奕禩也[2]。

先是，二十八年，翠华南巡。因提臣陈世凯、镇臣黄大来之请[3]，赐帑建圆通等殿。三十八年春，皇帝复南幸，驻跸杭州。性统迎驾谢恩，召见于行在[4]，问劳再三，宠眷优渥[5]。寻改前镇海寺，曰法雨。给江南黄瓦一十二万，帑金千两，补全缔造未竟之工。赐额大殿，曰"天花法雨"，方丈曰"修持净业"。既又赐御榻米元章字一帧[6]，御书《金刚经》一部。于时宸章辉烂，焜耀海天[7]。

性统深维圣恩罔极，臣僧何人，邀此异数[8]。乃谋于提臣张云翼、赵宏灿，镇臣蓝理、施世骠,郡邑臣甘国璧、缪燧,购美石,延良工,摹而镌诸碑。龙缘凤额,精妙入神。赑屃高承[9],玉峰耸峙。且辟地构亭覆其上,丹黄涂塈[10],飞翚凌汉[11]。自开辟以迄今兹,万千年来,矗天章于鳌背,勒御翰于蛟颐[12],可谓奇矣!浴日月以助光华,驱龙象以护风雨[13],可谓壮矣!

于其落成,性统寓书京邸,命粹忠记其事。忠初以天威咫尺,不敢妄赘一辞。既而思之,皋陶赓歌于复旦[14],召奭矢音于卷阿[15],自古有之。遂正冠肃容,稽首载拜而言曰:

于哉!自古继天御极之主,圣神文武,天纵多能,未有如我皇上者。维时车书一统[16],玉帛万国,幅员之广,亘古所无。而且河海清晏,山岳怀柔。四民恬熙,万类咸若,休和遍宇内[17]。洛迦,海外弹丸土耳,置之若有若无,宁遂以此损圣治于万一。而声教所讫,绀宇斯开[18];雨露一沾,天章以被。类而推之,无一夫不获,无一物不得其所,可知也。御书,比年来大小臣邻时受宠赐[19]。上以荣其祖父,而下及其子孙。其摹而登以石,覆以亭者,莫不荣耀里党[20]。此皆臣子之分所宜自靖[21]。性统,内空五蕴[22],外捐万有,乃所不能空且捐者,惟天子之殊恩。意其忠君爱国之心,勤恳无已,而寓之乎此,儒与释,岂有异哉!曰御碑,表恩荣之自也;曰万寿,展祝厘之忱也。他日望气者,东海日出之隅,荣光四烛,云汉昭回[23]。呜呼!非中国有圣人,彼西方圣人之教,其能至是也哉!

爰拜手稽首而为之记[24]。

【作者简介】

屠粹忠(? —1706),字纯甫,号芝岩,宁波定海人。顺治十五年(1658)进士。康熙三十九年(1700),官至兵部尚书。

【注释】

[1] 祝厘:祈求福佑,祝福。

[2] 奕禩:常作"奕祀"。世代,代代。

[3] 提臣:提督。武官。镇臣:镇守一地的将领。时黄大来为定海总兵。

[4] 行在:即行在所。谓康熙行宫。

[5] 宠眷:谓帝王的宠爱关注。

[6] 御榻米元章:谓康熙临摹米芾字迹的书法作品。

[7] 宸章:皇帝所作的诗文。焜耀:照明,照耀。

[8] 异数:特殊的礼遇。

[9] 赑屃:音 bì xì,传说中的一种动物,像龟。旧时大石碑的石座多雕刻成赑屃形状。

[10] 涂塈:涂抹,涂饰。塈:音 jì,抹涂屋顶。

[11] 飞翚:《诗·小雅·斯干》:"如翚斯飞。"朱熹集传:"其檐阿华采而轩翔,如翚之飞而矫其翼也。"后因以"翚飞"形容宫室的高峻壮丽。凌汉:谓直冲云霄。

[12] 御翰:皇帝所写的文字。

[13] 龙象:龙与象。水行中龙力大,陆行中象力大,故佛氏用以喻诸阿罗汉中修行勇猛有最大能力者。

[14] 赓歌:相续而歌。指与帝王唱和。《尚书·虞书·益稷谟》:"乃赓为歌曰:'元首

明哉,股肱良哉,庶事康哉!'"复旦:《卿云歌》中歌词。此歌说的是,功成身退的舜帝禅位给治水有功的大禹时,有才德的人、百官和舜帝同唱《卿云歌》:"卿云烂兮,纠缦缦兮。日月光华,旦复旦兮。明明上天,烂然星陈。日月光华,弘于一人。日月有常,星辰有行。四时从经,万姓允诚。于予论乐,配天之灵。迁于圣贤,莫不咸听。鼚乎鼓之,轩乎舞之。菁华已竭,褰裳去之。"诗歌描绘了一幅政通人和的清明图像,表达了上古先民对美德的崇尚和圣人治国的政治理想。

[15]召奭:姬姓,名奭。又称召公(一作邵公)、召伯、召康公、召公奭。与周武王、周公旦同辈(一说是周文王庶子)。姬奭辅佐周武王灭商后,受封于蓟(今北京),建立臣属西周的诸侯国燕国(北燕)。但他派长子姬克管理燕国,自己仍留在镐京辅佐朝廷。因采邑于召(今陕西岐山西南),故称召公、召伯、召公奭。周武王死后,其子周成王继位,姬奭任太保。执政期间政通人和,贵族平民各得其所。《诗经》中有《甘棠》篇称颂此事。卷阿:《诗·大雅·卷阿》:"有卷者阿,飘风自南。岂弟君子,来游来歌,以矢其音。"矢:陈。《毛传》:"矢,陈也。"矢音:谓唱和。《毛诗序》说,《卷阿》诗为"召康公戒成王也"。朱熹《诗集传》:"(召康)公从成王游歌于卷阿之上,因王之歌而作此以为戒"。

[16]车书一统:《礼记·中庸》:"今天下车同轨,书同文。"谓车乘的轨辙相同,书牍的文字相同。表示文物制度划一,天下一统。

[17]恬熙:安乐。咸若:《书·皋陶谟》:"皋陶曰:'都!在知人,在安民。'禹曰:'吁!咸若时,惟帝其难之。'"后以"咸若"称颂帝王之教化。谓万物皆能顺其性,应其时,得其宜。休和:安定和平。

[18]声教:声威教化。讫:谓到。绀宇:即绀园。佛寺之别称。

[19]臣邻:《书·益稷》:"臣哉邻哉,邻哉臣哉。"孔传:"邻,近也。言君臣道近,相须而成。"本谓君臣应相亲近,后泛指臣庶。

[20]里党:邻里,乡党。

[21]自靖:各自谋行其志。

[22]五蕴:佛家语,指色、受、想、行、识。众生由此五者积集而成身,故称五蕴。五蕴都没有了。指佛家修行的最高境界。

[23]昭回:谓星辰光耀回转。

[24]爰:音yuán,于是。

法雨寺别庵禅师塔铭

清·王掞

别庵和尚蜀人也,早得其师三山和尚之法于蜀。南游浙中时,山晓和尚主天童,师因同乡,走见,遂客留天童[1]。

未久,应南海普陀山法雨寺之请,唱大慧之道。师时年尚少,而机辨老成[2],勘验精敏,善说法。老师宿匠林立,诸方不能过也。禅徒奔赴如织,普陀法道遂振乎东南。大慧宗乘,晦而复明,皎如月星矣。

圣祖仁皇帝眷注[3],特隆赉予无虚岁。一时海内丛林之蒙恩者,多不及焉。自王公士庶,下至贩夫灶妇,多慕师名;边氓海服[4],每自其国梯航千万里[5],供香币。师所至处,士女奔走致敬者如趋市,得一礼颜色、一奉謦欬为幸[6]。非师道之能化,德之能感,乌能令人踊跃若是?

普陀当师初至时,旧规尽废,新构未备。师为缔造,极壮丽之观,约费不可以亿万计,座下食众常满万垂。指[7]三十年无缺乏,师之福慧可谓兼足。盖乘愿再来,故能是欤!

师因大慧之后,中微不甚显。于世著有谱牒世次,颇详明。先朝被恩事实,及师里族姓系,嗣法若干人,度徒若干人,皆备具师之录,已早行于世,兹皆不载,惟其道行之盛、德化之广,皆法门之大者,特序之。师世寿五十有七,法腊四十有五[8]。兹雍正三年四月[9],其徒空继来请铭于余,余亦忆别公入觐再晤于内廷,其时圣主诸王端坐听法,方冀追溯,芳猷亲承[10],法雨胡期。西归旋踵,永决尘缘也[11]。噫! 异哉! 乃铭之曰:

大慧悬脉,中微若丝。师起旷代,乃大振之。善说法要,迟迩趋驰。

受天子眷,优崇振时。道丰而硕,德芳而弥。巍巍洛伽,拔海之湄。

云高浪阔,石幢攸宜。终古无坏,利其后支。有如弗信,视我铭辞。

【作者简介】

王掞【shàn】(1644—1728),字藻儒,一作藻如,号颛庵、西田主人。太仓(今属江苏)人。康熙九年(1670)进士,授翰林院编修,提学浙江,累升内阁学士,转户部侍郎,三十七年(1698)调吏部,四十三年(1704)升刑部尚书,后又调工部、兵部、礼部,为文渊阁大学士。总持纲纪,务存大体,处事恪谨,为属僚所折服。康熙六十年,请重立胤礽为太子忤旨,应谪戍,以年老由子代行,寻致仕。有《西田集》。

【注释】

[1]天童:天童禅寺位于浙江宁波鄞州区太白山麓,号称"东南佛国"。与日本佛教关系密切,日本曹洞宗尊天童寺为祖庭。西晋永康年间(300—301),僧人义兴云游至此,结茅修持。历代相承,天童寺渐渐成为千楹万础、规模宏大的禅宗十方丛林。天童寺1983年被国务院确定为汉族地区佛教全国重点寺院,2006年被确立为国家重点文物保护单位。

[2]机辨:机智而长于言词。

[3]眷注:垂爱关注。

[4]海服:沿海地区。亦指边疆。

[5]梯航:亦作"梯杭"。"梯山航海"的省语。谓长途跋涉。

[6]謦欬:咳嗽或所发的声音。謦:音qǐng,指咳嗽声,引申为言笑。

[7]指:量词。万垂指:谓千人。

[8]法腊:佛教语。比丘自出家始,每年夏季三月(四月十五日至七月十五日)安居坐禅,称为夏腊。后因以"法腊"称比丘受戒的年数。

[9]雍正三年:公元1725年。

[10]芳猷:犹美德。

[11]西归:用作人死亡的婉词。此指别庵禅师圆寂。

法雨寺神钟记

清·许良彬

普陀洛伽山在南海,距闽粤顺风扬帆可三日至。余夙仰灵异,欲一顿颡紫竹林中,宦尘缠缚,有愿未遑也。

雍正六年[1],奉命镇兵南湾。普陀法雨寺住持法泽者[2],为余族弟,以书来,云:"寺有钟,成于前明万历之初[3],盖历有年矣。康熙四年,遭红夷蹂躏[4]。寺中藏经、佛宝荡然一洗,钟亦被载以去。至彼国城门,钟体顿重,百人舁之不动[5],乃填城外。岁久土湮,无复知识者。近忽于彼放光,昼夜作雷音吼。众异而掘之,则钜然一钟也,视款识知为普陀故物。已托洋商请归在湾,丐为转致,成此一段灵迹也。"

旋余荷承圣恩,提督福建水师。乃属新湾镇并致书总制及浙抚军宛转浮海载归法雨。时法雨于雍正九年蒙皇上发数万帑,遣官重新殿宇。十一年,工甫竣,众僧于万寿日赞颂祝厘[6],钟适以是日至,众僧叹异,欢庆倍常。

余思是钟没于外国几七十年矣,重沙积土,示灵现异,涉历数万里洪涛巨浪,归复故处。自非菩萨灵光神照,何以能是! 菩萨于故山一钟,犹不忍弃之于外洋尘土之下,而必呵护以复其旧,则于其说法应化道场,祥光遍潜,更宜如何其胙饎布濩也[7]! 况乎行与吉会,海宇升平。朝廷乐道,旧殿维新。旧钟复故,电流虹绕之辰,恰相会值,斯固慈尊灵佛感我圣天子向道崇善,特假之钟以示灵异,而默佑有道无疆于万年也。不惟山门之光,凡兹臣子莫不共借佛庥以申嵩祝矣[8]。

法泽在家时早颖,志慕修净,父母不能禁。今主普陀,人众归服。余虽未至普陀睹兹灵异,向往弥深。法泽朝夕侍莲花座,勇猛精进,正果圆成,菩萨有不乐为接引者耶! 因纪是钟之异而并以勉焉。

【作者简介】

许良彬(1671—1733),字质卿,海澄县峨山里(今属福建龙海)人,清康熙间贡生,历仕烽火、澎湖、瑞安、南澳、金门诸镇,继升为厦门提督。在澎湖时将岁入千金鱼利归公帑,修葺营房,躬亲劳赏渡海赴台征战官兵;在瑞安则修造战船;在南澳捐俸建仓保积谷;在金门捐随丁粮置盔甲;在厦门则从家乡海澄载薪米以充公费。许良彬品性孝友谦和。对将士考绩升降不以私人喜怒,对族人恩而有序,与布衣交往礼让有加,尤为厦门商民所爱戴。官至福建水师提督,卒于官,加太子少保衔,谥壮毅。

【注释】

[1]雍正六年:公元1728年。

[2]住持:佛教僧职。又称方丈、住职。原为久住护持佛法之意。是掌管一所寺院的主僧。

〔3〕前明：指明朝。万历：明神宗朱翊钧年号，公元 1573—1620 年。

〔4〕康熙四年：公元 1665 年。红夷：指荷兰人。其时，荷兰侵略者对浙江沿海一带形成较大威胁。

〔5〕舁：音 yú，抬。

〔6〕祝厘：祈求福佑，祝福。

〔7〕胁蠁：音 xī xiǎng，散布、弥漫。多指声响、气体的传播。布濩：遍布，布散。濩：音 huò，屋檐水下流的样子。

〔8〕嵩祝：常作"嵩呼"。汉元封元年(前 110)春，武帝登嵩山，从祀吏卒皆闻三次高呼万岁之声。事见《汉书·武帝纪》。后臣下祝颂帝王，高呼万岁，亦谓之"嵩呼"。

普陀敕建法雨寺中兴记

清·释至善

圆通大士之声光普应，如霁月在空，江海沈潦，浓纤钜细，无不在焉[1]。

普陀之山，历代高人胜士栖迟者[2]，未可指数。明万历间，大智禅师由峨眉鎏华结茅于斯，久之道声流溢[3]，乃闻于朝。降敕颁经，中官监造，复赐额"镇海"，何其炜欤[4]！继遭劫火，台殿荆芜[5]，实可慨已。

今上即位之二十有三年，海宇荡平，版图式廓[6]，别公禅师杖笠西来[7]，会陈公总提浙师，素耳公名[8]，乃同镇府黄公、给谏屠公肃书敦币，迎公主之。明年，公来自太白登殿，拜起，周顾，太息曰："最上觉场[9]，千楹万指，猝致是哉！"未几，而龙象蝟集，云衲川赴，忘躯为法者趋奔恐后，乃先结茅殿草寮，为安众所[10]。一时宇内缁白[11]，咸庆名山得人。和硕裕亲王闻之[12]，施戒衣数百，请说三坛大戒。

己巳春[13]，龙驾南狩，秩望山川，命侍臣赍帑勒建殿宇，复有天下臣民共种福田之旨。于是四方善信[14]，梯山航海，投金置粲[15]，求法问道者比比。而旧住长老明公，知藏、霜柏、佛乘诸子遂往福州分卫。时鼓山为霖和尚年已八十，闻公名，欣为倡道致书本省当事如都统祖公、抚军卞公，共施巨木数千章[16]，大将军施公发海艎运载[17]，而镇府蓝公协舟相济，首建圆通大殿，自余诸处，渐次落成。

昔大智禅师之开此山也，临灭度时记云[18]："吾去百年，复来兴此。"今当兹殿升梁之日，恰满百岁，与记合符。人皆以公为智祖后身。

己卯春[19]，翠华重幸，公率众迎銮谢恩，遂蒙诏对，温旨优渥[20]。叠赐御书、帑金及今额；又给江南黄瓦盖殿。遇合之隆，千载一时也！

公尝以殿务肇兴，率诸执事扣平、大彻、素白、在璿等往金陵分卫，诸当事闻之，请于江宁大报恩寺说法，宗风大振[21]，听者亿计。自先明密云禅师升座，后未有埒于公者[22]。

法雨规模宏畅，形势低昂[23]，凡诸建造，视山高下而广狭因之，宏制巧构，甲于东南。公以壮年来主兹山,未满十稔[24],百废具兴,是称克家[25]。而说法充实,举措合宜。外则建立名蓝,内则宏宣祖秘。又出其余力,修宋元以来未续之灯[26],重建径山、普觉塔院,奉高峰老人神主入天宁祖堂,诸如此等,可谓法苑之功臣矣。嗣法小师,燕京无际,信州玉峰,括苍映文,东瓯斗南,其最著者。至于翼养翎修[27],槌拂之下[28],林林总总,未可殚纪。光被前人,范模后进。自非乘大愿轮,津梁末运,畴能之哉[29]!

余与公为法门先后,幸预宗属,碌碌于世三十余年,视公所为形将汗矣。呜呼!大智唱灭百有余年,当法门凋落之际,而能修敝起废,移梵释龙天之宫置于人间,谓非中兴不可记,且未尽,系之以铭。铭曰:

洛伽之山,杳绝尘寰。下临碧海,上摩青天。东华四胜,兹盖首元。

是故大士,降迹于先。昆瑟胝罗[30],曾有是言。海上有山,多诸圣贤。

故命童子,求道于前。讵曰无稽,证之简编。屡朝帝王,宫降檀烟。

匪我大圣,行满功圆。烝尝蔚起[31],难乎其全。维嘉隆秋,地冷峰荐。

禅师大智,杖起岷源[32]。锡留兹土,渐渐改观。九重圣母,远焕林泉。

朱提碧瓦[33],用宝为严。哲人既萎,依旧草芊[34]。百有余祀,寒尽当暄。

仰惟今上,文武睿渊。远人臣服,海靖波恬。岁在甲子,天运循环。

洛伽胜地,重焕金仙。缁白来往[35],接踵摩肩。爰有陈公,念兹法筵。

笃生其人,乃在西川。水乳投契[36],宝函芝莲。杖笠来此,帚上花旋。

英豪蔚起,戒律蝉联。未逾一纪[37],百废俱宣。智师有记,事岂偶然。

公之伟业,已载前篇。事以实贵,质用素坚。著之穹碑,亿万斯年。

【作者简介】

释至善,生平不详。

【注释】

[1]霁月:明月。沈潦:雨后积水。此谓深广的海水。

[2]高人胜士:指人品清高脱俗、不贪慕虚名利禄的人。栖迟:游息。《诗·陈风·衡门》:"衡门之下,可以栖迟。"朱熹集传:"栖迟,游息也。"

[3]流溢:漫溢,流出。

[4]炜:火光明亮。光彩貌。

[5]荆芜:谓寺院荒芜、荆棘遍地。

[6]式廓:规模,范围。

[7]杖笠:谓(别庵)手拄杖,头戴斗笠。

[8]素耳:犹素闻。

[9]觉场:佛教道场。指佛寺。

[10]蝟集:像刺猬的硬刺那样聚在一起,比喻事情繁多且集中。殿寮:指佛殿、僧众栖舍。

[11]缁白:僧俗人士。

[12]和硕亲王:指顺治帝福临第五子福全。康熙六年(1667)正月,封裕亲王。康熙二十九年(1690)七月,授抚远大将军,和恭亲王常宁分道讨噶尔丹。康熙时,有多位亲王赐予

法雨寺各种物品。

[13] 己巳：康熙二十八年(1689)。

[14] 善信：谓对佛法虔诚信仰。

[15] 投金置粲：谓捐献钱财。粲：音 càn。古称上等的米。

[16] 章：谓(树木)棵。指(木材)数量。

[17] 施公：指施琅(1621—1696)。字尊候,号琢公,清初著名将领。施琅降清后被任命为清军同安副将,不久又被提升为同安总兵,福建水师提督,先后率师驻守同安、海澄、厦门,参与清军对郑成功军队的进攻和招抚。1683 年率军渡海解放台湾。海艎：海船。艎：音 huáng,一种大船。

[18] 灭度：佛教语。灭烦恼,度苦海。涅槃的意译。此指僧人死亡。

[19] 己卯：康熙三十八年(1699)。

[20] 温旨：温和恳切的诏谕。对帝王诏谕的敬称。优渥：优厚。指待遇好。

[21] 宗风：指佛教各宗系特有的风格、传统,多用于禅宗。

[22] 埒：音 liè,齐等。

[23] 低昂：起伏,时高时低。

[24] 稔：音 rěn。年,古代谷一熟为年。

[25] 克家：指能继承家业。

[26] 未续之灯：指那些衰败的寺庙。

[27] 翼养翎修：谓护持佛法,护翼僧众修行。翼、翎：本指鸟翅膀。此作动词。翼护、遮护。

[28] 椎拂：犹鞭策鼓励。

[29] 畴：通"筹"。筹划。

[30] 昆瑟胝罗：又称安住长者。佛教人物之一。《华严经》中所载,善财童子为求法门要义所参长者之一。

[31] 蒸尝：本指秋冬二祭。后泛指祭祀。

[32] 岷源：指别庵禅师本四川高梁人。

[33] 朱提：此谓别庵性统造佛殿,上奏康熙。康熙朱批,将南京明皇宫 12 万片黄瓦移运到山,加盖两寺大殿;并将原明皇宫内九龙藻井赐予法雨寺圆通殿。该殿遂呼为九龙宝殿,成为今天的普陀三宝之一。

[34] 草芊：草茂盛貌。芊：音 qiān,草木茂盛貌。

[35] 缁白：谓僧徒俗众。

[36] 投契：谓意气或见解相合。宝函：指盛佛经、典册及贵重首饰等的匣子。

[37] 一纪：古指十二年。

附：补陀后寺开山大智禅师碑

明·屠 隆

大妙达性宗,开智慧海,则解为朗炬,严修佛事,入功德林,则行为宏基。心炬不朗,则一切作为,总属有漏,何以烛理而烁群昏? 德基不宏,则一偏见解,徒骋空虚,何以实修而圆万德? 是故局功行而体昧空寂,虽梁武之造塔度僧,见呵初祖,倚狂慧而行染污邪,虽善星之精解部藏,难免泥犁经,不云乎理因。顿悟、乘悟,并消事非顿除因,次第尽是,诸经之总持,千圣之密印也。末法众生,明道者多,行道者少。少室师尝记之。

迩者世智辨聪,窜入圣解,盲鞭瞎棒,动托宗门。法师高登讲座,戒行不持,而曰:"吾舌吐莲花,缙绅沉身欲海,无业不作。"而曰:"我腹有贝叶,此适足扬韦驮之杵,奋北郓之笔尔。"云栖师作《崇行录》以救之,为虑深矣。

补陀海潮寺住持大智禅师,灵心朗皙,戒德孤高,披精进铠,薰修翘勤。于六时建勇猛幢,功行加持于三宝。幼修梵行,尊宿让而倾心宿种,善缘道俗望而引领。曾兴峨眉丛林肃震旦之区,继去蓥华云水寄巾瓶之迹。遂卓锡于洛伽。

初无一茅盖,顶乃结庐于岩穴。日惟籍草跏趺,剪寒云以补衲衣,臞形而体宝相,挑野菜以当香积,枵腹而诵金经。孤悬而人迹杳然,山鬼为吹夜火,块处而潮声日聒。神龙时代晨炊,至德流闻善信。渐加物色,玄风遐播,缁素奔走如云。遂创精蓝,庄严拟乎化乐,虔供大士,香火盛于寰区,航海梯山,固顶礼乎!灵佛重趼茧足,亦参访乎高僧。虽道宣之栖终南,慧远之居庐岳,一时仰德,千载同风矣。

按师讳真融,楚麻城人。不佞既为论著,又作铭曰:

灵海渊沄,凌彼穷发。有岛屹如,浮空孤绝。善财东参,大士说法。
高衲至止,凿岩而居。洪涛啸吼,鱼龙来趋。四无人迹,山鬼与俱。
片石盖顶,严霜裂肤。渴则饮海,饥则茹茶。砥行良苦,翘勤佛事。
至德不孤,归者如市。遂营梵宫,遂奉大士。壮拟王居,丽如忉利。
六时行功,僧徒翼翼。不肃而严,如守三尺。有威有仪,无怠无斁。
戒坛清规,永可为式。一旦西逝,幢幡来迎。玉毫中见,莲花上生。
蛟龙夜泣,猿鹤哀鸣。师虽化矣,遗风故在。我瞻名山,僧规匪懈。
松色经函,潮声梵呗。和南礼佛,羯磨讲戒。浩渺海壖,居然法界。

附:法雨寺铁观音记

清·释性统

丁卯夏四月,予始承乏兹山。大殿久废,即以大智祖师影堂供大士□□,初夜匆冗,未暇审观。次日晨起礼佛,见座上一铁佛,首高可三尺余,肩以下全驱俱无。心甚感怆,谋欲徙置他处。旧殿主彻凡进曰:"不可!此佛首向得自千步沙水中,因放光现瑞故,供于此。"诸耆旧遂言,康熙十二年遣界,十三年秋偷界,小船数十只泊千步沙,夜忽火光烛天,诸船互疑失火。旦视船无一毁者,相与寻觅沙际,则此佛首者巍然在焉。不知何所从来,众始恍然曰:"夜来之火乃佛光也。"因舁送寺中,供养已久。予感其言,止不复迁。

次年春三月,江南善士武云山领众进香,稔此灵异,请往金陵铸造。予祷而送之,冀其早毕众缘而返寺也。自到,江南善信朝礼不分昼夜,不出一疏,施铜铁者日以千百计。有缙绅杨公女,年十六,卧风三年,母徐氏赍金虔祷。次晨,其女步履如飞。又有贫家子为邻持一小釜助资,贪其完固,以已破釜易之。夜梦伽蓝索釜,还,惊寤而病,送釜至厂,忏悔始愈。诸如此类,不可殚纪。

于是,阖省风动,不两月,聚铜铁十余万斤。妖人方某者,虎视而耽耽焉。计取其资不遂,捏词兴讼。郡守某亦阴觊其利,禁不许铸。陆寅生者,豪杰士也。义愤不平,诉之江常镇道刘公。公知奸民之利金也,大批牍尾,令速铸,郡守遂不敢难。不数日,守以事被逮,方某亦膺恶疾,日夜号叫不已。

大士全身即于十一月铸成,复以余铁铸五事磬板等项。次年三月归山,观者如堵,欢呼震山。镇海之兴,实基于此。予谓是虽武云山之力,实大士灵感所致也。试思三十二应何处不周,或现半身,或现全体,以至一首一足,皆令人不可思议。测度其示人祸福之几,速于影向。大士虽未尝屑屑于此,而若或使之,足以使人趋善惩恶而不能自己也。是为记。

【作者简介】

别庵性统,生卒年月不详。四川潼川安岳人,俗姓龙,号别庵。十一岁父殁,遂追随三山灯来出家。受具足戒后,参谒衡山灯炳,得三山之法。康熙二十四年(1685),三山示寂,遂继高峰之法席。翌年,游江浙、嘉禾、径山,后住于天童、普陀。二十八年,兼住武林东园永寿寺。著《续灯正统》等。

重修法雨寺下院桃花渡真武宫碑记

清·释明智

古来移风易俗类,多建置梵宇道场,假之佛以转其机。其始有人开之,其后必有人成之,乃可久维而不敝。

鄞县东北三里桃花渡者,舟楫络绎,游冶者群聚,为牟利薮。明万历二十九年,邑宰魏公成忠下令禁逐,即其地建宫以奉净乐,由是秽杂之区,遂为清净道场矣。其为普陀法雨寺下院者,则国朝康熙二十五年,永慧禅师,自法雨分住于此始也。

维时法雨我师祖别庵和尚道行宏深,际遇休隆。荷圣祖仁皇帝颁赐眷顾,天宠频加。四方函香顶礼者,云集电奔,皆以是院为接待之所。停骖买棹,而后航海以达于山,人皆称便。载在宁波府志及本寺山志,班班如也。岁辛巳,兴安信士陈君大施愿力,倡加修造。而后坍颓者整,湫隘者辟,魏公香火之场,再睹庄严,而缁侣庇焉。报本崇功,开创之与修成,均所难没。院中塑陈君像以配魏公,非过也。雍正己酉,信士陈君又于殿前重盖茶亭,而往来者,憩息有地矣。

第濒海,龙风蜃雨,殿阁坏朽为易。辛亥,余谬主法雨山席,蒙世宗宪皇帝复发佛心,赐数万帑重修法雨大寺。钦工重大,敬谨经理,历三载而后竣工,未暇计及斯院之敝漏也。幸李君诸檀信,又复捐资鸠工,再谋缮理。诸君亦兴安人,是与陈君先后有大造于斯院也。

余生长闽中,于兴安为在家桑梓,顾诸君非独为余也。绵圣神之香灯,修贤宰之胜迹,广十方之接待,河沙功德,又何得而计量乎哉!是则祝厘祝延大寺,永颂无疆之圣祚而报功报德,斯院亦长植众善之福田,其可不垂示久远,使后之饮水者,群知源之有本也耶!

爰贞诸珉而记以志之焉。所有众信芳名详列碑阴。

按:本文选自《乾隆普陀山志》卷十六。

宿法雨寺,留别立山方丈诗(四首)

清·彭玉麟

洛迦山涌翠屏开,八月槎乘奉使来。只许云龙腾岛屿,不容雾蜃幻楼台。海天佛国多灵境,瑞霭祥烟绕上陔。一瓣心香瞻洞口,潮音妙相示神胎。

方壶莲峤缥缈虚悬,紫竹林深佛顶圆。晓日红云蒸碧海,清秋白露湛青天。九重德泽涵容大,万派朝宗子细宣。柔达八蛮忉利涉,鲸鲵波靖应安然。

海上琳宫驾六鳌,插空青嶂出洪涛。藤萝缠碎千年石,鲸鳄眠寒万古潮。尘世软红飞不到,舟山晚翠望来遥。蚌珠光射秋宵月,两寺钟声彻碧霄。

频伽鸟唤入云房,丈六金容仰上方。得到琅环真佛地,不须蓬岛觅仙乡。白华秋荡天风碧,紫竹宵笼海月黄。我欲多携甘露水,大千世界洒清凉。

按:【民国】王亨彦《普陀洛迦新志》:"衡阳彭玉麟于光绪八年(1882)秋,奉命巡视南洋,抵普陀洛迦山,宿法雨寺,留别立山方丈诗。"

安庆府学及书院文献选(十三篇)

【提要】

文选自《康熙安庆府志·艺文志》《光绪重修安徽通志》卷九二。

清顺治二年(1645),设江南省,建立江南布政使司衙门,并分置左右布政使司,统领上下两江,上江布政使司(也称布政使司)管辖的范围基本就是今天安徽省的范围。康熙六年(1667),根据所辖地名改布政使司为"安庆徽州宁国池州太平庐州凤阳滁州和广德州等处承宣布政使司",简称"安徽布政使司",布政使司衙门驻江宁(今南京)。乾隆元年(1736)以后,安徽省辖8府(安庆、徽州、宁国、池州、太平、庐州、凤阳、颍州)、5直隶州(广德、滁州、和州、泗州、六安)共55县。乾隆二十五年(1760)布政使司迁至安庆,以安庆为省会一直延续到抗战爆发。

这样一座地方首善之城,无论是安庆府还是后来的省会,建府学、修书院都是必须要做的事情。安庆府学大致位于今天安庆一中范围内,"安庆府儒学在省治督学察院东,旧建于正观门外"(《重修安徽通志》卷八八)。《安徽通志》载,元朝末年,学毁于战火。明朝洪武壬子年(1372),知府赵好德在山谷书院的基础上创建府学。正统三年(1438)年,知府王璜"撤蔽构,拓旧址,汙者平之,虚者实之,卑者崇之,隘者广之,剥者饰之","庙庑桥门堂斋舍射圃"——齐备,用时不到一年时间,阁老杨溥亲为之记。成化壬辰年(1472)知府陈云鹤撤府学前面的药局,改建棂星门,继任知府王璠凿泮池、石梁;成化丁未年(1487)知府徐杰修扩府学。有意思的是,有人劝他,"大成殿及两庑功尤浩大",不如仍旧。徐杰不依,说:"报本尊崇,正吾辈事也,岂可惜兹小费?"他最先修的就是大成殿。正德七年,知府陶煦再修,这次全面整修耗时四百九十余天,耗费三千八百金,罗钦顺为之记。正德年间知府张文锦再次修治,嘉靖十年(1531),帝诏增建启圣祠及敬一亭;万历四年(1576)吴孔性重修。明末,安庆城破,府学十毁其六。

清朝顺治八年(1651),巡抚李日芃,知府王廷宾、李士桢相继增修;康熙十一年(1672),巡抚靳辅带头,知府及众衙官员、县官纷纷响应,恢复府学明时旧制。安庆府学和大多数学校一样,学中最为高大的建筑就是孔庙。近人 J. K. 施赖奥克《安庆寺庙及其崇拜》描述:"孔庙四周大约有四分之一英里长、二百英尺宽,头进院子里一般没有建筑物,但安庆的孔庙却新建了两幢木制结构的建筑,该建筑属于一所学校,并不从属孔庙本身。""通向大殿的院落两侧是有顶的门廊——回廊,其中陈列着历史上著名的儒家学者的牌位。"孔庙"大殿宽100英尺,纵深40英尺,巨大的木柱支撑起屋顶,至少有40英尺高,殿内雕梁画栋,富丽堂皇,尤其后墙的孔子牌位上的顶篷更是华丽异常。"

清朝时,曾国藩作为两江总督再次重修府学。光绪年间,府学试院规模扩大,共有号舍6场,能容考生3 000余人。民间传言,每年都有2万以上考生聚集。于是,考试业发达,催生府学附近区域形成考试产业链:龙门口一带书店成群(主要经销类似《大题三万选》等应对科考的模拟文选);姚家口一带客栈成群(外地考生到安庆,首先要解决的就是住宿);倒扒狮子周边赝品字画制作成风(对于考官,如果能走到门路,打点打点还是需要的)。顺带发展的还有餐饮业、色情业,等等。

安庆考棚也曾试过陈独秀。他在《实庵自传》中回忆:"像我那样的八股程度,县考、府考自然名次都考得很低,到了院试,宗师(安徽语称学院为宗师)出的题目是什么"鱼鳖不可胜食也材木"的截搭题,我对于这样不通的题目,也就用不通的文章来对付,把文选上所有鸟兽草木的难字和康熙字典上荒谬的古文,不管三七二十一,牛头不对马嘴上文不接下文的填满了一篇皇皇大文,正在收拾考具要交卷,那位山东大个儿的李宗师亲自走过来收取我的卷子(那时我和别的几个人,因为是幼童和县府试录取第一名,或是经古考取了提堂,在宗师案前面试,所以他很便当地亲自收取卷子,我并不是幼童,县府试也非第一,一入场看见卷面上印了提堂字样,知道经古已经考取了,不用说这也是昭明太子帮的忙),他翻阅我的卷大约看了两三行,便说:"站住,别慌走!"我听了着实一吓,不知闯下了什么大祸。他略略看完了通篇,睁开大眼睛对我从头到脚看了一遍,问我十几岁,为啥不考幼童?我说童生今年十七岁了。他点点头说道:"年纪还轻,回家好好用功,好好用功。"我回家把文章稿子交给大哥看,大哥看完文稿,皱着眉头足足有个把钟头一声不响,在我,应考本来是敷衍母亲,算不得什么正经事,这时看见大哥那种失望的情形,却有点令我难受。谁也想不到我那篇不通的文章,竟蒙住了不通的大宗师,把我取了第一名,这件事使我更加一层鄙薄科举。捷报传来,母亲乐得几乎掉下眼泪。"

与府学之类官学以考试中举不同,书院走的是明天理、致良知的"养性育人""正谊明道"之路。朱熹为书院确定条规之后,中国古代的书院就循着以德育人、修齐治平的路径,摒弃"性三品"及等级特权之官学藩篱,走出"科举之学"的"声利之场",潜心于"明道""济民",回到原初的"先王学校之官,所以为政事之本,道德之归"。按照这一路径,宋代书院空前兴盛,但元明两代,书院逐渐官学化,到了清代官办书院则是普遍做法。

但是,书院毕竟不同于官学,其生源均为有一定基础的学生,像通过院试(由学政主持、在府城或直属省的州治所举行的考试)者、四书有一定基础但尚未中秀才的童生都可入学。

2013年3月,位于安庆师范大学菱湖校区里的敬敷书院成为第七批"国保"单位。"国朝顺治九年(1652),操江巡抚李日芃(péng)创建,颜曰'培原(李日芃号)'。"李日芃时代行安徽巡抚职责,在战事频仍之时,仍带头捐资兴建书院。书院建在府学东面,还建造试院考棚。吕崇烈所撰《创建培元书院碑》:"乃作正门三楹,厥门端正严丽。中构讲堂五楹,厥堂深广爽垲,名曰'礼让'。位师席,列钟鼓,备俎豆、千戚之容。后竖楼五楹,厥楼四望远敞,名曰'经正',贮经史以备弘览。堂左右东西各七楹,为号舍。楼后东西各九楹,为六斋,翼翼绵绵,俾诸士息静温习于其间。楼后为祠五楹,名曰'宗儒',中立木主,祀濂溪、明道、伊川、横渠、紫阳五先生,以皖理学名宦及皖诸名儒配焉。祠后列二楹,实培原先生与诸士鼓箧……垒石为山,庭草交翠。"康熙十年(1671),安徽巡抚靳辅责成知府姚琅兴复书院,聘请庄名弼"课士其中"。书院修复后,靳辅撰写《兴复书院碑记》。随后的康熙二十年(1681)巡抚徐国相、二十三年(1684)巡抚薛柱斗先后增修,康熙四十八年巡抚叶九思重修后改名"修永"。书院在雍正七年(1729)年重修礼让堂,第二年"大加葺治,前建碑亭,中为礼让堂,左右增置号舍。赐帑金一千两,置腴田一百一十亩。"(《光绪安徽通志》)乾隆元年(1736),改今名;"乾隆三年,议准查各学政举荐优生到部……今据安徽学政郑江将敬敷书院内生员陶敬信、江有龙二名举荐具题。"

顺治九年至咸丰三年(1853)太平军攻陷安庆城之前的两百年间,书院一直坐落在安庆府学东之旧魁星楼。因康熙以后安庆成为安徽省治所在地,历任巡抚、知府都很重视书院的发展,院舍、学田、生员的规模不断扩大。巡抚、藩司(布政使)、臬司(按察使)及知府定期都会来到书院讲课,书院聘请全祖望、刘大魁、姚鼐(两度任山长)、王宽吾、汪宗沂、赵昀等担任山长或主讲,一时声名鹊起。

咸丰三年至咸丰十一年,太平军尽毁安庆城内文化、教育等各项设施,敬敷书院亦遭劫难。咸丰十一年(1861)八月初一,湘军曾国荃克复安庆后,曾国藩旋即移督帅大营入安庆城。而此时的安徽百废待兴,为了重振安徽的文化教育,曾国藩开始了包括修葺敬敷书院在内的战后重建事宜。

曾国藩弃原址,另择安庆城东鹭鸶桥建敬敷书院。同治元年(1862)正月,书院正式投入使用,《曾国藩日记》记载:"同治元年正月十七,旋至东门看新葺之敬敷书院。"新书院的第一件大事就是"入院招生考试"。"正月廿四,观考试敬敷书院,举贡生监均准予考,四书题'古之贤士,何独不然,乐其道而忘人之势',诗题'翰墨场中老伏波'。"(《曾国藩日记》)日记还记载了阅卷情形:"二月初三,前考书院卷,请朴庵(杨摛藻)代为阅看,至是始阅毕送来,因与同阅数卷,评定甲乙,令人写榜,未刻写毕。"在曾国藩的推动下,敬敷书院教学工作步入正轨。

新敬敷书院建成后,曾国藩委派安徽学政马雨农(恩溥)主持书院各项事务。后来曾国藩又延请怀宁籍大儒、曾任湖南衡州知府的王鲁园主讲敬敷书院,当时王鲁园已80多岁,但每课诸生文,虽目晕眩,必亲批阅。经过几位大儒的努力,敬敷书院出现了中兴之势。

委任名儒管理敬敷书院的同时,曾国藩还常亲自到书院讲学、出题考察、批阅学员课卷。有时他也让幕僚中德高望重者帮忙评阅课卷,如莫友芝日记中就记录了多次受节相(曾国藩)委托阅前月课卷之事。

对于城东鹭鸶桥这处书院规模,曾国藩还不十分满意,于是在同治二年(1863)之后,又择址"近圣街之后冈"(今安庆市姚家口西)再建一所敬敷书院。且"月提厘局征收银为诸生膏火之费",保证了书院的经费来源,寒门子弟自可安心读书。黎庶昌《曾文正公年谱》评价:"安庆复后,公至省城,招徕士人,修葺敬敷书院,每月按期课试,校阅文艺,其优等者捐廉以养之。于嘉惠寒士之中,寓识拔才俊之意。皖中人士莫不感奋。"素来服膺桐城派的曾国藩对书院振兴用功尤巨。

1897年,邓华熙任安徽巡抚时,积极创办近代教育,在城内鹭鸶桥敬敷书院旧址建起了新式学堂——求是学堂,而将旧式教育的敬敷书院迁至北门外百子桥(今安庆师范大学菱湖校区内)。如今敬敷书院古建筑,虽历经百余年的风雨,依然屹立并成为第七批"全国重点文物保护单位"。现存敬敷书院有考棚6楹,占地3200平方米,有5000多平方米的清代建筑群,设有门坊、长廊,考棚3进6楹(栋),每栋考棚面阔6间,抬梁式结构,硬山式山墙,青砖灰瓦,木格窗棂,前后庑廊。考棚内至今还保存有光绪二十三年(1897)的考棚正梁等。

1901年,敬敷书院改为安徽大学堂,揭开了安徽近代高等教育的序幕。

需要指出的是,明、清两代,安庆书院数量不少。仅明嘉靖年间安庆知府胡缵宗任内就创办书院6所,形成安庆历史上书院教育的兴旺时期。其中较著名的有:桐城的桐溪书院、天城书院、毓秀书院,枞阳的白鹤书院、乐丰书院,潜山的皖山书院、三元书院,太湖的正学书院、熙湖书院,望江的雷阳书院,宿松的禹江书院等。

重修安庆府学记

明·杨 溥

安庆,畿内郡[1]。今朝廷慎择守长,以宣政教,为京师冯翼,笃近而举远也[2]。

正统三年春[3],雁门王璜子玉,以进士授中书舍人,历事翰林,来守是郡,谓政化之兴系学校,必庶而富,而后有成绩。于是均徭役,平赋敛[4],慎刑罚,恤困穷。由是民日向安,得务本以资衣食。乃惟学宫岁久朽坏,圣贤遗像,日就剥落,无以广士子向慕之心,而于祀典弗称。谋及僚友,捐俸廪,购材陶瓦,父老富民量力资助。由是百需告备,乃撤敝构,乃拓旧址。污者平之,虚者实之,卑者崇之,隘者广之,剥者饰之。曾不逾年,庙宇孔佖[5],仪像孔严[6],讲堂、斋舍,高明宏敞。储廪有庾[7],会食有堂,以至士子游憩之所,下逮井湢[8],咸底完固。由是丹膜黝垩,轮奂辉映,周旋俯仰,仪矩森严。告成之日,吏民瞻望起敬。咸谓圣道允为世所崇,而士子亦知向慕,乐于游学,以希成德。郡博士建昌吴克谦,具始末,请记其事。

余惟自古学校兴废,顾上之人躬行何如耳。《传》曰:“君子笃恭[9],而天下平。”本乎知远之近,知风之自也。成汤克用三宅、三俊[10],四方丕式其德,必曰“用协于商邑也”。方今我圣明在上,懋昭大德[11],丕隆治化,畿内守长,尤重其选。王君由禁近出守[12],克崇学校,教民育才,以副圣心。明良相逢,致治之效,将俪美于唐虞三代,斯世斯民,抑何幸欤!

是为记。

【作者简介】

杨溥(1372—1446),字弘济,号澹庵。湖广石首(今湖北石首)人。明朝著名政治家、诗人、内阁首辅,与杨士奇、杨荣并称“三杨”,因居地所处,时人称为“南杨”。建文二年(1400),登进士第,授翰林编修。永乐初年,任太子洗马,侍奉太子朱高炽(明仁宗)。因遭牵连入狱,狱中十年,读经书史籍数遍。明仁宗即位,杨溥出狱,官翰林学士。仁宗建弘文阁,命杨溥掌阁事,旋即升任太常寺卿。宣宗即位,入内阁,与杨士奇、杨荣等人共典机务。宣德九年(1434),升礼部尚书。英宗即位后,与杨士奇、杨荣等同心辅佐。正统三年(1438),升太子少保、武英殿大学士。杨士奇去世后接任任首辅(1444—1446),眼见王振权势做大,却无能为力。卒,赠特进光禄大夫、左柱国、太师,谥号“文定”。

【注释】

[1]畿内:古称王都及其周围千里以内的地区。

[2]冯翼:犹依靠、凭仗、藩屏。笃近举远:对关系近的厚道,对关系远的举荐,指同等待人。笃:忠实,厚道;举:举荐,选拔。

[3]正统:明英宗朱祁镇年号,公元1436—1449年。正统十四年(1449)年九月英宗在土木堡之变中被俘,明代宗即位改元景泰。

[4]赋敛:田赋,税收。

[5]孔佖:谓肃静,清静。佖:音xù。

[6]仪像:形容相貌。指孔子及弟子、历代诸贤的像塑。

[7]储廪:储藏,蓄积。庾:本指露天的谷堆。此指粮库。

[8]湢:音bì,浴室。

[9]笃恭:纯厚恭敬。

[10]成汤:即商汤(约前1670—前1587)。子姓,名履,又名天乙。商丘人。商朝开国君主。三宅三俊:《书·立政》:“严惟丕式,克用三宅三俊。”三宅:指上古时常伯、常任、准人三种官职。三俊:孔颖达:“《洪范》所言刚克、柔克、正直三德之俊也。”一说谓有常伯、常任、准人之才者。

[11] 懋昭：常作"昭懋"。光明盛大。

[12] 禁近：禁中帝王身边。多指翰林院或官署在宫中的文学近侍之臣。

安庆府学记

明·陈 音

今安庆府，即周皖大夫之故地[1]，号为皖城。历代以来，郡名沿革不一。其地江山钟奇，英贤辈出。自宋黄山谷、游定夫宦于斯[2]，而人益尚文学。元季余忠宣公死守郡城[3]，而人益敦气节。

国朝定鼎金陵，遂为畿内大郡，被化特先，民俗弥厚。洪武初，郡守赵公好德[4]，即山谷书院遗址创为郡学，其制苟完卑狭。正统庚申，巡抚工部右侍郎庐陵周公忱、郡守太原王公璂，因旧规而恢之，制颇弘敞[5]。自是四十余年，凡殿堂、斋号、廊庑、门垣之属，日趋于敝。今监察御史司马垔[6]，奉简命提督南畿学政，笃意兴学造士，但有司不能皆行其所令。

成化甲辰[7]，安庆郡守徐侯杰至，首谒文庙，退而周览，怃然顾谓僚佐曰[8]："今圣朝欲诞敷文教，洽于海隅，而吾畿郡学舍若兹，何以表示天下?"遂欲撤故更新，念时绌未可以举赢[9]，且有未信而劳之嫌。越三年丁未，政通民信，谷亦丰登。适巡抚右副都御史王公克复按部至郡[10]，侯具事以白，公嘉奖劝成。巡按监察御史戈公宣，亦闻而从之。侯遂偕郡同知东充毕君大经、通判河间卢君旻、推官卫南张君训，相与殚心经理，度地诹日，鸠工伐木，而一新之。惟大成殿及两庑，功尤浩大，众皆欲仍旧。侯曰："报本尊崇，正吾辈事也。岂可惜兹小费?"于是命工先成其美，余皆次第以举。旧明伦堂逼于库，号舍逼于馔堂，侯命辟其地，制愈轩豁[11]。旧之垣墙，基薄覆茨，虽屡修辄圮，侯令巩固高厚，周覆以瓦。凡木石，皆取坚良可垂永远，而制不浮于度，黝垩丹漆，罔不具饬，翚飞矢棘[12]，绚华骇目。经始于是岁季夏，至孟冬而落成焉。其费皆以俸出公钱，其力役皆出于常调[13]，未尝一加徭赋于民。民来聚观，欣艳而莫揣其所由成也[14]。郡学训导马平储君玉，谓侯之丰功不可无述，以予与侯有斯文之旧，请文其事于石。

予惟僖公作泮宫[15]，鲁人颂之；文翁兴学校[16]，史氏书之。侯之功既无愧于昔人，固宜纪事扬休[17]，播诸无涯，以为良吏劝。然侯之为此举，非徒以侈观美，盖敩学于斯者[18]，胥尽其心以明乎道也。天下之道，古圣贤具著诸经传，士当以斯道明诸心，体诸身，而措诸实用，使文学气节，无往不存，则随位而施，皆必有裨于世。慎勿自畔其所学，以志于富贵，则非直无负贤侯之盛心，我国家建学育士，以保亿万年之祚，其所望端在于此矣。

侯名杰，字民望，世家云中[19]。起己丑进士，历官刑部主事、员外郎，绰著贤誉。其为郡，操介敷平，兴利锄害，凡政允宜于民，而兴学其首务云。

【作者简介】

陈音(1436—1494),字师召,号愧斋,莆阳(今属福建)涵江人。明英宗天顺八年(1464)进士,历官翰林编修、南京太常寺少卿,兼翰林院掌院,官至太常寺卿。以文章气节名世。

【注释】

[1] 皖大夫:指皖伯大夫,生卒年月无考,史逸其名。皋陶后裔,偃姓一贤者。康熙《安庆府志》称,皖伯大夫有德行,封地之内,城为皖城,山称皖山,水名皖水。后人为纪念皖伯,称天柱山为皖公山。

[2] 黄山谷:指黄庭坚(1045—1105)。字鲁直,号山谷道人,晚号涪翁,洪州分宁(今江西修水县)人。北宋文学家、书法家,江西诗派开山之祖。游定夫:名酢(1053—1123),字定夫,学者称廌(zhì)山先生。建州建阳人(今属福建)。其一生清廉,政绩与理学成就卓著。

[3] 余忠宣公:指余阙(1303—1358),字廷心,一字天心。唐兀氏,祖居今甘肃武威地区,合肥人。元统元年(1333),进士及第,授同知泗州事,迁应奉翰林文字,改任刑部主事,拜监察御史。出任湖广行省左右司郎中。当地贪官污吏听到余阙来,多自动离职而去。至正十二年(1352),余阙代理淮西宣慰副使、都元帅府金事,分兵守安庆。十五年,淮东西城池陷没,余阙独守安庆。余阙旧友甘言劝其投降,阙斩甘于东门外。每临战,阙必至前沿,矢石如雨,左右遮之以盾牌,他推开盾牌:"你们也有命,为何独护我?"至正十八年(1358)春正月,安庆城破,阙引刀自刎,全家随之跳井殉国。元朝追封他为豳国公,谥号忠宣。

[4] 赵好德(1334—1395):字秉彝,汝阳(今河南汝南)人。元至正十一年(1351),乡试获隽。后投奔朱元璋。入明,为陕州(今河南陕县)同知,不久迁安庆(今属安徽)知府。升户部侍郎、吏部尚书,妻张氏被诰封为淑人。洪武二十三年(1390),迁官陕西行中书省参知政事,卒于任上。有司护丧归汝,检点其遗物,箧中仅诰敕十一通及书籍数十卷,别无他。世人无不崇敬。

[5] 正统庚申:公元1440年。正统:明英宗朱祁镇年号,公元1436—1449年。周忱(1381—1453):字恂如,号双崖,江西吉水人。明朝前期名臣,以善理财知名。永乐二年(1404),登进士第,补翰林院庶吉士。迁刑部主事,进员外郎。累官越府长史、工部右侍郎,奉命巡抚江南,总督税粮。在任二十二年,常私访民间,询问疾苦。理欠赋,改税法,屡请减免江南重赋。与苏州知府况钟反复计算,将苏州一府赋自二百七十七万石减至七十二万余石;其余府按次序减少。累官工部尚书,仍为巡抚。卒,谥文襄。有《双崖集》。

[6] 司马垔(yīn):生卒年月不详。字通伯,号懧菴、兰亭居士,浙江绍兴人。成化八年(1472)进士。曾官福建副使,迁监察御史提督江南学政。

[7] 成化甲辰:公元1484年。成化:明宪宗朱见深年号,公元1465—1487年。

[8] 怃然:怅然若失貌。

[9] 时绌举赢:在困难的时候做奢侈的事情。

[10] 按部:巡视部属。

[11] 轩豁:敞亮。

[12] 翚飞矢棘:指房屋的檐角如振翅的鸟儿,上翘的棱角如箭矢般密麻挺直。

[13] 常调:定额赋税。

[14] 欣艳:犹欣羡。

[15] 鲁僖公:姬姓,名申,鲁庄公之子,春秋时期鲁国君主,公元前659—前627年在位。《诗·鲁颂·泮水》:"思乐泮水,薄采其芹。鲁侯戾止,言观其旂。"鲁僖公所立泮宫是当时

鲁国的高等学府,故国人颂之。

　　[16] 文翁(前156—前101):名党,字仲翁,庐江舒(今安徽庐江)人,西汉循吏。汉景帝末年为蜀郡守,兴教育、举贤能、修水利,政绩卓著。

　　[17] 扬休:谓阳气生养万物。扬:通"阳"。

　　[18] 敩:音xiào,教导,使觉悟。

　　[19] 云中:今山西大同。

重修府学记

明·罗钦顺

　　嘉兴陶侯煦守安庆之明年,疆场无虞,茕独有养[1],乃图新其郡学。既得请于提学御史黄公如金、巡按御史邝公约,遂诹日兴工。同知杨君廷用、通判侯君自明、推官陈君享、怀宁知县李君纯,皆克赞之。又明年春,督工检校张珂,率富民之供事者十有六人,以工毕告。八月朔旦[2],侯举释菜礼[3],告成事于先圣先师,实正德七年也[4]。于是学训导贵溪江君奎,具事本末,俾诸生方钦、陈洁、王重贵,造余官邸,请文刻石,以永侯之功。

　　余为童子时,尝随侍家君学于兹学,会刻一峰罗先生所作《棂星门记》,过必一再读,至今尚能诵其辞。追想旧游,固不能忘情也,属兹盛举,可无述乎?

　　惟兹学建自我国初,百余年间,盖屡经修葺,然其敝坏不至如今日之甚,故其功亦莫过于今。凡今所改为者,若明伦堂,若养贤堂,若中外二门,其高广加于旧率五之一,而中门倍之。所创为者,若中门外之泮池,池上及门内之棹楔[5],门左右之回廊。规制所存,陟降所由,固皆不可阙者。其他若东西四斋、会讲之堂、尊经之阁、肄业之舍,以至于仓库、庖湢,则旧贯犹可仍,然皆正其欹倾,易其朽腐,补其缺漏,而加之藻饰焉。盖凡可以用力者,无不为也。棂星门,旧据高阜,荒芜而不整,乃甃为方台,而作亭、栽杏于其上,以拟杏坛。自台以达于戟门,有坊,有池,有旁出之道。增楹改甃,咸就规矩。圣贤塑像,设色加精。盖凡可以用力于庙者,亦无不为也。自经始以至告成,历日凡四百九十有奇,为工三千八百,费白金仅千两。内垂久远之计,外耸壮丽之观,而民不知劳,财无妄费,侯于是役,其可谓尽心焉耳矣!

　　夫兴作,《春秋》所慎。然宫室之制,取诸大壮[6];泮水之乐,颂于鲁人,则凡去硗就隆[7],固随时变易之义。而学乃教化所从出,人才所自成,敝之宜修,而作之宜壮,又孰有先于此者?于此而克尽其心,非知务之君子乎?是宜大书而深刻之,俾后来永永有考。若夫学者之所当取舍,则一峰言之已尽,而家君之教,诸君容亦有未忘者。惟勿疑勿怠,以进于圣贤之道,以充其文武之才,则人与学而俱新矣。夫如是,岂惟不负侯之美意?执笔者与有光焉。

【作者简介】

　　罗钦顺(1465—1547),字允升,号整庵,泰和(今江西泰和)人。著名哲学家,明代"气学"

的代表人物之一。弘治六年(1493)进士科探花,官至南京吏部尚书。后辞官归乡,专心理学,时称"江右大儒"。有《困知记》《整庵存稿》《整庵续稿》。卒,赠太子太保,谥文庄。

【注释】

[1] 茕独:孤苦伶仃的人。

[2] 朔旦:阴历每月初一。

[3] 释菜礼:古代入学时祭祀先圣先师的一种典礼。亦作"释采""舍菜",即用"菜"(蔬果菜羹之类)来礼敬师尊。仪式上通常要摆放代表青年学子的水芹、代表才华的韭菜花、代表早立志的红枣和代表敬畏之心的栗子。

[4] 正德七年:公元1512年。正德:明武宗朱厚照年号,公元1506—1521年。

[5] 棹楔:音zhào xiē,门旁表宅树坊的木柱。

[6] 大壮:《周易·系辞》:"上古穴居而野处,后世圣人易之以宫室,上栋下宇,以待风雨,盖取诸大壮。"

[7] 硗:音qiāo,磐石,石块。

重建安庆府学记

清·靳 辅

自四代之学兴[1],而辟雍之典盛。尊三老、五更[2],则圜桥而观听者以亿万计;增庠序学舍,则云集而升皋比者至八千士。猗欤盛哉! 诚一时之隆矣。然辟雍而外,厥有泮宫。其在《诗》曰:"思乐泮水,薄采其芹。"盖储栋梁而育英才,历代莫与易焉。越吾皇清龙兴五十八年以来,扩清海内,雅意右文[3]。今皇上御极之八载[4],化洽政治,远人来庭,爰咨宗伯以举临雍之典[5],征衍圣于阙里[6],阐乾元于司成[7]。于时负笈担簦[8],观光而戾止者[9],薄海内外,佥曰:"乃圣乃神,乃武乃文。将六五帝而四三王,亦何有于汉唐? 自古作人之典,诚莫有盛于斯者也。"

予于辛亥秋,恭承简命,来抚兹土[10]。下车之次,循旧典以谒先师。顾瞻庙貌,有圮其容;爰仰榱题,亦陋其奥。询之郡守与学博[11],则曰:"兹学创于洪武之纪,拓大于正统之年。自兹以后,年远渐弛,周文襄而后,盖未能复临观之义云。"予曰:"人存政举,宫墙之事曷可缓乎[12]?"予因首倡其义,而姚守则力肩其事。于是庀材鸠工,相视廉蠡[13]。先以僚属之捐俸,继以绅士之赴义。经营于壬子之冬,落成于癸丑之秋。凡为殿、为堂、为庑、为门、为阁、为廨、为宦、为墉者,必坚必致[14],莫不焕然一新。

继自今春秋养老、饮射、读法于其中者,贤有司之事也。考钟伐鼓,横经论道于其中者,严师长之职也。歌诗习礼,则古昔称先王,周旋揖让于其中者[15],群弟子之业也。夫道之在人,犹水之在地。无地而不有水,则无人而不具道。凡尔多士[16],既入是礼门,由是义路,当念人既具道,而身又在名教之中,即当以天地万物为己任,以君亲师友严立身。大而敦伦明道,致君泽民。精而穷理尽性,格致诚正[17]。高而立德、立言、立功,以垂不朽。扩而仰观俯察,参赞以隆守待,则达而在上,为龚、黄,为卓、鲁,为燕、许,事功亦本之道德[18];微而在下,或著书立说,或绍先开后,或辅经翼传,文藻亦本之性功。古人云:"通三才曰儒,敷五教在宽。"

是所望于师儒者,惟曰"既勤垣墉,惟其涂塈茨[19]","既勤扑斫,惟其涂丹雘"。将学于斯,习于斯,弦诵于斯,下学而上达,亦如此泮宫而始基之、堂奥之矣。若曰徒勤帖括[20],以为羔雁之助[21],博一第以为身家之谋,则攻其末而弃其本。精之漓者物必窳[22],诸士其当戒之哉!姚郡守复进而请曰:"考宫,不可以无记也。"遂援笔而记其事,以告来兹。

是役也,赞其议者,方伯徐国相、观察使佟国祯;董其成者,郡守姚琅;协其谋者,郡丞胡靖、怀令段鼎臣;身其劳者,学博庄名弼:例得并书。至洪武初知府赵好德创建以后,及顺治间知府李士桢重修以前,其为建为修者,官不一其人,人不一其事,咸有功于圣贤,不可诬也[23],则又令掌故者纪其人、纪其事于碑阴。

【作者简介】

靳辅(1633—1692),字紫垣,辽阳(今属辽宁)人,隶汉军镶黄旗。顺治六年(1649)出仕为笔帖式,两年后为翰林院编修。康熙元年(1662),升任兵部职方司郎中,晋通政使司右通政、国史院学士、武英殿学士兼礼部侍郎。康熙十年(1671)升安徽巡抚,在任六年,请求豁免田粮,提倡发展生产,参加平定三藩之乱,大力节省驿站糜费。康熙十六年(1677)三月,升河道总督,此后十六年为治河鞠躬尽瘁。卒,谥文襄。

【注释】

［1］四代之学:指周、殷、夏、虞四代之学。孔颖达疏:"天子设四学者,谓设四代之学,周学也,殷学也,夏学也,虞学也。"

［2］三老五更:《礼记注疏》卷二十《文王世子》:"古代设三老五更之位,天子以父兄之礼养之。"郑玄注:"三老五更,互言之耳,皆老人更知三德五事者也。"孔颖达疏:"三德谓正直、刚、柔。五事谓貌、言、视、听、思也。"三老,乡官之名。战国时闾里及县,均有三老,汉初乡、县也有三老,由年在五十岁以上者担任。五更,年老致仕而有经验之乡间耆老。古代设三老五更之位,天子以父兄之礼养之。

［3］右文:崇尚文治。

［4］今皇上:指康熙。

［5］临雍:亲临辟雍。雍:指辟雍,本为西周天子所设大学,历代皆有,亦常为祭祀之所。《后汉书·明帝纪》:"三月,临辟雍,初行大射礼。……冬十月壬子,幸辟雍,初行养老礼。诏曰:'光武皇帝建三朝之礼,而未及临飨。眇眇小子,属当圣业。间暮春吉辰,初行大射;今月元日,复践辟雍。尊事三老,兄事五更,安车软轮,供绥执授。……'"

［6］衍圣:指衍圣公。为孔子嫡长子孙的世袭封号,始于北宋至和二年(1055),历经宋、金、元、明、清、民国,直至1935年国民政府改封衍圣公孔德成为大成至圣先师奉祀官为止。

［7］司成:古代教育贵族子弟之官职,后世称国子监之祭酒为"大司成"。《礼记·文王世子》:"乐正司业,父师司成。"

[8] 负笈担簦：背着书箱，扛着有柄的笠，奔走求学。笈：书箱；簦：古代有柄的笠，形似伞。

[9] 庆止：到来。《诗经·周颂·有瞽》："我客戾止，永观厥成。"

[10] 辛亥：康熙十年，公元1671年。简命：选派任命。

[11] 学博：唐制，府郡置经学博士各一人，掌以五经教授学生。后泛称学官为学博。

[12] 宫墙：《论语·子张》："叔孙武叔语大夫于朝曰：'子贡贤于仲尼。'子服景伯以告子贡。子贡曰：'譬之宫墙，赐之墙也及肩，窥见室家之好。夫子之墙数仞，不得其门而入，不见宗庙之美，百官之富。'"后因称师门为"宫墙"。

[13] 廉幂：犹计算。唐·王孝通《缉古算经》："并下广少表与下广少高，以下广少上广乘之，为鳖从横廉幂。三而一，加隅幂，为方法。"

[14] 坚缴：亦作"坚致"。坚固细密。

[15] 揖让：指古代宾主相见的礼节。揖让之礼按尊卑分为三种，称为三揖，一为土揖，二为时揖，三为天揖。揖：旧时拱手行礼。

[16] 多士：众士，贤士。

[17] 格致诚正：谓格物致知，诚心正身。

[18] 龚黄：典出《汉书·循吏传序》。为汉循吏龚遂与黄霸的并称。亦泛指循吏。卓鲁：汉卓茂、鲁恭的并称。均以循吏见称，后因以指贤能的官吏。燕许：唐张悦和苏颋的并称。《新唐书》载：景龙以后，苏颋和张悦都因文章而地位显赫，二人的声望齐名，又因为张说被封为燕国公、苏颋被封为许国公，他们是开元前期文武兼备的社稷之臣，朝堂之外交往甚笃，友谊深厚。所以当时并称二人为"燕许"，号称"燕许大手笔"。

[19] 垣墉：墙壁。墍茨：音 xì cí，用泥涂饰茅草屋顶。《书·梓材》："若作室家，既勤垣墉，惟其涂墍茨。"

[20] 帖括：唐制，明经科以帖经试士。把经文贴去若干字，令应试者对答。后考生因帖经难记，乃总括经文编成歌诀，便于记诵应时，称"帖括"。后借以比喻迂腐不切时用之言。

[21] 羔雁：古代用为卿、大夫的贽礼。《周礼·春官·大宗伯》："卿执羔，大夫执雁。"郑玄注："羔，小羊，取其群而不失其类；雁，取其候时而行。"汉·班固《白虎通·文质》："卿大夫贽，古以麛鹿，今以羔雁。"

[22] 漓：浅薄，浇薄。窳：音 yǔ，粗劣，坏。

[23] 谖：音 xuān，欺诈，欺骗。

重建安庆府学记

清·姚 琅

大中丞靳公涖江上之明年，治隆教洽，文恬武嬉[1]，七郡三州，衣被于道德，仁义之风蔼如也[2]。念皖为建节之地，而皖学尤观型之所自始。既兴书院，乃随有事于泮宫。仍其崇阶，去彼陈构。殿楹宏启，觚稜拂云[3]。周廊布前，广堂峙后。门垣森丽，石柱璘彬[4]。带以虹梁，池藻有蒨。盖三百年来之庙貌，顿超旧观。落成之日，公进师儒而训之，因泚笔为文[5]，洒洒千言，凡所当记者，俱已勒之贞珉矣[6]。而博士庄君谓予实领是役，不可无一言。予，皖吏也，请就皖学以更端焉[7],可乎?

　　闻之天下之有学宫,其规模悉宗阙里,惟气象峥嵘能与鲁庙相仿佛者,百不得一焉。以曲阜枕岱宗而朝洙泗,防山在左,尼山在右,吾夫子琴书剑履,罗列其间,所谓"南面百城",其雄秀为独绝也。今观是学,戴天柱之巍峨,肩二龙之蓬勃,大江九派,至盛唐而若折若拱焉,则夫鲁邦所瞻,与洙水却流者,不已俨然有其象乎?且阙里重建,适当世祖幸学之年。兹大中丞以密勿重臣[8],体皇上临雍拜老之意,来新是学,占诸奎壁[9],光气照耀,明良一德,盖运会实存焉,非偶然也。矧游是学者,抑知道风之所由聚乎?其始基则黄文节书院之遗也[10],其开拓则周文襄缔造之绩也[11],其休息讲论,陶淑身心[12],与诸士子周旋函丈[13],则罗广文振铎之音也[14]。

　　自有是学以来,俊誉踵兴,述作斐然,上追黄学士者,谅不少矣,而其气节亦有与涪翁相颉颃者乎[15]?中江才薮[16],皖固居先,即儒林射策服官,远媲周先辈者,非所难矣,而其功业亦有视文襄为标准者乎?夫扩其所有以砺其所无,此今日作新之旨也。若广文如罗泰和者[17],用散秩寒毡[18],倡明理学,间移教皖人之法教于其家,而令子司业整庵公[19],遂绍伊洛[20],宗传褎然[21],于阳明称后劲,斯其流风余韵,犹耿耿在竹西、砚北间。使秉是铎者,悉能以泰和之心为心,奚待访翼之于湖州,起明复于梁父乎[22]?是则予与博士所当交勉者矣。

　　尝考师儒之职,在汉虽已设科,要其属仅隶成均[23],未逮郡邑。即宋元丰正录、教谕之置[24],亦犹然行于国子,而外学之长,司牧者兼领之。由是以推,予实寓教人之责。然则端拜洛诵,掬溜播洒,皆所有事也,又安得不在皖言皖,在学言学乎?至于同襄是役,克底厥成,其官绅名姓,详诸大中丞碑记之阴。而木植、陶甓、工役之数,别有记载,非斯文之所宜觳缕也[25]。

【作者简介】

　　姚琅,生卒年月不详。字书岑,石门人(今属湖南)。顺治九年(1652)拔贡,康熙九年至十二年(1670—1673)知安庆府事,曾代理安徽按察使。重修《安庆府志》。

【注释】

　　[1]文恬武嬉:本义指文官武将都耽于安乐。此谓(国家安泰)文臣武将都很闲适无事。

　　[2]蔼如:和气可亲的样子。

　　[3]觚棱:亦作"觚楞"。宫阙上转角处的瓦脊成方角棱瓣之形。亦借指宫阙。觚:音gū,棱角。

　　[4]璘彬:光彩缤纷貌。

　　[5]泚笔:以笔蘸墨。

　　[6]贞珉:石刻碑铭的美称。

　　[7]更端:另起端绪。指另一件事。

　　[8]密勿:慎密,机密。犹心腹。

　　[9]奎壁:二十八宿中奎宿与壁宿的并称。旧谓二宿主文运,故常用以比喻文苑。

　　[10]黄文节:黄庭坚谥号。

[11] 周文襄：周忱谥号。周忱(1381—1453)，明前期大臣，以善理财知名。

[12] 陶淑：谓陶冶使之美好。

[13] 函丈：《礼记·曲礼上》："席间函丈。"意思是老师讲席与学生坐席之间要留出一丈的空地。后以"函丈"作为对老师的尊称。

[14] 振铎：本义为摇铃，后指警示，号令之义。铎：有舌的大铃。古代宣布政教法令时，振之以警众。

[15] 涪翁：黄庭坚晚号涪翁。颉颃：音 xié háng，原指鸟上下翻飞。泛指不相上下，互相抗衡。引申为不相上下。

[16] 才薮：谓人才聚集之地。

[17] 罗泰和：罗钦顺为泰和(今属江西)人。

[18] 散秩寒毡：指条件艰苦。散秩：闲散而无一定职守的官位。唐·白居易《昨日复今辰》诗："散秩优游老，闲居净洁贫。"寒毡：亦作"寒毡"。《新唐书·文艺传中·郑虔》："(郑虔)在官贫约甚，澹如也。杜甫尝赠以诗曰：'才名四十年，坐客寒无毡'云。"后以"寒毡"形容寒士清苦的生活。

[19] 整庵：罗钦顺号。钦顺曾任南京国子监司业。在明中期，罗钦顺是与王阳明分庭抗礼、并驾齐驱的理学大家，时称罗为"江右大儒"。按："而令子"甚扞格，疑有误。

[20] 伊洛：指"伊洛之学"。北宋程颢、程颐所创理学学派。世称程颢为"大程"，程颐为"小程"，合称为"二程"。二程为亲兄弟，均为洛阳(今属河南)人，长期在洛阳讲学，后来程颐居临伊川，二人讲学于伊河、洛水之间，因称其所创学派为"伊洛之学"，也叫"洛学"。

[21] 襄然：谓灿然，兴旺貌。

[22] 翼之：北宋大儒胡瑗(993—1059)字。宝元二年(1039)，湖州知事滕宗谅奏请朝廷在湖州设立学校。翌年，获准设立湖州州学，滕聘瑗主持。胡瑗从教二十七年，以昌明儒学为己任，遇事以自身作表率，起居饮食丝毫不拘，虽然盛暑必公服朝堂，以严毅率众，以至诚感人，为人师表，在教育上独创经义、治事二斋，主张明体达用，倡导因材施教，史称"湖学"。安定先生门下弟子数百人，遍布全中国。梁父：亦作"梁甫"。山名。泰山下的一座小山，在今山东新泰市西。

[23] 成均：古之大学。《周礼·春官·大司乐》："大司乐掌成均之法，以治建国之学政，而合国之子弟焉。"《礼记·文王世子》："三而一有焉，乃进其等，以其序，谓之郊人，远之，于成均，以及取爵于上尊也。"郑玄注："董仲舒曰：五帝名大学曰成均。"

[24] 正录：指学正、学录。学录为中国古代文官官职名，宋国子监置学正与学录，掌执行学规，考校训导；又置职事学录与学正、学录通掌学规。明、清沿置。明学录秩从九品。清乾隆初升为正八品。学录为基层官员编制之一，配置于国子监等官学机构，而从事业务则相当于老师或学校行政人员。教谕：学官名。宋代在京师设立的小学和武学中始置教谕。元、明、清县学亦置教谕，掌文庙祭祀，教育所属生员。

[25] 觇缕：细述。觇：音 zhěn。

增修府学记

清·金 永

皖郡之学,规模弘丽,素甲于大江以南。数十年来,时修而时圮,盖废兴不一也。钱塘周公治皖之明年,适以风雨之故,殿庑摧折,棂星门俱委在草莽,其存者亦皆倾欹欲坠。公朔望瞻拜[1],徘徊周览,爰鸠工庀材,刻日而成。轮奂黝垩[2],视昔有加。

先是,泮池之左有坊焉,凡谒庙者,悉往来其下。公以为峙于左而阙于右,非制也,因增建坊。用是祠庙巍然,门宇矗然,左右相向若拱揖然。谨于月吉行释菜礼[3],用告成功。于是皖之士大夫乐观其盛,退而私议曰:"皖承凋敝之后,不特民荒其业,抑亦士荒其学。唯公以鸿儒重望,抚茈兹土,不逾年而政成,其所以休养吾民者至矣。今也,雅意作人,留心学校。凡兹之觚稜干云,丹艧耀日,使我邦之士得以观感而兴起者,悉公力也。是安可以无记乎?"

余闻古者井田之制既定,里有序,而乡有庠。八岁入小学,十五入大学。其有秀异者,移乡学于庠序。"诸侯岁献乡学之异者于天子,学于大学,命曰造士。行同能偶[4],则别之以射,然后命爵焉。"禹汤文武之盛,率由此也。自时厥后,制不古若。盖自汉高过鲁[5],以太牢祠孔子,凡人主罔不以建学亲师为盛举焉。隋唐之际,州县皆有学,而释奠之礼尝著为令。宋庆历中[6],诏天下立学,置学官之员,一时人材特起,超轶汉唐。以故欧阳子曰:"致治之盛衰,视学之兴废。"王荆公曰:"天下不可一日而无政教,故学不可一日而亡于天下。"岂非以学为先王教化之原、致治之本欤?

圣天子崇奖师儒,修明礼乐。顷年以来,幸阙里,视太学。自"万世师表"之额,辉煌于学宫,深山穷谷,咸识重道之意。而又分遣重臣崇先儒之祀,其亦可为极太平之盛事,远追三代之隆矣。由是海内慕学之士,嗃嗃向风[7],圣人之道,日以光昭于天壤。而公之来吾皖也,又适际其会,凡所为培养、造就、教诲、饮食,俾邦之俊秀,诵法圣人,沐浴诗书。兹之吲吲于学宫也[8],一以妥先圣之灵,一以广扬圣天子之德意,是安可以不传耶?

夫移风易俗,有位者之事也。型仁讲让,师儒之任也。今学宫之中,岩岩翼翼,壮伟闳燿[9]。吾皖之士,来游来观,意必有经明行修,入足为乡国之羽仪[10],出可备公卿之上选者。由是问其闾里,父与父言慈,子与子言孝。行其都鄙,少者含哺而嬉游,老者扶杖而观化。相与乐学之告成,而知先王广厉学宫之义良有由也,则余将执笔从乡先生后,作为诗歌,播之弦管,于以颂美贤侯之功德,揄扬盛世之休风[11],是又乌可已也哉!爰因其议,而记之如此。

公讳疆,号竞庵,浙江仁和人。

【作者简介】

金永,生卒年月不详。字式方,号松南,怀宁(今属安徽)人。附贡生。能诗文,善擘窭书。

【注释】

[1] 朔望：农历每月初一、十五。

[2] 轮奂：形容屋宇高大众多。黝垩：用黑白色颜料涂饰。

[3] 月吉：农历每月初一或指正月初一。《周礼·地官·族师》："各掌其族之戒令政事，月吉，则属民而读邦法，书其孝弟睦姻有学者。"

[4] 行同能偶：品行相同，才能相等。《汉书·食货志上》："诸侯岁贡少学之异者于天子，学于大学，命曰造士。行同能偶，则别之以射，然后爵命焉。"

[5] 汉高：指汉高祖刘邦。《史记·孔子世家》："高皇帝过鲁，以太牢祠焉。诸侯卿相至，常先谒然后从政。"《汉书》："十一月，行自淮南还。过鲁，以大牢祠孔子。"太牢：古代帝王祭祀社稷时用牛、羊、豕三牲称之。

[6] 庆历：北宋仁宗赵祯年号，公元 1041—1048 年。

[7] 喁喁：仰望期待。

[8] 亟亟：急迫，急忙。

[9] 严严：紧密严实貌。闳耀：广大壮丽。

[10] 羽仪：喻为世仪表、表率。

[11] 揄扬：赞扬。休风：美好的风气。

棂星门碑记

明·罗 伦

此圣人之门也。上帝命之，圣人立之，天下古今之人由之。以太极为栋楹，以阴阳为阖辟，以五行为往来，以六合为垣宇，以诚为根，以敬为钥，以礼为阃，以勇为卫，以知为先[1]。容入此门也，然后为大成。其行天下之大道，其立天下之正位，其居天下之广居。升其堂，其广无外；入其室，其密无内。天下之高年，皆吾家之老也；天下之孤弱者，皆吾家之幼也；天下之颠连无告者[2]，皆吾家之兄若弟也；天下之昆虫、草木、动植百物，皆吾家之党与也；伏羲、神农、黄帝、尧、舜、禹、汤、文、武、周公、孔子之法载之六经者，皆吾家之所以为教也。其教之成也，根于心，晬于面[3]，盎于背，施于四体，而达于吾家。父安其慈，子安其孝；君安其仁，臣安其敬；长幼安其序，朋友安其信；男安其外，女安其内；士安于学，农安于耕；商贾安于贸迁[4]，行旅安于役；天地万物，莫不各安于其所。此吾家之教化也。庭草坛杏，红翠交映；天鸢渊鱼，飞跃上下；光风霁月，洒落无边：此吾家之景象也。赵孟之贵，韩魏之富，视之如浮云。

然至吾家者，必得其门而入。颜子入之而叹其高坚，曾子入之而美其富润，子思、孟子入之而极其高明广大，故曰"高堂数仞，榱题数尺[5]，我得志弗为也"，其所见者大也。自是以来，汉儒以训诂为门，魏、晋、齐、梁以老、佛之虚无、寂灭为门,唐儒以文词为门。昌黎韩愈欲入其门,而不以其道,乃伏于光范门外[6],识者羞之。接孟氏而后入其门者,宋之诸子可数矣。或吟弄其光霁[7],或品题其风花,或洞达其堂奥,或涂塈其垣墉。元吴草庐氏欲蹑数子之踪[8],持杖叩门,而跛躠生焉[9]。于戏!得其门者,或寡矣。以训诂词章为门者,穴窦而入者也;以老、佛异端为门者,则迷于榛莽之区而已。

安庆府学棂星门,旧处窊地,药局前蔀[10]。教授太和罗君用俊至,曰:"噫!象正大高明,岂斯称哉?"太守余姚陈侯云鹗、贰守济南李侯方,闻而是之。以白提学御史戴公珊、巡江御史谈公俊,二公咸允。乃鸠工伐石,撤药局,以位棂星,前俯通衢。未竣而陈侯去,太守修武王侯璠终之。易学门于西,立泮宫坊于旧棂星门,立泮桥于池上,甃石而高大之。是有功于学,可书。介诸生杨庆、程伟来谒。文记其成,二生归,碑吾言于门,使游圣人之门者,知在此而不在彼也。

【作者简介】

罗伦(1431—1478),明代理学家、状元。字应魁,一字彝正,号一峰。吉安永丰(今属江西)人。家贫好学。成化二年(1466)进士第一,授翰林院修撰。抗疏论李贤起复落职,谪泉州市舶司提举,次年复官改南京。居二年,以疾辞归,隐于金牛山,钻研经学,开门教授,从学者甚众。学术上笃守宋儒为学之途径,重修身持己,尤以经学为务。有《一峰集》等。

【注释】

[1]栋楹:房梁和柱子。阖辟:闭合与开启。椳:音 wēi,门臼,承托门转轴的臼状物。阒:音 niè,古代竖立在大门中央的木柱。

[2]颠连无告:生活困苦又无处借贷。颠连:困苦。告:告借。

[3]晬:音 suì,润泽。

[4]贸迁:贩运买卖。

[5]榱题:亦作"榱提"。屋椽的端头。

[6]光范:光范门是大明宫的宫门之一。韩愈三试吏部卒无成。接着三次上书光范门,痛陈科举考试之弊,尖锐地揭露了唐代科举考试重"程式"而轻能力,以致有真才实学之士很难进举。

[7]光霁:"光风霁月"之省。

[8]吴草庐:即吴澄(1249—1333)。字幼清,晚字伯清,学者称草庐先生,抚州(今属江西)人。元代思想家、教育家,他与当世经学大师许衡齐名,并称为"北许南吴",以其毕生精力为元朝儒学的传播和发展作出了重要贡献。

[9]跛躠:跛行。

[10]蔀:音 bù,覆盖于棚架上以遮蔽阳光的草席。此犹遮挡。

重建安庆府学尊经阁碑记

清·张 苗

千百世以上之圣人言之行之,而千百世以下之学士大夫诵之习之,谓之经。经之言径也,为学者,由是以适于圣贤之路;为治者,由是以适于唐虞三代之路也。唐太宗曰:"梁武帝君臣专谈苦空,侯景之乱,百官不能乘马[1]。元帝为周师所围[2],犹讲《老子》,百官戎服以听。此深足为戒。朕所好者,唯尧、舜、周、礼之道,以为如鸟有翼,如鱼有水,失之则死,不可暂无耳。"太宗可谓知治要者乎?赵韩王起家学[3],究其言曰:"吾以半部《论语》定天下,半部《论语》致太平。"此深得经术经世之旨。窃怪隆准马上逐鹿[4],谩谓"安事诗书",三传至孝文[5],躬修"元默",俗号仁厚矣,而礼乐犹曰"未遑",盖推化若斯之难也。

皖故自昔用武地,"四子""五经",与"六韬""三略",几选为轩轾[6]。云雷方屯之际,宫墙俎豆,灰飞烬寒,烈侔秦焰矣[7]。先后守土吏仰赞同文之治,递勤兴葺,庙堂斋庑,次第告成,唯尊经阁尚有待焉。苗下车,辄揖博士弟子员,进讲学明道,谋葺前人之遗[8]。会司马中丞蒋公振兴文教,锐意更始,苗乃受命董厥成事,嵲然峙于明伦之后[9]。尊经固所以明伦也。纵广略与堂等,而加峻焉。又以余力致饰庙堂、斋庑之未备者,而踵事以增其华,美轮美奂,集宫墙之大成矣。学宫在城西北隅,位兼戌亥[10],而今太岁次戌,斗建亥而工竣,上应奎壁之辉[11],天文人文若默契焉者。

尝试论之,昔楚左史倚相能读"三坟""五典""八索""九丘",昭王之陋,犹知礼聘[12]。孔子虽沮不得伸,而孔子之道,曷尝一日不尊于天下?归与其徒传述先王之遗经,讲学明道于洙泗之上[13],而身通六艺者,于楚得五焉。方是时,皖新属楚,犹未得与玑组玄纁并耀天府[14]。唯子贡游楚,尝停骖此地,所传"子贡岭"者是矣。至汉世,周兴始用博学属辞,荐为尚书郎。皖才端自兴昉[15],千余年来,作者代振,德行、文学、事功、节义之彦,炳炳麟麟[16],使亲受业孔子之门,与四科七十子之徒,步趋揖让于其间,岂遽瞠乎其后耶?若是者,时为之乎?抑上之人有以兴起之也。

大司马公文武宪邦,整军经武之暇,息马论道,仁渐而义摩之,礼陶而乐淑之,何待百年后兴哉?孔子固曰:"我战则克[17]。"文事武备,犹左右手之相须。当时及门若回、赐、由、求,庸讵不憙优将相[18],材资文武乎?后之学者,有志文武将相之业,知从《四书》《五经》,而"八节""三略""六韬"可废也。

是役也,凡六阅月而竣。捐助庀工姓氏[19],具列碑阴。

【作者简介】

张苗,生卒年月不详。字文葭,浙江嘉善人,进士。顺治十四年(1657)知安庆府事,有政绩。

【注释】

[1] 梁武帝：即萧衍(464—549)。南朝梁的开国皇帝，南兰陵(今江苏常州)人。他本是南齐官员，南齐中兴二年(502)，建立南梁。在位四十八年，颇有政绩，颁布法令，建国学，开五经馆，修孔庙等，使国家在政治、经济、军事、文化各方面都有发展，是南朝历史上最为稳定富足的几十年。在位时，萧衍尊儒崇佛，立佛教为国教，大建寺庙，组织辩论，攻击无神论者范缜及其神灭论思想。萧衍在位晚年爆发"侯景之乱"，都城陷落，被侯景囚禁，饿死于台城，享年八十六岁(为中国历史上寿命最长的皇帝之一，仅次于乾隆)，葬于修陵，谥为武帝，庙号高祖。侯景之乱：梁武帝太清二年(548)八月，东魏降将侯景勾结京城守将萧正德，举兵谋反。当时正值梁朝政务松弛、防备松懈之际，侯景军队很快就包围了台城，次年二月，因兵尽粮绝，台城陷落，梁武帝被软禁后饿死，侯景立太子萧纲为傀儡皇帝。公元552年，梁元帝萧绎派大将王僧辩、陈霸先攻下建康，侯景兵败被杀。侯景之乱历时长达五年，连年混战不止，百姓流离失所，死亡无数，荒野千里罕见人烟。此后不久，南朝梁灭亡。侯景(503—552)，字万景，朔方人(或称雁门人)，鲜卑化的羯(jié)人。北魏末年，边镇各胡族群起反抗鲜卑族的统治，侯景投靠东魏高欢。梁武帝太清元年(547)率部投降梁朝，驻守寿阳，公元548年9月，侯景叛乱起兵进攻南梁。公元551年他篡位自立为皇帝。

[2] 元帝：指梁元帝萧绎(508—554)。字世诚，小字七符。萧衍第七子，初封湘东郡王，后任侍中、丹阳尹。普通七年(526)出任荆州刺史，都督荆、湘、郢、益、宁、南梁六州诸军事，控制长江中上游。公元552年在江陵称帝，史称梁元帝。他不但治国有方，而且还完成了大量学术著作，撰《周易讲疏》《老子讲疏》《全德志》《江州记》《贡职图》等。藏书十四万卷，江陵城破时自己亲手烧毁。承圣三年(554)九月，西魏宇文泰派于谨、宇文护率军五万攻江陵。

[3] 赵韩王：即赵普(922—992)。字则平，幽州蓟人，后徙居洛阳。显德七年(960)正月，协助赵匡胤发动陈桥兵变，以黄袍加于赵匡胤之身，推翻后周，建立宋朝。乾德二年(964)，任宰相，协助太祖筹划削夺藩镇，罢禁军宿将兵权，实行更戍法，改革官制，制定守边防辽等许多重大措施。卒，追封真定王，赐谥"忠献"，后追封为韩王。赵普虽读书少，但喜《论语》。他曾对宋太宗说："臣有《论语》一部，以半部佐太祖定天下，以半部佐陛下致太平。"此言对后世影响甚大，成为以儒学治国的名言。

[4] 隆准：高鼻。《史记·高祖本纪》："高祖(刘邦)为人，隆准而龙颜。"《史记·陆贾列传》："陆生时前说称诗书。高帝骂之曰：'乃公居马上而得之，安事诗书！'陆生曰：'居马上得之，宁可以马上治之乎？'"

[5] 孝文：指西汉孝文帝刘恒(前202—前157)。汉文帝即位后，励精图治，兴修水利，衣着朴素，废除肉刑，使汉朝进入百姓安居富裕、国家强盛安定的时期。在位时，躬修玄默，对待诸侯王采取以德服人的态度，道德方面亲自为母亲薄氏尝药，深具孝心。汉文帝与其子汉景帝统治时期被合称为文景之治。

[6] 四子：说法不一。古代道家代表人物老子、庄子、文子、列子为之一。《六韬》：又称《太公六韬》《太公兵法》，是中国古代的一部著名的道家兵书。《三略》：又称《黄石公三略》，是中国古代的一本著名兵书。轩轾：比喻高低、轻重、优劣，互有长短。

[7] 云雷方屯：指大战在即。宫墙：《论语·子张》："叔孙武叔语大夫于朝曰：'子贡贤于仲尼。'子服景伯以告子贡。子贡曰：'譬之宫墙，赐之墙也及肩，窥见室家之好。夫子之墙数仞，不得其门而入，不见宗庙之美，百官之富。'"后因称师门为"宫墙"。康熙《过阙里》诗："銮辂来东鲁，先登夫子堂。两楹陈俎豆，万仞见宫墙。"

[8] 裨:音 bì,增添,补助。

[9] 嵲:音 niè,高耸险峻的山。

[10] 戊:位中央;亥:北方。

[11] 奎壁:二十八宿中奎宿与壁宿的并称。旧谓二宿主文运,故常用以比喻文苑。

[12] 倚相:倚氏,名相。春秋时楚国左史。熟谙楚国历史,精通楚国《训典》,能读古籍《三坟》《五典》《九丘》《八索》。常以往事劝谏楚君,使之不忘先王之业。楚灵王及楚平王期间,颇受楚国君臣尊敬。楚人遇有疑难常向其请教,誉之为良史、贤者、楚国之宝。昭王:楚昭王(约前523—前489)。名壬,又名轸(珍),楚平王之子,春秋时期楚国国君。公元前516年,楚平王去世,不满十岁的太子壬继位,是为楚昭王。楚昭王是楚国的一位中兴之主。

[13] 洙泗:即洙水和泗水。古时二水自今山东省泗水县北合流而下,至曲阜北,又分为二水,洙水在北,泗水在南。春秋时属鲁国地。孔子在洙泗之间聚徒讲学。后因以"洙泗"代称孔子及儒家。

[14] 玑组:珠串。《书·禹贡》:"厥篚玄纁,玑组。"孔传:"玑,珠类,生于水;组,绶类。"一说文彩似玑的丝带。孙星衍疏:"玑组玄纁,同为篚实,当非珠玑与组二物,证以徐州蠙珠,雍州琅玕,皆不入篚,疑组文似玑,故曰玑组,犹织贝之为锦文也。"清·俞正燮《癸巳存稿·〈禹贡〉玑组》:"《禹贡》:玑组,乃荆州三邦之贡。玑组,古杂佩用之,苗人缨络,湖广及云、贵、四川皆然,番子俗同。"

[15] 兴昉:谓兴旺之始。昉:音 fǎng,起始。

[16] 炳炳麟麟:光明显赫的样子。

[17] 我战则克:《礼记·礼器》:"我战则克,祭则受福。盖得其道矣。"谓懂得礼的人,碰到战事,一定能够得到胜利;祭祀时,一定能够获得福佑,这是因为得到了至道。

[18] 庸讵:岂,何以。惪:音 dé,同"德"。

[19] 庀工:谓召集工匠,开始动工。

新建试院棚厂记

明·李嵩阳

皖城自昔称重镇,其山秀郁,其水潆荡[1],其人磊落英多,俗饶鱼蛤菰蒲之利,习儒术,敦诗书,人文财赋,甲于诸郡。然以地介吴、楚,襟江流而蔽淮服[2],天下无事则已,有事辄先受兵。识者往往以一方之盛衰,觇东南之治乱[3],亦形势然也。

二纪以来[4],干戈未戢,属邑毁于乱民,都鄙蹸于流寇,府治墟于叛卒,蛇豕飞肉,野无居人。顺治六年[5],大中丞培原李公,自江上督师,兼抚治所属,建阃是邦。历览四封,喟然曰:"此三分后所云上游要地也。今海内一家,治化旁达,乃独为匪民耶?"于是勤询民隐,得其利病,无不为而去之。劳来安集,乃慰乃止,流离日还,户口日息。既富且教,翕然从风[6]。

郡故有察院,岁久陊坏[7]。公念诸生就试无地,赴调为艰,乃亲营度,鸠工葺治。支柱邪倾,垣墉涂茨[8],孔曼且硕[9],焕然改观。复辟余址,为堂为轩。

廊庑周通,房闼相次[10]。殖殖哙哙[11],从前所无。创建瓦厂,杰然对峙。风雨攸除,爽垲高朗。列几八百,如节如鳞。多士以宁[12],因感生奋。

先是,皖为用武之区,学使者不至念有余载矣[13],予自滁阳实始来此。所历沘、舒诸境,荒远寂绝,或数百里无庐舍烟火。俄从荆棘丛中,见车马络绎,兵卫甚众,则公所遣迓也[14]。及就馆舍,供俱帷帐,部署井井[15]。予因窃叹公之经营四方,调燮五纬[16],弘钜纤悉,毕举不遗,类皆若是,是可师法也已。抑尝闻公整旅匡俗,宽严并济。莅皖数月,砦寇授首[17],潜、太抵平,功在社稷,东南赖之,奋武揆文,斌斌足纪[18]。自是厥后,皖之习俗丕变[19],人文称盛,当且度越畴曩[20]。吾知百世而下,犹拜公之赐,宁特一时多士式歌且舞哉!

襄其事者,为兵宪石公镇国、郡守王公廷宾、怀宁令贾君壮,咸与有劳焉。以庚寅孟夏告成[21]。始居之者,为黄池李嵩阳。因书以示来者,俾知所自。

【作者简介】

李嵩阳,生平不详。时官广东道监察御史、提督江南学政。

【注释】

[1]潏荡:水荡涌貌。潏:音 jué。

[2]淮服:淮河流域。

[3]觇:音 chān,看,偷偷地察看。

[4]二纪:二十多年。古代,一纪为十二年。

[5]顺治六年:公元 1649 年。

[6]翕然:一致貌,一致的样子。

[7]陊坏:堕坏,毁坏。

[8]涂茨:指粉刷墙壁,用茅草盖房顶。

[9]孔曼且硕:谓长大壮观。《诗经·鲁颂·閟宫》:"奚斯所作,孔曼且硕,万民是若。"

[10]房闼:房门。闼:音 tà,门,小门。

[11]殖殖:平正貌。《诗·小雅·斯干》:"殖殖其庭。"毛传:"言平正也。"哙哙:宽敞明亮貌。哙:通"快"。《诗·小雅·斯干》:"殖殖其庭,有觉其楹,哙哙其正,哕哕其冥。"郑玄笺:"哙哙,犹快快也……皆宽明之貌。"

[12]多士:指众多的贤士。

[13]至念:犹想到(学校、考棚)。

[14]迓:迎接。

[15]井井:犹井井有条。

[16]调燮:调理,治理。五纬:亦称五星。金、木、水、火、土二星。喻大事。

[17]砦寇:指占山为王的贼寇。砦:音 zhài,同"寨"。守卫用的栅栏、营垒。

[18]斌斌:文质兼备貌。

[19]丕变:大变。

[20]畴曩:音 chóu nǎng,往日,旧时。

[21]庚寅:顺治七年(1650)。

观察多公建文昌阁记

清·刘弘谟

皇城后枕大龙,前襟长江,故西北有崇山峻岭,耸峙拱卫;东南则狂澜湍激,奔流滂湃[1],地形多不足。大中丞薛公下车时,即周视城郭,于下流倾泻之地,建置楼阁亭榭,以人力补天功之所未逮,巍然焕然,已极皖郡之壮观,作一方之保障矣。我臬宪公祖多[2],乃又独自捐俸,于万亿最高处建文昌阁。阁四层,高五丈许,周围约百余步,遥接迎江寺塔,与七级浮图,嵯峨雄峙[3],真足以凌霄汉而摩苍冥也。

予一日见春光明媚,柳甲半舒,杏烟将放,解敝裘,衣轻裾[4],携小奚奴[5],执诗筒茶具,从城隅东偏觅小径,登眺其上。四顾江山在望,风帆、沙鸟、烟云、竹树环我襟带,不觉心旷神怡焉。因思古来名公巨卿宦游海内,或寓意林泉;或寄情山水;或从容退食,临流咏诗;或鞅掌余闲[6],登高作赋。建一亭,置一阁,所在多有。如蔡挺之避暑阁[7],柳荫平堤,湖光万顷。梅询之含桃阁[8],与二三知己,花晨月夕,觞咏流连。吕公著之云山阁[9],秋日落成,举觞属客,秦少游有"二十四桥人望处,台星正在广寒宫"之句[10],一坐叹赏。然此皆风人骚客之事,吾所不取。

独是建阁而名之以"文昌",其有关于名教,有功于斯士,岂浅鲜乎哉!夫文昌为文章之司命[11],人物之权衡[12],非若佛氏之虚无寂灭,黄老之清静无为,无关于名教,无功于诸士也。今既建以阁矣,神所凭依于是乎在。予尝读《帝君》之训曰:"多行阴隲[13],上格苍穹。"又曰:"欲广福田,须凭心地。""见先哲于羹墙,慎独知于衾影[14]。"所言皆纲常伦纪之大,所存皆孝弟忠恕之心,所行皆责己利人之事。吾故曰:有关于名教、有功于斯士,非浅鲜也。

继自今皖之都人士,见阁即见文昌,见文昌即见文昌之所以垂训于天下后世者,身体而力行之,层累渐进,登高自卑,与斯阁之凌霄汉而摩苍冥也何以异哉?虽然,吾皖之赖有斯阁者,诚足以补山川所不足,将见羽翼宫墙[15],昌明文运,科第之蝉联,固方来未艾矣。至我臬宪多公祖莅斯土,建斯阁,以鼓舞作兴斯士也,其食科名之报,更当何如耶?

工始于乙丑季冬[16],落成于丙寅三月。真千秋盛举也!故援笔而为之记。

公讳弘安,号君修,直隶阜城人,由拔贡。

【作者简介】

刘弘谟,生平不详。怀宁(今属安徽)人。孝廉,明朝时曾官太仆少卿、贵州按察司副使、广西布政使司右参政。入清,行迹不详。

【注释】

[1]滂湃:水势浩大。

[２] 多公：指多弘安(1623—1702)。字君修，别号畏庵。康熙六年(1667)，被康熙钦点为进士第一名(状元)，入仕途为广东灵山、承德县县令。升任陕西延安靖边郡丞，山吁河务郡丞，所至功绩卓著。康熙二十四年(1685)，由淮阳道升任安徽按察司。二十八年(1689)，升江西布政使并护理总河部院印。因与当事者不合，归老乡里。

[３] 嵯峨：形容山势高峻。

[４] 轻裾：犹轻便的衣衫。裾：衣服的前后襟。

[５] 小奚奴：童仆。

[６] 鞅掌：谓职事纷扰烦忙。典出《诗·小雅·北山》："或栖迟偃仰，或王事鞅掌。"

[７] 蔡挺(1014—1079)：字子政，宋城(今河南商丘)人。景祐元年(1034)进士，官至直龙图阁，知庆州，屡拒西夏犯边。神宗即位，加天章阁待制，知渭州。治军有方，甲兵整习，常若寇至。熙宁五年(1072)，拜枢密副使。卒，谥敏肃。在渭州时，蔡挺引泉成湖，因柳树宜水，故处处植柳，枝高叶茂，翠色参天，故名"柳湖"。柳湖公园位于今甘肃平凉市城区中心，是陇东著名的自然山水园林，整个地形西高东低，南坡北平，各湖均有潜水泛流，故有"百泉"之说。

[８] 梅询(964—1041)：字昌言，宣城(今属安徽)人。端拱二年(989)进士，授利丰监判官。论天下大事，极合真宗之意，真宗视为奇才，升任集贤院太常丞、三司户部判官。因事降通判杭州，历知苏、濠、鄂、楚、寿、陕诸州，为两浙、湖北、陕西转运使。仁宗天圣六年(1028)直昭文馆，知荆南。明道元年(1032)以枢密直学士知并州。入为翰林侍读学士，拜给事中，知审官院。宝元二年(1039)知许州。

[９] 吕公著(1018—1089)：字晦叔，寿州(今安徽凤台)人，吕夷简之子。幼嗜学，至忘寝食，夷简器而异之。恩补奉礼郎。登进士第，通判颍州，累官御史中丞。元祐初(1086)拜尚书右仆射，兼中书侍郎，与司马光同心辅政，务一切持正。光疾革，独当国三年。卒，封申国公，谥正献。

[10] 台星：三台星。《晋书·天文志上》："三台六星，两两而居，起文昌，列抵太微。一曰天柱，三台之位也。在人曰三公，在天曰三台，主开德宣符也。"因以喻指宰辅。

[11] 司命：掌管人之生命的神。

[12] 权衡：称量物体轻重的器具。权，称锤；衡，称杆。

[13] 阴骘：原指默默地使安定，转指阴德。

[14] 羹墙：又作"见羹见墙"。《后汉书·李固传》："昔尧殂之后，舜仰慕三年。坐则见尧于墙，食则睹尧于羹。"后以"羹墙"为追念前辈或仰慕圣贤的意思。衾影：又作"衾影无愧"。指暗中不做亏心事。后人引喻人在私生活中无败坏德行的事。

[15] 羽翼宫墙：谓宫墙仿佛长了羽毛翅膀一样，振振欲飞。

[16] 乙丑：康熙二十四年(1685)。

重建射圃记

明·程皋臣

学宫皆有射圃[1]，其地在文庙之西。岁季冬，率郡国材官俊秀子弟以射。盖志正体直，比礼比乐，所以养和平之气，开逊让之风，是即学宫之教也。

吾皖学宫,屡经修葺,尚未及射圃,即遗址亦浸没不可考矣。别驾谢公莅任兹土[2],晋谒文庙,殷殷注念于学宫,即有补缺兴废之志,而未逮。厥后,太守周公甫下车,即率僚属辉煌庙庑,凡檐阿栋宇、垣墉塈茨[3],极其坚固壮丽。司马裴公奉抚宪委,两修怀学,有因有创,规模改观。公见两学之气象峥嵘,经营完缮,万事毕备,独少射圃耳。乃忻然自任,欲广先王教射之意,以为胶庠光[4]。爰请于太守,太守喜,且助以物料。酌之司马,司马亦喜,乐襄厥事。公自捐清俸,鸠工庀材,大兴厥役。适又奉委,摄篆寿邑,不克躬亲,乃委郝掌教董其事[5]。量地之广狭,为厅三楹,有卷棚,有墙垣、照壁,制度轩昂,规模宏敞,而郡学巍焕之观,得此益壮焉。

噫!射圃之废,历年已久。今一旦复古制于久壖之余,弘德化于荒芜之后,虽二公捐助赞勷之力居多[6],而非谢公躬克仔肩[7],何以臻兹盛典哉!自今皖郡学士大夫,持弓挟卮斝酬酢[8],躬沐圣天子之雅化,而得以成其和平逊让之风者,实颂我公之功德于不衰云。

公讳玺,号御符,由贡监。陕西静宁人。

【作者简介】

程皋臣,生平不详。怀宁人,明经出身。

【注释】

[1]射圃:习射之场。

[2]别驾:官名。全称为别驾从事史,亦称别驾从事。汉置,为州刺史的佐史。因其地位较高,刺史出巡辖境时,别乘驿车随行,故名。魏、晋、南北朝,诸州置别驾如汉制,职权甚重。隋初废郡存州,改别驾为长史。唐初改郡丞为别驾,高宗又改别驾为长史,另以皇族为别驾,后废置不常。宋改置诸州通判,职守相同,因亦称"通判"别为别驾。

[3]塈茨:音 xì cí,用泥涂饰茅草屋顶。引申指屋顶。

[4]胶庠:周代学校名。周时胶为大学,庠为小学,后世通称学校为"胶庠"。语本《礼记·王制》:"周人养国老于东胶,养庶老于虞庠。"

[5]掌教:主管教授。汉·徐干《中论·治学》:"故先王立教官,掌教国子,教以六德。"

[6]赞勷:赞助。勷:音 xiāng,通"襄"。

[7]仔肩:担负的担子、任务,责任。

[8]卮斝:音 zhī jiǎ,酒器。酬酢:常作"酬酢"。主客相互敬酒,主敬客称酬,客还敬称酢。

附：立射圃记

清·金永

射圃置于学宫之旁,每岁季冬,集郡国材官俊秀子弟试之,先骑射,而后文艺,盖自昔有制也。无何,而州县之圃强半艺蔬矣。夫弧矢之利载之《易》,

"决拾"之文详于《诗》,"六弓""八矢"之法备于《周礼》,他如黄帝之臣挥作弓,夷牟作矢,杂出于记载之间,尚矣。成周之时,戢干戈而囊弓矢,然大射、宾射、燕射之制,天子、诸侯、卿大夫各有等焉。迄今绎《驺虞》《狸首》《苹》《繁》之义,因想见至治之世,其君若臣,一堂赓歌,从容燕笑,悉见于"四耦""三让"之际。而其被之四方者,儒生学士,往往以时讲礼习射于乡里。呜呼!何其盛也。即吾夫子射于矍相之圃,观者如堵墙焉,岂非以圣人之德积中发外,所谓"内志正,而外体直"者?当时后世,所宜拟议而效法也哉。

钱塘周公,自秋浦移守皖江。皖、池之隔,仅盈盈带水耳,民之望公,如望慈父母焉。兹之来皖也,兴学校,劝农桑,平赋敛,慎刑罚,所宜大书特书者,亦已累累矣。

今复于政事之暇,辟地以为射圃,而藉司马裴公、别驾谢公董其成焉。思士君子躬逢盛世,嘉惠生民,岂必其岁时"读法"、月吉"悬书"外,别无化导之术欤?夫君臣父子莫不有鹄,卿士大夫亦皆有的。示之以比礼比乐之风,程之以"旅进旅退"之节,将见至和洽于人心,太平常存斯世,于以上报圣天子之德,而下以陶淑我民人者,其在斯乎!其在斯乎!如谓艺也,而道寓焉,将世所传《严悟射诀》《九镜射经》、张仲殷之《射训》,王越石之《射议》,虽复挽强命中,不过没羽穿杨、落雕贯虱之余技耳,而非公立射圃之本意也。

是为记。

重建名宦乡贤祠碑记

清·李士桢

名宦曷为乎有祠?曰:古君子之仕于斯地者,有大功德于民,或御其灾,或捍其患,民歌思之不置,特神明奉之,此名宦之所由祀也。

乡贤曷为乎有祠?曰:古君子之产于斯土者,其德业醇懿,足人伦师表,孝敬准式,民仪型之不置,亦神明奉之,此乡贤之所由祀也。

二祀不建于他所,曷焉乎并建于学宫?曰:其跻祀于庙庑者,非绍明圣人之精微,则羽翼圣人之经传。至二祠所祀者,居圣门政事、德行二科,是亦圣人之徒也。质诸圣人而无愧,然后与诸俎豆而无惭,此二祀之所由并建于学宫也。盖欲俾百世而后,闻其风者,振兴在位,砥行立名,各思表见自奋;即不肖者,顾瞻之下,亦观感惩艾,而不甘自处于暴弃,此圣王砺世磨钝之大机用矣。稽斯典之隆且重若此,脱品行靡,昭于天壤,事久罔协于舆论,恃后裔之显烁,滥厕几筵,不亦羞当世之士,而玷前哲之班哉!

皖之崇祀诸贤,自汉唐以迄明代,俱卓然不朽,天水胡公已详之矣。虽然,如宋苏文忠、黄文节、李忠定,明李康惠、罗明德诸先生,并皖之理学、节义、德行、文章,表表诸贤,尚未列其中。在诸贤之无祀于皖,非诸贤之丑也;而皖之不祀诸贤,实皖之丑也。

祠久毁于乱,不佞特构而新之,作主妥灵,敬补其阙略。至稽古录遗,继续以光祀事,不无望于后之君子。

清·顾芳宗

【提要】

本文选自《云龙州志》(雍正六年刻本)。

大雏马山邮亭在今云南西部的云龙县。因为云龙古代多盐井,有"八井"之说,因而驿道交通开设较早。大雏马山邮亭遗址,位于宝丰乡石城,距县城8公里。该邮亭始建于康熙三十七年(1698),距今已有300多年历史。

云龙从西汉元封二年(前109)设比苏县,境内南部置嶲唐县,属益州郡。宋称"云龙睒",云龙一名自此始称,得名于澜沧江,"江上夜覆云雾,晨则渐以升起如龙"。元置"云龙甸军民府",明改为"云龙州",治所在旧州,明崇祯二年(1629)迁至雏马井(今宝丰),1913年改州为县,1929年迁县城至石门至今,治所在雏马井历300年。

雏马之名,古书载"峭壁仙踪,州署东,石壁形如旋螺,中有张果老(八仙之一)驴蹄之迹,莓鲜不侵,雏马之得名以此",故此,古代宝丰俗称雏马井。明代郡丞范言(浙江人)有《雏马道上》诗描写古道情状:"微行通一线,绝蹬上千寻。雏马犹难渡,啼猿况独临。泥深春后雨,路障晚来淋。世道险如此,真伤远客心。"古道崖壁上还有九处石刻遗迹。雏马井有大小雏马两座山,"大雏马山,在州治北五里,悬崖陡绝,曲磴参差。知州顾芳宗伐石甃道,建邮亭于其上"。清雍正三年(1725),知州陈希芳捐俸修治大路,易险为平,建石坊,额曰:雏马仙踪。

"云龙虽僻在西南鄙,然而南连永缅,北通丽水,西亘潞江,东扼楚豫滇黔之冲,故夫英君哲相,与四方贤人君子,皆欲考政而问俗焉。而鸟道迂回,悬车束马,难以飞渡,一当春夏霖潦之交,洪波汩没,裹足不前,蛟螭窝其中,而猿狖号其上。……余自戊寅夏,叱驭至此,技木甃石,次第兴举,又募五丁手,伐崖蟠石,建邮亭十数椽于大雏马山之巅"。邮亭的设立,大大改善了当地交通状况。康熙间宝丰举人李俭《邮亭》诗:"天半高峰插石城,崔嵬独峙五云横。山山环绕烟岚翠,树树参差松韵清。纱殿陆离鼍鼓壮,石栏曲折马蹄轻。熙朝脱有相如节,此日西南路尽平。"

康熙四十四年(1705),顾芳宗将邮亭更名为"憩亭",又名"茶亭寺",为安全起见,于亭的南北设置两道大门,昼启夜闭,以防不轨之人过境,并在大门上分别题有"榆西岩郡"和"饮相如处"的横匾;中悬"憩亭",两侧题联"亭轩暂住皇华节,解渴频留逸士踪"。邮亭上边建有观音殿、财神殿,下侧有管理房。

为了加强盐政管理,发展地方经济,充实课税,沟通与大理府的联系,再次拓宽雒马古道,从绝壁上凿出一条比原来更宽的大道供人马通行,使州署与各盐井交往畅通,食盐运销活跃,课税充盈。栈道凿宽后,又在驿道制高处建邮亭,并专设传递文书信札,兼卖茶水,供往来商旅在此小憩,欣赏山川壮丽风光,大获来往民众、官吏赞赏。此道的拓宽,为云龙"八井"的驮盐马帮北上运往西藏以至印度的噶伦堡,南下运往腾越以及缅甸,铺筑了既安全又最快捷的通道。

滇西的邮史应从唐南诏、大理国开始,明代"改土归流"后邮运更为活跃,清初护送课饷,递送公文的业务大量增多。大雒马山邮亭是滇西最早与邮政相关的建筑物和茶马古道上的重要驿站,是研究古代云南邮史不可多得的物证。2002年大雒马山邮亭遗址被云龙县人民政府公布为县级文物保护单位。

古者列国之风,诸侯采之,以贡于天子,天子受之,而列于乐官。于以考其俗尚之美恶,而知其政事之得失。《二南》为正风[1],所以用之闺门[2],用之乡党[3],用之邦国,而化天下。十三国变风,则亦领在乐官,以时存肄[4],备观省而垂法戒,良法美德,诚钜典也。

自巡狩之礼废[5],而采风之使邈焉无闻。后之咏《皇华》者,若二使星之来益郡,花石纲之偏江南,不过觇其虚实,为窥伺箕敛之计而已[6],可胜悼哉!

云龙虽僻在西南鄙,然而南连永缅,北通丽水,西亘潞江,东扼楚豫滇黔之冲,故夫英君哲相,与四方贤人君子,皆欲考政而问俗焉。而鸟道纡回,悬车束马,难以飞渡。一当春夏霖潦之交[7],洪波汩没,裹足不前,蛟螭窝其中,而猿狖号其上。昔人云:"蜀道之难,难于上青天。"以五云甸较之,觉蜀道犹为坦途也。

余自戊寅夏,叱驭至此,拔木毶石,次第兴举[8];又募五丁手[9],伐崖蟠石,建邮亭十数椽于大雒马山之巅。瞻蜀汉之仪像[10],可以作忠;瞰隔岸之温泉,用以拔濯[11]。侧闻圣天子南巡狩,有事于衡岳,必将命太史辎轩[12],以采民风。为州牧者,视涂视馆,高其闳闳[13],厚其墙垣,加之以丹艧黝垩焉,所以重王命也。若夫行道之人,苦蔽风雨,义浆之设,解相如渴,特其余事耳!成予志者,州之绅衿,佐属耆旧[14]。其始终部署,耐任劳勚者[15],李橡象天其名。

跋　言

雒马山势高峻,沿江道路崎岖,去州五里许,适当极巅。前牧凿崖建亭于其上,南北二门,以司启闭。西为温泉,上下相望。置义田以赡其守者,迄今阅十载矣,犹完固如初。是亭也,可以往来憩息,可以迎送宾客,可以防盗贼之越逸,可以补风气之残缺。余四载间,经由其地,辄向往之。适当州志之成,更笔之手册,以劝来者。使慎终如始,勿以为无关治绩而听其废坠焉,其裨益于云龙匪浅鲜矣。

【注释】

[1]二南:指《诗经》中的《周南》《召南》。周南是周公统治下的南方地域,召南是召公

统治下的南方地域,二南包括长江、汉水、汝水流域的诗歌。宋·欧阳修《王国风解》:"《周》《召》二《南》,至正之诗也。"

[2]闺门:宫苑、内室的门。借指宫廷、家庭。《礼记·乐记》:"在闺门之内,父子兄弟同听之则莫不和亲。"

[3]乡党:家乡,乡里。

[4]肄:音yì,学习,练习。

[5]巡狩:常作"巡守"。谓天子出行,视察邦国州郡。

[6]箕敛:以箕收取。谓苛敛民财。

[7]霖潦:淫雨。亦指雨后的积水。

[8]戊寅:康熙三十七年(1698)。叱驭:谓为报效国家,不畏艰险。《汉书·王尊传》:汉琅邪王阳为益州刺史,行至邛郏九折阪,叹曰:"奉先人遗体,奈何数乘此险!"因折返。及王尊为刺史,至其阪……尊叱其驭曰:"驱之!王阳为孝子,王尊为忠臣。"

[9]五丁:神话传说中的五个力士。

[10]蜀汉仪像:指刘备君臣的塑像。

[11]拔濯:谓拔除疲劳、洗涤尘土。

[12]辎轩:古代使臣的代称。《文选·张协〈七命〉》:"语不传于辎轩,地不被乎正朔。"李善注引《风俗通》:"秦周常以八月辎轩使采异代方言,藏之秘府。"辎:音yóu,古代一种轻便的车。

[13]闬闳:音hàn hóng,里巷的大门。

[14]绅衿:泛指地方上体面的人。绅:绅士,有官职而退居在乡者;衿:青衿,生员所服,指生员。佐属:谓辅佐协助。

[15]劳勚:劳苦。勚:音yì,劳苦。

滇路记(三篇)

【提要】

本文选自《云龙州志》(雍正六年刻本)。

云南的路,全在陡山深涧之间,全都是盘旋鸟道,从州治的斗阁沿着江行走数十米,就到了砥柱桥,"其间顽石当路矗立,高低欹斜,晴明犹多坎坷"。

康熙甲戌(1694),王湞募集剑川石工、筑堤四十人,"相地势之起伏,高四五尺不等,以江水不可没为准",筑成"百年之内无毁矣"的石堤大路——沘江路。

雍正丁未(1727)冬,知州陈希芳在农事稍暇之际,召集州中绅士说:"道路修明,守土之平政也。"他捐薪俸,"自制锄锹,倡募同志",选任"老成明经"之人担任职务,开始修路。从州治到太平哨,到石门、关坪、云浪,"广觅工匠,先给工资,辟土凿石,大施经营,相地势之起伏,高者平之,下者砌之,狭者辟之"。陈希芳还不时备酒食,率僚属,慰劳省视,"奖其勤而警其惰"。雒马邮亭以至太平哨,"为栏制险,凿石伐木,陂者平,狭者敞矣"。

第二年(1728)冬天,大路修好了,施震著文记述修路故事:"倾囊捐金,简选缙绅老成";修路原则是:"宁费毋简,宁实毋浮";不仅如此,他还"省视频行,奖劳频施"。

为何云龙一带要修路,一是盐,一是金,当然还有茶。云南盐井秦汉时就已生产,明清时雒马五井是云龙最负盛名的盐井。

沘江路记

清·王 游

全滇皆山也。云郡滇西鄙,山陡涧逼,路皆盘旋鸟道。值积雨,淖没及膝,行者艰之。斗阁之下,沘水经焉。缘江行数武,而至砥柱桥。其间顽石当路矗立,高低欹斜,晴明犹多坎坷。夏秋江涨,隔塞者恒数日。

此虽山谷小郡乎,然公事征发,不可愆期也[1]。五井额盐[2],尤关民食也。甲戌秋杪[3],募剑川石工、筑堤四十人,相地势之起伏,高四五尺不等,以江水不可没为准。日督工于侧,取水涯积石以树墙,凿石桥畔,以覆其上。其当路而欹斜者,掩于下以资镶垫;高出其上者,削之使平。事不劳而功倍,至使也。适有兰州之役,胡君渭圃、张君念修更左右之,往还旬日而工竣。游其上如砥也,往来者歌坦坦也。

因积工徒而酬以直,曰:"叠土亦可行否?"曰:"可,第下江水之啮啮,上当牛马之踏践,仅保三四年。"又曰:"似此石堤何如?"曰:"百年以内无毁矣!"

嗟夫,天下之物,未有而不毁者。斯路之颓于前,而治于今者,数也;历之久而必敝者,时也。吾弃家万里,而官于斯,不能必数岁不归,值旁午构隙[4],不能必旦暮不得罪归。今易坎坷而为平地,履斯者,已无憾矣。至保固于无穷,后之君子,谅有同志,又况雒马烟火数百家,百年之内,夫岂无一二尚义者,而听其终毁也邪!

是为记。

【注释】

[1] 愆期:失约,误期。

[2] 五井:云南自古以出产井盐而著称,有"滇南大政,惟铜与盐"(清《滇海虞衡志》)之说。井盐生产是云南最重要的经济活动之一,盐税在云南是仅次于田赋的第二大税种,为历代统治者所关注。他们将云南盐业管理分为"九井"进行分片管理,称为"古滇九井"。据《滇南盐法图》记载,"古滇九井"分别为:黑井、白井、琅井、云龙井、安宁井、阿陋猴井、景东井、弥沙井、只旧草溪井。

[3] 甲戌:按:疑有误。当为"甲辰"。雍正七年(1729),王为成都知府,为云龙州知州在此之前。考云龙州知州任职年月,王在丁亮工、陈希芳之间。且雍正朝无"甲戌"。秋杪:暮秋,秋末。

[4] 旁午:四面八方,到处。构隙:造成裂痕。指结怨。按:此番言语可证作者任云龙

州知州在成都知府前;雍正乙巳三年(1725),陈希芳为云龙知州。

修云龙大路碑记

清·陈希芳

云龙斗大一州,介在高山深处。里列十二,共产八区。皇华有征发之炊[1],邻封赖行盐之重,道路所系,非细故也。自云浪分疆,以迄州治,百有余里。若天耳之水箐以上,雏马之邮亭以下,类皆壁立巉岈[2],纡回鸟道。所谓蜀道之难,孰有过于此者。

即前司牧,未尝不修治而芟除之③,然往往界之乡人土人[4],又皆以公役使,未免草草塞责。不数年间,车辙马迹,奔驰蹂躏,又复险阻。时而春冬,天气晴朗,犹可言也;每值夏秋,雨水泥泞,洪波汹涌,倾塌尤甚,不可名状。余以时往来,不禁恻然心惊!急欲图之,无如鞅书簿掌[6]。砥柱桥功未成,日无宁晷[7],且既奉恩纶[8],敕建忠孝节义祠、先农坛壝[9],工作日兴,未遑兼营。

丁未冬[10],农工稍暇,余起而谋诸州绅士曰:"道路修明,守土之平政也。然于此而扰民财、劳民力,余实不忍。爰捐薄俸,自制锄锹,倡募同志,复虑不得其人,仍蹈前辙。"于是选老成明经,以分其任。自州治以至太平哨,佩组段君任之;自太平哨以至石门,丹璧杨君任之;自石门以至关坪,王若施君任之;其自关坪以至云浪分疆,则州尉会稽章维立分任其劳,以助余之不逮。广觅工匠,先给工资,辟土凿石,大施经营,相地势之起伏,高者平之,下者砌之,狭者辟之,期于一劳而永逸。余不时备壶飧[11],率僚属,躬为慰劳省视,奖其勤而警其惰,以示饎饷之意[12]。诸君不辞劳瘁,栖风宿雨,力肩其任。

未几三月,而天耳之水箐易溪为桥,险者夷矣。雏马邮亭以至太平哨,为栏制险,凿石伐木,陂者平,狭者敞矣。熙熙而来者曰:"康庄也。"攘攘而往者曰:"坦途也。"倘所谓周道如砥者,是耶,非耶?夫王道荡荡,古志之矣。

幸沐圣治广大宽平,海隅边陲,无人不履蹈中和,即今易崎岖为坦平,何莫非王道荡荡之休欤!余官守于兹,观舆情之感戴,益庆皇图之攸久矣[13]。迨千载下,补偏救敝,是又于后之君子焉。

【作者简介】

陈希芳,生卒年月不详。雍正时,任云龙州知州。

【注释】

[1] 皇华:《诗·小雅》中的篇名。《序》谓:"《皇皇者华》,君遣使臣也。送之以礼乐,言远而有光华也。"《国语·鲁语下》:"《皇皇者华》,君教使臣曰:每怀靡及,诹、谋、度、询,必咨于周。"后因以"皇华"为赞颂奉命出使或出使者的典故。

[2] 巉岩:一种陡而隆起的岩石,如悬崖或崖、孤立突出的岩石。

［3］芟除：除草,刈除。芟：音shān,割草,引申为除去。

［4］畀：音bì,给与。

［5］鞅掌：《诗·小雅·北山》:"或栖迟偃仰,或王事鞅掌。"谓职事纷扰繁忙。此指急于修路的心情就如职事一般。

［7］宁晷：安定的时刻。

［8］恩纶：犹恩诏。

［9］壍：音qiàn,小土堆。

［10］丁未：雍正五年(1727)。

［11］壶飧：指饭菜酒食类食物。飧：音sūn,同"飧"。

［12］馌饷：送食物到田头。亦泛指送食物。馌：音yè,给在田间耕作的人送饭。

［13］皇图：封建王朝的版图。亦指封建王朝。

郡侯陈公捐修大路落成恭纪

清·施　震

滇为极边之地,云龙又滇之极边也。南连腾永,北通丽水,而邓浪其密迩焉[1]。幅员广袤数百里,崇崖顽石,鸟道羊肠,崎岖险隘,行人固已临岐兴叹[2],侧目心惊。矧夫阴雨淋漓,洪流泛滥,往来困踬[3],夹背汗零,有心者未尝不补偏救敝。又皆以工大费繁,聊且迁就,不旋踵而即圮,其何以垂久远而通利济耶!

我陈侯下车甫期年,政通人和,百废俱兴,砥柱桥成矣,文昌宫建矣。复念行辁挽之运紧要[4],商贾之贸易急需,而皇华之使节[5],不能无也。不惜倾囊捐金,简选缙绅老成,慎畀责任[6],宁费毋简,宁实毋浮,叮咛告诫,期于坚固久远。

凡所以凿之、辟之、伐之、砌之者,如邮亭一路,又半悬岩,石栏护道,建坊以壮大观。其平川曲折,难以悉举。更复省视频行,奖劳频施,感奋之下,庶民子来,以三月而功就。

猗欤休哉[7]!向之畏崎岖者,今庆坦途也;向之苦险隘者,今歌乐土矣。尚有临歧兴叹,侧目心惊者乎?夫官如传舍,我侯之为民计安全,谋乐利,至周且详。不以官为传舍也。亦不以路为传舍也。此非我侯心殷利济,饥溺由己之意欤!吾侪感戴念切,祝颂无由,爰合刍荛之语[8],共录短篇;敬镌一片之石,永垂千古。凡我士民,步趋于荡平正直之中者,当佩我侯之功德于不朽也夫。敬志。

【作者简介】

施震,生平不详。

【注释】

［1］密迩：贴近,靠近。此谓云龙与浪穹(今鹤庆)近在咫尺。

［2］岐：此谓山。

〔3〕困踬:受挫,颠沛窘迫。

〔4〕醝:音 cuó,盐。

〔5〕皇华:使者。详见《修云龙大路碑记》注释①。

〔6〕慎畀:慎重给予。畀:音 bì,给予。

〔7〕猗欤休哉:猗欤:叹词,表示赞美;休:美好。多么美好呀!

〔8〕刍荛:音 chú ráo,割草打柴,也指割草打柴的人。

附:云龙道

清·胡锡熊

谁云蜀道难,云路出其右。悬岩百尺余,俯视沘江陡。
奇峰何嶙峋,怪石罗星斗。山禽弄巧音,嘤嘤似求友。
野猿联臂游,攀跻不堪走。峰回合复开,一线羊肠剖。
夏秋霖雨频,淤泥遍林薮。征马尽踟蹰,俯视皆搔首。
道固险王阳,幸际仁慈守。命匠□虬龙,平成垂坚久。
相与庆坦夷,携榼还沽酒。咸曰刺史功,伟哉光前后。
镌珉未足名,碑在行人口。

云浪分疆歌

清·周宪章

榆塞迢遥程五百,浪川尽处云山迫。云从此际去从飞,浪自云回几重隔。
听说山河未部时,五司六里尚沦彝。夜忧贼渡澜江水,朝虑追呼过九溪。
自从一隶云龙守,西控东封明斥堠。坐令枭獍畷薰街,吾民始不横干胄。
松林日暮噪归鸦,狼虎无惊逝者槎。更有冠盖频相望,井烟漂渺万人家。
荆棘煎除山面面,烟岚卷尽晴云绚。焚僮横吹太平声,舆图远拓古宗甸。
君不见昔日犬羊今冕裳,为云为浪谁短长。但将一洗侏僸俗,奚别云疆与浪疆。

诺邓桥碑记

清·王 湄

【提要】

本文选自《云龙州志》(雍正六年刻本)。

明崇祯二年(1629),雒马井在云龙五井中独领风骚,"因井设治",云龙州知州钱以敬把云龙州治从旧州三七村迁至雒马井,以明代范总戎的故署作为州署。

诺邓桥的修建是因了知州王湄想到"溪水暴涨,将何以济"? 于是年丰谷登之后,"架屋敷板"建起廊桥。作者说:"斯桥也,非当孔道,无皇华馆途之责,无公事征发之期",但作者还是要作记以铭急公好义、敦厚崇礼、承先启后的民风。

诺水之阳产邓井,为雒马五井之一,岁办课与天、大、石等[1]。以非孔道,无由遽至,以辨其勤惰,而观其风俗。任事后,稽其册籍,逋欠无多[2],诸生以公事来谒者,类恂谨谦和[3],有书卷气。值童子试,能文而拔前茅者若而人,心窃异之。

癸巳初冬[4],例巡山后六里,由石门西北行,沘水别流,嗷咶之声无闻[5];山势迤里[6],上下不甚陡峻。阅六七里,峰回路转,崇山环抱,诺水当前,箐篁密植[7],烟火百家,皆傍山构舍,高低起伏,差错不齐。如台焉,如榭焉,一瞬而尽在目前。旗导前呼,趋迎路左,黄发者、垂髫者[8],不必一致,而俯仰之间,皆有以自得。询之曰:"诺之内,有变风乱俗者乎?"曰:"无"。"井里桑麻无恙乎?"曰:"然"。"陈诗书以启后进,尚有人乎?"曰:"有"。又曰:"山高势迅,激湍桥低,溪水暴涨,将何以济?"曰:"舍傍山隈[9],所处既高,水口低洼,形不相称。非仅病涉,且泄地脉,会当架屋敷板于上,奈有志而未逮也。"

事竣而回,阅载余,岁丰稔[10],诸生共卒前志,而祈言于余。余答之曰:"若辈多收十斛麦,用培风气,而成津梁,其志可嘉矣。

斯桥也,非当孔道,无皇华馆途之责[11],无公事征发之期,皆无足纪。矧子固陋,又何能纪。第念斯人之厚重不佻[12],知敦本也;课额无逋,知急公也;父兄之教必先,知启后也;子弟之率必谨,知承先也。用志其日月,连类旁及,以俟后之君子,甄别而鼓励之。且嘱多士,慎终如始,勿俾历久而此风或废坠焉,则几矣[13]！若夫木石之经营,工徒之多寡,皆略而不书,近纤也[14]。"

【注释】

[1]雌马五井:元封二年(前109),汉武帝征服云南,置益州郡,下辖24县,其中比苏县即在以诺邓为中心的沘江流域。"比苏"是僰(bó)语,意为"有盐的地方"。诺邓盐井自汉朝开采以来至今历两千余年,在深深的直井下面,纵横交错的引水甬道犹如一条地下运河,用人工汲水的方法取卤水分予"灶户"煮盐。明朝后期,诺邓井、天耳井、大井、石门井、雌马井等五盐井称为"五井"。

[2]逋欠:拖欠,拖延。指拖欠官府的租税。逋:音 bū,逃亡。

[3]恂谨:恭顺谨慎。

[4]癸巳:康熙五十二年,公元1713年。

[5]嗷唂:音 jiào guō,轰隆奔腾之声。嗷:古同"叫"。唂:同"聒"。声音嘈杂,吵闹。

[6]迤里:常作"迤逦"。曲折连绵。

[7]箐篁:竹子。箐:音 jing,山中大竹林。

[8]垂髫:古时儿童不束发,头发下垂,因以"垂髫"指儿童。髫:音 tiáo,古代小孩头上扎起来的下垂头发。

[9]山隈:山的弯曲处。隈:音 wēi,山水等弯曲的地方。

[10]丰稔:犹丰熟。稔:音 rěn,庄稼成熟。

[11]皇华:奉帝命出使或出使者。

[12]佻:音 tiāo,轻薄,言语举止随便,不庄重。

[13]几:将近,差不多。

[14]纤:细小。

附：苦雨行

明·周宪章

从来霪雨人共苦,我苦霪雨心煎煎。错落盐井赋不供,青青禾苗根未坚。
奈何浃旬无昼夜,毒云瘴雾迷山巅。淡水盈尺费挽汲,辘轳激聒手足胼。
强令分运事熬煮,薪湿何以使之燃。十倍柴薪不成雪,中夜灶底相周旋。
忽闻绝壑下怒水,积薪冲荡不可搴。吁嗟乎！积薪尽属官家钱,随波漂没空呼天。
泥深路滑步难前,牛马驮载四蹄穿。江流漾漾天水连,低田泪泪几平川。
早禾晚禾幸未淹,蒿目四望心鼻酸。
噫嘻悲哉！安得万丈长帚扫浮云,扫尽浮云庇我民。

【作者简介】

周宪章,生卒岁月不详,贵州思南人。明万历年间,任云龙州知州,平息段进忠内乱,建城池恢复建制,创庙设学,招抚流离,清理田产,建立里甲组织,减轻农民税赋,经画尽善。后升任四川保宁府同知,累建军功,平息地方械斗,减轻百姓徭役,廉洁自守,勤政为民,人称"周青天"。

新建养济院记

清·王 淤

【提要】

本文选自《云龙州志》（雍正六年刻本）。

中国古代，以救冻馁、恤孤寡的养济院受到唐宋以来、尤其是明清各朝代的重视，就连远在边陲的云南也不例外。"边鄙之老，可任其播弃欤？"

康熙乙未（1715）初春，王淤在崇祠之阳一块方广数丈的地方，选址作为养济院地址，命乡耆董心一经营建设，"正立三楹，旁配耳室，覆之以瓦"，可容纳五六十人的养济院；外面还筑起短垣，用来遮蔽风雨；他想让养济院使用百年。

考虑到那些老少无依的人进来之后就要吃饭，王淤又用二十八两银子，置买水田，雇人种植，用所收获的粮食中的一半接济养济院"食之不逮"者，另一半用来置办棺木。善政如此，定会赢得民心。

西伯之善政曰[1]："无冻馁之老"，《诗》曰："哀此茕独[2]"。岂天下之少者富者，可不计耶？亦曰："此望泽最殷，稍缓须臾，则不能待，故汲汲也。"

圣天子御极以来，赐帛赐肉，以优老者。置义仓以赡茕独，固与西伯仁政，后先媲美矣！独至云龙求所谓养济院者，而邈不可得，并其遗址，亦无存者。嘻，异哉！岂边鄙之老，可任其播弃欤？抑亦从政者鞅掌[3]，剧而未暇经理欤？

乙未初春，卜地于崇祠之阳，方广数丈，为明经李子可梁业，其兄孝廉名俭者倡义公捐。地既得矣，爰命乡耆董心一经营之[4]。正立三楹，旁配耳室，覆之以瓦，期可保百年，可容五六十人。外设短垣，用避风雨。工既成，然后茕独者得有安居，而冻馁之状，不接于目前，此岂补苴之末务哉[5]！亦曰风尘下吏，勉供职守，且以昭圣朝湛恩汪溉[6]，其沦肌而冻馁者，虽海隅日出之区，无一夫或佚哉！以视西伯善政，仅及岐阳[7]，则又有大小之别矣！

【注释】

[1]西伯：指周文王或周武王。《孟子·离娄上》："吾闻西伯善养老者。"焦循《正义》："西伯，即文王也。纣命为西方诸侯之长，得专征伐，故称西伯。"《吕氏春秋·贵因》："殷使胶鬲候周师。武王见之。胶鬲曰：'西伯将何之？无欺我也。'武王曰：'不子欺，将之殷也。'"

[2]茕独：老而孤独。茕：音 qióng，无兄弟。泛指丧失劳动能力而又没有亲属供养

的人。

　　[3] 鞅掌:事务繁忙的样子。

　　[4] 乡耆:乡里中年高德劭的人。

　　[5] 补苴:补缀,缝补。苴:音 jū。

　　[6] 汪泧:亦作"汪秽"。深广。泧:音 wèi。

　　[7] 岐阳:岐山之南。《诗·鲁颂·閟宫》:"后稷之孙,实维大王,居岐之阳,实始翦商。"

附:养济院义田记

清·王 游

　　乙未之秋,养济院既成,纳老少无依者于中,风雨有蔽,固免飘摇之苦矣。第宁居者,不能皆粒食,经生无术,凶岁而填沟壑者,未必非若辈也。余恻然悯之。

　　阅丙申,属有赎锾[1],用价二十八两,置杨建侯鬻江外旧州甸水田一段,佃人李文翰、段士爵、张大圣,于雒马纳秋粮一石,合院基粮七升,共一石七升。今之上宪,志在养民,详请邀免存案,岁收十二帮箩租十一石。以其半济院中□食之不逮,以其半置棺木施艰窘之不能葬者。择乡约董心一[2]、典史杨琼,偕延庆寺斋民苏文玉司出纳,而岁上簿于官,以免浮冒中饱之弊[3]。

　　呜乎!涓滴微泽,不敢上拟乎古制,而养生送死,亦已无憾于今兹。古云:"人之好善,谁不如我。"后之膺斯土者,稽其田,勿俾淹没。于在下,按其计,有所辨明;于在上,则终始如一。庶深山穷谷中,养老之政常存而不敝。去云之日,犹居守之年矣[4]。敬志。

【注释】

　　[1] 赎锾:音 shú huán,赎罪的银钱。赎:用财物换回抵押品。锾:古代重量单位,亦是货币单位,标准不一。

　　[2] 乡约:此指明清时的乡中小吏。

　　[3] 浮冒:虚报冒充。

　　[4] 去云之日:谓离开云南的那一天。居守:留置守护。谓在任(的年月)。

培田南山书院记

清·曾瑞春

【提要】

本文选自光绪《培田吴氏宗谱》。

南山书院在福建连城县西部一个偏僻的宣和培田山村(该村原属长汀县),培山村 2005 年被住建部和国家文物局命名为"中国历史文化名村",2006 年国务院公布为"全国重点文物保护单位"。

正如 2008 年重修的《培田吴氏宗谱》序所言:"培田像客家人一样,对于住宅的构建都十分注重,正如阮仪三、路秉杰、戴志坚等专家所说的那样,对于村落选址、水口布局、房屋结构、占地面积、风格理念等等,都要经过一番慎重的考虑。因此客家围屋、客家土楼和九厅十八井成为'三大客家建筑奇葩'。培田古建筑更为突出的特点是,它十分讲究住宅风水、规划、适用和艺术,建筑所需的精美性及整体性都进行了缜密的考虑。我们可以看到,培田的九厅十八井建筑形式,其理念是近乎和平的状态下达到了真正意义上的休闲和生养。如果没有强大的政治与经济实力,这种效果显然是不会出现的。九厅十八井建筑没有围墙,没有炮眼,到处是让人赏心悦目的宇坪、照墙、鱼池、花圃,这与外御为特色的客家土楼及内闭为主要特征的围屋截然不同,尽管客家人都有刻意重新构建辉煌家园的欲望,但要达到培田客家人如此轻松如此不经意的状态,而且又能通过建筑表达出内心追求,却是一种望莫能及的如禅境界。另外,培田民居厅高堂阔,最大的达到 6 900 平方米,宴请近百桌席可以足不出户,具有典型的聚族而居习性,便又从另一层面上表现了客家人团结、奋进的精神。可以想象,在这样豪华舒适的建筑里,客家人欢聚一堂共商族事的景象是多么壮观和幸福。对于祖祠,培田先祖则在'求神不如拜祖'的理念下,把祖祠建得富丽堂皇,尤其注重门庐结构,即所谓的'三分厅堂七分门庐'之说,外人一看建筑外形便知是祖祠风格。戴志坚教授对培田的祖祠建筑作过详细的介绍和分析,启示是,培田对祖宗的敬重不但留存在内心,而且还要向外界宣扬,意在渴求天下子孙都不能忘却先祖的泽润。"

然而,思索培田这些精雕细刻装饰华丽的高堂阔屋,以及彰表功名的文物,其根源是什么? 人们漫步培田千米古街,转而沿曲径通幽的"书院路"寻考,不久便进入朝南走向的山坳,顺着石砌台阶拾级而上,则迎来了一个环境悠静、建筑别致,保存完整的古书院。此地原名"南坑",书院依山坐南向北而建,大概上代人触景生情,联想"采菊东篱下,悠然见南山"的优美诗句,于是取名"南山书院"。

南山书院,由郡武庠例贡生吴镛(字声闻)创办于乾隆甲子(1744)左右,任教于斯的清翰林庶吉士曾瑞春在《南山书院记》称:"岁庚申(1860年)承吴君化行昆玉召典西席,馆于南山。嘉木葱郁,胜境清幽,鹿洞鹅湖殆不啻也。……知令曾祖闻翁(即声闻)雅意栽培,延滋九邱先生(即福州才子丘振芳)训大父于此。先生率上杭袁南官维丰,永定温孝廉恭,同事笔砚。"

书院坐东南朝西北,由两座院落并肩排列组成,东侧院落正房为五开间,上下两层。底层当心间厅供奉着孔子牌位,并书"德造庐"于门之外,"培兰植桂"于门之内,朱子"读书、乐诗"于东西壁。墙上还挂有朱子语录:"观古者圣贤所以教人为学之要,莫不使之讲明义理,以修其身,然后推己及后。"次间作为教室。

由是,培田村成为耕读传家、名贤辈出的村落。不久,吴镛次子馥轩入庠拔贡;吴镛之孙吴茂林于乾隆五十七年考取举人,曾任寿宁县教谕,擢知县而谦让;同治六年明经进士吴泰均,光绪五年武举人、十一年兵部差官吴汉兴;光绪二十三年例贡光禄寺署正衔、松溪县教谕吴震涛;光绪壬辰武进士钦点蓝翎待卫吴拔祯,戊戌调任山东青州营守备,花翎护理参将。而入庠者更是达到数十人。民国初,南山书院改名"长汀县第二区第一国民学校",从这里走出了一位留日生、三位留法生、四位黄埔生。

不仅南山书院,培田村明末以来还办有肖泉公书馆、十倍山学堂、白学堂、义屋学堂、伴山公馆、岩子前学堂、清宁寨学堂、紫阳书院等,兴养立教。倘徉在培田古民居的街头巷尾,可见门楼、厅堂楹额:立修齐志;读圣贤书。继先祖一脉真传克勤克俭;教子孙立行正路,维读维耕。饥能壮志,寒能壮气,志气不凡,定多安泰;耕可养身,读可养心,身心无恙,自获康宁等等词句。培田家训十六则:敬祖宗、孝父母、和兄弟、序长幼、别男女、睦宗族、谨婚姻、慎丧葬、勉读书、勤生业、崇节俭、戒淫行、戒匪僻、戒刻薄、戒贪饕、戒争讼。其中"勉读书"的释文为:士为民首,读书最高;希贤希圣、作国俊髦;扬名显亲,宠受恩褒;各宜努力,毋惮勤劳。"勤生业"的释文为:民生在勤,勤则不匮;里布夫征,游民是出;农工商贾,勉励乃事;酒食游戏,终亦自累。

上代人认为这些是千古不移的道理,所以镌刻于门楼与厅堂,刊于族谱以传家。有村贤概括归纳这些理念为"兴养立教"的家传,意含自小努力学习,培养成为有教养的人,从而发挥各自专长,在士、农、工、商的广阔职业空间中求生存谋发展。这与客家人的"耕读为本"精神,与中华民族的文化传统是吻合一致的。

不仅如此,培田村还有令人啧啧称奇的耕作教育、手工技艺教育和妇女教育。

耕作教育在雅致的楼——"锄经别墅"里。锄经别墅建于明朝后期。"锄经"两字顾名思义,与耕田种地有关。别墅的门联为"半亩砚田馀菽粟,数椽瓦屋课桑麻"。明代培田村民经常在此楼请经验丰富的老农向晚辈新手传授种田经验,颇似今天的农业耕作技术讲座。

清初,村里有了手工技艺教育内容,建于康熙年间的"修竹楼"就是教育场所。门口有楹联:"非关避暑才修竹,岂为藏书始筑楼。"修竹楼以交流手工艺为主,培田祖先精湛的泥、木、雕、塑、剪、编织等技艺大都源于此。当时推动这一工作的是族内的文昌社。其总理(即负责人)"每逢作课,亲临监督,虽事剧必构一艺,以为倡,呈请先达评定甲乙优加奖赏",可见其认真程度。

妇女教育在容膝居。容膝居建于清嘉庆年间,为吴氏十八世祖吴昌同捐资建造。"容膝"两字源于陶渊明《归去来辞》"倚南窗以寄傲,审容膝之易安"。据说,当年培田村一位姑娘出嫁他乡后不久,即被"休"了回来。经了解,才知是该姑娘缺乏生理卫生方面的常识,导致夫妻之间房事不谐。由此,培田村民将"容膝居"辟为向族内女性传授生理卫生知识之场所,请老年妇女向待嫁姑娘讲授婚育知识。这大约是我国教育史上第一所婚育学校。在"容膝居"天井照壁上,至今赫然书有"可谈风月"4个大字。

也许正因为乡土教育的发达,才有今天的"中国历史文化名村"。

岁庚申,承吴君化行昆玉召典西席,馆余于南山[1]。嘉木葱郁,胜概清幽,鹿洞鹅湖,殆不啻也[2]。

始于厅事,见"抗颜敢诩为时望,便腹何妨尽日眠"句,细看旁注,知令曾祖闻翁,雅意栽培,延滋九邱先生训令大父于此[3]。先生率上杭袁南宫维丰、永定温孝廉恭同事笔砚,句其自题卧榻者也。而先生之负重及美章[4],罗先生次年避榻谦衷[5],佛谷先生述传謦欬得而悉[6]。心仪久之。

继见檐牙已焕,黝垩方施,则贤昆玉大加修饰焉。是固善承栽培之志也欤!

旋为书"德造庐"于门之外,"培兰植桂"于门之内,朱子"读书、乐诗"于东西壁,"赐火曾传汉遗灰","尚憾秦于化纸炉",匪云生色,亦聊点缀云尔。诸子执经不辍。是年,明以周邑侯批首受知于督学树铭徐先生[7]。不数年,亮、正、道等以次列黉宫者八九[8]。克继其先大父伯父书香,而栽培泽厚见矣。

今余蒙恩入词林假归[9],适吴君修族谱,来书属记垂久。夫吴君先后作人,芝兰竞秀,前程远大,奚俟余言?但鸿泥雪印[10],昔贤之芳躅犹存,俾得追芳并垂不朽,未始非厚幸也。爰笔记之,以付剞劂氏[11]。

赐同进士出身钦点翰林院庶吉士年家弟杏林曾瑞春拜撰。

又赠联句附录于后:

十年前,讲贯斯庭,绿野当轩,宝树滋培,齐竞爽;
百里外,潜修此地,青云得路,玉堂清洁,待相随。

【作者简介】

曾瑞春,生卒年月不详。福建长汀人。同治十年辛未科(1871)进士。钦点翰林院庶吉士。

【注释】

[1]庚申:公元1860年,曾瑞春受邀充培田书院教席。昆玉:对别人兄弟的美称。西席:西宾(古时主位在东,宾位在西)。旧时家塾教师或幕友的代称。

[2]不啻:不差。犹伯仲间。

[3]大父:祖父。

[4]负重:担负重任。

[5]谦衷:发自内心的谦虚。

［6］馨欬：音 qǐng kài，咳嗽声，引申为言笑。

［7］批首：旧时科举考试指院试名列第一。

［8］黉宫：学宫。黉：音 hóng，古代称学校。

［9］词林：指作者被钦点翰林院庶吉士。

［10］鸿泥雪印：鸿鸟在雪泥上留下的爪印。比喻往事的痕迹。

［11］剞劂：音 Jī Jué，刻镂的刀具。指雕琢刻镂。

后　记

　　整理研究古人的东西,是一件吃力却难以讨好的事情,但我做了,一做就是十几年,恐怕还得继续下去。最初的枯燥、纠结,还有被误解后的委屈,到后来都变成了我生存方式的一部分;慢慢地我开始享受这种枯燥和漫无尽头,觉得涵于其中的人生同样风景别致。

　　当看到活色生香的营造细节,当看似断崖跟前的故事突然花明柳暗,当我读到作风凌厉的官员麻利地干成事情后,总是心中充满快意、充满景仰并为当地百姓由衷地高兴,因为无论是一座桥、一所学校,还是一家保厘堂、一座寺庙,都可为当地百姓造福,带来心理满足:无论今人、古人,总是要被希望鼓舞着,生活才会有滋有味。

　　整理研究的过程中,总能被这些细节感动,总在假设"如果换成我会怎样怎样",于是炎黄的血脉一代代绵绵流淌下来,并继续流传下去,整理的过程也变成了心灵洗礼的过程:为那些慷慨解囊者感动,为那些躬亲其事者感动,更佩服那些一任接着一任干的官员们,不吝心力、不念功劳簿上写着谁,只为百姓受其益、享其成。

　　与增补工作比起来,本书的修订更为繁杂恼人。因为学识、功力的不足,初版书中还有不少错讹谬误,在近一年的时间里,我对本书的提要、正文、注释等文字进行了逐一的校勘核查,纠正了一些错误,厘定了一些注释,调整了个别篇章的版本。现在,这些工作暂告一段落,希望能够给大家一个好点的本子。俗话说,好书不厌千遍改,更何况拙作乎?

　　希望修改能让拙作的错讹少一点,再少一点。

二〇一六年八月

漫漫酷暑中之上海